世界发达国家
工程教育国别研究

下册

林健 等 编著

清华大学出版社
北京

内 容 简 介

　　本书是国家工程教育多学科交叉创新引智基地的研究成果，作者选取了工程教育领域最具代表性的 14 个发达国家为研究对象，这些国家覆盖全球五大洲，在工程教育领域均有较长的历史和丰厚的积淀，值得我们学习和借鉴。各国研究均包括工程教育发展概况，工业与工程教育发展现状，工程教育与人才培养，工程教育研究与学科建设，政府作用：政策与环境，工程教育认证与工程师制度，特色及案例，总结与展望 8 个部分，各国之间的不同表现在具体内容上。工程教育国别研究既要有利于国家间的互鉴，也要彰显各自的特色，本书特点主要体现在研究内容的前沿性、研究结构的系统性、数据信息的权威性和参考比较的价值性。本书的读者对象主要是工程教育研究领域和高等教育国际比较研究的学者、工程教育政策的制定者和建议者，以及对发达国家工程教育发展感兴趣的读者。

图书在版编目（CIP）数据

世界发达国家工程教育国别研究 / 林健等编著.－－北京：清华大学出版社，2025.2
ISBN 978-7-302-66076-7

Ⅰ．①世… Ⅱ．①林… Ⅲ．①工程技术—教育研究—世界 Ⅳ．① TB-4

中国国家版本馆 CIP 数据核字（2024）第 072438 号

责任编辑：王如月
装帧设计：何凤霞
责任校对：王荣静
责任印制：丛怀宇

出版发行：清华大学出版社
　　　　　网　　址：https://www.tup.com.cn, https://www.wqxuetang.com
　　　　　地　　址：北京清华大学学研大厦 A 座　　　邮　　编：100084
　　　　　社 总 机：010-83470000　　　　　　　　邮　　购：010-62786544
　　　　　投稿与读者服务：010-62776969, c-service@tup.tsinghua.edu.cn
　　　　　质量反馈：010-62772015, zhiliang@tup.tsinghua.edu.cn
印 装 者：三河市春园印刷有限公司
经　　销：全国新华书店
开　　本：185mm×260mm　　印　张：55　　字　数：978 千字
版　　次：2025 年 2 月第 1 版　　印　次：2025 年 2 月第 1 次印刷
定　　价：299.00 元（全 2 册）

产品编号：100229-01

前　言

　　中国工程教育的体量决定了其在中国高等教育的地位和影响。我国 92% 的本科院校开设了工科专业，我国本科 92 个专业类中工科专业类占 33.7%，全国 5.8 万多个本科专业点中工科专业点占 33%，全国学术硕士和专业硕士学位点中工学分别占 32.9% 和 24.4%，全国学术博士和专业博士学位点中工学分别占 36.8% 和 61.5%；全国本科在校生中工科生占 33.3%，全国硕士和博士在校生中工学学生分别占 34.7% 和 42.3%。这些数据充分说明，工程教育的发展对整个高等教育的发展有着至关重要的作用和影响，也进一步说明了工程教育的改革与发展对党的二十大报告提出的教育强国、科技强国和人才强国建设的重要性。

　　工程教育的发展对国家工业化和现代化进程有着至关重要的影响和作用。中国是全球工程教育规模最大的国家，中国工程教育对国家经济建设、社会发展和民族复兴事业作出了重要贡献。自新中国成立以来，在中国共产党的领导下，中国在百废待兴的局面下开展了经济建设，从一穷二白发展为世界第二大经济体，从落后的农业国发展成世界第一大工业国，从工业基础薄弱国家发展成目前世界上唯一拥有完整工业体系的国家，创造了经济快速发展的奇迹。中国在诸如"两弹一星"、载人航天、探月工程、深海探测、超级计算、卫星导航、国产 C919 大飞机、高速铁路、三代核电、5G 技术等领域的自主创新成绩斐然、举世公认。以上这些成就的取得都离不开中国工程教育几十年培养出来的一批又一批工程科技人才的不懈努力和终身奉献。

　　助力实现中华民族伟大复兴的宏伟目标需要加快中国工程教育强国建设，需要学习和借鉴发达国家工程教育的成果和经验。尽管中国工程教育取得了举世瞩目的成就，但离具有中国特色的工程教育强国建设目标还有一定的距离，需要结合中国国情和具体实际，认真研究、学习和借鉴世界主要发达国家在工程教育方面所取得的突出成果和成功经验。始于晚清洋务运动兴办的各种西式学堂的近代中国工程教育仅有 140 余年的历史，而世界发达国家工程教育却已有几百年的发展历史，它们在各自国家经济社会发展背景驱动下以及长期的工程教育研究与实践中，经历了失败、改进、挫折和成功的不断反复循环过程，从而积淀了丰富多彩、形式多样、内容各异、各具特色的工程教育成果和经验。作为人类文明成果的一部分，发达国家工程教育成果和经验理应得到共享，只是这种共享要在注重中国本土化的前提下，既要以开放、包容的态度积极学习，又要结合中国国情批判性地借鉴，进而为中国工程教育界向世界输出工程教育的中国模式、中国智慧、中国经验做到知己知彼打下基础。

清华大学成立于 2020 年年初的"国家工程教育多学科交叉创新引智基地"（以下简称"引智基地"），是为推动中国工程教育学科交叉创新、支持工程教育强国建设、服务国家重大战略需要而采取的具体行动，是清华大学第一个文科引智基地，也是全国到目前为止在工程教育领域唯一的引智基地。引智基地的战略定位是：立足清华，扎根中国，面向世界，成为在全球工程教育领域具有重大影响力并发挥引领作用的工程教育思想库、高端人才培养基地和国际著名学术交流平台。

引智基地的主要目标是：构建由多国工程教育一流专家、工科院系知名教授、工程教育研究人员组成的多学科交叉团队；建设具有世界一流水平的工程教育学学科；培育若干名在国际工程教育领域具有重要影响力的领军人物、具有国际学术竞争力和重要政策影响力的中青年学者；产生一批国际工程教育界广泛认可的、高水平学术研究成果，在若干方向形成高端学术品牌，发表高水平专著和论文；主动服务联合国 2030 年可持续发展战略、中国工程教育强国建设和"双一流"建设等国家重大战略需求。

引智基地的多国工程教育专家中包括 1 位中国政府友谊奖获得者、3 位工程教育戈登奖获得者、3 位国际工程教育组织负责人和 4 位中外工程院院士。引智基地国际团队强调高影响、代表性和多元性，由来自 6 个国家的 12 位外方专家组成，其中包括美、英、中、俄等国的院士、世界著名工程教育专家、麻省理工学院福特工程讲席教授 Edward F. Crawley[①]，美国工程院院士、中、美、英三国"全球重大挑战峰会"发起人之一、世界著名工程教育专家、欧林工学院创校校长、麻省理工学院教授理查德·米勒（Richard Miller）等。引智基地清华团队强调跨

---

① 为便于读者直接参考阅读外文文献资料以及避免翻译不一致，本书前言部分直接使用国外学者原名。正文部分按照出版规范，采用"译名 +（原文）"方式，供需要的读者参考。

学科、重交叉、强互补，成员包括中国工程院院士、清华大学原副校长、华中科技大学校长及引智基地主任尤政教授，以及中国科学院院士、航天航空学院教授郑泉水等共计 15 位教育专家。

本书是引智基地继 2021 年出版《面向未来的新工科建设——新理念新模式新突破》专著之后，又出版的一本得到引智基地国际团队指导和支持、由引智基地清华团队共同努力、团队教师分工负责完成的著作。本书由上、下两部分构成，分别包括德国、英国、法国、西班牙、爱尔兰、丹麦、瑞典和比利时共 8 个欧洲国家以及美国、加拿大、巴西、日本、南非和澳大利亚共 6 个国家的内容。这 14 个国家的选择基于两方面的考虑：一是先进性，所选国家基本是发达国家，它们在工程教育领域均有较长的历史和丰厚的积淀，有值得学习和借鉴之处；二是代表性，所选国家在全球工程教育领域最具代表性，覆盖全球五大洲，其中巴西作为世界第七大经济体和金砖国家之一入选，南非作为非洲经济最发达的国家入选。

本书是由我负责总体策划、组织和统稿的。各个国家内容编著任务的安排主要基于与引智基地各组外方专家国别的一致性考虑，以期在数据资料收集、有价值信息的识别、核心问题的讨论、国情把握，以及在编写过程中能更好地得到外方专家的指导，在此基础上结合了中方专家的学习经历和工作背景，终于完成了本书的制作。14 个国家按照引智基地四个组的分工如表 1 所示。

表 1　14 个国家按照引智基地四个组的分工

组　别	研究任务	中方专家	外方专家
第一组	英国、法国、日本、加拿大、澳大利亚	林健 徐立辉 余继	Edward Crawley（MIT，美国） Richard Miller（欧林，美国） Jason Woodard（欧林，美国）
第二组	德国、爱尔兰和西班牙	刘惠琴 李锋亮 吴倩	Reinhart Poprawe（亚琛，德国） Mike Murphy（都柏林，爱尔兰） Luis M. S Ruiz（瓦伦西亚，西班牙）
第三组	美国、南非、巴西	唐潇风 赵海燕 谢喆平	William C. Oakes（普渡，美国） Jennifer Case（弗吉尼亚，美国） Brent K. Jesiek（普渡，美国）
第四组	丹麦、比利时、瑞典	李曼丽 乔伟峰 徐芦平	Anette Kolmos（奥尔堡，丹麦） Greet Langie（鲁汶，比利时） Aida O. Guerra（奥尔堡，丹麦）

具体分工负责每个国家内容编著任务的中方专家如表 2 所示。

表 2 中方专家的编著任务分工

国　　家	执笔 / 编著者
英国、法国、日本	余继
加拿大、澳大利亚	徐立辉
德国、爱尔兰、西班牙	吴倩、刘惠琴、李锋亮
美国、南非、巴西	唐潇风
丹麦、比利时、瑞典	李曼丽、乔伟峰

在本书的具体编著过程中引智基地外方专家也作出了积极贡献和给予了毫无保留的支持，如欧洲工程教育学会前主席、爱尔兰都柏林理工大学 Mike Murphy 教授对爱尔兰部分的积极投入，德国亚琛工业大学前副校长、弗劳恩霍夫激光研究所所长 Reinhart Poprawe 教授对德国部分的参与，欧洲工程教育学会副主席、瓦伦西亚大学副教务长 Luis Manuel Sánchez Ruiz 教授对西班牙部分的参与等。

对一个国家工程教育的总体研究既要从国家层面考虑构成一个国家工程教育的主要部分，又要考虑各国工程教育的共同部分以利于国家间工程教育的比较。因此，在研究伊始，经会议讨论，我给出了一个供引智基地成员开展国别研究的参考性提纲，如表 3 所示。

表 3 开展国别研究的参考性提纲

章　　节	说　　明
一、工程教育发展概况	主要针对各国近 5 年工程教育的发展情况进行数据资料的梳理、分析和概括
二、工业与工程教育发展现状	工业对工程人才的需求可直接促进工程教育的发展，工程教育的发展也会推动工业的发展，二者之间存在相互作用关系。重点把握当前的状况
三、工程教育与人才培养	工程教育的主要任务是人才培养，工程教育改革与发展的成效最终要落实在人才培养质量上。重点在工程教育对人才培养的促进以及人才培养对工程教育的要求两方面
四、工程教育研究与学科建设	学科建设主要包括人才培养、科学研究和队伍建设。开展学科建设是工程教育不断完善和走向成熟的必要条件，其中工程教育研究是工程教育学科建设的核心
五、政府作用：政策与环境	虽然国情不同会导致各国政府促进本国工程教育发展的方式不尽相同，但通过相关政策和制度环境作用工程教育是各国共同的主要方式

章　节	说　明
六、工程教育认证与工程师制度	工程教育认证与工程师制度的联系可反映出工程人才培养类型及其标准与行业企业工程师任职资格的关联程度，是学校在多大程度上能够按照工业界要求培养各类工程人才的衡量尺度，也是学校与工业界在工程人才培养要求上一致性的体现
七、特色及案例	每个国家的工程教育均有各自的特色和优势，这些正是最值得其他国家学习和借鉴的地方。对这些特色不仅需要有准确的凝练和阐述，更需要通过案例，如一些学校得到业界公认的具体做法，予以充分说明
八、总结与展望	对整个国家工程教育的发展情况进行系统的总结，并依据官方发布的工程教育发展规划等资料对该国工程教育的未来发展做出展望

虽然强调上述提纲的参考性是基于各国工程教育发展情况及相关数据信息获取可能存在的较大差异而提出的，但是最终呈现给读者的各国工程教育研究的一级标题基本上与上述提纲一致，各国之间的不同主要表现在二级和三级标题上。

本书的成书过程历经 2 年 10 个月共 14 次引智基地工作例会。每次会议既是对各国工程教育研究进展的推进会，也是对发达国家工程教育发展历史、现状和特点的研讨和交流会，对清华团队成员全方位把握发达国家工程教育、扩大工程教育国际视野以及会后完善和推进国别研究等也起到了重要的作用。在国别研究的整个过程中，引智基地各组中方成员与本组外方专家保持着经常性的沟通和交流，就研究相关国家工程教育发展中的重要内容展开了不定期的讨论，以寻求他们在主要数据资料、观点结论等方面的支持和确认。

期望本书的出版能够为中国工程教育界系统地呈现世界主要发达国家工程教育发展的整体情况，其特点主要体现在以下几方面。

（1）权威性。主要表现在两方面：一是数据资料，所采用数据资料不仅是第一手的，而且是基于相关国家官方或权威机构的发布或确认；二是外方专家全程参与指导，尤其在重要问题、核心概念和重要数据等可能存在不确定因素或争议的情况下听取了他们的意见。

（2）系统性。主要表现在两方面：一是内容的系统性，即覆盖了一个国家工程教育应该具有的主要内容；二是数据的系统性，强调数据的连续、完整和全周期。考虑到获取相关国家工程教育数据的滞后性，除了德国、爱尔兰和西班牙采用 2022 年最新数据外，其他国家主要采用的是2016—2020 年 5 年的数据，包括少量 2021 年的数据。

（3）前沿性。各国工程教育发展研究着眼和面向前沿发展，通过选择最新的信息、提供最新的内容、展现最新的进展，力求勾画出各国工程教育发展的最新画面。

（4）价值性。能够为中国工程教育界的研究者、实践者及其他读者提供的价值主要表现在两方面：一是参考价值，通过权威性、系统性和前沿性，提供有价值、可参考的发达国家工程教育的信息；二是比较价值，提供可与中国工程教育进行比较的发达国家工程教育的较为完整的内容。

当然，限于编著者们的能力和水平，本书必然存在这样或那样的缺陷和不足，我们真诚期望能够得到广大读者的批评和指正，以便日后继续修改和完善。

本书的顺利出版首先要感谢引智基地清华团队全体成员，尤其是负责各国研究的各位成员，他们的孜孜不倦工作是本书得以顺利出版的关键；其次要感谢引智基地国际团队的专家们，正是他们的悉心指导确保了本书的权威性；最后必须感谢清华大学教育研究院党委书记刘惠琴研究员、院长石中英教授及分管科研的副院长韩锡斌教授，他们对引智基地的重视和支持是本书得以顺利出版的保障。

作为后续相关的系列研究，目前引智基地全体成员正在按照既定研究计划和任务安排开展《世界工程教育发展报告》和《中国工程教育发展报告》的编著工作，相信这两本发展报告能够尽快与读者见面，并与本书一道共同为推动中国工程教育的研究和发展、工程教育国际比较和借鉴提供有价值、有权威性、有影响的参考。

林　健

清华大学教育研究院教授

清华大学公共管理学博士生导师

清华大学教育研究院学术委员会主任

全国高校工程教育学学科建设联盟理事长

国家工程教育多学科交叉创新引智基地执行主任

Preface

The volume of China's engineering education determines its position and influence in China's higher education. In China, 92% of undergraduate colleges and universities offer engineering majors, engineering accounts for 33.7% among 92 bachelor major categories, engineering accounts for 33% among more than 58,000 bachelor programs, engineering accounts for 32.9% and 24.4% of academic and professional master programs respectively, engineering accounts for 36.8% and 61.5% of academic and professional doctoral programs respectively; There are 33.3% of Chinese undergraduates enrolled in engineering programs, with the proportions for master's and doctoral engineering students being 34.7% and 42.3% nationwide. These data fully illustrate that the development of engineering education has a crucial role and influence on the development of the whole higher education, and further demonstrate the importance of the reform and development of engineering education to the construction of a powerful country in education, science and technology, and human resources proposed at the 20th National Congress of the Communist Party of China (CPC).

The development of engineering education plays a vital role in the process of national industrialization and modernization. China is the country with the largest scale of engineering education in the world, and engineering education in China has made important contributions to national economic construction, social development, and national rejuvenation. Since the founding of the People's Republic of China, under the leadership of the Communist Party of China, the economic construction in China has shifted from poverty to the world's second-largest economy, from a backward agricultural country to the world's largest industrial country, and from a country with a weak industrial foundation to the only nation in the world with a complete industrial system, creating a miraculous rapid economic development. China has made remarkable achievements in independent innovation in fields such as the "Two Bombs and One Satellite" Project, manned spaceflight, lunar exploration project, deep sea exploration, supercomputing, satellite navigation, domestically produced C919 large aircraft, high-speed railway, Gen III nuclear power, 5G technology, which are recognized worldwide. All the above are inseparable from the unremitting efforts and lifelong dedication of engineering science and technology talents batch after batch trained by China's engineering education for decades.

To help realize the great rejuvenation of the Chinese nation, we need to speed up the construction of China as a powerful country in engineering education, and learn from the achievements and experiences of engineering education in developed countries. Although China has made remarkable achievements in engineering education, it is still far from the goal of building a strong country in engineering education with Chinese characteristics, and it is essential to study and draw on the outstanding achievements and successful experiences in engineering education made by major developed countries in the world, taking into account the national conditions and specific realities of China. Engineering education in modern China, which started from various Western-style schools set up by the Westernization Movement in the late Qing Dynasty, has a history of only over 140 years, while engineering education in developed countries in the world has a history of several hundred years. In their long-term research and practice of engineering education driven by the background of economic and social development in their respective countries, they have experienced the repeated cycle of failure, improvement, frustration and success, thus accumulating rich engineering education achievements and experiences with various forms, contents and characteristics. As part of the achievements of human civilization, the achievements and experience of engineering education in developed countries should be shared, but such sharing should not only be actively learned with an open and inclusive attitude, but also be critically learned from China's national conditions on the premise of paying attention to China's localization. At the same time, it lays a foundation for the Chinese engineering education community to export the Chinese model, Chinese wisdom, and Chinese experience of engineering education to the world.

The "National Talent Introduction Base for the Interdisciplinary Innovation of Engineering Education" (hereinafter referred to as "Talent Introduction Base"), established by Tsinghua University in early 2020, is an action taken to promote interdisciplinary innovation in engineering education in China, to support the construction of a strong country in engineering education, and serve the country's major strategic needs. It is the first liberal arts talent introduction base at Tsinghua University and the only talent introduction base in the field of engineering education in China so far. The strategic positioning of the base is grounded on Tsinghua University, rooted in China, facing the world, it will become an engineering education think tank, a high-end talent training base and a famous international academic exchange platform with great influence and playing leading role in the field of global engineering education.

The main objectives of the talent introduction base are: to build a multidisciplinary team composed of top experts in engineering education from many countries, well-known professors in engineering departments and researchers in engineering education; to build a world-class engineering education discipline; to cultivate many leading figures with significant influence in the field of international engineering education and young and middle-aged scholars with international academic competitiveness and important policy influence; to produce a number of high-level academic research achievements widely recognized by the international engineering education community, form high-end academic brands in several directions, and publish high-level monographs and papers; to actively serve the United Nations 2030 Agenda for Sustainable Development, the construction of China as a powerful country in engineering education and the construction of the double first-class project.

The multinational engineering education experts at the Talent Introduction Base include one recipient of the Chinese Government Friendship Award, three recipients of the Gordon Award for Engineering Education, three leaders of international engineering education organizations, and four academicians of Chinese and foreign engineering academies. The international team of the Talent Introduction Base emphasizes great influence, representativeness, and diversity. It is composed of 12 foreign experts from 5 major countries in Europe and the United States, including academicians from 5 countries including the United States, Britain, China, and Russia, world-renowned engineering education experts, and Edward F. Crawley[①], Ford Engineering Chair Professor of at MIT, academician of the American Academy of Engineering, Richard Miller, one of the initiators of the "Global Major Challenge Summit" among China, the United Kingdom, and the United States, a world-renowned engineering education expert, founding president of the Olin Institute of Technology and professor at the Massachusetts Institute of Technology. The Tsinghua team of the Talent Introduction Base emphasizes interdisciplinary and strong complementarity, with 15 teachers, including You Zheng, an academician of the CAE (Chinese Academy of Engineering) Member, the former vice president of Tsinghua University, the president of Huazhong University of Science and Technology, the director of the talent introduction base, Zheng Quanshui, an academician of the CAS (Chinese Academy of Sciences) Member, and a professor of the School of Aerospace Engineering, Tsinghua University.

Following the publication of the monograph "New Engineering Construction Facing the Future-New Ideas, New Models and New Breakthroughs" in 2021, this book is a set of works published by the Talent Introduction Base and was supported by the international team of the Talent Introduction Base, and completed by the joint efforts of the Tsinghua team of the Talent Introduction Base. This book consists of two parts. The first part includes eight European countries, namely: Germany, Britain, France, Spain, Ireland, Denmark, Sweden and Belgium, and the second part includes six countries, namely: the United States, Canada, Japan, South Africa, Australia and Brazil. The selection of these fourteen countries is based on two considerations: first, Progressiveness. The selected countries are mostly developed countries, with long history and rich accumulation in the field of engineering education, and are worth learning from; The second is representativeness. The selected countries are the most representative in the field of engineering education globally, covering five continents. South Africa was selected as one of the most economically developed countries in Africa, and Brazil was selected as the world's seventh-largest economy and one of the BRICS countries.

I am responsible for the overall planning, organization and compilation of this book. The arrangement of compilation tasks for each country mainly considers the

---

① To facilitate readers in directly referencing foreign language literature and to avoid inconsistencies in translation, the Preface of this book uses the original names of foreign scholars. In the main text, following publishing conventions, the translated names are presented alongside the original names in parentheses for readers who may need them.

consistency with the foreign experts in each group of the Talent Introduction Base, to better receive guidance from foreign experts in data collection, identification of valuable information, discussion of core issues, understanding of national conditions, and compilation. Based on this, the study experience and work background of Chinese experts are combined. The division of labor among fourteen countries according to the four groups of talent introduction base is Shown in Table 1.

Table 1

Group	Research tasks	Chinese experts	Foreign experts
Group 1	UK, France, Japan, Canada, Australia	Lin Jian Xu Lihui Yu Ji	Edward Crawley (MIT, the United States) Richard Miller (Olin, the United States) Jason Woodard (Olin, the United States)
Group 2	Germany, Ireland and Spain	Liu Huiqin Li Fengliang Wu Qian	Reinhart Poprawe (Aachen, Germany) Mike Murphy (Dublin, Ireland) Luis M. S Ruiz (Valencia, Spain)
Group 3	The United States, South Africa, Brazil	Tang Xiaofeng Zhao Haiyan Xie Zheping	William C. Oakes (Purdue, the United States) Jennifer Case (Virginia, the United States) Brent K. Jesiek (Purdue, the United States)
Group 4	Denmark, Belgium and Sweden	Li Manli Qiao Weifeng Xu Luping	Anette Kolmos (Aalborg, Denmark) Green Langie (Leuven, Belgium) Aida O. Guerra (Aalborg, Denmark)

The Chinese experts responsible for the specific division of labor for each country's editorial tasks are Shown in Table 2.

Table 2

Country	Author/Editor
UK, France and Japan	Yu Ji
Canada, Australia	Xu Lihui
Germany, Ireland, Spain	Wu Qian, Liu Huiqin, Li Fengliang
the United States, South Africa, Brazil	Tang Xiaofeng
Denmark, Belgium and Sweden	Li Manli, Qiao Weifeng

Foreign experts from the Talent Introduction Base also gave active contributions and unreserved support in the process of compiling this book, such as Mike Murphy, former chairman of the European Society for Engineering Education (SEFI), Professor of TU Dublin, Ireland, who actively contributed to the Irish part; Professor Reinhart Poprawe, the former vice president of the RWTH Aachen University in Germany, the director of the Fraunhofer Institute for Laser Technology ILT, Aachen, Germany, who actively contributed to the German part; and Professor Luis Manuel Sánchez Ruiz, vice president of the European Society for Engineering Education (SEFI), Deputy Dean of the University of Valencia, who actively contributed to the Spanish part.

The overall research on engineering education in a country should not only consider the main components of engineering education at the national level, but also consider the common parts of engineering education in various countries to facilitate the comparison of engineering education between countries. Therefore, at the beginning of the research, after discussion at the meeting, I provided a reference outline for members of the Talent Introduction Base to conduct national research, as shown in Table 3.

Table 3   Reference Outline for Country Studies

Chapter	Description
1. Overview of Engineering Education Development	It mainly sorts out, analyzes and summarizes data on the development of engineering education in various countries in the past five years
2. Current status of industrial and engineering education development	The demand for engineering talents in the industry directly promotes the development of engineering education, and the development of engineering education will also promote the development of the industry. There is an interactive relationship between the two, focusing on grasping the current situation
3. Engineering education and talent cultivation	The main task of engineering education is talent cultivation, and the effectiveness of engineering education reform and development ultimately depends on the quality of talent cultivation. Emphasis is placed on the promotion of engineering education to talent cultivation and the requirements of talent cultivation for engineering education
4. Engineering education research and discipline construction	Discipline construction mainly includes talent cultivation, scientific research, and team building. Discipline construction is an inevitable trend of continuous improvement and maturity of engineering education, among which engineering education research is the core of engineering education discipline construction
5. The role of the government: policy introduction and environment creation	Although different national conditions lead to different ways for governments to promote the development of engineering education in their own countries, it is a common main way for all countries to promote engineering education through relevant policies and institutional environment

Chapter	Description
6. Engineering education certification and engineer system	The relationship between engineering education certification and the engineer system reflects the degree of correlation between the types and standards of engineering talent training and the qualifications of engineers in industrial enterprises. It is a measure of the extent to which the school can train various engineering talents according to the requirements of the industry, and also a reflection of the consistency of engineering talent training requirements between universities and industry
7. Features and cases	Engineering education in each country has its own characteristics and advantages, which are the most worthy of learning and reference from other countries. These characteristics should not only be accurately condensed and elaborated, but also fully illustrated through cases, such as some schools' specific practices recognized by the industry
8. Summary and Outlook	This book systematically summarizes the development of engineering education in China, and make prospects for the future development of engineering education in China based on official released engineering education development plans and other materials

Although it is emphasized that the reference of the above outline is based on the possible differences in the development of engineering education in various countries and the acquisition of relevant data and information, the first-level titles of engineering education research in various countries that are finally presented to readers are consistent with the above outline, and the differences between countries are mainly reflected in the second and third level titles.

The whole process of this set of books has gone through fourteen regular meetings of the Talent Introduction Base in two years and ten months. Each meeting is not only a meeting to promote the research progress of engineering education in various countries, but also a discussion and exchange meeting on the development history, status quos and characteristics of engineering education in developed countries, which plays an important role for Tsinghua team members to comprehensively grasp the engineering education in developed countries, expand the international vision of engineering education and promote national research after the meeting. During the whole process of country research, Chinese members of each group in the Talent Introduction Base kept regular communication and exchanges with foreign experts, and held irregular discussions on important topics related to the development of engineering education in relevant countries, seeking their support and confirmation in terms of main data, viewpoints, and conclusions.

The publication of this book aims to systematically present the overall development of engineering education in major developed countries in the world to the engineering education circle in China, and its characteristics are mainly reflected in the following aspects:

(1) Authority. It is mainly manifested in two aspects: one is the data materials, which are not only first-hand, but also published or confirmed by the official or authoritative institutions of relevant countries; second, foreign experts participate in the whole process of guidance, especially when there may be uncertainties or disputes about important issues, core concepts and important data.

(2) Systematicity. It is mainly manifested in two aspects: one is the systematization of content, which covers the main content that a country's engineering education should have; the other is the systematization of data, emphasizing the continuity, completeness and full cycle of data. For this reason, considering the lag in obtaining engineering education data of relevant countries, except Germany, Ireland and Spain, which use the latest data up to 2022, other countries mainly use the data from 2016 to 2020, including a small amount of information in 2021.

(3) Cutting-edge. The research on the development of engineering education in various countries focuses on and faces the cutting-edge development of engineering education in various countries. By selecting the latest information, providing the latest content, and showcasing the latest progress, we strive to outline the latest picture of the development of engineering education in various countries.

(4) Value. The value that can be provided to researchers, practitioners, and other readers in the field of engineering education in China is mainly reflected in two aspects: firstly, reference value, which provides valuable and reference information on engineering education in developed countries through authority, systematicity, and cutting-edge approaches; The second is comparative value, which provides a relatively complete content of engineering education in developed countries that can be compared with engineering education in China.

However, limited to the abilities of the editors, this book will inevitably have some flaws and shortcomings, and we sincerely hope to get criticism and correction from the readers to continue to revise and improve it in the future.

The smooth publication of this book is first of all thanks to all the members of the Tsinghua team of the Talent Introduction Base, especially the members in charge of research in various countries. Their tireless efforts are the key to the publication of this book; secondly, thanks to the experts of the international team of the Talent Introduction Base, since it is their careful guidance that ensures the authority of this book; finally, we must express our gratitude to Professor Liu Huiqin, Director of the Administration of Institute of Education, Professor Shi Zhongying, Dean of Institute of Education, and Professor Han Xibin, Vice Dean in charge of scientific research. Their unwavering attention and support to the Talent Introduction Base are the guarantees for the publication of this book.

As a follow-up series of related research, all members of the Talent Introduction Base are currently compiling the "Report on the Development of Engineering Education in the World" and "Report on the Development of Engineering Education in China" under the established research program. We believe that these two specialized development reports can be published as soon as possible. Together with this book, they will provide valuable, authoritative, and influential references for promoting the research and development of engineering education in China, and for international comparison and reference of engineering education.

Lin Jian

Professor of Institution of Education, Tsinghua University

Director of Engineering Education Division, Tsinghua University

Director of the Academic Committee of the Institution of Education, Tsinghua University

Chairman of the National Alliance for the Construction of Engineering Education Discipline in Colleges and Universities

Executive Director of National Talent-Introduction Base for the Interdisciplinary Innovation of Engineering Education

目　录

第十章　加拿大

第十一章 巴西

第三篇

亚

洲

第十二章　日　本

第十三章　南 非

第四篇　非洲

第五篇

大洋洲

第九章

美　国

工程教育发展概况

与英法等老牌资本主义国家相比，美国是工程教育的"后来者"。美国工程教育的早期发展，借鉴了偏重"学徒制"和应用技术的英式工程教育，以及注重培养学生数理基础和提高思维严谨性的法式工程教育。在学习英法的基础上，美国工程教育充分结合本国经济发展、教育布局和国家战略的需求和特点，在200多年间不断调整工程教育的方向、形式和内容，为美国在20世纪成为世界科技强国、国际工程教育的领导者和秩序缔造者提供了有力支持。本节根据时间线逻辑，结合美国工程教育的发展特点，将美国工程教育划分为4个历史阶段。第一阶段从19世纪初至1893年"工程教育促进会"（Society for the Promotion of Engineering Education，SPEE）成立，这是美国工程教育的起源和早期发展阶段。第二阶段从1893年至"二战"结束（1945年），集中体现了美国工业化时期和战时工程教育的发展，这一时期也是美国本科工程教育的定位和制度逐渐形成的阶段。第三阶段从1945年至1991年，是冷战时期受国防军工目标牵引的"工程科学"主导工程教育的阶段。第四阶段从1991年至今，是工程教育重新定位并服务于经济和社会需求的阶段。

一、起源和早期发展（1800—1893年）

提起美国工程教育的历史，很多学者首先想到的是《莫里尔法案》（Morrill Act）。在当今的美国工程教育版图中占据重要地位的许多工程高校和综合性大学，都是根据《莫里尔法案》设立的"赠地大学"（Land-grant Universities）。学者们通常认为，早期的美国工程师主要是在具体工程实践（如伊利运河的修建）中以师徒制的方式成长起来的，因而对美国内战之前的学校工程教育研究较少。然而，历史学家雷诺兹（Reynolds）指出，美国的学校工程教育在内战以前就已经具有相当规模。雷诺兹发现，在1861年美国内战开始之前，全国已有超过50所高校提供不同形式的工程训练，并把内战前的工程教育划分为6种模式[①]。

---

① Reynolds S T. The Education of Engineers in America before the Morrill Act of 1862 [J]. History of Education Quarterly, 1992: 459–482.

（1）受法国模式影响的军事学院。其中最知名的是 1802 年成立的西点军校，这也是美国第一所高等工程学校。之后亦有诺威治大学、弗吉尼亚军事学院、南卡罗米纳军事要塞学院、美国海军学院等一批军事院校陆续成立。

（2）多科技术学院（Polytechnic）。这一类学院受英国模式影响，重在培养工匠和传播制造相关的有用知识。1824 年，在伊利运河通航的前一年，于纽约州奥尔巴尼市（伊利运河和哈德逊河的交汇处）隔壁的小城特洛伊开办的伦斯勒学校，即今天的伦斯勒理工学院（Rensselaer Polytechnic Institute），是美国第一所民用高等工程学校。

（3）传统大学的工程选修（不授予学位）。佛蒙特大学（1828 年）、哥伦比亚大学（1830 年）、普林斯顿大学（1832—1838 年）、纽约大学（1837 年）等传统大学都在内战前为不追求获得学位的学生提供了工程方向的系列选修课程。

（4）传统大学的工程文学士学位（Bachelor of Arts）。弗吉尼亚大学（1833 年）、威廉玛丽学院（1836 年）、阿拉巴马大学（1837 年）等直接开设了授予工程学士学位的教育项目。

（5）传统大学的工程理学学士学位（Bachelor of Science）。哥伦比亚大学（1830 年）和布朗大学（1850 年）在传统的理学学士学位中，包含了工程的学习内容。Union College（1835 年）、纽约大学（1853 年）、密歇根大学（1855 年）则直接授予工程专业理学学士学位。

（6）大学附属科学学校。耶鲁大学（1846 年）、哈佛大学（1848 年）、达特茅斯学院（1852 年）等高校选择开办大学附属的科学学校，在附属学校中开展科学和工程教育。

1862 年，美国总统林肯签署了《莫里尔法案》，将联邦所有的土地赠予各州，用于建设促进农业和机械知识传播的大学。在该法案的推动下，各州纷纷成立"赠地大学"，为当地经济发展培养技术人才。1860—1872 年，工程学院的数量增至近 3 倍[①]。赠地大学由各州政府管辖，因此这一时期的工程教育在教学内容和培训方式上紧密聚焦本地经济社会、农业机械和工业发展的需求。这种延续至今的"本土视角"一方面使工程教育成为服务本地经济社会需求、提升当地青年教育水平、增加就业机会、促进社会公平的有力选项；另一方面也因各地之间经济结构和发展水平的差异，导致工程训练的重点和标准迥异，对工程师在全国范围的流动造成了困难。

---

① Clark M, Buchanan W W. The American Society for Engineering Education and the Morrill Act of 1862 [J]. The Journal of JSEE, 2012: 60–6. 2012.

19 世纪中后期，很多传统上以农业经济为主的地区先后开启了工业化进程，在地区间、校际间建立相对统一的工程教育标准显得日益迫切。与此同时，工程师们开始在全国范围内组织起来。1852 年，美国最早的全国性工程专业协会，即美国土木工程师协会（ASCE）成立。随后的半个世纪，矿业（AIME）、机械（ASME）、电气（AIEE，后改名 IEEE）和化工（AIChE）相继成立全国性的工程专业协会，这五大协会并称"创始工程协会"（Founder Societies）。全国范围的工程专业组织为工程作业和工程师资质的标准化提供了平台，也对工程教育者在统一教学标准方面提供了启示。1893 年，美国机械工程师协会教育分会的成员决定分协会关注的主题从机械工程教育拓展至所有领域的工程教育，并成立了工程教育促进会（SPEE），这是美国工程教育协会（ASEE）的前身。作为美国第一个关于教育的专业协会，SPEE 的成立体现出工程教育者谋求在全国建立统一标准的努力，也标志着工程教育从 19 世纪重视手工技能培训向 20 世纪重视科学知识传授的新模式的转型[①]。

二、工业化和世界大战时期（1893—1945 年）

　　20 世纪上半叶，美国的工业化进程和由电气化引领的科技革命深刻影响了工程教育的方向和内涵，促进了工程训练从传统的注重培养动手能力的"实践导向"，转向注重科学知识和实验方法的"理论导向"。同时，美国工程教育协会领导的几次全国范围的工程教育调研和讨论，为工程教育在培养目标定位和学制等问题上的长期选择奠定了根基。两次世界大战进一步加速了工程教育的理论转向，也强化了工程教育在培养目标中对"通才"的关注。

（一）从实践到理论

　　20 世纪初，美国各州经济发展的重点逐渐从农业过渡到工业领域，汽车、电力、化工等行业的发展，使工程作业中科学知识的含量不断提升。新兴的化工和电气工程领域对化学、物理等科学知识和实验方法的依赖，超过了对基于经验的技术实践的需要。在机械工程师的培养方面，理论派和实践派于 19 世纪 80 年代曾展开激烈辩论，而进入 20 世纪后，理论派明显占据了上风。随着美国工程院校纷纷增加课程体系中科学课程的比例，这种辩论逐渐趋于平静。这一时期的

---

① Reynolds T S, Seely B E. Striving for Balance: A Hundred Years of the American Society for Engineering Education [J]. Journal of Engineering Education, 1993, 82 (3): 136–151.

一些欧洲科学家和工程师移居美国，也把他们所受的偏重数理和分析的理论训练传统带到了美国。[1]与工程知识从实践到理论的转向相对应，工程训练也由早年土木、农业技术等注重野外技术操作的培训逐步转向实验室探索。

工程教育的科学化和理论化转型的另一个表现是工科教师研究活动的增长。早期的工科教师主要承担教学任务，零星的"研发"也往往局限于教师利用自身的知识和技能解决一些当地企业的需求，少有以系统的科学探索和知识生产为目的的研究。随着工业发展对工程知识的需求日益强烈，工业界扩大了对高校研发的资助力度。20 世纪 20 年代后期，一批企业资助当地高校建立"工程实验站"，希望用实验的方法开展研发以解决企业技术需求。然而，20 世纪二三十年代的经济大萧条中断了工程实验站的扩张[2]。直至 20 世纪 40 年代，美国高校所开展的工程研究依然聚焦于公共服务（如市政发展）和实践问题，而非科学知识的生产，这一趋势到"二战"以后才发生根本性改变。

（二）明确目标定位和学制

ASEE 自成立时起即扮演协调全国工程教育信息和标准的角色。经过早期的建设和发展，ASEE 在逾百年的历史中，保持每 10 年左右一次的频率开展全国规模的工程教育调查，并形成调查报告。这些报告对美国工程教育培养目标、培养方式和培养内容的确立和调整产生了深刻的影响。1907 年，ASEE 开始筹备第一次全国工程教育调查。经历 11 年，第一份关于全美工程教育的研究报告《曼报告》（The Mann Report）于 1918 年出版。该报告提出三点建议：①全国范围工科课程的标准化；②在工程人才培养中坚持博雅教育和专业教育的融合；③科学实验方法的普及[3]。其中，关于工程教育应该坚持"通专融合"的建议，在之后百年的美国本科阶段工程教育中延续下来。The Mann Report 认为，工程教育的核心是毕业生品格（Character）的塑造，而非具体知识的传授。同时，产业中管理科学的兴起，使工程教育者意识到，在科学和技术之外，经济、管理，甚至心理等社会科学知识也为工科毕业生成为管理人才提供了重要的职业准备，因此，当

---

[1] Seely B E. The Other Re-engineering of Engineering Education, 1900—1965 [J]. Journal of Engineering Education, 1999, 88 (7): 285–294.

[2] Reynolds T S, Seely B E. Striving for Balance: A Hundred Years of the American Society for Engineering Education [J]. Journal of Engineering Education, 1993, 82 (3): 136–151.

[3] Akera A, Seely B E. A Historical Survey of the Structural Changes in the American System of Engineering Education [A]. in Christensen S H, Didier C, et al. International Perspectives on Engineering Education: Engineering Education and Practice in Context, Volume 1 [M]. Berlin: Springer, 2015.

时大多数高等学校并没有将毕业生能够直接获得职业工程师注册资格作为培养目标，而选择通过一定程度的通识教育为工科学生更全面的职业发展打好基础[①]。

1923年，ASEE开启了第二次全国规模的工程教育调查。调查形成的《韦克登报告》（Wickenden Report）上下两卷分别于1930年和1934年出版。该报告着重考虑了当时困扰工程教育者的一个难题：如何平衡学术知识和专业技能的传授。此前，这种难以兼顾的现实困难促使一些工程教育者提出延长学制的动议。Wickenden Report认为，延长学制缺乏可操作性，主张继续保持4年的工程教育本科学制，通过优化录取标准和课程设置等方式来兼顾学术和专业培养。报告进一步建议，通过增加通识教育的比例来平衡学术训练和专业训练之间的张力，即设置总量在一学年左右（25%总学分）的经济、人文等通识课程，分布在4年的课程体系中[②]。Wickenden Report对美国工程教育的另一个重要影响是关于工程教育认证的建议。在报告的启发下，工程师职业发展理事会（Engineers' Council for Professional Development，ECPD）于1932年成立，并于1936年发布了第一批通过认证的工程教育项目。1980年，ECPD更名为"工程技术认证会"（ABET），时至今日仍然为美国和国外工程教育项目提供认证，并通过《华盛顿协议》对工程教育的国际标准产生影响。

（三）世界大战的影响

20世纪上半叶，美国工程教育在内容导向、培养目标、学制等方面的主要变化，看似由工程教育共同体内部（教师、院校管理者、工程教育协会等）主导。然而，重要的历史事件，尤其是两次世界大战，对工程教育变革产生了深远的影响。为满足美国参与"一战"所带来的装备需求，各地工厂的工程师纷纷采取多种方式保障生产的速度和质量，使人们进一步认识到工程师在经济和管理等方面能力的重要性。"一战"后，很多工程教育项目都增设了经济和商业管理方面的课程，对工程师的定位也从战前所重视的专门技术能力转向了对更加通用的管理、沟通等专业素养的强调，这一转变促成了美国本科阶段工程教育以通识教育为基础的战略选择[③]。同时，"一战"中科学知识所体现的重要作用，也在一定程度上引导了工程教育界对工程"理论VS实践"争论的解答，即最终接受了工

[①] Reynolds T S, Seely B E. Striving for Balance: A Hundred Years of the American Society for Engineering Education [J]. Journal of Engineering Education, 1993, 82 (3): 136–151.

[②] 同上.

[③] Grayson L P. A Brief History of Engineering Education in the United States [J]. IEEE Transactions on Aerospace and Electronic Systems, 1980, 16 (3): 373–392.

程的"应用科学"身份[①]。

"二战"对美国工程教育的规模和路径再次产生深远的影响。一方面,"二战"期间,为弥补工程院校培养数量的不足,美国联邦政府组织了一批"战时训练教学计划",通过"短期、高强度、大学水平"的课程来快速培养工程技术人才以满足国防需求。1940—1945年,超过200所高校参与了该训练项目,提供共计超过31 000门工科课程,培训学生的超过130万人次。许多参加战时培训的学员在战后回到校园完成工程项目的学习并获得学位。另一方面,根据战时需要开展的大量科技研发,暴露出工程教育在研究生教育和科学研究等方面的不足。联邦科研经费的大量投入,也促使工程院校更加重视科研力量的培养,对工程教育在战后大幅转向科学化的培养产生了重要影响[②]。

三、冷战时期(1945—1991年)

"二战"的胜利为美国迎来经济发展的重要机遇期。战后,大批退伍军人在《退伍军人权利法案》(G. I. Bill of Rights)的资助下进入大学,其中一大批选择了就读工程专业。在冷战背景下,国防军工业对工程师的持续需求刺激了工程教育规模的扩张。1957年,苏联成功发射Sputnik 1人造卫星,在美国造成极大震动,引发举国对国防和科技实力落后于苏联的担忧,也触发了政界、科技界和教育界对美国科研投入和科研人才培养方式的反思。作为应对,艾森豪威尔成立"总统科学顾问委员会",联邦政府迅速增加了科研经费投入。1958年,国会通过《国防教育法》(National Defense Education Act,NDEA),提出要全面增加教育投入,设立大量助学贷款和奖学金项目,鼓励更多学生深造,丰富的奖学金刺激了全职工科研究生规模的增长。在与苏联进行科技和军备竞赛的刺激下,美国科研经费一直保持增长的趋势,直到1966年登月计划成功才有所放缓[③]。联邦科研经费的投入鼓励了更多大学工科教师将精力投入科学研究和研究生训练,大学中工科教师具有博士学位的比例不断上升,学生的研究能力也逐渐被认为是参与工程学习

---

① Akera A, Seely B E. A Historical Survey of the Structural Changes in the American System of Engineering Education [A]. in Christensen S H, Didier C, et al. International Perspectives on Engineering Education: Engineering Education and Practice in Context, Volume 1 [M]. Berlin: Springer, 2015.

② Grayson L P. A Brief History of Engineering Education in the United States [J]. IEEE Transactions on Aerospace and Electronic Systems, 1980, 16 (3): 373–392.

③ 同上.

的基础之一[①]。

"二战"时期，美国在军事技术方面的重大突破集中产生于物理学家等具有科学训练的研发人群中，而工程师在技术研发方面发挥的作用相当有限。这一情况促使工程共同体在战后反思工程知识的局限性，探索工程教育内容的调整。这些反思和探索在 ASEE 组织的战后第一次工程教育全国调查及其最终成果（1955年出版的 Grinter Report）中得到了充分的体现。Grinter Report 奠定了冷战时期美国工程教育"科学化"的根基，报告建议，本科阶段的工程教育应该为毕业生立即进入工程领域就业或继续开展研究生学习两个方向做好准备。不同于医学、法律等领域以4年的本科通识教育为基础，在研究生阶段才开展专业教育的设计，Grinter Report 坚持把工程专业教育保留在 4 年制本科教育阶段。此举的考虑之一是降低学生获得工程专业学位的成本，保持工程行业对低收入家庭孩子的可及性。Grinter Report 也延续了 Mann Report 和 Wickenden Report 中提出和坚持的理念：本科工程教育不能植入太多专业课程，而应该通过通识和专业课程的适当结合，培养学生宽泛的知识和技能基础，为其继续学习夯实基础[②]。在保持通专结合的前提下，Grinter Report 提升了数学、自然科学和工程科学在课程中所占的比例，进一步将工科本科课程体系分为人文社科、数理、工程科学、工程专业课、选修课 5 个课程模块。结合 ECPD 的认证要求，Grinter Report 基本确立了美国本科工程教育一学年基础科学、一学年工程科学、一学年人文社科、一学年综合与设计的课程框架[③]。

20 世纪 70 年代，美国工程教育进入调整期。随着国内经济发展放缓和外部军事威胁减弱，20 世纪五六十年代工科毕业生的过快增长导致工程师在 20 世纪70 年代遭遇大规模失业。同时，20 世纪 60 年代美国社会中频繁出现的反战、平权、环保等社会运动开始影响到工程师和高校工科师生。工程专业共同体内部开始更加有意识地关注工程技术对和平、社会公正、环境等领域的影响，也更加注重工程团体内部的多元性和包容性。此外，工程教育的通识部分除了围绕工程管理者的培养而传授经济、管理和心理学知识外，也增加了对工程伦理的关注，侧

① Akera A, Seely B E. A Historical Survey of the Structural Changes in the American System of Engineering Education [A]. in Christensen S H, Didier C, et al. International Perspectives on Engineering Education: Engineering Education and Practice in Context, Volume 1 [M]. Berlin: Springer, 2015.

② Grayson L P. A Brief History of Engineering Education in the United States [J]. IEEE Transactions on Aerospace and Electronic Systems, 1980, 16 (3): 373–392.

③ Akera A, Seely B E. A Historical Survey of the Structural Changes in the American System of Engineering Education [A]. in Christensen S H, Didier C, et al. International Perspectives on Engineering Education: Engineering Education and Practice in Context, Volume 1 [M]. Berlin: Springer, 2015.

重培养工科学生的社会责任感，以及理解和妥善处理工程对社会和自然环境的影响的能力[①][②]。

20世纪80年代，随着国防压力进一步减小，工程教育者把注意力更多转向了美国国内的经济和社会问题。这一时期，日本制造业的冲击使不少工程教育者意识到维持美国在全球经济竞争中优势的迫切需要，工业工程等领域开始认真探索产业政策等问题[③]。同时，随着美国的战略重心从国防转向国内社会问题（如住房、交通、卫健、教育、污染、能源等），新的发展需求，对培养工程师的社会责任意识和有效结合社会情境开展工程作业的能力提出了更高要求。这些"社会转向"也影响了更多交叉学科的出现，以及"基于问题"的工科课程的建设[④]。

四、冷战结束以来（1991年至今）

冷战的结束为美国工程行业和工程教育带来深刻的结构性变化，尤其是国防军工经费支持的缩减促使工程行业重新调整自身的使命。一方面，失去国防经费的"保护伞"之后，工程共同体开始转向追求在商业竞争中体现自身的价值。与国防军工研发偏重科研能力的要求不同，企业参与全球经济竞争，对工程师的专业技能（包括沟通能力、团队合作能力、理解和满足用户与市场需求的能力）提出了更高要求。同时，全球化市场和跨国公司的增长，要求工程师具备更强的跨文化合作以及在本国之外开展工作的能力，突出了对工程师"全球胜任力"的要求。另一方面，冷战结束后，工程专业"保障国家安全"的主要价值逻辑稍有淡化，此时工程共同体开始通过服务新的社会需求来重建自身的合法性，如工程师积极地参与到环境保护、应对气候变化、服务弱势群体、促进社会公正等一系列社会议题的工作中。综上所述，在经济层面提高满足企业需求的专业胜任力，在社会层面体现社会责任感和公共领袖作用，这两个目标在过去30年逐步融入美

① Akera A, Seely B E. A Historical Survey of the Structural Changes in the American System of Engineering Education [A]. in Christensen S H, Didier C, et al. International Perspectives on Engineering Education: Engineering Education and Practice in Context, Volume 1 [M]. Berlin: Springer, 2015.

② Mitcham C. Convivial software: an end-user perspective on free and open source software [J]. Ethics and Information Technology, 2009, 11 (4): 299–310.

③ Akera A, Seely B E. A Historical Survey of the Structural Changes in the American System of Engineering Education [A]. in Christensen S H, Didier C, et al. International Perspectives on Engineering Education: Engineering Education and Practice in Context, Volume 1 [M]. Berlin: Springer, 2015.

④ Grayson L P. A Brief History of Engineering Education in the United States [J]. IEEE Transactions on Aerospace and Electronic Systems, 1980, 16 (3): 373–392.

国工程教育改革的方向和内容之中。

从 20 世纪 80 年代末期开始，工程教育过于偏重理论知识，与产业实践脱节的矛盾逐渐显著。工业界和教育界不少人把问题归结于 ABET 当时所采用的认证标准过于僵化。具体而言，认证标准非常详尽地规定了不同工科专业的培养项目在各个领域的课程内容和学分，若要获得认证，工程项目必须"照章办事"，故而缺少主动设计课程体系的空间。这种"数豆子"（Bean Counting）式的认证标准，造成了各个学校在工程人才培养上的同质化，既不能根据本地产业需求灵活调整教学内容，也不能根据学校的特色大胆开展教育创新[1]。20 世纪 90 年代初，ABET 成立专门委员会对认证标准进行审议，并广泛征集各方意见，在 1997 年试行基于学习成效的（Outcome Based）"工程标准 2000"（Engineering Criteria 2000，EC2000）。EC2000 摒弃了以往严格规定课程主题和学时的做法，转而要求培养项目支持毕业生达成 11 项学习成效，并对学生的学习效果进行系统的评测和报告。这 11 项学习成效既包含了"数理知识""工程实验"等传统的科学技术能力，更用几乎同等的篇幅陈述了工科毕业生的沟通、团队合作、多学科交叉、社会责任、终身学习等偏重"社会分析"的专业技能（Kabo et al., 2012）[2]。可以说，EC2000 定义了一种不同以往的新型工程师。随着 EC2000 所代表的"基于学习成效"的工程教育理念在各地工程院校和项目中得到贯彻，美国工程教育在课程设置和学习效果评价等领域都发生了颠覆性的变化，雇主们对新的认证标准下培养的工科毕业生的综合专业能力给予了认可[3]。

在通过认证改革提升工科毕业生"产业胜任力"的基础上，工程专业共同体进一步探索工程师在 21 世纪所扮演的社会（领袖）角色。美国工程院先后于 2004 年和 2005 年发布《工程师 2020》和《培养 2020 的工程师》两份报告，对工程师在未来的使命和角色，以及如何培养未来所需要的领袖型工程人才做出了系统阐述。两份报告认为，未来的世界充满不确定性，而工程师应该在引领社会应对不确定性挑战和通过工程技术创新提升公众生活质量方面扮演领袖作用。两份报告较为彻底地摒弃了工程师"工具人"或者"技术专才"的定位，强调了工

---

① Prados J W, Peterson G D, et al. Quality assurance of engineering education through accreditation: The impact of engineering criteria 2000 and its global influence [J]. Journal of Engineering Education, 2005, 94 (1): 165–184.

② Kabo J, Tang X, et al. Visions of social competence: Comparing engineering education accreditation in Australia, China, Sweden, and the United States [C]. ASEE Annual Conference, 2012.

③ Volkwein J F, Lattuca L R, et al. Measuring the impact of professional accreditation on student experiences and learning outcomes [J]. Research in Higher Education, 2007, 48 (2): 251–282.

程师连接技术创新和相应社会语境的能力，也强调了工程师在多学科团队中发挥领导作用所需要的宽泛知识基础和灵活的专业能力。报告指出，随着现代工程技术在社会生活的诸多领域显现出不可替代的重要作用，工程共同体应该加强对公共政策的关注和参与。同时，报告还呼吁未来的工程领袖通过有效沟通，向公众解释工程的价值。为了实现《工程师 2020》报告中所描述的工程师在复杂多变的未来担任领导者的目标，《培养 2020 的工程师》再次提出一个在美国工程教育发展历史中时常被触及的话题：在本科阶段为学生提供宽泛基础的通识教育，将工程专业教育上移到硕士阶段。也有学者提出，在本科阶段把工程作为一门类似于自然和人文科学的通识领域，授予 Bachelor of Arts in Engineering（"工学文学士"）学位。但是，由于这种学位设置不受 ABET 认证，且不能解决延长专业学制所带来的教育成本增加的问题，故而"本科通识 + 硕士专业"的工程教育模式没有得到充分采纳。

2008 年，美国工程院提出 14 项工程"大挑战"（Grand Challenges），进一步呼吁工程共同体将注意力聚焦到影响全体人类生存、发展和可持续的重大复合型社会技术问题，如清洁水源、经济可用的太阳能、核安全等。"大挑战"的提出是工程共同体提升自身社会价值的新措施，也在全球范围内得到积极响应。从 2013 年开始，两年一度的"全球大挑战峰会"在不同国家轮流召开，世界各地的工程高校积极组织"大挑战学者项目"，将应对大挑战作为学生在大学期间学习和发展的主线。

近年来，影响美国工程教育发展的另一个重要主题是工程专业和工程教育领域的多元、平等和包容性（Diversity，Equity and Inclusion）。一方面，对工程专业人员和工科师生在性别、族裔、社会经济地位等方面多元和包容性的关注，源自社会公平的要求。美国工程院的调查① 发现，拥有工科学位的毕业生在职业生涯的收入和工作稳定性等方面较其他专业具有比较优势，而传统上，美国的工程领域却以白人男性为主。增加性别和族裔上的少数人士获得工科学位和工程领域的工作机会，成为促进社会公平的措施之一。另一方面，20 世纪 90 年代以来，工业界不时有"工程技术人才短缺"的声音。一些产业和教育领袖认为这种短缺威胁到美国的科技竞争力，进而不断呼吁政府和高校采取措施增加工程人才的培养。因此，传统上的"少数群体"成为拓展工科生源的目标。美国联邦政府通过设立奖学金、研究资助等措施，吸引更多女性和少数族裔青少年选择工程教育；

① National Academy of Engineering. Adaptability of the US Engineering and Technical Workforce: Proceedings of a Workshop [R]. 2018.

高校也通过教育研究、教学改进、组织机制变革等方式，增加工科专业女性学生和少数族裔学生的录取率和毕业率。

工程教育研究作为一个专门领域的兴起，也推动了近年来美国工程教育的改革创新。2004年，普渡大学和弗吉尼亚理工大学先后建立工程教育系，培养专门的工程教育研究人才。迄今为止，已有数十所高校成立了工程教育系或博士项目。工程教育研究的发展情况将在第四节详述。

小结

历史学家 Akera 和 Seely 指出，美国工程教育的历史是工程领域和教育领域的决策者和实践者针对现实进行不断调整和修正的过程。Akera 和 Seely 尤其强调美国工程教育发展史上的两个特征：第一，工程的知识内涵（或"工程认识论"）随时代发展和社会经济条件的变迁而不断演变；第二，由美国工程教育协会所代表的全国性的工程教育愿景，常常和各地工科学校的本地需求以及工程专业的学科文化相抵触。总的来说，美国工程教育发展的历史显示出如下特点。

第一，美国工程教育的发展变化是工程共同体不断适应国家内部和外部变化的结果。美国工程教育理念和方法上的重大变化，都有非常重要的社会背景。例如，20世纪初国内工业化转型促进了工程教育"通专结合"理念的确立，20世纪60年代社会运动促使工程教育关注环境、公平和伦理等；而外部变化，如世界大战、冷战以及之后的经济全球化，则先后影响美国工程教育的规模扩张、科学化取向以及强调产业和全球胜任力的认证改革。

第二，美国工程教育的发展是多元力量相互作用的结果，其中，工程专业共同体直接主导工程教育的制度和形式。作为一门"服务需求"的学科，工程人才培养受各方力量的影响：联邦政府的政策支持、地方政府的高校管辖、产业对毕业生的要求和对高校工程研发的需求、社会公众对工程伦理标准和承担公共服务的呼声等，都是影响工程教育的重要变量。然而，美国工程教育内容标准的最终确定，在形式上主要由工程专业共同体（工程师组织和工程教育组织）通过ASEE等平台开展讨论，进而通过认证等方式得到确立。

第三，美国工程教育历史上关于工程人才培养的重要选择，背后都有现实的政治、社会和经济考虑。例如，"二战"以后工程教育的科学化受到国防军工研发需求的驱动；保持工程专业的4年本科学制和维护工程教育的公平性、可及性相联系；而通专结合的本科培养定位则源于产业对经理型技术人才的需求。

随着美国工程教育的理念和标准通过跨国协议和国际学术交流等方式输出国外，很多美国工程教育的举措被国外院校当作"最佳实践"进行效仿。在分析、选择和借鉴有效经验的同时，应该注意到这些举措背后的历史背景。

第二节
工业与工程教育发展现状

一、未来产业布局

在美国语境中，"Industry"区别于传统"工业"，而更加接近"产业"的概念。2020年1月，美国商务部副部长、国家标准技术局局长沃尔特·G. 科盼（Walter G. Copan）在向国会听证的证词中提出五大"未来产业"，即量子信息科学、人工智能、5G、先进制造和生物技术，并汇报了联邦政府对各个产业领域所采取的支持措施。

例如，在量子信息科学领域，国会于2018年通过《国家量子计划法案》。而后，国家标准技术局又在2019年牵头成立"量子经济发展联盟"（Quantum Economic Development Consortium，QEDC），旨在考察量子技术行业的工作技能需求，并通过政产学协同来推动量子经济发展。2020年12月，国家科学基金会（NSF）发布量子教育和劳动力发展方向的同事信（Dear Colleague Letter），鼓励学者申请推动量子教育的研究课题[①]。此外，白宫和NSF还牵头成立了"国家Q-12教育合作伙伴"，协调联邦政府、企业、行业协会和教育机构，合作推动量子领域的教育和培训（NIST，2020）。在人工智能（AI）领域，联邦政府的工作重点在于提升社会对AI的信心，国家标准技术局及下属机构直接参与了多项关键研究，也尝试开发和制定了AI产业标准。在5G和先进通信领域，国家技术标准局通过参与研究、提供数据与测试工具、资助国际性的5G毫米波信道模型联盟以及直接参与5G标准制定等方式，促进美国在该领域占据领导者地位。在生物

---

① NSF. Dear Colleague Letter: Advancing Quantum Education and Workforce Development [EB/OL]. [2020-12-23]. https://www.nsf.gov/pubs/2021/nsf21033/nsf21033.jsp?WT.mc_id=USNSF_25&WT.mc_ev=click.

技术领域，联邦政府支持建设下一代测量科学（Biometrology）和生物工程实验室，并通过制定全球标准和促进工业合作来实现技术转化。

Copan 在听证会中着墨最多的是联邦政府在推动美国先进制造方面的举动。他率先指出，制造业在美国经济中扮演着关键角色，2016 年美国制造业为经济贡献 2.18 万亿美元。因此，联邦政府、商务部和国家标准技术局在推动美国布局先进制造产业方面采取了诸多措施。一方面，在研究方面，国家标准技术局承担制造过程、先进材料测量等领域的研究，直接为制造业提供技术支持，同时标准技术局下属实验室还开展了制造机器人技术开发标准和测试方法、激光测量技术、增材制造等一系列技术难点攻关。另一方面，在培育先进制造的生态系统方面，国家标准技术局牵头的"制造 USA"（Manufacturing USA）项目由 14 个制造业创新机构组成，并在全国开展一系列支持活动，通过政府、企业和学校的联合，帮助美国发展能够替代海外生产的制造业。截至 2020 年，参与"制造 USA"的机构通过教育和劳动力培训已培养接近 20 万人。

本节选择制造业作为了解工程教育如何服务美国工业人才需求的具体案例。在奥巴马和特朗普两届政府的高度重视和大力扶持下，美国制造业在本报告观察的时期（2016—2021 年）发展势头向好。然而，技术的快速迭代对未来的制造业工作者在知识和能力结构上提出了很多新的要求，而制造业本身对年轻人的吸引力也正逐渐减弱。美国针对制造业的多次调研发现，行业内外对未来劳动力和相关技能缺口的担忧比较显著。针对可预见的劳动力和技能短缺问题，美国的政产学研部门合力采取各种措施来吸引更多年轻人投身该行业，同时也有产业和学校合作直接培养面向岗位需求的学生。

二、制造业发展现状和未来人才需求预测

麦肯锡全球研究所在 2021 年报告《建设一个更具竞争力的美国制造产业》中，区分了四种类型的制造活动[①]。

（1）基于规模的标准化制造——这一类制造活动代表了制造业的经典模式，代表性行业有汽车、冶金等。在这类制造行业中，竞争集中在成本和产品质量上，而国外低成本的产品对美国制造的可替代性造成了严峻挑战。

（2）学习曲线型制造——这一类制造依靠时间、资本和工程技术密集的投资，推动生产率提高和产品持续创新迭代。相比基于规模的制造活动所依赖的设备使

---

① McKinsey Global Institute. Building a more competitive US manufacturing sector [R]. 2021: 26–28.

用率、供应链管理等手段，学习曲线型制造依靠对生产过程的创新和生产知识的积累来提高生产效率和企业竞争力。典型的学习曲线型制造行业包括半导体和存储设备的生产。

（3）研发和设计驱动型制造——不同于前两类制造活动对资本投入的高度依赖，由研发和设计驱动的制造活动依赖"科学、软件、设计、知识产权、知识和其他无形资产"的高度集成。在科学知识、技术突破和软件的支持下，此类制造具有较高的利润空间。代表性产业有下一代数码和医疗设备的制造。麦肯锡的报告指出，美国在研发和设计驱动型制造活动中保持世界领导者的地位，也因此得以在较为平缓的工业生产规模下持续提升制造业的 GDP。

（4）柔性和可定制化制造——依靠 3D 打印、自适应机器人等先进技术，柔性和可定制化的制造活动往往根据用户特定需求，生产出高度复杂和小批量的产品，而制造设备和生产线可以快速重构。这种灵活敏捷的制造方式可以更好地响应用户需求，提升用户体验，同时降低生产成本。代表性的制造活动包括高附加值的航空部件特种仪器的生产、医疗设备的生产等。麦肯锡报告认为，随着产业界更多公司接受并拓展柔性和可定制化制造业务，一场改变制造业版图的变革将随之到来。

报告同时指出，多数制造业公司往往同时包含了上述多种或全部四种制造活动，只是不同产业包含这些活动类型的比例有所差别。表 9-1 以半导体行业为例，将美国和中国台湾、欧洲、中国大陆及世界其他国家和地区四种类型制造活动所创造的销售额进行对比。可以看出，美国在半导体行业的重心主要分布在研发和设计驱动型、具有高附加值的制造活动中。

表 9–1　半导体工业美国与其他国家和地区的制造类型分布

地　　区	基于尺度（比例）	学习曲线	基于研发和设计		混合原型
	材料（晶圆）	铸造（纯制造）	电子设计自动化	芯片设计（无晶圆厂）	集成设备制造商
美国	0	11	63	58	47
中国台湾	20	71	1	18	2
欧洲	14	3	19	4	10
中国大陆	1	11	0	16	1
其他国家和地区	65	4	17	4	40
2019 年投资资本平均回报率 /%	20	22	146	123	31

注：①数字表示基于公司总部的 2018 年销售份额百分比。②全球销售份额是根据总部国家的总销售水平计算的。投资资本的平均回报率（不包括商誉）是根据全球 50 家最大的半导体公司计算的。③资料来源于 McKinsey Global Institute. Building a more competitive US manufacturing sector [R]. 2021: 35.

美国制造业发展所选择的道路主要是通过知识密集、研发和设计密集等方式维持高附加值，这需要具备高素质的研发人员和劳动力的支撑。虽然当前美国制造业在研发和产出方面保持着相对乐观的状况，但也有分析指出，未来的制造业对工作者提出了截然不同的知识和技能要求，而美国目前的制造业人才储备不足，很快会遭遇较为严峻的人才和技能短缺问题。

目前，关于美国制造业人才状况的预测主要从需求和供应两个方面展开。在人才需求方面，未来新的制造业态对人才和劳动力在知识和能力方面提出了全新要求。德勤公司在 2018 年发布报告《制造工作的未来：数字时代的工作图景》，预测了以人工智能、先进机器人和认知自动化、先进分析、物联网等技术的集成为重点的第四次工业革命，对未来制造业在工作形式、内容方面带来的变化以及在工作能力方面的需求。该报告采用了"人物画像"（Persona）的方式来描述未来工作，预测了六种未来制造业的岗位，并针对每一类岗位创作了一个虚拟的工作者，依次描述这名工作者的"职位描述、员工简历、所掌握的工具、典型工作日志"，以具象的方式展示未来制造从业者的工作特征。这六种岗位具体如下所示[①]。

（1）数字孪生工程师——这种岗位的核心功能是对物理要素和物联网情境下产品的运行，以及在全生命周期内与环境的交互进行虚拟表征。可能的职责包括：使用 3D 软件创建数字孪生，通过仿真测量产品性能，基于使用中的产品数据设计新的产品和商业模式，通过使用机器学习和实施应用数据来优化产品和服务，与销售团队协作创建数据驱动的销售策略等，如图 9-1 所示。报告将数字孪生工程师的核心能力提炼为"使用实时数据分析和先进技术，创造主要工业产品的虚拟副本，并协助企业预测和回应客户的问题"。

（2）预测型供应网络分析师——这类岗位依靠机器学习和认知计算来衡量和预测供求关系，具体职责包括：评估预测系统的推荐，依据机器学习和人工智能工具的分析结果发现市场机会并为客户提出合作预测，保证关键绩效指标的实现，与工程、生产、后期部门协作评估供需。报告认为，胜任的预测型供应网络分析师不仅应擅长数据科学和大数据建模技术，还需要具备相应的人际能力，如复杂问题解决能力、问题意识、创造力和判断力等。

（3）机器人团队协调员——此岗位负责训练人类员工和机器人协同作业，其主要职责包括：观察和评估机器人表现，向负责机器人的程序设计员提供反馈和建议，训练人工团队和机器人协作，与其他部门的机器人协调员一起识别新的机器人运用场景，保证关键绩效指标的实现。机器人团队协调员需要具备数字、社

---

① Deloitte. The Future of Work in Manufacturing: What Will Jobs Look Like in the Digital Era? [R]. 2018: 5–27.

交和人力等综合技能。

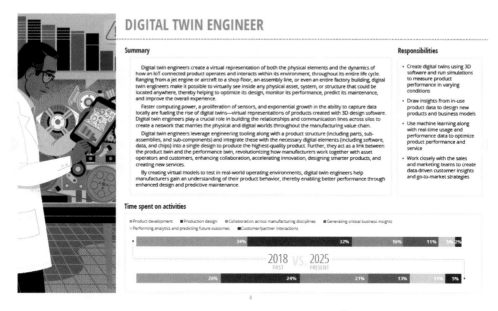

图 9-1　数据孪生工程师的岗位描述①

（4）数字供应品经理——这一类岗位负责为公司创造完全数字化（无实体）、基于数据、代码和分析的产品。岗位职责包括：与 IT、用户体验、数据和财务团队协作设计和打造供应品，维护与相关客户的关系，将用户需求反馈成技术指标，与数据科学专家一起定制产品，与用户体验部门协同设计产品界面，确保KPI 的实现等。这些职责要求数字供应品经理具有网络、销售、业务拓展、客户管理、跨团队协作、项目管理和问题解决等一系列能力。

（5）无人机数据协调员——此类岗位负责现场和远程调度，协调无人机服务供应商，对无人机所捕捉的数据进行全生命周期管理。岗位具体职责包括：监督无人机的数据采集和分析，开发标准操作协议，计划和调整无人机数据采集流程，维护与无人机服务提供商的关系，发觉新的数据捕捉机会以改进业务等。无人机数据协调员需要具备项目、资源和设备的管理能力，通过数据采集拓展业务的能力，以及客户管理、跨团队协作能力、敏捷管理能力、数据分析能力、沟通能力。

（6）智慧工厂经理——此岗位通过集成先进制造、安全互联和可行动数据分析来推动制造设备的整体效率，其具体职责包括：识别和辅助先进技术的添加，搭建多样的自动制造产能，管理客户在生产定制方面的要求，管理智慧工

① Deloitte. The Future of Work in Manufacturing: What Will Jobs Look Like in the Digital Era? [R]. 2018: 4.

厂多层次的安装、运营和维护等。智慧工厂经理要具有应用技术、自动化、连接、设备整体效率方面的胜任力，还要具备工厂智慧创新、管理变革和价值链集成方面的能力。

三、制造业人才供给的挑战

由于产业结构、人口结构和未来产业对人才技能需求的变化，行业分析对美国制造业未来的人才供给表示忧虑。德勤（Deloitte）和美国制造业研究所（The Manufacturing Institute，MI）于 2018 年发布的《技能缺口和工作的未来》报告显示，虽然美国制造业当前仍处于繁荣期，但是很快会面临劳动力和技能短缺的挑战。报告认为，美国在 2018—2028 年将新增 460 万个制造业岗位，然而根据报告预测，只有 220 万个岗位能得到满足，预计制造业将在未来 10 年面临 240 万个岗位的技能缺口。德勤和美国制造研究所对企业执行官的问卷调查也显示，有 89% 的企业高管认为美国制造业将会出现人才短缺，这是近年数次调查中比例最高的结果[①]。

此外，报告还分析了制造业技能劳动力短缺的原因：一方面是由于制造业的扩张，产生了更多岗位需求；另一方面，人口结构的变化也使得制造企业满足用工需求变得更加困难，随着婴儿潮一代退休，大批年长的技能工作者退出劳动力市场，社会中对制造业的刻板印象使得制造类工作对年轻一代缺乏吸引力。同时，先进技术改变了对制造业工作的要求，使得在岗的一批劳动力也因为缺乏知识更新而不再胜任岗位。报告认为，技能劳动力的短缺将带来高昂的经济代价，仅 2028 年度技能短缺所造成的制造业 GDP 损失就可能达到 4 540 亿美元，而 10 年间总计因为技能劳动力不足而产生的损失最高可达 2.5 万亿美元[②]，如图 9–2 所示。

根据德勤和美国制造研究所的调查，制造业未来面临的主要技能缺口集中在数字人才、技能型生产和运营管理 3 个方面。而企业执行官们反馈的未来 3 年增长最快的技能需求分别是：计算能力、数字能力、通过编程控制机器人 / 自动化的能力、使用工具和技术的能力、批判思考的能力[③]。

---

① Deloitte & The Manufacturing Institute. Skills Gap and Future of Work Study [R]. 2018.

② 同上.

③ 同上.

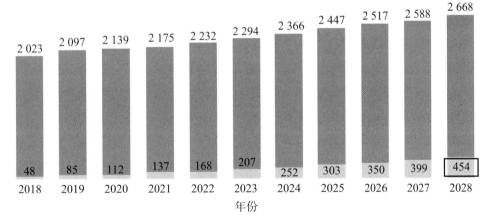

图 9–2　制造业技能短缺的代价

注：①单位：10 亿美元。②深色表示美国制造业产出 /GDP，浅色表示由于技能短缺制造业产出 /GDP 面临的风险。③ 2017 年为基准年。④资料来源：Deloitte & The Manufacturing Institute. Skills Gap and Future of Work Study [R]. 2018：5.

　　受新冠疫情的影响，德勤和美国制造研究所在 2021 年发布的联合调查报告显示，制造业劳动力缺口比 2018 年调查的结果进一步扩大，满足制造业技能需求的难度进一步增加。报告指出，数字能力是未来一段时间制造业劳动力所面临的主要技能挑战[1]。

　　然而，关于制造业内部对未来技能劳动力短缺的判断，也有其他不同的视角。美国国会研究局（Congressional Research Service）于 2017 年发布的报告《美国科学和工程劳动力：近期、当前和预期雇佣、工资和失业情况》指出，美国国会关注科学和工程劳动力的供应情况已经超过 60 年，并采取了广泛措施来增加科学技术工程和数学人才的培养。国会研究局的报告注意到，政策、商业、学术和职业共同体对科学和工程人才供应都有各自的判断，这些判断在是否存在短缺、短缺的性质（绝对短缺还是结构性短缺）、是否需要政策干预等方面并未形成完全共识。报告总结了关于劳动力供应方面的主要视角如下[2]：

　　（1）美国存在科学和工程劳动力短缺，并且这种短缺将造成科技和经济上的损失。

　　（2）不存在科学和工程劳动力短缺，"短缺论"缺乏雇佣增长率、工资增长

①　Deloitte & The Manufacturing Institute. Creating Pathways for Tomorrow's Workforce Today: Beyond Reskilling in Manufacturing [R]. 2021.

②　Congressional Research Service. The U.S. Science and Engineering Workforce: Recent, Current, and Projected Employment, Wages, and Unemployment [R]. 2017: 27–30.

率和失业率方面的支持。

（3）无论短缺与否，美国需要更多的科学家和工程师。

（4）通过政府干预来应对科学和工程劳动力短缺可能缺乏效率。

（5）劳动力预测在预测短缺方面并不可靠。

（6）短缺可能是结构性的，存在于部分产业，而非全局性的。

（7）产业界关于短缺的呼声可能是为了降低劳动力成本和知识更新而采取的策略。

（8）真正的问题是技能短缺而非人员短缺。

（9）放宽移民可以缓解短缺。

（10）放宽移民可能进一步降低美国本土学生进入科学和工程领域的积极性。

（11）美国学生在 STEM 知识方面落后于其他国家，联邦政府应该改善 STEM 教育。

（12）国际测试不能有效反映美国学生的 STEM 知识。

虽然国会研究局的报告呈现了不同共同体对美国科学和工程劳动力供应的预测不一致的情况，甚至存在相互矛盾的视角和判断，但报告也通过具体的数据描述了科学与工程人才未来的增长趋势。报告显示，2016 年有总计 690 万名科学家和工程师受雇于美国，其中工程师占比 23.6%[①]，如图 9-3 所示。

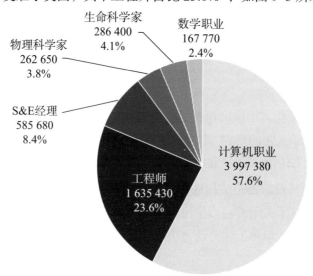

图 9-3　2016 年美国科学和工程雇佣人数

资料来源：Congressional Research Service. The U.S. Science and Engineering Workforce: Recent, Current, and Projected Employment, Wages, and Unemployment [R]. 2017: 27–30.

---

① Congressional Research Service. The U.S. Science and Engineering Workforce: Recent, Current, and Projected Employment, Wages, and Unemployment [R]. 2017: 6.

报告显示,根据美国劳动力统计局(Bureau of Labor Statistics)的预测,2016—2026 年美国科学和工程岗位年度增长率为 1.1%,10 年总计新增岗位 853 600 个[①],其中岗位增加最多的是计算机相关行业。表 9–2 显示,排在新增岗位最多的科学与工程职业前 5 位(软件应用开发、计算机用户支持专家、计算机系统分析师、系统软件开发、计算机和信息系统管理员)都是计算机相关职业。计算能力在未来工程师能力需求中占据的核心地位,也在美国工程院 2018 年的报告《理解工程师的教育和职业通道》得到了印证。

表 9–2　新增岗位最多的科学和工程职业　　　　　　　　单位:个

排　　　名	科技类职业	预计平均年就业增长
1	软件开发者、应用程序员	25 340
2	计算机用户支持专家	7 110
3	计算机系统分析员	5 300
4	软件开发人员,系统软件	4 610
5	计算机和信息系统经理	4 380
6	土木工程师	3 210
7	运营研究分析师	3 130
8	信息安全分析师	2 840
9	计算机职业,所有其他	2 590
10	机械工程师	2 530
被选出的预期增长最高的非科技类职业		
1	个人护理助手	75 400
2	综合食物准备和服务工人,包括快餐	57 990
3	注册护士	43 700
4	家庭健康助手	42 560
5	门卫和清洁工,除了女佣和家庭保洁	23 300

注:①最右列一栏中的数字是通过将 2016—2026 年预测期间每个职业的净新增就业岗位除以 10 得到的,即每年净新增就业岗位的平均数量。②资料来源:Congressional Research Service. The U.S. Science and Engineering Workforce: Recent, Current, and Projected Employment, Wages, and Unemployment [R]. 2017: 23.

四、制造业人才培养:政产学联合行动

为了解决未来美国制造业技能劳动力的短缺问题,美国政府、产业、高校近年来开展了一系列针对性的措施。其中,具有标志性的是由联邦政府牵头于 2014 年成立的"制造 USA"项目。制造 USA 是一个制造业创新的国家网络,依

---

① Congressional Research Service. The U.S. Science and Engineering Workforce: Recent, Current, and Projected Employment, Wages, and Unemployment [R]. 2017: 19.

据《重振美国制造和创新法案》而设立，其使命是"连接人员、观念和技术以解决产业相关的先进技术挑战，进而增进产业竞争力和经济增长，保障国家安全"①。作为一项"公私伙伴关系网络"，制造 USA 由美国商务部、国防部、能源部、航空航天局、国家科学基金会、卫生和人力服务部、农业部、教育部、劳工部 9 个联邦政府部门领头，协助政产学解决制造业升级发展所需要的技术、供应链、劳动力发展等问题②。"制造 USA"的具体运行方式是在全国资助 16 个"制造创新所"（Manufacturing Innovation Institute），每个所在攻关关键制造技术的同时负责先进制造领域的劳动力教育和培训。

制造 USA 认为，保持美国在先进制造领域长期人才储备的关键是激发青少年对 STEM 领域的兴趣，因此设立了年度"制造日"来宣传和提升制造职业的形象，纠正关于制造类职业的刻板印象。制造创新所还通过直接授课、介绍学生参加学徒项目、提供在岗学习、设立技术教育项目等方式提升制造业劳动力技能水平。2019 年，超过 32 000 名工人和学生参加了制造 USA 组织的教育和劳动力发展活动，这些活动包括如下几项：

（1）国家生物制药制造创新研究所（NIIMBL）组织了为期一周的旨在向黑人和少数族裔学生介绍生物制药产业的项目，邀请传统黑人学院和大学的学生参观生物制药企业和相关的联邦部门。

（2）"美国生物制造"（BioFabUSA）开发了面向中学生介绍生物制造过程的动手体验，并在全国机器人大赛中面向 5 000 余名中学生开展了试点。

（3）宾夕法尼亚州立大学、麻省理工学院和智能制造研究所（CESMII）合作开发了集成制造场景、制造软件应用和教育模块的"工厂 4.0 工具包"，可适用于工科、非工科和交叉学科的教育项目中。

（4）数字制造和网络安全研究所（MxD）的劳动力开发和教育项目服务约 1 500 人，还邀请了 80 名高中生参加制造主题的创业活动和夏令营。

（5）NextFlex 推出推广项目 FlexFactor，将制造概念和基本商业模式结合，已经培训超过 4 500 名学生。

（6）过程强化部署快速发展研究所（RAPID）组织了为期 10 周的虚拟实习，既增加了学生对制造业的认知，也使制造类小型企业有机会接触到全国的实习生③。

---

① Advanced Manufacturing National Program Office. Manufacturing USA Strategic Plan [R]. 2019: 7.

② National Institute Standards and Technology. MANUFACTURING USA 2019/2020 HIGHLIGHTS REPORT [R]. 2020: V.

③ National Institute Standards and Technology. MANUFACTURING USA 2019/2020 HIGHLIGHTS REPORT [R]. 2020: 8–9.

可以说，在联邦政府的强力推动下，"制造 USA"在吸引和培训未来制造业所需要的技能劳动力方面开展了全方位的措施，建设了一个政产学协作的研发和人才培养生态系统。然而，不同主体在人才培养方面的投入并不均衡。制造 USA 的战略规划报告指出，虽然由政府资助的制造创新所在教育和劳动力发展方面投入不菲，但产业界对这些项目的直接投入还面临不小的挑战。根据 2018年 9 个制造创新研究所的数据，产业直接投入教育和劳动力发展的经费只有 6.6万美元，占比不到 1%（9 个所总计投入超过 903 万美元，如表 9-3 所示）。

表 9-3　9 个制造创新研究所 2018 年的教育和劳动力发展投入　单位：千美元

2018 财年 9 个机构运营的环保（EWD）项目和活动的总支出		9 033
基础经费支出	由研究所利用原始合作协议或技术投资协议中的联邦基础经费提供经费	5 410
商业支出	由工业提供，不论会员身份	66
联邦机构支出	来自基地合作协议或技术投资协议资金以外的联邦资金	1 152
州或地方资金支出	来自州或市政府的资金	664
其他支出	来自慈善组织、非营利组织、基金会或协会	1 740

资料来源：Advanced Manufacturing National Program Office. Manufacturing USA Strategic Plan [R]. 2019：7.

在美国传统的政治经济格局中，教育被看作一项公共事业，因此企业更倾向于直接招聘已经完成相应教育的劳动者，而不太愿意投入劳动力的教育发展和培训中，这种倾向也符合美国市场竞争格局下减少企业风险的策略。具体而言，在制造业等具有较强通用性的劳动力培训中，企业的投入并不能保证最终的劳动力能输入本企业，其他的企业可能通过工资等策略"摘取果实"。然而，在航空等对劳动技能具有较强专门性需求的产业，对技能劳动力的强烈需求已经激发一些企业直接参与到劳动力的教育和发展中。Arconic 基金会和制造研究所（Manufacturing Institute）的报告《翱翔的需求：满足航空业人才需求》记录了航空业所面临的技能人才短缺情况，指出未来 10 年航空业面临大约 200 万名劳动力的缺口，其中对工程师、技师和机械师的需求最强烈。报告发现，航空制造业的关键职业涉及机械和工业维护，同时，产业创新需要员工具有对新兴技术的深刻理解和实验探索精神。鉴于实验设备成本对于单个的学校负担较重，该领域政产学合作的目标之一是通过资源共享降低人才培养的成本。此外，为了响应产业需求的快速变化，报告鼓励学校建立短期培训项目和更加灵活的学分认可机制，也建议学生通过走访、实习等方式尽早接触产业，建立职业网络，帮助企业了解他们的工作能力。

面对严峻的人才挑战，航空企业除了采取更为积极的招聘和内部培训措施，也尝试与政府、社区组织和学校开展合作，在航空制造业比较密集的地区开展定制化的人才培养①。Arconic 基金会和制造研究所的报告介绍了 3 个产教结合培养定制人才的实践案例，分别是：南加州的 El Camino College，印第安纳州的 Ivy Tech Community College，俄亥俄州东北部的"制造业支持和增长网络"。这 3 个地区的产教合作体现出一些共性特征。

（1）通过岗位画像和制定胜任力清单，更精细地理解产业的技能需求；

（2）按照技能需求来更新课程，对标产业认可的短期资质证书要求，为学生提供精准的产业技能培训；

（3）鼓励政策制定者认可相关资质和证书，修改组织机构对学业完成度的认可机制，从而引导政策变化，改变航空制造业的职业发展趋势，使劳动力在完成相关培训后可以快速进入工作岗位。

表 9-4 呈现了俄亥俄州 2016 年秋季 4 个地区学院为航空制造业培养人才的情况，可以看出：一方面，采用这种产业和学校直接合作的模式培养的人数仍然偏少；另一方面，这种小规模的人才培养也体现出精细化、定制化的特点。

表 9-4　俄亥俄州航空制造人才培养状况　　　　　　　　　　　　单位：人

		洛雷恩郡社区学院	雷克兰社区大学	斯达克州立学院	库亚和加社区学院
航空航天装配和工业维护项目					
	应用工业技术			86	51
	电气维修技术	190	25	30	65
	电气电子工程师	49	93	78	158
	机械工程师	13	45	122	204
数控加工		35	71	20	
	快速追踪训练	5			16
	精密机械				52
质量检查员			CAD 提供		
工具和模具			CAD 或结构工程提供		

资料来源：Arconic Foundation & Manufacturing Institute. Soaring Demand: Meeting Talent Needs in the Aerospace Sector [R]. n.d.: 9.

---

① Arconic Foundation & Manufacturing Institute. Soaring Demand: Meeting Talent Needs in the Aerospace Sector [R]. n.d.: 9.

小结

在美国的语境中，并没有一个高度类似于我国"工业"的概念划分。美国所用的"Industry"的概念更接近产业。因此，没有发现以"工业"为口径的统计数据或政策干预措施。在产业方面，美国商务部、国家标准与技术署列举了联邦政府重点支持的五大未来产业：量子信息科学、人工智能、5G、先进制造和生物技术。在这些领域中，联邦政府的主要工作更多集中在促成合作、研发和标准制定方面，而在产业劳动力发展方面措施最为密集的是制造业。本节选取制造业作为工业发展的代表来开展研究。

在本报告所观察的时段（2016—2020 年），美国制造业增长势头良好，对国民经济的贡献突出，制造企业积极布局工业 4.0，投入和部署 AI、5G、工业物联网等先进技术。麦肯锡的研究报告指出，美国制造业当前和未来的增长主要集中在高附加值、偏重研发和设计的领域，依靠大规模生产的领域增长会放缓。制造业的繁荣局面部分受益于美国近年的政策驱动，联邦政府通过制造 USA 计划等措施非常积极地直接投入制造技术的研发，并且引领了政产学研共同参与的制造业研发和劳动力发展生态系统。

然而，在当前繁荣的同时，制造业对未来人才和技能劳动力的短缺表现出深度忧虑。德勤和制造研究所预测，未来 10 年制造业劳动力的短缺可能造成大量经济损失。劳动力短缺的主要原因是新技术的使用对制造业劳动者的技能提出了新要求，在现有人员技能更新速率不足、老一代员工退休、制造业对年轻人吸引力减弱的大背景下，美国未来的制造业人才缺口会增大。

根据德勤的预测，未来制造业人才需要在人机高度交互、任务多元化、高度虚拟的环境中做出快速决策，而支持这些工作的数字能力、使用工具的能力、编程能力、沟通能力和批判思考能力成为未来制造业劳动力的核心技能。美国国会研究局和美国工程院也指出计算能力是未来科技和工程人才的核心能力。

尽管面临人才短缺，但目前制造企业还不太愿意直接投入教育和劳动力发展，而更倾向于由政府和学校来承担人才培养任务。不过，在航空制造领域，由于缺乏有效劳动力，一些企业和地方政府、学校已经开始探索新的技能速成培养模式。

工程教育与人才培养

一、培养规模和层次

美国的工程教育体系相当成熟，因此在规模和层次上也趋于稳定。在本报告所观察的阶段里，美国工科学位授予数在本科阶段有持续增长；硕士阶段自2019年达到峰值后，之后两年持续下滑；而博士学位授予在2017年较2016年有小幅下降之后，在之后3年保持稳定增长，见表9–5。此外，本、硕、博层次毕业生的总数大致在10∶5∶1的比例。

表 9–5　美国 2016—2020 年工程学位授予数　　　　　　　单位：人

年　份	2016	2017	2018	2019	2020
工程本科学位授予数	112 721	124 477	136 233	145 587	149 442
工程硕士学位授予数	62 596	64 602	66 340	62 815	62 053
工程博士学位授予数	11 654	11 589	12 156	12 438	12 578

资料来源：ASEE Engineer By the Numbers, 2016—2020.

表 9–6 数据显示，工程类本、硕、博学位授予数量在各专业间的分布也较为稳定。其中，机械工程、计算机工程和电气工程专业持续名列学位授予数的前列，而核工程、工程科学与工程物理、工程管理、建筑工程、采矿工程等专业培养的毕业生数持续处于低位。这种专业分布和美国经济结构上注重以信息技术和通信技术带动科研创新，而较少依赖能源和矿产等消耗型产业的特征相符。

表 9–6　美国 2016—2020 年工程学位授予最多和最少的学科

年　份	2016	2017	2018	2019	2020
工程本科学位授予最多专业（按学位数递减）	机械 计算机 电气	机械 计算机 电气	机械 计算机 电气	机械 计算机 电气	机械 计算机（工程） 计算机（非工程）
工程本科学位授予最少专业（按学位数递减）	核工程 工程管理 采矿	核工程 工程管理 采矿	工程管理 核工程 采矿	核工程 工程管理 采矿	工程管理 核工程 采矿
工程硕士学位授予最多专业（按学位数递减）	计算机 电气 机械	计算机 机械 电气	计算机 机械 电气	计算机 机械 其他	计算机 其他 机械

年　　份	2016	2017	2018	2019	2020
工程硕士学位授予最少专业（按学位数递减）	工程科学和工程物理 建筑工程 采矿	建筑工程 工程科学和工程物理 采矿	工程科学和工程物理 建筑工程 采矿	工程科学和工程物理 建筑工程 采矿	生物和农业工程 建筑工程 采矿
工程博士学位授予最多专业（按学位数递减）	机械 电气/计算机 电气	机械 电气/计算机 电气	机械 电气/计算机 电气	机械 电气/计算机 电气	机械 电气/计算机 电气
工程博士学位授予最少专业（按学位数递减）	工程管理 建筑工程 采矿	工程（一般） 采矿 建筑工程	工程（一般） 采矿 建筑工程	建筑工程 工程管理 采矿	工程管理 采矿 建筑工程

资料来源：ASEE Engineer By the Numbers, 2016—2020.

二、工科毕业生的性别和族裔分布

　　女性和非裔、西裔等少数族裔在美国工程教育中的代表性低于相应群体在美国人口中的比例，以及由此所引发的"代表性不足"问题是美国工程教育界近年关注的焦点之一。表 9-7 数据显示，女性在工程学位获得者中所占的比例，远远低于女性在总人口中的占比和女性参加高等教育的比例。从工程本科学位授予情况看，女性占比在 20%～23%，年度提升幅度有限，因此学界、产业界和政界持续呼吁美国工程教育进一步正视性别平等问题。在硕士学位授予方面，性别分布比本科和博士阶段稍好，女性占比从 2016 年的 25.40% 提升到 2020 年的28.10%。在博士学位获得者方面，女性占比非常平稳，维持在 24% 上下。

表 9-7　美国 2016—2020 年工程学位授予性别分布　　　　单位：人

年　　份	2016	2017	2018	2019	2020
工程本科学位授予占比（女性 /%）	20.90	21.30	21.90	22.40	23.10
工程本科学位授予占比（男性 /%）	79.10	78.70	78.10	77.60	76.90
工程硕士学位授予占比（女性 /%）	25.40	25.70	26.70	27.30	28.10
工程硕士学位授予占比（男性 /%）	74.60	74.30	73.30	72.70	71.90
工程博士学位授予占比（女性 /%）	23.30	23.50	23.60	24.10	24.00
工程博士学位授予占比（男性 /%）	76.70	76.50	76.40	75.90	76.00

资料来源：ASEE Engineer By the Numbers, 2016—2020.

　　除了性别失衡之外，美国工程教育学位获得者在族裔分布上也较大程度地向白人和亚裔倾斜，而占人口相当一部分比例的非裔和西裔学生获得学位的比例偏低，见表 9-8、表 9-9 和表 9-10（这 3 个表格呈现的工程学位族裔分布以美国学生为基数，未包含国际生数据）。尤其值得注意的是，非裔（黑人）获得工程博士学位的比例在 2016—2020 年呈现下降趋势，而同一时期非裔（黑人）获得本科和硕士学位的比例保持稳定或小幅上升；而西裔学生在本、硕、博三个层次工科学位的获得者比例均有上升。这可能是因为很多主流工程项目中的西裔学生达到了临界数量（Critical Mass），能够对更多西裔学生选择就读工程专业产生"虹吸效应"，而非裔（黑人）学生在很多工程项目中尚未达到临界数量，因此，非裔（黑人）学生在工程项目中更容易感到孤立。

表 9-8　美国 2016—2020 年授予工程本科学位族裔分布　　　　　　　　　%

年　　份	2016	2017	2018	2019	2020
黑人或非裔	3.9	4.1	4.2	4.3	4.5
西裔	10.7	11.1	11.4	12.1	13.1
其他	3.6	3.8	3.5	4.3	4.4
亚裔	14.2	14.6	14.7	14.7	14.9
白人	63.4	62.3	61.5	60.8	59.4
未知	4.2	4.1	4.2	3.8	3.7

资料来源：ASEE Engineer By the Numbers, 2016—2020.

表 9-9　美国 2016—2020 年授予工程硕士学位族裔分布　　　　　　　　　%

年　　份	2016	2017	2018	2019	2020
黑人或非裔	4.7	4.7	4.8	4.8	5.0
西裔	8.3	8.5	8.8	9.2	9.4
其他	3.0	3.1	3.8	3.9	3.6
亚裔	15.1	15.1	15.8	16.3	15.8
白人	59.5	60.1	58.2	55.4	55.2
未知	9.4	8.4	8.6	10.4	10.9

资料来源：ASEE Engineer By the Numbers, 2016—2020.

表 9-10　美国 2016—2020 年授予工程博士学位族裔分布　　　　　　　　%

年　　份	2016	2017	2018	2019	2020
黑人或非裔	4.4	3.8	4.2	3.9	3.6
西裔	5.7	6.3	6.0	6.1	6.9
其他	3.1	2.9	2.9	2.8	3.6
亚裔	14.9	14.8	13.9	15.3	15.4
白人	62.0	62.2	62.0	61.1	60.8
未知	9.9	10.0	11.1	10.8	9.7

资料来源：ASEE Engineer By the Numbers, 2016—2020.

三、工程教育的特点和动向

2016—2020 年，美国工程教育并未出现大量颠覆式创新。然而，在工程教育的服务对象、培养目标、课程内容、师资建设等方面，出现一系列包含多个主体、影响广泛的"运动"。

第一，持续关注多元、平等和包容。如前面所述，美国工程教育的在读和毕业生，以及参与工程相关职业和学术实践的工程专业人员与工科教师，在性别、族裔分布上仍存在结构性不平等。在本报告所观察的时期，政府、高校、产业和工程专业共同体开展了一系列行动，来提高"缺乏代表性人群"在工程教育中的比例。这些行动措施涉及对工程的宣传、招生策略、在读学生的学业辅导和职业发展、科研机会和就业准备等方面。值得注意的是，女性工程师协会（Society of Women Engineers）、西裔专业工程师协会（Society of Hispanic Professional Engineers）、国家黑人工程师协会（National Society of Black Engineers）等专业组织以及在各地各高校的分会，为女性和少数族裔工科学生提供了很多支持和指导。

第二，工程教育—职业路径的视野得到认可。美国工程院 2018 年发布的报告《理解工程师的教育和职业路径》指出，工程教育的价值不仅局限于为从事狭义的"工程师"工作的专业人士进行职业准备，而是期望通过工程学习所掌握的分析、设计、问题解决的能力，帮助毕业生在广泛的职业选项中创造价值，并呼吁工程教育者把目光从工科的课堂拓展至学生的整个教育—职业路径[①]。

第三，重视计算思维训练。随着数据和计算设备在技术开发以及日常生活中扮演日益关键的角色，近年来美国高等教育界开始探索培养大学生具有更加普遍的计算思维能力。在本报告所观察的时期（2016—2020 年），一批高校开始探索将传统上以计算机和信息类专业为基础的计算相关的课程和训练推广到各个学科。很多学校相继成立数据分析专业，以数据技术和数据分析方法为线索，整合商业、医学、计算机和其他相关工程专业知识，为学生提供识别数据、利用数据和围绕数据开展批判性思考的训练。美国国家科学基金会推出了一系列与计算教育相关的课题，资助工程教育研究者探索将计算教育介绍给非计算机专业学生。2018 年发布的联邦政府《STEM 教育战略规划》更是将提升全民的计算思维作

---

① National Academy of Engineering. Understanding the Educational and Career Pathways of Engineers [R]. 2018: 1–10.

为美国 STEM 教育战略的重点之一^①。

第四，工程伦理与工科培养紧密结合。自 ABET 在 20 世纪 90 年代末推行以学习成效为基础的工程教育认证改革以来，工科生的职业伦理教育逐渐在高校得到推广。然而，关于工程伦理教育有效方式的争论一直持续，没有形成充分的共识。近年来，美国工程院通过自愿申报和专家评议等方式，在全国评选出 25 个"工程伦理教育示范项目"，并将项目介绍集结为《将伦理融入工程师发展：示范教育活动和项目》出版^②。这些示范项目包括课程、教学项目、课外服务、师资发展等，其共性特征是把工程伦理与工科学生的学业和职业成长相融合，使工程伦理教育成为工程教育的一个有机组成部分。

第五，创业思维教育蓬勃发展。随着新的产业发展对工程师了解客户、考虑方案的商业可行性、创造价值等综合能力的需求日益强烈，美国工程教育界也更加注重工科学生创业思维（Entrepreneurial Mindset）的培养。其中，由非政府组织科恩家族基金会（Kern Family Foundation）牵头成立的科恩创业工程网络（Kern Entrepreneurial Engineering Network，KEEN），吸引了美国多所高校和一大批师生、工程教育管理者一同探索如何将创业思维引入工程教学。KEEN 推广工科创业思维教育的重点是教师共同体的建设，它通过全国年会、地区工作坊、科研课题资助等方式，吸引全美超过 50 所高校数以千计的教师参与到工程创业思维教育的研发、实践和推广，成为由民间发起和组织的工程教育创新的重要力量。

小结

美国的工程人才培养，在数量和结构上都较为稳定。然而，经过政府、产业、社会和学术界多年的干预，工科学生在性别和族裔的分布上仍然不平衡，女性和非裔、西裔人群在工科学生中的比例偏低，是美国工程教育在结构上持续面临的挑战。相比 21 世纪第一个 10 年，近年来美国工程教育系统性、颠覆性的变革较少，而更像一个将前期的理念和方法持续落地和走向深入的调整期。这一时期比较突出的特点是由教师共同体主导的教学改革蓬勃出现。在未来工程师思维方式、工程教育的课程实现方式以及教师共同体建设等方面，出现了一批具有较强号召力的"运动"，吸引了不同高校教师的主动参与。

---

① Committee on Stem Education of the National Science & Technology Council. Charting a Course for Success: America's Strategy for STEM Education [R]. 2018: v–vi.

② National Academy of Engineering. Infusing Ethics into the Development of Engineers: Exemplary Education Activities and Programs [R]. 2016.

工程教育研究与学科建设

美国是最早开展工程教育学科建制化的国家之一。2004 年，普渡大学和弗吉尼亚理工大学先后成立了工程教育系，在世界范围内率先培养工程教育专业的博士研究生，并授予工程教育博士学位。与此相对应，拥有百年历史的美国工程教育协会会刊《工程教育期刊》（*Journal of Engineering Education*，JEE）改变了出版的重心，从早期的会员通信刊物转型为传播严谨的工程教育研究成果的刊物，可谓国际工程教育研究领域的顶级期刊。美国工程教育协会内部的"教育研究方法"分会也配合工程教育学科化的趋势，不断强调方法的严谨性和创新性。同时，美国国家科学基金会设立专项基金资助工程教育研究和学科建设。在一系列机构和共同体的协同努力下，工程教育学科快速成长。2015 年前后，以俄亥俄州立大学工程教育系的成立为标志，工程教育的建制化运动迎来新一轮快速发展。本节简介工程教育研究的主要领域和发展概况，重点介绍 2016—2020 年工程教育研究领域主要的学科建设措施。

一、工程教育研究的主要领域

2005 年，普渡大学工程教育系主任 Kamyar Haghighi 在 JEE 发表专栏文章，宣告了工程教育研究作为一支专业研究力量的诞生。2006 年，来自全美的 70 多位工程教育研究者相聚工程教育研究讨论会（Engineering Education Research Colloquies，EERC），共同拟定了工程教育研究未来发展的 5 个主要领域：工程认识论、工程学习机制、工程学习系统、工程中的多元与包容、工程学习评价[1]。这一划分方式为美国工程教育研究提供了较为系统的、可参考的研究框架和学术地图。

事实上，工程教育这一新兴的学科领域与绝大多数新兴研究领域相似，其发展与深化也汲取了诸多其他学科的养分，如社会科学、教育科学、认知科学、学习科学等。尽管工程教育研究主要聚焦于"学生"和"学习"两个核心方面，但

---

[1] The Research Agenda for the New Discipline of Engineering Education [J]. Journal of Engineering Education, 2006 (10): 259–261.

随着经济社会的发展、科学技术的进步、学术研究的深化、学科交融的嵌入以及学术共同体的构建，工程教育研究领域已迅速扩展到全方位、多方面的正式与非正式学习系统，包括以下 5 个方面：①学习者、教育者和管理者；②教学、学习与评价系统；③课程、实验室与教学技术；④学生、教师、管理者和其他利益相关者的目标体系；⑤学习系统的约束性因素（如社会、经济、政治）[①]。

在 2014 年出版的《剑桥工程教育研究手册》（*Cambridge Handbook of Engineering Education Research*，CHEER）中，工程教育研究大致被划分为 6 个模块，分别是：①工程思维与认识（Engineering Thinking and Knowing）；②工程学习机制与方法（Engineering Learning Mechanisms and Approaches）；③通向多样性与包容性的路径（Pathways into Diversity and Inclusiveness）；④工程教育和制度实践（Engineering Education and Institutional Practices）；⑤研究方法与评价（Research methods and assessment）；⑥跨领域问题与视角（Cross-cutting Issues and Perspectives）[②]。综合 EERC 和 CHEER 前后跨度近 10 年的两次工程教育内部讨论成果来看，工程教育研究所关注的领域或议题既具有相对稳定性，也会随时间变化呈现出"深化老领域"和"拓宽新领域"的态势。下文将对美国工程教育研究的主要领域做简要介绍，阐释不同领域关注的研究问题以及实践情况。

（一）工程认识论（Engineering Epistemologies）

这一研究领域迫切需要回答的问题是：工程教育要培养掌握什么知识的人？具备哪些知识、思维或技能的人才称得上是工程师？因此，该领域主要关注"在现在和未来的社会环境中，到底是什么构成了工程思维和工程认识"。理想状态下，工科学生在课堂上的学习内容应与企业对工程师的需求具有一致性、协同性和契合性。然而，面临现代社会经济形态和技术的高速发展，工程师所应具备的知识、技能、思维也并非一成不变。工程知识的动态发展使"面向未来的工程师应具备怎样的知识、能力与思维"成为工程教育研究难以绕开的核心问题。尽管当前美国工程教育学界已经对"工程思维与认识"的本质积累了一定的研究，对这一问题的理解也或多或少会在促进工程教育改革的政策报告或教育实践中寻找到一些证据，但是，对该问题的回答和思考密切关系到未来工程师的培养目标设定、培养规格设计和培养标准研制，也关系到"课堂需要教什么"和"企业需要

---

① Johri A, Olds B M. Cambridge Handbook of Engineering Education Research [M]. Cambridge: Cambridge University Press, 2014: xiii–xiv.

② Johri A, Olds B M. Cambridge Handbook of Engineering Education Research [M]. Cambridge: Cambridge University Press, 2014: ix–xii.

什么样的人"两者之间的匹配性实现程度，因此工程认识论领域的研究者尤为注重对"工程知识的本质"和"工程思维方式"的探索。

"工程认识论"领域最关注的问题包括如下几个：

（1）工程作为一门独特的领域，究竟需要哪些知识、技能、过程、态度和价值观？这些要素随时间变化又会呈现出怎样的变化趋势？

（2）诸如"创造力、批判性思维、系统性思维""生物学、数学、物理学、工程科学"以及"问题解决、设计、分析、评价和交流"这些要素之间是怎样的联系？它们如何构成工程专业的核心？

（3）上述核心要素来自哪里，它们是如何形成的？"最佳的"工程应该是什么样的？究竟应该服务于"人"，或是"要解决的问题"，或是"解决问题的知识""运用知识的方法"，抑或是"社会影响力和社会效应"？

（4）学生的学习内容与他们毕业后从事的工程实践之间是否有所联系，有何联系？

（5）工程师大多在哪里学习核心技能，他们应该在哪里学习？而这到底由谁来决定？

（二）工程学习机制（Engineering Learning Mechanisms）

这一领域关注的核心是工程学习者在具体情境中对工程知识、工程能力和工程素养的发展与提升过程。全球的科学家和工程师都在努力缩短从科学知识、科学技术转化为产品和服务的流程和周期，考虑到技艺精湛的工程师可能即将面临退休问题，若要继续保持甚至缩短技术转化周期，则需要引导所有年龄段的工程师或工程学习者为变革做好准备，其中一个亟待努力的方向是让工科学生向工程师学习，像工程师一样解决问题，促使工科学生迅速向卓越工程师转变。这种从"工程学习者"向"工程师"转变的过程，正是工程学习机制研究关注的重要问题。

对"工程学习机制"进行深入研究具有一定实践价值，既有助于将这些研究转化为改进教学方法的一系列方法和手段，服务于工程教育教学的实际过程，也能够将越来越多的工程学习者纳入工程研究或工程教学的"共同体"，为他们应对日益增长的新知识和新信息、应对全球日益激烈的竞争做好准备。

总体来看，工程学习系统领域的研究者关注以下话题。

（1）工程学习者获取、理解和整合知识，实现情境性目标的过程。该方面解决的问题包括"学习者在获取知识、理解知识和整合知识的过程中有什么特征"

以及"哪些因素（如理解偏差、数学素养、情感态度等）会阻碍学习者的理解能力"。为回答这些问题，研究者将学习科学领域的一些最新成果（认知规律和特点等）应用到工程知识教学过程中。

（2）促使学习者养成工程师必备知识（Knowledge）和身份（Identify）所需要的"学习过程"和"学习体验"。这一领域需要回答"学习者如何将碎片化、零散的概念和理解扩展成更为丰富的知识体系和技能，从而促进创新思维培养"以及"哪些概念、技能和态度的学习进展 / 怎样的学习进展设计，有助于培养出胜任力较强的工程师"等问题。对"知识"和"身份"之间关系的理解涉及社会学、心理学等多个学科的知识。围绕工程身份认同（Engineering Identity），相关研究者开展了一系列定性和定量的研究。

（3）不同工程学习者在知识、能力和态度上的差异。这一方面涉及的问题包括：学生会将什么样的知识、技能和情感态度带入到工程教育学习中？影响工程学习者参与工程相关实践活动的因素有哪些？影响其坚持从事这些活动的因素又有哪些？这一类研究既涉及心理学关于学习动机和认知科学关于认知过程的研究，也包括从社会文化角度对学习环境的研究。

（三）工程学习系统（Engineering Learning Systems）

这一领域研究的焦点在于工程教学文化、工程制度基础、工程教师的认识。学习系统是一个具有整体性、完整性、层次性和系统性的有机集合体，包括实体的和非实体的、制度的和非制度的、实践的和认知的各种要素。因此，"工程学习系统"实质上为"工程学习机制"提供了特定的基础、资源与支持，这种支持涵盖物化因素（如人力、设施设备）与非物化因素（如文化、价值观、制度）。在工程教学或学习环境中创生正式或非正式的学习活动、学习体验，有助于提高工科学生的内在动机和学习参与度，满足不同学习者的个性化、多样化需求。尽管美国工程教育领域关于 K-12 学习系统已有部分研究，且对数学和物理学科的学习提供了具有实用的建议，但对工程学习系统的阐述较少，因此，探索独特的工程元素、拓展工程学习者的知识边界、构建工程学习系统是美国工程教育研究的重要方向。

"工程学习系统"的相关研究核心关注三个方面的问题。

（1）哪些教学理论能够引导工程教育教师更好地理解"怎样的教学系统（如课程体系、组织结构、教学实践）更有助于促进工程学习者的学习"？

（2）怎样的工程教学文化（如社会互动、教学信念、学习信念、工程教学共同体的发展）能够持续促进当前和未来的工程教学实践改进？

（3）怎样的系统理论能够引导工程教学系统在不同的教学情境中实现稳定的、持续的优化？既包括更新组织结构形态，也包括跨学科知识交叉融合。

对"工程学习系统"关注的基本问题进行回应，具有以下四个层面的积极意义：一是有助于帮助工科学生毕业时尽快参与工程实践，解决不同情境和国际环境中的复杂工程问题；二是帮助教师进入教育教学领域，并在教学理论指导下对工科学生认知和思维的发展产生积极影响；三是以理论和实践为依托，建立坚实的工程教育研究基础；四是完善学习系统中的基础建设，从而促进教育实践创新和传播教育创新成果。

（四）多样性与包容性（Engineering Diversity and Inclusiveness）

工程与社会是相互嵌入、彼此影响的，深刻理解人类多种多样的差异对社会的影响，有助于激励创新、开发创造力和形成全球性的理解。培养跨学科、多视角进行思考和工作的劳动者对工程教育未来发展至关重要，因此必须充分明确多样性的特征，建立一个尊重多元的共同体。工程的多样性和包容性这一领域考察了多样化视角、经验、想法对工程过程和工程产品所做出的贡献。研究者需要理解多样化及其产生的影响，从而更加深入地理解多样化在推进解决方案、促进社会进步、鼓励科技创新，以及培养批判性思维、创造力、团队合作能力、创业意识、领导力和全球竞争力的过程中所扮演的重要角色。

进一步而言，这一领域主要回答以下问题：与多样性相关的工程教师发展的"最佳实践"是什么？对教师而言，如何利用多样化的学习风格来设计教学环境和课程体系？如何帮助学生选择符合文化背景和实践经验的职业道路？教师之间的多样性如何影响教学和学习？统一的、共享的理解体系是如何建立的？从其他学科中可以学到什么？这些经验如何才能有效转化为工程？此外，如何增加美国工科学生和工程专业人员队伍在性别、族裔、社会经济地位、身体条件等多维度的多样性和包容性，也是该研究领域的主旨之一，这同样也是全美工程教育近年来关注的重点。

（五）工程学习评价（Engineering Assessment）

这一领域主要关注的是如何开发和设计能够为工程教育实践、工程学习活动提供参考信息的评价方法、评价工具和评价指标。教育评价是促进工程教学改革、工程学习优化的重要手段，信效度较高的评价可以为工程教育系统提供有效的反馈信息，这些信息既包括工程专业的发展状况，同时也包括工科学生的学习参与和学习情况、工程教师的教学方法与教学设计。未来的工程教育创新很大程度上依赖采取工程领域特定的方法和工具，而工程创新的情况也会受到研究方法论和研究方法、测评中负载的文化驱动因素和阻碍因素以及教师认识论的影响。如果要将评价的方法、工具和具体指标引入工程教育领域，则需要围绕促进工程教育环境（如学习过程、知识类型、社会文化、教学策略）的方法论展开深入研究。

关于"工程测评"的研究往往需要基于调查，如心理特征的测量、评价工具的开发和实践活动的检验。这类研究常常需要回答以下问题：教师参与评价的内外部激励因素有哪些？评价如何与机构的价值体系相适应？以评价来撬动教育变革可能会产生哪些不良影响？如何才能构建多元的学术共同体来实现高效评价？此外，还需要探究工程教师在开发、应用和评估所谓的评价工具时应该具备怎样的知识体系？为实现这个目标，他们还需要进行哪些培训？

二、工程教育研究的学科化

本节以工程教育专业机构为主线，描述美国工程教育学科化过程中的结构性要素（学术会议、学术期刊、研究资助等）及近年的进展情况。

涉及工程教育研究学科建设的主要机构包括专业协会、科研资助机构以及科研和研究生培养单位。在专业协会方面，美国工程教育协会（American Society for Engineering Education，ASEE）是美国工程教育研究者最重要的行业协会和学术交流平台。ASEE 的前身 SPEE 成立于 1893 年（参见第一节），是全美第一个关于专业教育的专业协会。ASEE 对工程教育的建制化发展提供了多维度的支持，包括举办年度会议和地区会议，为工程教育研究者和实践者提供学术交流平台，出版 JEE 和 Advances in Engineering Education 两本学术期刊，发布工程教育的相关数据和综合调研报告等。作为 ABET 的联盟成员之一，ASEE 也能影响认证标准和相关政策的制定。

除 ASEE 之外，一些大型工程专业协会也设有与教育相关的分会或专门机构。例如，国际电子电气工程师协会（IEEE）的教育协会（Education Society）参与组织 5 个与工程教育相关的学术会议，并且出版 *IEEE Transactions on Education* 期刊，发表与电子电气工程教育相关的研究成果。虽然 IEEE Education Society 是国际组织，但是在美国工程教育研究领域非常活跃，也具备很高的影响力。

在科研资助方面，对美国工程教育研究影响最深刻的当属美国国家科学基金会。早在 20 世纪 80 年代，NSF 就通过资助一系列大型、跨机构的工程教育研究项目，为工程教育学科的形成奠定了知识基础和人员基础。目前，NSF 通过多个学部对工程教育研究进行支持。工程教育研究者除了可以通过具体的工程学科相关学部（如计算机与信息科学与工程学部）申请相关学科的教育研究资助之外，还可以从教育与人力资源学部（EHR）和工程学部的工程教育与中心分部（EEC）申请资助。多样的资助轨道对工程教育的研究生录取、教职岗位设立以及建立相关建制化机构都有促进作用。

自 2015 年起，NSF 工程教育与中心分部（Division of Engineering Education and Centers）推出了一个额度大、周期长且旨在改变整个工程科系课程与文化的"变革工程科系"（Revolutionizing Engineering Departments，RED）课题。该项目的资助额度一般在 100 万美元以上，RED 课题所资助的项目见表 9-11。这一批课题是美国工程教育研究在今后一段时间的"拳头产品"。

表 9-11　NSF"变革工程科系"课题资助项目

序号	单　　位	资 助 标 题	资助金额 / 美元	起 止 时 间	内 容 简 介
1	佐治亚理工研究公司	采用交互式问题驱动学习模式，促进学生早期学习和纵向一体化参与过程中的专业技能与计算技能发展	1 000 000	2020-09-15—2025-08-31	该项目将开发、实施、评估和推广一种方法，使学生从土木与环境工程（CEE）课程的早期阶段开始便一直持续参与其中。这一模式为所有 CEE 学生创造安全的环境，尤其是女性和少数族裔，并提高他们在学术项目和职业发展中的归属感，并提高其计算、合作和反思能力，以应对社会的重大挑战
2	克莱姆森大学	适应工程训练的学习型团队和创新企划	1 999 289	2017-07-15—2023-06-30	该项目以"复杂性理论"为指导，借助复杂性领导理论学家的观点，力图解释复杂、动态的社会网络中的突发行为（如为何社会系统会发生变化，为何变化可以一直持续，如何在其他地方实施类似的变化策略），从而改变克莱姆森大学格伦土木工程系（Glenn Department of Civil Engineering）的学术文化，使教师和学生更好地适应 21 世纪不断变化的社会需求

序号	单　　位	资助标题	资助金额/美元	起止时间	内　容　简　介
3	东卡罗来纳大学	通过课程创新、包容性教学和教师发展，将"程序员"转变为"专业软件工程师"	2 000 000	2017-07-01—2023-06-30	该项目期望通过创新课程设计、开发包容性教学法、发展师资队伍的转型过程，提高计算机科学学生的留校率和毕业率，为21世纪一代应对教育技术变革和学习科学进步做好职业生涯准备
4	佐治亚理工研究公司（生物医学工程系）	向"包容性"转变：塑造工程教育与实践的归属感和独特性	2 394 872	2017-07-15—2023-06-30	为使工科学生充分享受到"包容性红利"（即多样化、包容性的合作团队所带来的积极影响），项目旨在重新设计佐治亚理工学院和埃默里大学的生物医学工程系课程，彻底变革工程教育，培养出能够实现"包容性红利"的工程师。这一工程教育导向的变化，将有助于促进工科生群体和劳动力的多样化发展
5	西雅图大学	通过"行业沉浸"和"身份关注"撬动工程教育变革	1 861 527	2017-07-01—2023-06-30	该项目通过设计一种独特的教育体验，号召学生和教师共同沉浸在与工程师一起"做工程"的文化中，"自下而上"促使其形成一种"什么是工程师"的身份感知，这种新的文化通过"深度沉浸于工业和工程实践"来创造。基于此，项目调查这种新文化对学生和教师身份的影响，以及这些身份的变化如何影响工科学生的学习参与、学业表现和职业承诺
6	弗吉尼亚理工学院暨州立大学	有效拓宽工程师专业成长路径	2 000 000	2016-07-15—2022-06-30	世界正在迎接一种新型的工程师——创新、灵活和协作的设计思考者，但工程系目前的课程仍主要由传统工程课程组成，以讲课和考试为主，学生很少有机会进行体验式学习或开放式设计。因此，该项目旨在通过一种强调"设计"（Design）和"创新"（Innovation）的新课程模式来改变传统工程系的课程，为学生提供具有一定学科深度和充实学习体验的项目学位

序号	单　位	资助标题	资助金额/美元	起止时间	内容简介
7	北卡罗来纳州农业技术州立大学（生物、化学和生物工程）	以"需求"与"设计"驱动工程教育变革	1 999 995	2017-07-01—2023-06-30	项目将"识别社会的重要需求"和"设计有效的解决方案"嵌入北卡罗来纳农业技术州立大学的三个工程项目（生物、化学和生物工程），通过实施新的工程教育模式，培养具有高度积极性、优秀设计能力、强烈工程师身份、能够有效识别社会需求并解决社会关键问题的工程师
8	俄勒冈州立大学（化学、生物和环境工程学院）	转变部门文化，重新定位学习和教学	2 000 000	2015-07-01—2021-06-30	面临 21 世纪的新挑战，工程教育必须直面当前存在的"脱离情境"问题，即学生学习的内容脱离他们的生活、身份和未来职业需求。因此，本项目团队正在重新设计课程，并投入大量师资培训，将化学、生物和环境工程学院（CBEE）进行变革，帮助学生在课堂内容与现实生活之间建立紧密联系，使毕业生拥有更充分的准备来应对未来社会面临的不可预测的新挑战
9	普渡大学（机械学院）	运用工程教育特工队引发科系革命	1 993 490	2015-07-01—2021-09-30	高等教育机构努力为学生提供更多机会和准备，尤其是在沟通、创造力和创业等关键技能方面。当今的工程专业毕业生往往拥有分析和设计技能，但需要进一步提升专业技能（Professional Skills），目前还不明晰一种组织模式是如何促进或抑制学生这些专业技能发展的。因此，本项目将组织动态发展与学生培养结果联系起来，运用工程教育研究、人种学、社会网络、内容分析，展示学生如何在课程、体验、互动过程中培养专业技能，为工程职业生涯做准备

序号	单　　位	资助标题	资助金额/美元	起止时间	内　容　简　介
10	巴克内尔大学	以结构性变革推动本科工程专业的融合	1 998 283	2020-09-15—2025-08-31	该项目旨在让工科学生更好地应对"聚合性问题"(Convergent Problems)，这些问题的解决需要来自不同领域的跨学科专业知识。为帮助下一代工程师妥善应对此类问题，该项目汇集多个学科的专家，帮助教师开发所需的教育教学技能，将重要社会问题融入课堂，同时还将"聚合性问题"融入本科课程，拓展学生的技术技能和专业技能，培养学生面对未来挑战所需的能力
11	亚利桑那州立大学（理工学院）	增材创新：一种充满"创造"与"冒险"的教育生态系统	1 993 593	2015-07-01—2021-09-30	该项目从系统的视角出发，关注创新行为所嵌入的更宏观的生态系统，探讨如何保持冒险、创造和创新的心态，并使用基于证据的方法在工程项目中推进教学和学习，向工科教师和教师灌输创造性的信心
12	得克萨斯农工大学工程实验站	通过建设、测试和分享教学改进策略，为革新学生培养创造机会的软连接团队	1 000 000	2020-09-01—2023-08-31	项目基于普罗查斯卡(Prochaska)的变革模型对得克萨斯农工大学(Texas A&M University)传统的大型机械工程系文化进行变革，从沉思、准备、行动、努力维持、克服倒退5个步骤入手，创造一种自下而上的"参与式文化"，鼓励教师创建自由的合作团队，推动教师和学生不断地建设、测试和分享课程和教学方面的创新
13	爱荷华州立大学（电气与计算机工程系）	改造教学和科系业务，促进电子和计算机工程师的专业形成	1 999 869	2016-07-01—2022-09-30	通过该项目来促进爱荷华州立大学电气与计算机工程系的学生、教师、工程师和其他人员共同协作、驱动探究，发挥集体智慧来系统地改造该系及其培育的工程师。这项工作主要是通过新的协作结构来完成，通过部门变革过程来驱动，并期望未来能够成为全国各地的电气工程、计算机和工程学院的典范

序号	单 位	资 助 标 题	资助金额／美元	起 止 时 间	内 容 简 介
14	博伊西州立大学	计算机科学人才孵化营	2 000 000	2016-07-01—2022-06-30	计算机科学人才孵化营希望开发一种把有关社会正义的分析哲学原则纳入本科计算机科学课程的方法，从而将专业技能、企业家精神与道德、伦理、责任、社会正义结合在一起，彻底改变本科计算机科学教育，保证培养出的毕业生不仅是技术娴熟和有效的团队成员，而且还能成为工作场域中积极文化的传递者
15	罗文大学（土木与环境工程系）	反思工程多样性，转变工程多样性	2 013 891	2016-07-01—2023-06-30	促进工程多样性的努力在过去10～15年几乎停滞不前，实现这一目标需要彻底改变工程教育中利益相关者对多样性的思考方式。该项目旨在从根本上变革罗文大学土木与环境工程系，多措并举提高多样性，并实现学生的高保留率和毕业率。具体举措如修订录取标准，促进学生多元化；加强学生、教师和行政人员对多样性和平等的认识，改善包容性文化；为一年级学生和转学学生提供"倡导者和盟友指导计划"等
16	新墨西哥大学（化学与生物工程系）	为改造社会培养优秀的化学工程师	1 999 957	2016-07-01—2022-06-30	应对21世纪的重大挑战需要工程师具有批判性思维、解决问题的能力，并能理解工作的社会环境。为培养服务于社会的优秀化学工程师，新墨西哥大学化学和生物工程系创建该项目，通过在核心课程中引入CIRE设计挑战、开办专业发展研究所、创建数据监测系统等措施，彻底改变本科教育，培养能够改造社会的化学工程师

序号	单　位	资助标题	资助金额/美元	起止时间	内容简介
17	伊利诺伊大学香槟分校（生物工程系）	重新定义伊利诺伊州及更广泛的生物工程教育前沿	1 998 057	2016-07-01—2022-06-30	学生在学期间被隔离在医疗行业的社会环境之外，限制了他们识别和理解社会需求的能力，致使学生获得最佳工程或技术解决方案的能力有限。因此，伊利诺伊大学的生物工程系将其本科课程与医学实践相结合，重新设计课程体系，使医疗保健和医学的社会需求驱动技术内容，同时也整合课外经验，帮助学生识别和理解医疗提供者的需求
18	康涅狄格大学（土木与环境工程系）	超越适应的创新：充分利用神经多样性进行工程创新	2 000 000	2020-01-01—2024-12-31	数十年来不断增加女性和少数族裔在工程领域代表性的尝试，很大程度上忽视了人类在认知方面的差异和多样性。"一刀切"的教学模式不仅限制了传统学习者参与互动学习和创造性解决问题的机会，而且忽视了思维劣于常人的弱势学生。为此，该项目的重点是创建一个全面包容的土木与环境工程系，推进个性化学习，充分挖掘特殊群体学生的潜力，提高所有学生的学习结果，为工程变革做出贡献
19	安柏瑞德航空大学（电气、计算机、软件与系统工程系）	采用 Scrum 项目管理培育敏捷科系	1 998 684	2019-10-01—2024-09-30	工程院系在变革院系运作方式、课程设置和教学实践的过程中，往往会因院系文化或教师对所需时间和工作量的抵制态度而放缓。在该项目中，安柏瑞德航空大学的电气、计算机、软件和系统工程将实施一种工业中经常使用的 Scrum 敏捷方法（Scrum agile Method），促使其成为一个快速响应学生和行业需求的部门。项目旨在将电气、计算机、软件和系统工程系从根本上转变为一个敏捷的部门，一是使学生具有行业所需的敏捷技能，二是培育灵活的教师文化

序号	单　　位	资助标题	资助金额/美元	起止时间	内　容　简　介
20	圣迭戈大学（谢利–马科斯工程学院）	培育变革型工程师	1 954 532	2015-07-01—2021-09-30	这项工程教育改革项目将技术技能、社会意识和专业精神结合在一起，在通用工程方案中设计新的课程，使毕业生在社会正义、和平、人道主义和可持续实践的背景下，通过工程实践来造福社会。同时，项目还期望部门之间共同产生一种文化转型，通过协作领导和教师赋权的模式，构建出助力变革的教师学习共同体
21	蒙大拿州立大学（土木工程系）	适应现代社会的环境工程教育可持续转型	995 828	2020-12-01—2025-11-30	美国现有的环境工程本科课程无法为毕业生提供足够的跨学科解决环境问题的技能，故而蒙大拿州立大学（土木工程系）尝试通过 4 年的主题课程取代当前的课程模式，整合了技术、社会和经济技能，为学生提供多次机会来解决未来将面临的定义不明确的复杂问题。教师也在课程中开展基于问题的学习活动，为学生提供解决开放式和复杂问题的实践
22	得克萨斯农工大学工程实验站	革新工程的多样性	1 999 999	2017-07-15—2023-06-30	得克萨斯农工大学航空航天工程系希望通过这一具有革命性的工程多样性项目，显著提高本科生、研究生和教师的多样性、包容性和质量。这一项目通过 3 项举措来实现，一是增加非传统应用的更现代化的基础知识；二是呼唤学生参与、注重因材施教、实施多样化的学习风格；三是增加院系教师的多样性和卓越性

序号	单 位	资 助 标 题	资助金额/美元	起 止 时 间	内 容 简 介
23	得克萨斯大学埃尔帕索分校	为新一代计算机科学专业实践做准备而变革	1 919 843	2016-07-01—2022-06-30	2012 年,总统的科学技术顾问委员会（PCAST）在一份本科 STEM 教育报告中指出,无聊的入门课程和教师不友好的氛围是导致计算机人才流失的主要因素。因此,得克萨斯大学埃尔帕索分校希望通过该项目来唤起学生重新想象学习的意义,思考计算机科学中到底什么是知识。项目注重将教师化为变革的推动者,并在课程早期促进学生身份的积极建构,从而影响学生在计算机科学和其他领域的发展轨迹
24	南佛罗里达大学	打破边界:电子工程师专业形成的"有组织的革命"	2 000 000	2020-10-01—2025-09-30	传统工科专业课程教学主要聚焦技术内容方面,而对专业身份的形成关注较少。该项目通过三类策略来促进工程专业学生的整体专业形成。一是以"研究型—教学—服务"模式取代"研究型—学生—实践"模式,并在每一步都融入行业和社区;二是通过基于行业认定的专业工程能力的"工程师专业形成"课程,将新生与高级工程设计经验联系起来;三是通过"承担责任理解工程"的理念赋予学生能力。在此基础上,产生一种革命性的工程师专业形成的新方法
25	北卡罗来纳大学夏洛特分校	连接的学习者:转变计算和信息学教育的设计模式	2 250 648	2015-06-01—2021-09-30	这一项目是对本科计算机和信息学教育的重新定位,将重点放在学生学习与同龄人、专业和社区的连接上。项目愿景是将进入计算机和信息学专业的学生,从一个对计算机感兴趣的人转变为一个具有计算机专业身份的人

美国第一批工程教育研究的学术单位在 2004—2005 年成立,最早的三家工程教育博士培养单位分别是普渡大学、弗吉尼亚理工大学和犹他州立大学的工程教育系。此后,工程教育的建制化经过了 10 年左右的平静期。从 2015 年

俄亥俄州立大学成立工程教育系起，佛罗里达国际大学、布法罗大学等相继成立工程教育系，密歇根大学、亚利桑那州立大学等则建立了工程教育博士项目。在本报告所考察的时期（2016—2020 年），每年都有新的工程教育研究或人才培养机构成立。根据维基网络 Engineering Education Community Resource 的信息，美国当前共有 35 家高校设置了工程教育研究生项目，并根据培养目标定位、课程体系设置和职业发展方向的差异，设置了多种类型的学位授予形式，如表 9–12 所示。

表 9–12　美国研究生层次的工程教育项目与学位设置

机　　构	项　　目	学　位　授　予
亚利桑那州立大学	Ira A. Fulton 工学院	工程教育系统和设计博士
布法罗大学	工程教育系	工程教育硕士和博士
加州大学伯克利分校	教育学研究生院	工程、科学和数学教育博士
辛辛那提大学	工程教育系	工程教育硕士和博士
克莱门森大学	工程与科学教育系	工程与科学教育博士
佛罗里达大学	工程教育系	工程教育博士
佛罗里达国际大学	通用计算、建筑和工程教育学院	工程和计算机教育博士
佐治亚大学	工程教育转型研究所	工学博士 （工程教育和实践转型方向）
哈佛大学	教育学研究生院	技术、创新与教育硕士
肯塔基大学	STEM 教育系	（1）STEM 教育博士。 （2）教育科学博士。 （3）STEM 教育硕士
路易斯安那理工大学	工学和理学学院	工学博士（工程教育方向）
缅因大学	教育和人类发展学院	STEM 教育博士
马里兰大学	教育学院	STEM 教育博士
迈阿密大学	教学系	教学博士（STEM 方向）
密歇根大学	（1）工学院。 （2）密歇根工程教育研究中心	工程教育研究硕士、博士
明尼苏达大学	课程与教学系	STEM 教育硕士、博士
密西西比州立大学	Bagley 工学院	（1）工程教育博士。 （2）在线工学博士（工程教育方向）
内布拉斯加大学 林肯分校	工学院	工程教育研究博士
内华达大学雷诺分校	工学院教育学院	工程教育博士 教育学博士（STEM 教育方向）
新泽西学院	技术研究系	技术教育硕士
尼亚加拉大学	教育学院	数学、科学与技术教育硕士

机　　构	项　　目	学 位 授 予
北卡罗来纳州立大学	（1）科学技术工程和数学教育系。 （2）工学院	（1）技术教育硕士。 （2）技术教育博士。 （3）工程教育博士
北达科他州立大学	科学和数学教育中心	STEM 教育博士
欧道明大学	STEM 教育和专业研究系	职业和技术学习博士
俄亥俄州立大学	工程教育系	工程教育博士
普渡大学	工程教育学院	工程教育硕士和博士
仁斯利尔理工学院	科学与技术研究系	科学与技术研究博士
罗万大学	工学院	工学博士
得克萨斯州大学奥斯丁分校	教育学院	STEM 教育硕士和博士
得克萨斯州大学埃尔帕索分校	工程教育与领导力系	工学硕士（工程教育和领导力方向）
得克萨斯理工大学	教育学院	课程与教学博士（STEM 方向）
塔夫茨大学	教育系	STEM 教育硕士（理学） STEM 教育博士 工程教学硕士（文学） STEM 教育硕士（文学）
犹他州立大学	工程教育系	（1）工程与技术教育硕士。 （2）工程教育博士
弗吉尼亚理工大学	工程教育系	工程教育博士
	教育学院	融合 STEM 教育硕士、博士
华盛顿州立大学	教学系	数学与科学教育博士

除学位项目之外，美国还有 15 家高校设立了工程教育证书项目，详见表 9–13。

表 9–13　美国高校工程教育证书项目

机　　构	项　　目	学 位 授 予
亚利桑那州立大学	Ira A. Fulton 工学院	工程教育系统和设计博士
布法罗大学	工程教育系	工程教育硕士和博士
加州大学伯克利分校	教育学研究生院	工程、科学和数学教育博士
辛辛那提大学	工程教育系	工程教育硕士和博士
克莱门森大学	工程与科学教育系	工程与科学教育博士
佛罗里达大学	工程教育系	工程教育博士
佛罗里达国际大学	通用计算、建筑和工程教育学院	工程和计算机教育博士
佐治亚大学	工程教育转型研究所	工学博士 （工程教育和实践转型方向）

机　构	项　目	学位授予
哈佛大学	教育学研究生院	技术、创新与教育硕士
肯塔基大学	STEM 教育系	（1）STEM 教育博士。 （2）教育科学博士。 （3）STEM 教育硕士
路易斯安那理工大学	工学和理学学院	工学博士（工程教育方向）
缅因大学	教育和人类发展学院	STEM 教育博士
马里兰大学	教育学院	STEM 教育博士
迈阿密大学	教学系	教学博士（STEM 方向）
密歇根大学	（1）工学院。 （2）密歇根工程教育研究中心	工程教育研究硕士、博士
明尼苏达大学	课程与教学系	STEM 教育硕士、博士
密西西比州立大学	Bagley 工学院	（1）工程教育博士。 （2）在线工学博士（工程教育方向）
内布拉斯加大学林肯分校	工学院	工程教育研究博士
内华达大学雷诺分校	工学院教育学院	（1）工程教育博士。 （2）教育学博士（STEM 教育方向）
新泽西学院	技术研究系	技术教育硕士
尼亚加拉大学	教育学院	数学、科学与技术教育硕士
北卡罗来纳州立大学	（1）科学技术工程和数学教育系。 （2）工学院	（1）技术教育硕士。 （2）技术教育博士。 （3）工程教育博士
北达科他州立大学	科学和数学教育中心	STEM 教育博士
欧道明大学	STEM 教育和专业研究系	职业和技术学习博士
俄亥俄州立大学	工程教育系	工程教育博士
普渡大学	工程教育学院	工程教育硕士和博士
仁斯利尔理工学院	科学与技术研究系	科学与技术研究博士
罗万大学	工学院	工学博士
得克萨斯州大学奥斯丁分校	教育学院	STEM 教育硕士和博士
得克萨斯州大学埃尔帕索分校	工程教育与领导力系	工学硕士 （工程教育和领导力方向）
得克萨斯理工大学	教育学院	课程与教学博士（STEM 方向）
塔夫茨大学	教育系	（1）STEM 教育硕士（理学）。 （2）STEM 教育博士。 （3）工程教学硕士（文学）。 （4）STEM 教育硕士（文学）
犹他州立大学	工程教育系	（1）工程与技术教育硕士。 （2）工程教育博士

机　　构	项　　目	学　位　授　予
弗吉尼亚理工大学	工程教育系	工程教育博士
	教育学院	融合 STEM 教育硕士、博士
华盛顿州立大学	教学系	数学与科学教育博士
亚利桑那州立大学	Mary Lou Fulton 教师学院	（1）教育技术证书。 （2）教学技术证书
布法罗大学	工程教育系	工程教学法与实践高级证书
博伊西州立大学	工学院	中学工程教学证书
克莱门森大学	工程与科学教育系	工程与科学教育证书
佛罗里达大学	工程教育系	工程教育研究生证书
密歇根州立大学	工学院	大学教学证书
密歇根大学	工程教育研究中心	工程教育研究证书
北达科他州立大学	科学与数学教育中心	大学教学研究生证书
普渡大学	工程教育学院	工程教学研究生证书
圣托马斯大学	工程教育中心	工程教育研究生证书
田纳西大学诺克斯维尔分校	Tickle 工学院	工程教育证书
塔夫茨大学	工程教育与拓展中心	工程教育教师项目
弗吉尼亚理工大学	工程教育系	工程教育研究生证书
	教育学院	融合 STEM 教育研究生证书
威奇托州立大学	教育学院工学院	工程教育证书

小结

　　工程教育研究是 21 世纪以来美国工程教育改革创新的重要推动力量。2004年，美国普渡大学在全球率先成立了工程教育系并培养工程教育专业的博士研究生，开启了工程教育研究学科化发展的历程。以学科建设为契机，美国的工程教育研究共同体不断完善，并丰富期刊、会议、经费资助、人才培养等方面的基础设施。自 2015 年起，美国工程教育研究进入建制化发展的第二个阶段，更多高校相继成立工程教育系或工程教育博士项目，开展工程教育学科建设。同时，通过国家科学基金会（NSF）的大力支持，工程教育学者的课题资助金额逐渐接近传统工程技术学科的资助力度，这为工程教育学者获得晋升机会和在工学院受到认可提供了有力保障。

政府作用：政策与环境

在美国联邦政府层面，除国家科学基金会的拨款有工程教育研究专项（见第四节）外，对工程教育的支持和政策干预主要在围绕科学、技术、工程和数学的STEM 教育大框架下开展。本节介绍美国联邦层面针对 STEM 教育治理的基本情况，并且以特朗普政府《STEM 教育战略规划》的内容和执行情况为基础，报告联邦政府在近期对 STEM 教育领域的主要目标和政策行动。

一、联邦 STEM 教育治理基本情况

国会研究局（Congressional Research Service，CRS）2018 年的报告《STEM教育概述》对美国联邦政府现有的 STEM 教育治理结构、相关的项目和面临的政策问题进行了概括。

联邦政府关于 STEM 教育的治理结构如图 9-4 所示[①]。STEM 教育最高决策者为总统，而联邦科学技术政策办公室（Office of Science and Technology Policy，OSTP）负责为总统提供与科学相关的政策建议。科学技术政策办公室下属的国家科学技术议事会（National Science and Technology Council，NSTC）负责协调联邦各部门的科技政策相关事务。NSTC 下设 STEM 教育委员会（Committee on STEM Education，CoSTEM），该委员会于 2011 年依据《美国竞争法案》2010 年再授权的相关条文而成立，其职责是协调联邦各个部门关于 STEM 教育的所有项目与行动。在 OSTP、NSTC 和 CoSTEM 的引领下，联邦政府几乎所有部门都参与到推动美国 STEM 教育发展的行动和项目中。

图 9-4　联邦政府 STEM 教育的治理结构

资料来源：Congressional Research Service. Science, Technology, Engineering, and Mathematics (STEM) Education: An Overview [R]. 2018: 4.

[①] Congressional Research Service. Science, Technology, Engineering, and Mathematics (STEM) Education: An Overview [R]. 2018: 4.

CRS 的报告将联邦政府在 STEM 教育方面的工作区分为两种类型：①包含了 STEM 内容的一般性教育工作，此类工作的教育目标相对广泛，并不以 STEM 本身作为工作重点；②以提升 STEM 教育成效为主要目标的工作，包括为学生提供支持、改进师资准备情况、提升中小学和高等教育阶段 STEM 项目的质量、为缺乏代表性的人群提供更多 STEM 学习机会等。报告指出，联邦对第二类项目（专门面向 STEM 教育）的经费投入低于第一类（一般性教育）项目的投入，然而第二类项目对提升 STEM 教育的成效却具有更加显著的作用[①]。

根据国会研究局的估算（参照不同标准和定义），参与 STEM 教育的联邦部门在 13～15 个，总共涉及 105～254 个相关的 STEM 教育项目，联邦政府为这些项目年度拨款 28 亿～34 亿美元。各种标准的估算结果都显示出，教育部、国家科学基金会、健康和人力服务部是联邦推动 STEM 教育的关键部门。联邦的 STEM 教育经费中，有超过半数投向高等教育，并有较大份额以奖学金、课题经费等方式资助接受高等教育的学生。

报告认为，各界一直存在美国 STEM 教育表现堪忧的声音，而实际情况更加复杂。美国 STEM 教育在某些重要指标（如入学增长率）方面的表现良好，然而不同人群之间的学业收获则差距明显。STEM 教育师资质量欠佳，且美国学生在国际相关测试中排名靠后，国际学生占比较高，以及国内 STEM 劳动力需求没有得到充分满足[②]。上述问题都是美国 STEM 教育面临的主要挑战。

在联邦层面，STEM 教育治理主要聚焦两个问题：一是各项联邦项目之间缺乏协调造成的"重复建设"；二是不同人口（族裔、性别、社会经济地位等）在 STEM 学业成就方面的差异所折射出的 STEM 教育广泛参与方面的挑战。为应对这些问题，联邦政策在中小学阶段强调了责任、标准和师资质量，在高等教育阶段则主要注重（代表性欠缺）学生的招生和留存。

报告援引了国家科学技术议事会（NSTC）的数据，指出联邦部门的 STEM 教育投入追求的 3 个首要目标分别是：①增加 STEM 学位获得人数；②为 STEM 相关职业培养劳动力；③STEM 教育相关的研发。表 9-14 显示了 2010—2016

---

① Congressional Research Service. Science, Technology, Engineering, and Mathematics (STEM) Education: An Overview [R]. 2018: 3.

② Congressional Research Service. Science, Technology, Engineering, and Mathematics (STEM) Education: An Overview [R]. 2018: 11–14.

年度联邦政府部门投入 STEM 教育的经费额度[①]。数据显示，多个联邦部门共同承担资助全国 STEM 教育的责任，其中国家科学基金会（NSF）、健康和人力服务部（HHS）和教育部（DoE）承担了最大份额的经费投入。根据 2016 年度财政数据，联邦经费投入额度最大的 3 个 STEM 教育项目，分别是健康和人力服务部的"国家研究服务奖"（4.77 亿美元）、国家科学基金会的"研究生研究奖学金"（3.22 亿美元）和教育部负责的"数学和科学合作项目"（1.53 亿美元）。根据几个联邦部门的业务重心推测，在面向 STEM 所有学科领域的一系列项目中，国家科学基金会对工程教育的支持力度较大。

表 9-14　联邦 2010—2016 年 STEM 教育经费

部　　门	2010 财年资助	2011 财年资助	2012 财年施行	2013 财年实际	2014 财年施行	2015 财年施行	2016 财年施行	变化（从 2010 到 2016 财年）	
								$	%
CNCS	0	0	0	0	14	14	33	33	n/a
DOI	1	4	3	3	3	3	3	2	200%
DHS	7	5	11	11	6	5	5	−2	−29%
EPA	17	20	26	17	20	19	8	−9	−53%
NRC	25	10	16	15	20	16	15	−9	−40%
DOE	63	51	49	68	49	50	52	−11	−17%
DOC	73	43	40	33	35	35	35	−38	−52%
USDA	91	88	88	75	89	90	91	0	0%
DOT	104	100	102	87	86	90	98	−6	−6%
DOD	126	152	153	137	132	142	138	12	10%
NASA	178	156	150	141	127	164	155	−24	−13%
HHS	577	582	582	599	619	616	629	52	9%
ED	986	544	517	463	507	528	531	−455	−46%
NSF	1 174	1 148	1 154	1 176	1 179	1 176	1 187	13	1%
总计	$3 420	$2 902	$2 889	$2 824	$2 885	$2 946	$2 979	−$441	−13%

资料来源，CRS，2018，p.7.

CRS 的报告还梳理了 STEM 教育受到各界关注的主要政策问题，包括以下 6 类[②]。

① Congressional Research Service. Science, Technology, Engineering, and Mathematics (STEM) Education: An Overview [R]. 2018: 7.

② Congressional Research Service. Science, Technology, Engineering, and Mathematics (STEM) Education: An Overview [R]. 2018: 15–21.

（1）缺乏代表性人口的 STEM 教育参与度。不同族裔、不同性别的学生在 STEM 教育的某些成效指标方面存在明显差异，是 STEM 教育政策关心的核心问题之一。从经济视角出发，少数族裔和女性对 STEM 教育参与度和成就度不足的问题，被看作美国维持人才竞争力方面的重要局限。从社会公平正义的视角出发，STEM 领域学位所带来的就业、收入等方面的红利，使得 STEM 教育在族裔和性别方面的差异被看作加剧经济不平等的潜在因素。

（2）STEM 师资的质量和数量。有观察者指出，中小学阶段的师资不足是影响学生在科学和数学等领域成就的重要因素。许多中小学的数学和科学教师没有相关领域的本科学位，往往由拥有其他学科学位的教师兼任。

（3）国际测试结果。美国学生在多个主要的国际学业成就测试（如 PISA，TIMSS 等）的表现低于工业国家的均分。然而，对于国际学业成就测试结果是否能准确反映美国学生的实际学业成就，尚存争议。

（4）外国学生就读和学位获取。近年来，美国 STEM 学位授予数呈现增长趋势，有研究者对外国学生获得 STEM 学位的比例给予高度关注。例如，外国学生获得美国 STEM 博士学位的数量，从 2000 年的 8 500 个增长至 2015 年的 15 000 个，所占的比例也从 30% 增长至 34%。STEM 领域外国学生的增长引起了一系列关注和质疑：支持者认为，这是美国吸引全球人才的有力手段；反对者则担心外国学生的涌入可能挤占美国公民的工作机会，或者造成工资降低的现象。

（5）全球 STEM 教育成就。面对世界各国 STEM 学位授予的增长，有人指出美国正逐渐丧失"二战"以来所建立的在 STEM 教育成就方面的全球领导地位。报告尤其指出，印度和中国 STEM 学位授予数量近年来增长迅猛。同时，报告也注意到一些对使用学位授予数量进行跨国比较的质疑，这些意见认为美国的 STEM 学位质量更高，不能简单和其他国家做绝对数量的对比。

（6）美国的 STEM 劳动力供应。政产学各界都有意见认为，美国 STEM 教育质量的不足是导致 STEM 劳动力短缺的成因之一，这将危及美国的国家安全和经济竞争力。然而，各方对 STEM 劳动力短缺的看法并不一致，有人对劳动力短缺的真实性和全面性有不同意见。报告还援引美国人口普查局的数据，表示绝大部分受过科学和工程训练的劳动者并没有从事 STEM 职业。

二、特朗普政府的 STEM 教育战略

根据《美国竞争法案》2010 年再授权的内容，联邦政府每 5 年应制定和发

布 STEM 教育的战略规划（即 5 年计划）。第一份联邦 STEM 教育战略于 2013 年奥巴马执政期间发布。2018 年，STEM 教育委员会（CoSTEM）发布了特朗普政府的五年战略规划《绘制成功之路：美国的 STEM 教育战略》（下文简称《战略》）。《战略》明确了联邦 STEM 教育的愿景是，使 "所有美国人拥有终身获得高质量 STEM 教育的机会，助力美国成为 STEM 素养、创新和雇佣方面的全球领袖"[①]。在这一愿景的指引下，CoSTEM 确立了美国 STEM 教育方面的三大核心目标：一是为 STEM 素养奠定坚实基础；二是增加 STEM 领域的多元、公平和包容；三是为未来的 STEM 劳动力做好准备[②]。为实现这 3 个核心目标，《战略》描述了 4 条主要的途径，分别是战略伙伴关系、学科交融、计算素养、强化透明和责任。

（一）发展和丰富战略伙伴关系

《战略》在伙伴关系方面设立了 3 个目标[③]。

目标一是构建一个联合各方共同体的 STEM 生态系统，通过联邦部门的引导和资助，促进教育机构、社区、商业和其他组织结成伙伴关系。围绕生态系统构建的具体联邦行动包括：联邦 STEM 专业人员和机构通过指导、师资培训、课程材料联合开发等方式，增强与社区的互动；建设联邦 STEM 教育信息平台和网站；在联邦项目资助决策中，适度增加生态系统构建的指标作为项目选择的标准；资助关于生态系统成功经验和成果如何扩散的研究。

目标二旨在通过教育者和雇主的合作，开展面向岗位需求的学习与培训。《战略》注意到，联邦部门在培养满足岗位需求的 STEM 劳动力方面已经开展了一些卓有成效的项目。例如，国家科学基金会的 NSF INCLUDES 项目鼓励中小学、高校和商界共同扩大 STEM 教育的参与；海军研究实验室通过本科生暑期实习，让学生深入了解科研生涯；农业部的带薪 "乳业养殖学徒" 项目，提供机会让学生学习和实践可持续养殖，被劳工部承认为正式的学徒计划。为进一步服务于目标二的实现，《战略》还提出一系列在联邦内部采取的行动，具体包括：在联邦机构内增加具有教育性的带薪实习和学徒机会，扩大联邦机构对多元 STEM 人才的雇佣，在联邦资助项目的遴选中适当增加基于岗位需要的培训作为选择标

---

① Committee on Stem Education of the National Science & Technology Council. Charting a Course for Success: America's Strategy for STEM Education [R]. 2018: V.

② 同上：5–6.

③ 同上：10–14.

准，将联邦部门中从事岗位需求培训相关项目的临时职位转为长期正式职位。

目标三聚焦于融合不同 STEM 教育渠道中的成功实践。《战略》注意到，新一代学生拥有诸多接受 STEM 教育的机会，包括正式的高等教育、职业教育、中小学教育以及非正式的教育（如博物馆和夏令营）等，而这些教育环节的有效协调能最大限度地促进 STEM 教育成效。《战略》预计，未来大约半数的大学生将在社区学院开始高等教育历程，因而提倡更加灵活的教育通道以及认可教育资质的组合。作为例证，《战略》列举了劳工部的"注册学徒计划"，该计划提供机会使学生在获得就业机会和工作经验的同时，继续修读 STEM 领域。为促进目标三的实现，《战略》提出的联邦行动包括：资助 STEM 师资（包括职业培训学校和大学预科教师）的职业发展；研究如何将正式和非正式学习方式进行有效融合；通过网络研讨和工作坊等方式传播融合不同教育通道的有效经验。

（二）以学科交融的学习体验吸引学生

《战略》指出，现代知识的发展趋势已经超越了传统的学科边界，并提出了学科交汇方面的 3 个目标[①]。

目标一是着力推动创新创业教育。《战略》认为，融合学科边界的 STEM 教育是全球经济竞争环境下创新创业的主要驱动力之一。联邦机构已经通过直接经济资助、协调资源、推进项目等方式来推动创新创业教育。例如，美国专利和商标办公室通过"国家教师夏令营"帮助中小学教师积累关于创新过程和知识产权方面的知识；国立卫生研究院（NIH）则通过组织设计竞赛，鼓励本科生通过设计产品来参与解决医疗事业中的真实问题。此外，《战略》还列举了多项推动创新创业教育的联邦行动，包括：评审联邦资助的各项竞赛和公民科学计划的影响，以及参与者的多元性情况；支持教师采用更具包容性的方法开展创业教育；支持教师了解关于创意和知识产权保护的活动。

目标二致力于推动数学的"磁石效应"，通过将数学与不同学科加以融合，增强学生的逻辑推理能力、批判性思维能力、通过数据分析和建模来解决问题的能力。《战略》列举了联邦政府部门在推进数学教育方面取得成就的项目，如国家海洋和大气署（NOAA）与美国气象协会合作开发的教师职业发展课程，国家科学基金会和卡耐基教学促进基金会合作领导的数学补习课程等。《战略》强调下一步的联邦行动主要包括：将联邦数据提供给数学和统计课程作为分析材料，

---

① Committee on Stem Education of the National Science & Technology Council. Charting a Course for Success: America's Strategy for STEM Education [R]. 2018: 15–21.

并提供使用建议；优先支持集成数学和统计教育的项目和合作；向多元的学习者分享数学和统计的教育经验。

目标三旨在鼓励学生开展跨学科学习，通过解决与个人、社区、社会需求相关的问题来增强学生的学习兴趣。《战略》注意到，联邦机构所开展的很多实现其使命的研究任务可以通过加工转化为跨学科的 STEM 学习资源，而机构本身也能够通过奖助金、课题和培训等方式支持本科生、研究生和博士后开展跨学科探索。此外，《战略》还确立了实现这一目标的关键联邦行动，具体包括：支持有关跨学科教育和政策的研发和推广；通过奖助、实习、培训等方式进一步扩大对跨学科学习者的支持；继续为联邦活动中的跨学科教师在录用、培训和留存方面提供支持。

（三）夯实计算素养

考虑到数字设备和互联网的巨大影响，计算素养（Computational Literacy）被看作实现美国 STEM 教育战略目标的重要途径之一。《战略》中列举了联邦在提升全民计算素养方面的 3 个目标[1]。

目标一聚焦数字素养（Digital Literacy）和网络安全的提升。《战略》认为，数字素养是促进人们在当今社会取得成就的关键技能之一，而网络安全意识既是数字素养的组成要素，也是在数据使用中践行伦理价值、尊重和保护隐私的核心。《战略》指出，联邦政府应该在培训研究数据的规范使用方面发挥领导作用，通过培训帮助 STEM 工作者树立数字伦理和数据隐私意识，同时，也要通过联邦机构间的合作和公私伙伴关系推进网络安全。为实现这一目标，《战略》规划了一系列关键行动，包括推进数字流利度和网络安全实践的教师职业发展项目，开展、支持和推广关于网络安全（尤其是人的维度）的基础和应用研究，支持对本科和研究生阶段 STEM 研究者数字伦理和数据隐私的教育和培训。

目标二致力将计算思维融入所有教育活动中。《战略》采纳了卡耐基梅隆大学对计算思维的定义，即计算思维是"一种形成问题和寻找答案，以致最终解决方案能够通过信息处理机制（人或机器或二者结合）来执行的思维过程"[2]。该定义强调思维方式的培养，而不完全依赖计算机和编程技术的使用。因此，《战略》认为，计算思维的训练应该融入所有的教育活动中，以提升学习者评估信息、运

---

① Committee on Stem Education of the National Science & Technology Council. Charting a Course for Success: America's Strategy for STEM Education [R]. 2018: 21–26.

② 同上: 23.

用数据和逻辑思维解决问题的能力。在提升全民计算思维方面,《战略》提出的关键联邦行动计划包括:增加将计算思维作为选择标准的联邦资助和合作,支持面向年轻学生教授计算思维和计算机科学的有效教学方法的研究和推广,分享能有效发展计算思维的教学实践和课程材料。

目标三指向服务教学的数字平台的拓展。《战略》意识到,仿真游戏、移动平台和虚拟现实等技术进展可用于优化学习环境和学习体验,也有助于实现STEM教育多元化的目标,因而呼吁联邦机构重视在课程开发和教师培训中融合数字工具。《战略》描述了服务于这一目标的多种联邦行动,包括:加强使用数字工具和依据设计原则开发的课程建设,通过组织工作坊、竞赛等活动促进教育者交流数字工具和教学模型的使用,支持面向弱势群体和乡村学习者的远程学习资源的开发和推广。

(四)在政府行动中强化透明和责任

《战略》用较大篇幅强调联邦STEM教育相关机构和行动的透明和尽责,体现出特朗普政府"结果驱动"的执政理念。具体来看,《战略》在透明和责任方面提出5个目标[1]。

目标一是在STEM共同体中强化基于证据的实践。行动主要包括识别和推广有效的STEM教育项目、实践和政策。

目标二旨在统计缺乏代表性人群的参与度。相关联邦行动有:收集当前相关项目、人口信息以及缺乏代表性人口参与度的清晰的基线数据,设定改进目标,制定跟踪和报告缺乏代表性人群参与STEM教育的改进计划和主要节点。

目标三是开发和使用通用的评价指标。《战略》认为,开发通用的评价指标并使用它们来检测目标达成度,是实现跨部门协作、体现STEM教育责任担当的关键措施。作为一项长期措施,《战略》计划开发一套标准机制用于联邦机构的数据收集和报告工作,并使用报告结果对相关项目、投资和活动进行评价。具体的联邦行动包括:各部门更规范地使用并报告当前采用的测评STEM教育有效性的核心指标;根据透明和责任的要求,报告和开发额外的评价指标。

目标四强调公示联邦项目的表现和成效。《战略》指出,公布联邦在STEM素养、劳动力发展和STEM教育多元性方面的效果,有助于提升公众对联邦投入与回报的认知和理解。为实现该目标,《战略》要求联邦机构整理和推广关于

---

[1] Committee on Stem Education of the National Science & Technology Council. Charting a Course for Success: America's Strategy for STEM Education [R]. 2018: 27–33.

分享项目信息和成效的相关案例，并开发资源（如可视化报表）来辅助公众对联邦项目的表现和成效进行监督。

目标五聚焦联邦战略执行计划的制订和进度监控。《战略》指出，在《战略》发布后 120 天内，联邦 STEM 教育协调委员会（FC-STEM）将合作撰写该战略的执行计划，并提交给 CoSTEM 和 OSTP（科技政策办公室）。

三、联邦 STEM 战略的执行情况

在本报告所观察的时间范围内（2016—2020 年），CoSTEM 于 2019 年和 2020 年发布了两份年度报告，分别是《STEM 教育战略进展报告》（下面简称《战略进展 2019》和《战略进展 2020》）。

（一）2019 年度执行情况

《战略进展 2019》具体阐述了联邦政府在执行国家 STEM 教育战略中的职责和功能："联邦政府在推动卓越教育方面扮演重要角色，并有机会通过示范引领广泛的 STEM 教育共同体，成功落实《战略计划》"[1]。《战略进展 2019》具体列举了负责执行《战略》的联邦机构，共包括 17 个部门（见表 9-15）。

表 9-15　负责执行《战略》的联邦机构

序　号	部　门
1	农业部（Department of Agriculture）
2	商务部（Department of Commerce）
3	国防部（Department of Defense）
4	教育部（Department of Education）
5	能源部（Department of Energy）
6	健康和人力服务部（Department of Health and Human Services）
7	国土安全部（Department of Homeland Security）
8	内政部（Department of the Interior）
9	劳工部（Department of Labor）
10	交通部（Department of Transportation）
11	退伍军人事务部（Department of Veterans Affairs）
12	国家和社区服务公司（Corporation for National and Community Service）
13	环境保护署（Environmental Protection Agency）

---

① Office of Science and Technology Policy. Progress Report on the Federal Implement of the STEM Education Strategic Plan [R]. 2019: 1.

序 号	部 门
14	航空航天局（National Aeronautics and Space Administration）
15	国家科学基金会（National Science Foundation）
16	核管理委员会（Nuclear Regulatory Commission）
17	史密森尼学会（Smithsonian Institution）

《战略进展 2019》显示，在 2019 财政年度，联邦政府总计投入 STEM 教育 32.03 亿美元，资助项目共计 125 个。作为执行《战略》的基础工作之一，联邦 STEM 教育协调委员会（FC-STEM）要求联邦各个部门对已经开展的 STEM 教育相关项目进行了摸底，并把收集的数据按照《战略》所描述的前三条主要工作途径（发展和丰富战略伙伴关系、以学科交融的学习体验吸引学生、夯实计算素养）进行了归类，结果如图 9–5 所示①。可以发现，联邦 STEM 教育的工作重心集中于战略伙伴关系的建立（占 42%）。

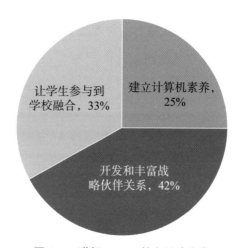

图 9–5 联邦 STEM 教育活动分类

《战略进展 2019》关注的另一项重要工作是为实现《战略》所建立的联邦工作组织架构。据《战略进展 2019》透露，协调联邦各部门 STEM 教育工作的最高机构是 STEM 教育委员会（CoSTEM），其下设的联邦 STEM 协调分委员会（FC-STEM）负责推进《战略》的执行。依据《战略》规划的 4 条工作途径（战略伙伴关系、学科融合、计算素养、透明和责任）以及 2017 年《美国创新和竞

---

① Office of Science and Technology Policy. Progress Report on the Federal Implement of the STEM Education Strategic Plan [R]. 2019: 4.

争力法案》所要求的"具有包容性 STEM"，FC-STEM 下设成立了 5 个跨机构工作小组（Interagency Working Groups，IWGs），负责统筹各个部门协同推进战略目标的落实。5 个跨部门小组的关系如图 9-6 所示[1]，《战略进展 2019》所报告的主要内容按照 5 个跨部门工作小组依次展开。

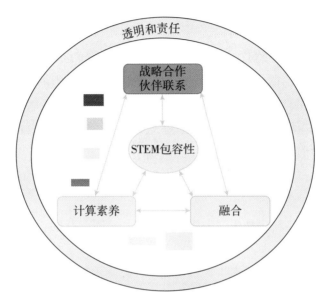

图 9-6 《战略》执行的跨部门工作小组

战略伙伴关系组最重要的工作之一是定义了这种伙伴关系的范围，它包括了"联邦机构、教育机构、雇主、图书馆、博物馆和其他社区组织"，其使命是"利用跨越整个 STEM 生态系统的资源和知识来实现教育影响的最大化"[2]。可以看到，《战略进展 2019》对合作伙伴的定义并不局限于政府部门，而是包括了广泛的 STEM 教育"生态系统"，这和我国工程教育中的"多方协同育人"理念有近似之处。《战略进展 2019》中列举了一系列联邦部门建立和拓展战略伙伴关系的行动，举例如下。

（1）国防部支持超过 1 200 个不同社区的 FIRST Robotics（中小学机器人竞赛）团队，为每个团队配备了一名国防部科学家或工程师担任导师。此外，国防部还通过逾 60 家国防实验室和研究机构支持超过 2 000 个 STEM 实习岗位。

（2）能源部所属的国家实验室通过参与授课、开发和演示教学材料、组织参

① Office of Science and Technology Policy. Progress Report on the Federal Implement of the STEM Education Strategic Plan [R]. 2019: 7.

② 同上.

观等方式，每年服务超过 250 000 名中小学生。同时，部属国家实验室进一步扩大了本科生参加工读和培训的机会。

（3）国家海洋和大气管理局（NOAA）为大学生提供超过 200 个实习和奖学金机会。

（4）史密森尼学会与学校和地方合作，在课程、师资发展、测评、材料支持、社区互动 5 个方面推进战略目标。

（5）劳工部通过资助 H-1B Technical Skills Training Grants（一项培训美国科技劳动力以替代当前通过 H-1B 签证雇佣外国高科技劳动力的计划）来减少对外国 STEM 劳动力的依赖。

学科融合组在推进创新创业教育、推动数学和统计与其他 STEM 学科的融合以及师资培训方面开展了一系列行动，包括[1]：

（1）专利与商标办公室通过跨学科的职业发展活动，帮助中小学教师提升知识产权创造和保护方面的知识。

（2）能源部为本科生和中学生组织了一系列竞赛，鼓励学生了解能源相关的科学和工程研究。

（3）国立卫生研究院组织生物医药竞赛，鼓励本科生解决真实世界中的健康服务问题。

（4）国家科学基金会组织"社区学院创新挑战赛"，鼓励社区学院和大学的学生运用 STEM 知识解决真实世界的问题。

（5）航空航天局组织挑战赛让学生参与载人登月的研究。

（6）人口普查局利用真实人口普查数据，开发了供课堂使用的数学学习活动。

在计算素养组的协调下，联邦部门与教育界协作推动公民数据素养和网络安全能力的提升，并且为未来的 STEM 工作者提供数字伦理和隐私保护方面的培训。具体包括[2]：

（1）国家科学基金会在 2019 年为新设立的 Data Science Corps 项目提供 1 000 万美元资金，用于提升数字素养，加强数据采集能力，为劳动力提供数据科学培训。

（2）国立卫生研究院计划在其资助的所有面向研究生和本科生的项目中融入计算技能以及负责任地使用数据的教学。

---

[1] Office of Science and Technology Policy. Progress Report on the Federal Implement of the STEM Education Strategic Plan [R]. 2019: 8–9.

[2] 同上. 2019: 9–10.

（3）教育部在 2019 年的多个竞争性课题中加入计算机科学作为优先选题的标准。

（4）大气海洋管理局与科学博物馆等机构合作直播海洋科考，并计划以此为基础，与 700 名教师合作开发基于海洋探索的中小学课堂活动。

（5）教育部教育科学所（Institute of Education Sciences）已拨款 1 000 万美元给 23 个组织，用于开发和测试商用教育技术产品。

多元、平等与包容组执行《战略》的主要举措之一是加强与服务于低代表性人群的机构的合作。例如，国家科学基金会开辟了专门的轨道，来资助此前未获得过 NSF 经费的服务西裔学生的教育机构。此外，教育部设立了数个面向服务少数族裔机构的项目，并增设了服务残疾儿童的特别教育和康复服务 STEM 教育办公室[①]。

透明与责任组正在制订和应用评价 STEM 教育进展的指标体系，收集成果数据、基线数据、关键术语定义、未来挑战和行动建议等信息。同时，因为很多重要术语（概念）的含义在不同部门间有出入，该组还在大力推动相关术语（如"参与者""乡村身份"等）的标准化工作[②]。

（二）2020 年度执行情况

《战略进展 2020》进一步介绍了联邦 STEM 教育协调委员会（FC-STEM）的目标、角色和所采取的行动。该报告陈述了 FC-STEM 的两个优先目标：一是与联邦机构协作，创造机会将当前联邦 STEM 相关项目的员工转为长期合同；二是为一站式可检索地显示联邦所有 STEM 教育相关活动、资源和资助机会的网站进行可行性论证[③]。

《战略进展 2020》回顾了《战略》公布以来 FC-STEM 在推动《战略》执行方面所开展的工作和主要成就。在联邦内部机构的协调方面，FC-STEM 联合多个联邦部门，扩大了国家科学基金会的一项旨在增进 STEM 领域多元和包容的大型计划（NSF INCLUDES）的参与范围。教育部、航空航天局、国立卫生研究院、国家海洋和大气管理局、国家标准技术研究院、地质勘探局、国防部、专利和商标办公室等部门参加了 NSF INCLUDES 的季度合作会议。此外，国家科学基金会代表 FC-STEM 召集多个联邦部门参加了协同推进《战略》执行的会议，

---

① Office of Science and Technology Policy. Progress Report on the Federal Implement of the STEM Education Strategic Plan [R]. 2019: 10.

② 同上. 2019: 11.

③ 同上. 2020: 4.

会议讨论了部门间的沟通和协调机制。FC-STEM 的另一项重要工作是，委员会成员参加了"总统数学与科学教育卓越奖章"和"总统科学数学与工程辅导卓越奖章"颁奖，并且邀请获奖者与委员会开展交流，从而更深入地了解全国开展STEM 教育的情况和需求。

在完善联邦内部协调机制的同时，FC-STEM 也加强了与外部伙伴的联系和协作，包括：向 STEM 教育的利益相关者征集信息和意见，加强 STEM 教育顾问委员会对联邦工作的指导作用，推动公私部门伙伴关系的深入发展以增加国家STEM 劳动力储备。

FC-STEM 在推动公私伙伴关系方面的行动较为密集，具体如下。

（1）2019 年，国防部和由 18 个组织组成的国防科学技术工程和数学教育联盟（Defense Science, Technology, Engineering, and Mathematics Education Consortium, DSEC）签署合作协议。

（2）由政产学联合新成立的"拓展美国创新国家理事会"（National Council for Expanding American Innovation，NCEAI）计划指导专利和商标办公室开发更加多元与包容的国家创新战略。此外，为推动创新创业，专利和商标榜公示与非营利组织"国家发明家名人堂"联合设计并开展知识产权的教育项目，每年服务180 000 名学生和 20 000 名教师。

（3）退伍军人事务局与培训机构合作，为退伍军人提供缩短学制的技术培训。

（4）国家科学基金会与波音公司合作发布了 EHR Core Research：Production Engineering Education and Research（ECR：PEER）课题项目，资助那些为更新国家制造业劳动力而开展的工程与技术教育项目。2019 年，波音出资逾 1 000 万美元资助 8 个项目，同时还与 NSF INCLUDES 项目合作，支持更多女性和退伍女兵进入 STEM 相关行业。

（5）空管局（FAA）卓越无人机交通中心联合 5 所高校，向中小学师生介绍无人机研究。

由 FC-STEM 领导的 5 个跨部门工作小组（IWGs）仍然在《战略》的执行落实中扮演关键角色，具体如下[①]。

2019 财政年度，战略伙伴关系组向 104 个 STEM 教育相关项目投入 18.8 亿美元，小组成员还参加了 2020 STEM 学习生态系统实践共同体论坛，并提出了联邦"STEM 教育生态系统"的最终定义："STEM 教育生态系统由多个部门的

---

① Office of Science and Technology Policy. Progress Report on the Implement of the Federal STEM Education Strategic Plan [R]. 2020: 6–10.

合作伙伴联合组成，其共同愿景是通过在所有教育阶段和职业通道中创造可及、包容的 STEM 学习机会来支持 STEM 的参与。STEM 教育生态系统通过持续地评估自身、按需调整、长期规划和沟通宣传，营造广泛的支持和推动最佳实践。"战略伙伴关系组还通过拨款和签署协议等方式推动伙伴关系，与多个部门共同探索工读项目、虚拟实习等扩大 STEM 参与的机会，并与 SBIR（小企业创新研究项目）/STTR（小企业技术转化项目）的管理者讨论为师生、退伍军人和低代表性人群提供实习机会的工作模式。

学科融合组在 2019 财政年度共计向 99 个 STEM 教育相关项目投入 22.2 亿美元。该小组通过问卷调查开展了利益相关者的信息征集工作，并通过文献和专家意见研究了 STEM 教学和评价中的学科融合途径，旨在为更多学习者提供跨学科 STEM 学习的机会。

计算素养组在 2019 财政年度共向 75 个相关项目投入 16.6 亿美元。该小组创造了与计算技能相关的实习和就业机会，制订了旨在统一计算素养相关定义、支持提升计算思维的内容和实践推广、扩大数字平台使用的计划。在计算素养组的统筹下，商务部举办了国家网络安全教育会议，并启动了"国家网络安全职业意识周"活动。国防部与 CYBER.ORG 合作为军人家庭的学生提供网络安全教育。教育部、国家科学基金会和国家安全委员会合作设立了"总统网络安全教育奖"。

多元、平等与包容组在 2019 财政年度向 125 个项目投入总计 30.8 亿美元。该组重点推进两个领域的工作：一是开发用于分享最佳实践的资源，二是开发评价工具。在小组的协调下，多个联邦机构拓展了服务少数族裔、有特殊需求人群和低代表性人群参与 STEM 教育的相关活动。该组成员还与白宫的"传统黑人学院和大学行动"进行了交流。

透明与责任组的各个所属机构正在开发和应用进展评价指标、收集教育项目数据、向联邦之外的利益相关者分享信息。小组围绕进展报告信息收集所使用的问卷向 FC-STEM 提出了修改建议，例如，建议各部门汇报对战略目标有贡献的直接和间接投资。同时，透明与责任组还成立了两个专门小组来研究参与者（Participant）和乡村身份（Rural Status）的可操作定义，FC-STEM 已经接受了相关研究结果，并准备组织试点采用新的定义。

小结

随着全球经济竞争更加突出科技创新和高层次人才的竞争，美国联邦政府也愈加重视工程科技相关领域的教育和人才培养。然而，基于其国家政治体制的特点，联邦政府在推动工程科技教育方面的作用以引导、协调和课题经费资助为主，而对教育组织形式和内容的直接干预较少。同时，政府和国会都强调，联邦在STEM教育方面的治理结构需要优化，应加强各部门之间的工作协调，增加效率，减少重复。特朗普政府的STEM教育战略明确地强调"透明和责任"，也体现出共和党限制政府角色，强调问责的执政色彩。与之相应，联邦机构在这一时期的很多工作都侧重于信息收集、共享平台搭建等基础性工作，强调对政府投入成效的透明化。

在联邦层面，政府管理者没有刻意强化工程科技领域的学科边界，而往往以STEM教育来统称，这和《战略》中所强调的学科交融精神相符合。同时，联邦STEM教育的协调机构还指出，STEM教育不是一个或几个部门的责任，而是强调一个更加广泛和联系紧密的STEM教育生态系统，统筹考虑各年龄段STEM学习者的教育和STEM职业发展的需要。

或许受共和党意识形态的影响，《战略》中没有明确提出"气候变化"等与STEM联系紧密的具体议题，在意识形态上相对中性的计算素养单独成为一个战略目标。同时，带有较强政治色彩的"多元、平等和包容"话题在《战略》中依然占据重要地位。这些特征体现出《战略》对美国现实政治和社会呼声的回应。

第六节

工程教育认证与工程师制度

与很多工程教育主要国家相比，美国工程教育的一大特点是其高度的专业自治。本章考察工程教育专业自治的两个重要制度保障，即工程教育专业认证和职业工程师注册制度。通过简要回顾美国工程教育认证的历史、机构、程序和国际化情况，本节第一部分重点介绍本报告观察期间（2016—2020年）认证机构ABET在机构革新和认证标准方面的重要变化，第二部分则介绍工程师注册制度的简要情况和近期变化。

一、工程教育专业认证概况

鉴于我国工程教育学者对美国工程教育专业认证制度已有非常全面的研究和介绍，此处仅从专业自治的角度对认证加以简单回顾。不同于其他国家和地区由政府相关部门通过立法或行政文件对工程教育的质量进行监督和保障，美国工程教育自诞生以来，一直被看作实现和维护工程专业共同体资格和标准的重要环节，受到专业共同体和专业协会的督导。本章第一节提到，美国工程教育促进会（SPEE）组织的第二次全国工程教育调查于 1930 年出版 *Wickenden Report*，提出了统一全国各地（尤其是各州）工程教育标准的建议。受此建议的影响，全美 7 个工程专业协会在 1932 年联合成立了"工程师职业发展理事会"（ECPD），负责工程教育统一标准（认证）的工作[①]。ECPD 于 1980 年更名为"工程技术认证会"（Accreditation Board for Engineering and Technology，Inc.，ABET），专注于工程和技术教育的认证工作。

ABET 是由多个专业协会构成的联盟（目前的"成员协会"有 35 个），这些成员协会负责制定政策，确定战略，并代表各自的专业在世界范围开展认证活动。这种协会联盟的架构，保障了工程专业所需要的知识和能力可以通过认证标准来影响工程教育内容和目标，从而促进新一代工程师专业胜任力的养成。

在 20 世纪 90 年代以前，ECPD 和 ABET 采取的是"指定内容"式的认证标准，即通过认证的学位项目必须在相关科目提供一定学分的课程。自 20 世纪 80 年代以来，随着美国在全球市场遭遇日本等国工程技术产品的挑战，产业界和工程共同体开始愈发感受到僵化的认证标准对工程教育发展创新的限制。随着冷战的结束和国防军工研发投入的减少，越来越多的呼声要求调整工程教育认证标准，使工程教育更好地服务于产业和经济社会需求。与此同时，"二战"后在联邦科研经费的刺激下，工程学生培养中，数理科学相关的课程占比高，工程实践能力和沟通、团队合作等专业技能的训练不足，工科毕业生难以满足企业发展的需要[②]。在此背景下，ABET 于 1992 年启动了对认证程序的评审。经过 3 年的研究、意见征集和讨论，ABET 于 1995 年公布新的认证标准《工程标准 2000》（EC2000），并于次年启动了使用新标准认证的试点。经历两年试点和 3 年的过

---

① Prados J W, Peterson G D, et al. Quality Assurance of Engineering Education through Accreditation: The Impact of Engineering Criteria 2000 and Its Global Influence [J]. Journal of Engineering Education, 2005 (1): 165–184.

② Seely R E. The Other Re-engineering of Engineering Education, 1900–1965 [J]. Journal of Engineering Education, 1999 (7): 285–294.

渡期（过渡期间参与认证的学校可以选择使用新标准或旧标准）之后，ABET从
2001—2002认证年度开始全面使用新的认证标准。新的标准从原来的"指定内
容"转为强调工程培养项目的目标和学生的学习成效，突出了"持续改进"的思
想，具体思路是：寻求认证的项目先定义自身目标和预期的毕业生学习成效，然
后报告目标和成效达成度的评价结果，并针对评价结果对项目进行优化和改进[①]。
其中，EC2000中列举的11条作为基准的学习成效（见表9-16），使改革之后的
ABET认证成为支持"基于学习成效的教育理念（OBE）"落实的标志性制度。

表9-16　EC2000考察的学生学习成效

序　　号	学　习　成　效
a	应用数学、科学和工程知识的能力
b	设计和开展实验，以及分析和解释数据的能力
c	设计系统、要素和过程以满足需求的能力
d	在多学科团队中发挥功能的能力
e	识别、定义和解决工程问题的能力
f	理解职业责任和伦理责任
g	有效沟通的能力
h	理解工程解决方案在全球和社会语境中的影响所需的宽泛的教育
i	认识终身学习必要性和开展终身学习的能力
j	对当代问题的知识
k	使用必要的技术、技能和现代工程工具开展工程实践的能力

ABET认证改革的效果显著。宾州州立大学高等教育研究中心受ABET委托
开展的一项大规模研究显示：与旧的认证标准下培养的毕业生相比，EC2000标
准下培养的毕业生在学习主动性、多样性、开放性和工程设计等方面均有显著提
升，同时EC2000也给工程院系的教学文化带来重要转变，更多教师开始摒弃单
纯的讲授，转而围绕教学目标和学生学习成效开展更精心的教学设计[②]。同时，通
过《华盛顿协议》和直接对境外工程项目开展认证服务等方式，ABET基于学习
成效的认证思想传播到海外，在全球工程教育界掀起了一场"运动"，促进了各
地以学生为中心、以学习成效和毕业生工程胜任力为中心的工程教育变革。

---

① Prados J W, Peterson G D, et al. Quality Assurance of Engineering Education through Accreditation: The Impact of Engineering Criteria 2000 and Its Global Influence [J]. Journal of Engineering Education, 2005 (1): 165–184.

② Lattuca L R, Terenzini P T, et al. Panel session-Engineering change: Findings from a study of the impact of EC2000 [C]. 36th Annual Frontiers in Education, Conference Program, 2006.

（一）认证机构和认证标准的更新

在本报告所观察的时期（2016—2020 年），ABET 在机构、业务和认证标准等方面均有调整。其中，在机构和业务方面的主要变化包括两处：一是 2016 年制定的 3 年战略重点在 2019 年到期，进而发布了新的 3 年战略重点；二是在 2020 年，面对新冠疫情，ABET 采取了更加灵活的认证方式。同时，经过 10 年的筹备，ABET 从 2019—2020 认证年度开始启用新的经过大幅修改的认证标准。下面分别介绍 ABET 结构和标准的变化。

ABET 2016—2019 年的战略重点是"面向未来，使 ABET 更加强大、更加敏捷"。其具体目标包括如下。[①]

（1）通过提高过程的效率、有效性，支持 ABET 的运营和服务；

（2）通过加强 ABET 的核心产品和拓展服务，满足不断增长的成员的需求变化；

（3）开发和执行一个沟通计划来增强成员的联系，并建立对 ABET 认证过程和服务的信心；

（4）通过认证、合作和联系来改进世界范围的技术教育；

（5）执行和完善新的治理结构。

在 2019 年的年度报告中，ABET 陈述了新的 3 年战略重点（2019—2022）。新的战略计划侧重 4 个目标如下。[②]

（1）增强成员协会的参与，以便最大程度提升 ABET 和成员协会的影响力和价值；

（2）修订并宣传关于 ABET 认证的一系列有针对性且简洁的价值倡议；

（3）在当前和新兴的教育资格框架中扩大 ABET 的质量保障服务；

（4）提高认证周期的效率和有效性。

在 2020 年的报告中，ABET 陈述了自身的性质和定位。ABET 是 ISO 9001：2015 认证的非政府、非营利性组织，在应用与自然科学、计算机、工程和工程技术领域认证专科、本科和硕士学位项目。通过认证，ABET 向其服务的学生、雇主和社会保证，通过认证的项目达到了相应的质量标准，其培养的毕业生为进入全球劳动力市场做好了准备。由成员协会的技术专业人士所制定的认证标准主要聚焦学生体验和学习。由志愿者组成的同行评议认证过程受到世界各地的尊重，因为它对以"质量、准确和安全"为生命线的技术领域人才培养的质量做出了关键

---

① 2016 ABET Annual Report [R]. 2016.

② 2019 ABET Impact Report [R]. 2019.

贡献。超过 2 200 名来自产业、学术界和政府的认证专家，通过担任认证评审、委员、理事和顾问等方式，对世界范围内培养项目的质量保障贡献出时间和精力[①]。

ABET 的认证对象和标准逐年进行了微调。例如，2018 年的年度报告指出，ABET 在不断拓展和完善认证标准，以此来反映协会成员的需求，以及雇主对下一代 STEM 专业人员能够满足世界不断演化应掌握的知识、技能和相关经验的需求[②]。在 2018 年，ABET 增加了网络安全和网络工程的认证标准，本科层次的网络安全和网络工程标准从 2019—2020 认证年度开始全面执行[③]。

与标准的微调相对应的是 ABET 从 2019—2020 年度开始执行全面修改的新的工程认证标准，此标准对基于 EC2000 形成的高度成型并被广泛接受的认证体系做出了大幅改动。虽然早在 2009 年 ABET 就已经启动标准修订的相关工作，但由于 EC2000 受到高度认可，以及 ABET 对标准修订的沟通不足，导致新的标准草案一经公布就引起了各界不满，尤其是激发了一批工程教师和工程教育研究者的强烈不满。因此，ABET 不得不就此开展公关，并延长了新标准意见征集的时间和范围。新标准出台的过程体现出工程教育共同体对认证的高度关注，也反映出美国工程教育治理结构上的一些特点。下面简要报告新标准的出台过程、标准内容的变化和各方的反应。

（二）认证标准的变化

2009 年，ABET 中负责工程专业认证的工程认证委员会（EAC）启动了协调 ABET 下辖 4 个认证委员会认证标准的工作。根据时任 ABET 主席的回顾，当时协会收到不少培养单位的反馈，认为 EC2000 所列举的一部分学生学习成效在实践中难以有效测量和评价，对相关成效的评价不足成为这些单位在认证过程中受到批评的主要原因[④]。作为回应，EAC 成立了"标准 3 任务组"来调查该标准（学生学习成效）的执行情况。任务组发现，EC2000 中的所有 11 项学生学习成效都有一些问题，其中的 5 项（3d——多学科团队；3f——理解专业和伦理责任；3h——在全球、经济、环境、社会语境中理解工程解决方案；3i——终身学习；3j——当代问题知识）尤其难以开展评价。任务组指出，这些学习成效在表述上

---

① 2020 ABET Annual Report [R]. 2020.

② 2018 ABET Impact Report [R]. 2018.

③ 2019 ABET Impact Report [R]. 2019.

④ National Academy of Engineering. Forum on Proposed Revisions to ABET Engineering Accreditation Commission General Criteria on Student Outcomes and Curriculum (Criteria 3 and 5): A Workshop Summary [M]. Washington: The National Academies Press, 2016.

存在相互关联、过于宽泛或过于模糊等问题，给测量带来很大困难[①]。

在任务组的建议下，ABET 于 2010 年对参与项目认证访问的志愿认证专员开展了问卷调查，问卷结果显示了学习成效评价过程中更多的问题。此后两年，任务组向 ABET 的产业顾委会和学术顾委会征求了意见，并通过书信向其他利益相关者征集了意见。2014 年，在得到任务组的汇报之后，EAC 执委会向社会公布了标准修订草案并公开征集意见，准备结合意见修改之后，将草案提交 ABET 理事会进行讨论。然而，任务组前期征求意见的范围相对有限，许多工程教育共同体中的成员并没有在这一阶段得到参与标准修订相关讨论的机会，甚至有一大批一线工程教育者在此时对标准修订一事并不知情。一位曾任 NSF 工程教育与中心项目官员的工程教育学者指出，很多一线工科教师和教学管理人员直至 2015 年夏天的美国工程教育协会年会上，才第一次听说 ABET 大幅修订认证标准的消息。ABET 的这一做法在一线工程教育者中间激起不满情绪。同时，由于对 ABET 内部程序的不同理解，很多工程教育者认为 ABET 留给公众的反应时间太短，缺乏诚意，因此相关师生组织了一系列行动对标准修订的过程和内容进行抗议。2015 年，标准委员会将修改意见稿提交 EAC，意见稿经 EAC 通过之后，再次向社会公布并征求意见，截止日期为 2016 年 6 月[②]。2017 年 10 月，ABET 工程领域代表会通过了最终的修改版本，并决定在 2019—2020 年度启用新标准。

ABET 新的标准将原来的 11 条学生学习成效（a~k）缩减到 7 条（1~7），并对一些相关表述进行了调整（见表 9–17）。按照 ABET 的解释，修改目标是确保认证标准"更丰富，可测量，更重要的是符合实际"[③]。如原有标准的学习成效（d）要求学生在多学科（multidisciplinary）的团队中发挥功能。理想条件下，该学习成效的评价需要基于工科生和不同于本专业的学生，甚至和非工科的学生共同工作的表现。然而，在实际操作中，非工科的院系因为没有 ABET 认证的要求，并没有动力组织学生与工科生开展正式的合作。即使在工科内部，出于简化组织和管理的考虑，不同专业院系也更倾向于在本专业开展学生项目合作，这使得成效（d）的评价常年处于名不副实的状态。修改之后的学习成效 5 去掉了"多学科"的表述，这样工科项目可以在本专业内的学习环境中实现与团队能力相关的要求。

---

① National Academy of Engineering. Forum on Proposed Revisions to ABET Engineering Accreditation Commission General Criteria on Student Outcomes and Curriculum (Criteria 3 and 5): A Workshop Summary [M]. Washington: The National Academies Press, 2016.

② ABET. Criterion 3 Revision Timeline [EB/OL]. https://www.abet.org/criterion-3-revision-timeline/.

③ ABET. Rationale for Revising Criteria 3and 5 [EB/OL]. [2015-10-30]. https://www.abet.org/rationale-for-revising-criteria-3-and-5/.

表 9–17 ABET 新认证标准与原标准学习成效对比

EAC 2017—2019 标准当前表述	新表述（2019—2020 年度开始运用）
标准 3. 学生学习成效 培养项目必须记录下能使毕业生实现教育目标的学习成效的达成。 学生学习成效包含（a～k）以及任何由培养项目确立的学生学习成效	标准 3. 学生学习成效 培养项目必须记录下实现教育目标的学生学习成效的达成。这些成效的实现为毕业生进入工程专业实践做好准备 学生学习成效包含（1～7）以及任何由培养项目确立的学生学习成效
（a）应用数学、科学和工程知识的能力 （e）识别、形成和解决工程问题的能力	1. 通过应用工程、科学和数学原理来识别和解决复杂工程问题的能力
（b）设计和开展实验并分析和解读数据的能力	6. 开发和开展适当的实验，分析和解读数据，运用工程判断总结出结论的能力
（c）在真实的经济、环境、社会、政治、伦理、健康和安全、可制造性、可持续性局限下设计系统、要素和过程来满足需求的能力	2. 运用工程设计产生解决方案以满足特定需求，并考虑公共健康、安全和福祉以及全球、文化、社会、环境和经济因素的能力
（d）在多学科团队发挥功能的能力	5. 在一个能共同工作提供领导力，创造协作和包容的环境，确立目标，规划任务和实现目标的团队中发挥有效作用的能力
（f）理解职业和伦理责任 （h）理解工程解决方案的全球、经济、环境和社会影响所需要的宽泛的教育 （j）对当代问题的知识	4. 认识工程情境中伦理和职业责任并做出有识见判断的能力，包括考虑工程解决方案的全球、经济、环境和社会影响
（g）有效沟通的能力	3. 与不同范围的受众有效沟通的能力
（i）认识终身学习必要性和开展终身学习的能力	7. 根据需要，运用恰当学习策略获取和应用新知识的能力
（k）使用必要的技术、技能和现代工程工具开展工程实践的能力	体现在成效 1、2 和 6 中

另一方面，新的标准减少了学习成效的数量，在整体上有"减少"对培养项目进行的干预的趋势。ABET 内外都有工程教育者认为，认证应该保证的是培养质量的"下限"，而不是"卓越"的标准，过于繁杂的认证标准反而会限制培养项目的创新性和自主性，有违专业认证的初衷。通过 EC2000 改革，产业界对工科毕业生质量的满意度已显著提高，因此新的标准修订有"返还部分权力给培养项目"的意图[①]。总体来看，EC2000 以学生学习成效为基础的认证标准框架在美国获得成功，在国外也得到了推广和仿效。近期对认证标准的大幅修订会如何影响工程培养的质量，仍值得学者和工程教育共同体持续关注。

---

① Akera A, Appelhans S, et al. ABET & Engineering Accreditation—History, Theory, Practice: Initial Findings from a National Study on the Governance of Engineering Education [C]. 126th Annual Conference & Exposition, 2019.

二、工程师注册制度

虽然美国的工程共同体具有较强的"专业自治"特征，但各州政府和立法机构可以通过职业注册制度对工程师的资质和行为标准进行规范，这也是美国从工程实践的具体经验和教训中总结出来的管理制度。在 20 世纪以前，任何人都可以在不提供相关胜任力证明的情况下以工程师的名义开展工作，这种情况对工程质量和工程师群体的声誉都造成了损害。1907 年，为保护公众健康、安全和福祉，第一部工程注册法案在怀俄明州通过。此后，其他各州陆续通过了相关法案，并建立起完善的职业工程师（PE）注册制度。PE 执照代表了"工程专业胜任力的最高标准，是成就和质量保障的象征"[①]。

与一般意义上的工程专业人员相比，注册工程师具有一系列（排他性）特权。例如：

（1）只有注册工程师可以准备、签署和提交工程方案、图纸给相关公共权力机构进行批准，或给公共、私人客户的工程工作盖章。

（2）某些工程工作根据法律要求必须由注册工程师负责。

（3）某些政府工程师岗位只能由注册工程师担任。

（4）很多州要求教授工程的教师具有注册工程师执照[②]。

（5）各州的工程师理事会负责管理注册相关事务，并决定工程师注册的条件，因此，各州相关法规在注册要求方面具有一定差别。大体上说，注册工程师的要求如下。

①从经过认证的工程项目获得四年制工程学位；

②通过"工程基础"（Fundamentals of Engineering，FE）考试；

③在注册工程师的指导下获得四年、进阶性的工程经验；

④通过"工程原则和实践"（Principles and Practice of Engineering，PE）考试[③]。

注册工程师所需的两项考试（FE 和 PE）由国家工程和测绘考试理事会（National Council of Examiners for Engineering and Surveying，NCEES）负责组织。NCEES 成立于 1920 年，其初衷是统一各州之间对注册工程师资质的要求，促进工程师在各州的流动性。NCEES 的成员包括全美 50 个州和华盛顿特区、关岛、

---

① National Society of Professional Engineers. Licensure [EB/OL]. https://www.nspe.org/resources/licensure.

② National Society of Professional Engineers. What is a PE? [EB/OL]. https://www.nspe.org/resources/licensure/what-pe.

③ 同上.

北马里亚纳群岛、波多黎各，以及美属维京群岛的 69 个工程和测绘注册理事会。

在工程注册服务方面，NCEES 负责拟定 FE 和 PE 的考试题，提供备考资料，组织考试等。其中，"工程基础"（FE）考试是通向注册工程师的第一步。FE 针对的考生是即将毕业或新近毕业的工科本科生，考试时长 6 小时，包括 110 道题。按照工程学科，FE 分为化工、土木、电气和计算机、环境、工业和系统、机械和其他 7 个类别，考生可以根据自身的学科背景选择相应的 FE 考试。NCEES 的网站也公布了各项考试最新的通过率。根据 2022 年 6 月的结果显示，环境和机械两个学科的考试通过率最高，均为 68%，其他工程学科的通过率最低（57%）。NCEES 还免费向教育项目提供在读和毕业生参加 FE 的成绩详细报告，也会提供成绩与全国均值的比较。很多工程院系使用该报告作为学生学习成效评价（认证要求）的证据之一[①]。

"工程原则和实践"（PE）考试考查考生对一个具体工程学科最基本的胜任力。考试主要面向在相关领域拥有 4 年以上工作经验的大学毕业生。PE 考试的学科分类比 FE 更加细致，包括了农业与生物工程、建筑工程、化工、土木、控制系统、电气和计算机、环境、消防、工业和系统、机械、冶金和材料、矿物开采和处理、船舶和海洋工程、核工程、石油、结构 16 个学科领域。每个学科考试的内容和时长有差别，以土木工程为例，考试时长 9 小时，包含 80 道试题。PE 考试的通过率在不同学科间差异较大，以最近的结果（2021 年 12 月、2022 年 6 月）为例，通过率最高的学科为农业与生物工程、消防工程、冶金和材料工程（均为 82%），通过率最低的是土木建造、岩土工程（土木）和计算机工程，均为 49%[②]。

此外，很多州的职业工程师理事会规定，为保持注册工程师资格，持证的职业工程师必须通过继续教育和其他职业发展机会维持和更新自身的工程知识和技能，并定期向理事会申请执照更新。

案例：得克萨斯州关于注册工程师的相关规定

1937 年，因为一起学校爆炸事故引起公众对工程师资质的强烈关注，得克萨斯州颁布了《工程注册法案》（Article 3271a，V.A.T.S.）。1965 年，得州议会重写了法案并重新命名为《得克萨斯工程实践法案》。《法案》要求得州职业工程师理事会（Texas Board of Professional Engineers）负责对符合条件的工程师开展职

---

① National Council of Examiners for Engineering and Surveying. FE Exam [EB/OL]. https://ncees.org/engineering/fe/.

② National Council of Examiners for Engineering and Surveying. PE Exam Pass Rates [EB/OL]. https://ncees.org/engineering/pe/pass-rates/.

业资格注册，并负责监管得州的工程实践，同时要求理事会制定和执行与工程师注册以及行为伦理标准相关的规则。

得克萨斯州职业工程师和土地测绘员理事会（Texas Board of Professional Engineers and Land Surveyors，TBPELS）管辖工程师注册相关事务。TBPELS 的职业工程师注册规定要求申请人"受过工程教育，有相应层次的工程工作经验，并通过指定的考试"[①]。理事会的相关规定指出，申请人可以根据各种经历和资质的组合来满足注册要求，表 9–18 显示了得克萨斯州注册工程师要求的不同组合方式。值得注意的是，除全国通行的 FE 和 PE 考试之外，TBPELS 还要求申请人通过职业伦理的考试。

表 9–18　得克萨斯州注册工程师要求

组　　别	教 育 类 型	经 验 要 求	考 试 要 求	推 荐 信 要 求
获得认证的学位组	获得认证的工程学位（通常是学士）	4 年	必须通过 FE、PE 和伦理考试；根据额外经验可能免考 FE	3 封由注册工程师出具的推荐信。如有免考，5 封推荐信
获得认证的学位组	获得认证的工程学位，获得认证的项目授予的硕士或博士学位	3 年（硕士或直博）；2 年（硕博学历）	必须通过 FE、PE 和伦理考试；根据额外经验可能免考 FE	3 封由注册工程师出具的推荐信。如有免考，5 封推荐信
工程教育者博士组	受 ABET 认证的工程博士学位（PhD）	3 年（硕士或直博）；2 年（硕博学历）	必须通过 FE、PE 和伦理考试；根据额外经验可能免考 FE 和 PE	3 封由注册工程师出具的推荐信。如有免考，5 封推荐信
获得认证的学位组	没有认证的本科工程学位，获得任何层次认证的工程项目授予的硕士或博士学位	3 年	必须通过 FE、PE 和伦理考试；根据额外经验可能免考 FE	3 封由注册工程师出具的推荐信。如有免考，5 封推荐信
没有认证的学位组	没有认证的工程学位或相关的理学学位	8 年	必须通过 FE、PE 和伦理考试；根据额外经验可能免考 FE	3 封由注册工程师出具的推荐信。如有免考，5 封推荐信
没有认证的学位组	没有认证的工程学位或相关的理学学位，任何其他由不在任何层次获得认证的工程项目授予的高等学位	8 年	必须通过 FE、PE 和伦理考试；根据额外经验可能免考 FE	3 封由注册工程师出具的推荐信。如有免考，5 封推荐信
	无学位	不能注册	不能注册	不能注册

资料来源：https://pels.texas.gov/lic.htm。

[①] Texas Board of Professional Engineers and Land Surveyors. Licensing information [EB/OL]. https://pels. texas.gov/lic.htm.

小结

工程教育专业认证和职业工程师注册制度的联动是美国工程专业治理中的重要制度。政府通过立法和设立注册理事会等方式保证职业工程师的质量，而注册要求中对受认证工程学位的强调，进一步将职业工程师的质量和工程学位项目的培养质量紧密联系起来。以各个工程专业协会联盟的形式存在的 ABET，负责设定和评估工科毕业生学习成效的标准。通过这一系列制度设计，政府、高校和工程专业协会都以较为清晰的角色参与到工程人才培养的治理体系中。同时，外部的公众、雇主等利益相关者也能通过对立法和认证标准等政策的影响来传达对工程教育的需求。

自 20 世纪 90 年代以来，ABET 引领的"以学生学习成效为导向"的工程教育专业认证改革促进了工科毕业生综合能力和工程实践能力的提升，在国内和国际上都产生了重要影响。同时，也可以看到，工程教育治理的各个环节之间也会因为沟通机制和利益分配等问题产生冲突和矛盾。ABET 在 2009—2016 年所酝酿和推动的认证标准修订在工程教师间引发了较为强烈的反对意见，而这些意见最终又影响了标准修订的过程和结果。

第七节

特色及案例

近年来，美国有不少获得国际关注的工程教育改革的院校案例，例如，MIT 的新工程教育转型（New Engineering Education Transformation，NEET），欧林工学院的"欧林三角"等，相关的案例在中文工程教育文献中已经得到比较全面的介绍。本节的案例侧重于中文文献中介绍相对较少、在不同类型的工程教育机构中具有代表性的案例。案例一报告世界顶尖研究型大学斯坦福大学如何通过打破既有的学科和教育组织边界，探索和拓展工程教育的可能性。案例二报告美国南部的公立研究型大学佐治亚理工学院与私立的埃默里大学医学院联合建立的生物医学工程系，通过结合真实工程项目、创业思维和学习科学原则，革新工程教学方式。

案例三报告一所教学型本科工程学院罗斯－霍曼理工学院通过给予学生充分的关注和支持，提供多样的发展机会，受到产业、校友和工程教育共同体高度认可。

一、斯坦福大学

（一）"斯坦福2025"

"斯坦福2025"始于斯坦福大学设计研究院（D. School）的一个教学项目（@Stanford Project）。2013年，受在线教育蓬勃发展的启发，D. School 的一门新课程的师生一起想象传统面授式的学习在未来可能经历的变化。在斯坦福工学院院长 Jim Plummer 的资助下，@Stanford Project 拓展为三门课程和一系列工作坊，邀请了数百名学生、教师和管理者共同构想未来的高等教育，经过一年的思索和设计，形成了"斯坦福2025"的展览和同名的网站，网址链接为 http://www.stanford2025.com/about。

"斯坦福2025"的设定，即学生是在2100年回顾斯坦福在2025年前后所尝试的教学范式改变，它提出4个"挑战性设想"（Provocations）。

（1）开环大学（Open Loop University）。不同于传统的4年制集中学习的大学教育，开环大学的构想是将大学教育看作一个整体时长为6年的"非线性"住校学习体验。学生不分年龄，可以根据自己的需求在学习和职业的不同阶段多次进出校园学习，同时将自己在校外所积累的知识和经验与其他学生分享[1]。

（2）节奏可控的教育（Paced Education）。不同于以往4个年级统一的教学进度，节奏可控的教育将大学学习分成3个阶段，每个阶段的时长可以根据学生需要而调整。第一阶段（校准）提供大量"微缩课程"，让学生在有限时间（6～18个月）内体验广泛的知识领域、学习方式和职业轨道。第二阶段（上升）持续12～24个月，该阶段为学生所选的聚焦领域提供严谨的学术训练，这一阶段学生还会得到一个由学术和人生导师联合组成的顾问团的支持。第三阶段（激活）持续12～18个月，在此阶段学生通过实习、服务、研究和创业等方式将所学知识应用于真实世界，这一阶段允许学生以在读身份尝试不同的职业选择[2]。

（3）主轴翻转（Axis Flip）。这种构想扭转了传统大学教育中"知识重于技能"

---

① Stanford University. Stanford 2025: Open Loop University [EB/OL]. http://www.stanford2025.com/open-loop-university.

② Stanford University. Stanford 2025: Paced Education [EB/OL]. http://www.stanford2025.com/paced-education.

的关系。传统按照学科组织的院系结构被以技能培养为核心的"教学枢纽"替代，教学枢纽分别围绕科学分析、量化推理、社会探索、道德和伦理推理、审美诠释、创意信心和有效沟通来组织教学，教师在课程设计中以技能培养代替知识传授，学生的成绩单也被技能证明代替[①]。

（4）目的性学习（Purpose Learning）。学生不再选择"专业"，而是定义自己的"使命"。例如，"我是生物专业"被"我学习人体生物以消除世界范围饥饿"这样的使命陈述代替。目的性学习要求在学习过程中突出学习的意义和影响力，为学生在重要事务中扮演领袖角色做好准备[②]。对目的性学习的支持还包括学校建立的一系列"影响力实验室"，以沉浸式体验锻炼学生解决真实世界难题的能力。

2019 年，d.school 发布了"斯坦福 2025"的第二部分，即《全新领域：重新构想高等教育指南》（*Uncharted Territory: A Guide to Reimagining Higher Education*）。报告指出，世界各地已有一批高校在践行与"斯坦福 2025"相契合的理念方面展开具体探索。通过与高校创新创业者和多元背景学生的一系列对话、访谈和相关文献研究，报告总结出高等教育创新的 8 个新主题[③]。

（1）节奏变化。允许学生在入学和毕业的节点以及求学时长上有更多灵活性。

（2）空间变化。通过重新设计学习的地点和方式来支持更多类型的学习。

（3）以胜任力为中心的学习。打破传统的学科边界，以技能、胜任力和学生体验来重新组织高等教育。

（4）基于学生主体性的学习。通过有意义、个性化的学习过程来强化学生的主体性。

（5）打磨职业生涯。通过迭代、有影响的职业生涯设计，帮助学生为有意义的工作做好准备。

（6）塑造公民。帮助学生为成为全球公民做好准备。

（7）使用隐藏的变革杠杆。重构高等教育机构的基础模块。

（8）探索颠覆性的财务模式。通过商务模式和资助机制的变革，使学生能负担高等教育成本。

《全新领域：重新构想高等教育指南》还介绍了 12 个体现上述主题的创新性

---

① Stanford University. Stanford 2025: Axis Flip [EB/OL]. http://www.stanford2025.com/axis-flip.

② Stanford University. Stanford 2025: Purpose Learning [EB/OL]. http://www.stanford2025.com/purpose-learning.

③ Stanford University. Uncharted Territory: A Guide to Reimagining Higher Education [EB/OL]. https://dschool.stanford.edu/unchartedterritory.

高等教育机构的案例①。表 9–19 列举了这些案例机构以及各自体现的变革主题。

表 9–19　《全新领域：重新构想高等教育指南》介绍的 12 个创新高教案例

学校名称	节奏	空间	胜任力	主体性	职业生涯	公民	变革杠杆	财务
非洲领袖大学	•		•	•		•		
贝茨学院				•		•	•	
无限学院	•		•	•		•		•
昆山杜克大学						•	•	
乔治城大学						•	•	
佐治亚理工学院		•		•		•		
印第安河州立学院	•			•				
玛赫里西学院			•	•		•	•	•
创客学校	•					•		
密涅瓦大学		•				•	•	
犹他大学		•		•			•	
西部州长大学	•			•			•	•

（二）国家工程途径创新中心

2011 年，美国国家科学基金会资助（为期 5 年，总金额 1 000 万美元）斯坦福大学和非营利性机构 Venture Well 联合成立了国家工程途径创新中心（National Center for Engineering Pathways to Innovation，Epicenter）。Epicenter 的使命是"赋能美国的工科本科生将理念变成现实，以造福美国的经济和社会"②。Epicenter 的团队认为，将创新创业教育融入工程本科教学有助于学生做出真正有影响力的工作或产品。Epicenter 旨在帮助学生将工程技术知识与技能、解决实际问题的创新能力、产品设计和开发思维、面向市场机遇和用户需求的创业思维结合起来，见图 9–7③。

---

① Stanford University. Uncharted Territory: A Guide to Reimagining Higher Education [EB/OL]. https://dschool. stanford.edu/unchartedterritory.

② National Center for Engineering Pathways to Innovation. About Epicenter [EB/OL]. http://epicenter.stanford. edu/page/about%3Bjsessionid=801206EC 6C7B1397C92EE10BBB9E6959.html.

③ 同上.

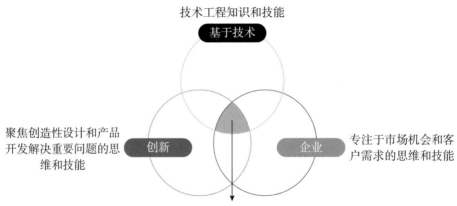

技术工程知识和技能

基于技术

聚焦创造性设计和产品
开发解决重要问题的思
维和技能

创新   企业

专注于市场机会和客
户需求的思维和技能

以创业为重点的STEM创新
具有创新精神和创业精神的工程师将具有灵活性、适应力、
创造性、同理心，并具有识别和抓住机会的能力。

图 9–7　Epicenter 的思维框架

国家工程途径创新中心成立初期，工作重心放在工科创新创业教育的需求确定、共同体建设以及线上资源平台的建设上。通过与创新创业教育者的交流以及对美国工程教育协会（ASEE）会员的需求开展调查，Epicenter 的团队调整了策略，将工作重点部署在创新创业教育个体和共同体的联系上，并推出 3 项措施[①]。

（1）大学创新会士（University Innovation Fellow）项目旨在培训学生对本校的创新创业生态系统开展分析，并为同辈创造双创教育机会。通过该项目，来自 143 所高校的 607 名学生获得相关培训机会。受过训练的创新会士在各自的学校开展一大批涉及创新、创业、设计思维和创意的教育培训活动。

（2）创新通道项目（Pathways to Innovation Program）立足于教师发展和机构变革。Pathways 团队与来自 50 所学校的代表共同分析各校特点，构思在这些学校拓展创新创业生态系统的策略。同时，Pathways 团队参与设计了超过 400 项在本科教学环节中实现持续变革的项目，包括课程和课外项目、校园政策、教师晋升程序、创客空间和创业中心等。

（3）培养创新世代研究（Fostering Innovative Generations Studies）团队组织了围绕工程创新创业的大规模全国调查研究，并发表了大量研究成果。2015 年，创新世代研究团队启动了截至当时规模最大的工程创新创业长期研究，对全国 27 个大学超过 30 000 名工科学生开展长期追踪研究，调查了学生的职业决策、双创经验和自我效能感。该研究的后续调查在 2016 年和 2017 年开展。研究团队

---

① National Center for Engineering Pathways to Innovation. NSF Project Outcomes Report [EB/OL]. http://epicenter.stanford.edu/page/nsf-project-outcomes-report.html.

所开发的数据收集工具也被欧美其他创新创业研究团队所采用。

2016 年，Epicenter 的 NSF 资助到期，创新中心停止运作，而其创立的 3 个项目移交到其他单位继续运行。培养创新世代研究由斯坦福工学院的设计教育实验室继续进行。大学创新会士项目由斯坦福 D. School 管理，继续培训不同学校的学生来发现和拓展双创教育机会。创新通道项目由参与 Epicenter 的非营利机构 VentureWell 接管，继续支持教师和大学管理者探索可持续变革[①]。通过这些安排，Epicenter 的示范性效应得到持续。

（三）HAI

2019 年，斯坦福成立了以人类为中心的人工智能研究所（Institute for Human-Centered Artificial Intelligence，HAI）。HAI 的使命是"通过人工智能研究、教育、政策和实践改善人类的生活条件"，依托学校在人文、社科、工程、医学和法、商、政策等多个领域丰富的智力资源，HAI 的定位是成为服务于人工智能学习者、研究者、开发者和建设者的全球枢纽[②]。HAI 的两位联合主任分别是前任斯坦福教务长、哲学教授 John Etchemendy 和知名计算机科学家李飞飞。两位主任认为，要使用人工智能来服务于人类的集体需求，就必须在人工智能研发中更深度地融入对人的全方位理解，同时，人工智能的创造者和设计者也需要代表更加广泛的人群。为此，HAI 高度重视思想的多元性，希望实现不同性别、族裔、国别、文化和学科的对话与协作。

在 HAI 成立的第一年，就有斯坦福 96 个系的教师参与到相关研究教学活动中，超过 240 位教师获得 HAI 总额超过 1 000 万美元的资助。资助的研究关注 AI 对人类的影响、人类能力增强和对智能的深度探索 3 个领域。例如，在 AI 对人类的影响方面，HAI 资助斯坦福、Facebook 和加拿大麦吉尔大学研究者一起开展人工智能的碳足迹研究；在人类能力增强方面，李飞飞团队和医学的合作者发表了使用人工智能改善患者健康效果的智慧医疗研究；在智能研究方面，HAI 支持心理、生物和计算机领域科学家共同开发算法模拟儿童由好奇心驱动的学习[③]。在支持科研的同时，HAI 还积极参与到关于人工智能政策制定的讨论中，并且为政策制定者提供了决策工具。

---

① National Center for Engineering Pathways to Innovation. The Future of Epicenter [EB/OL]. http://epicenter. stanford.edu/page/the-future-of-epicenter.html.

② Stanford Institute for Human-Centered Artificial Intelligence. About Mission [EB/OL]. https://hai.stanford. edu/about.

③ Stanford Institute for Human-Centered Artificial Intelligence. 2019—2020 Annual Report [R]. 2020.

在人工智能教育方面，HAI 围绕"为具有高影响力的决策者和未来领袖做好准备"来打造教育项目，推出了一系列介绍研究前沿、回应全球人工智能社会和伦理影响的课程。例如，HAI 与伦理中心合作，支持斯坦福计算机系的"嵌入式伦理"（Embedded Ethics）项目，该项目希望在计算的所有相关维度中融合伦理思考。此外，HAI 与非营利组织 AI4ALL，以及斯坦福人工智能实验室、斯坦福预科学部合作，推出了 AI4ALL 的线上项目，向人工智能领域传统上较为忽视的高中生提供三周的 AI 课程。HAI 还推出了"以人类为中心的人工智能"本科方向[①]。

二、佐治亚理工－埃默里大学生物医学工程系

Wallace H. Coulter 生物医学工程系是美国高教版图上非常独特的一个由知名公立研究型大学（佐治亚理工学院）和知名私立研究型大学（埃默里大学）联合建立，并且在世界范围内处于领先水平的生物医学工程系。该系的构想始于1993 年 Whitaker 基金会给佐治亚理工学院和埃默里大学医学院的一笔经费，支持两校在生物医药相关领域共同探索研究和教学机会。经过 7 年的准备，由佐治亚理工学院工学院和埃默里大学医学院联合成立的生物医学工程系于 2000 年迎来第一批博士研究生和本科学生[②]。如今，Coulter 生物医学工程系是全美规模最大的生物医学工程项目，拥有学生 1 563 人，终身轨教师 70 人和职业轨教师 15 人。在《美国新闻和世界报道》2022 年的全美大学排名中，Coulter 生物医学工程系的生物医学工程本科项目排名全美第三，研究生项目排名全美第二。

除了依靠两所学校深厚的科研优势在生物医学工程研究方面取得丰硕成果外，生物医学工程系在工程教育方面也做出了一系列开创性工作。2017 年，系里获得 NSF "革新工程科系"（RED）课题 240 万美元资助，用于革新全系的课程以培养具有包容性思考和领导能力的工程师。2019 年，生物医学工程项目的三位领导者 Paul J. Benkeser，Joseph M. Le Doux 和 Wendy C. Newstetter 获得美国工程院工程教育最高奖——戈登奖（Gordon Prize），表彰他们"将问题驱动的工程教育和学习科学原则相融合而创造的培养生物医学工程领袖的先驱项目"。

生物医学工程系的使命是"培养学生为成为生物医学工程领域前沿的领袖做好准备，并且通过聚集世界级的、在生物医学关键领域做出前沿研究贡献的师资，

---

① Stanford Institute for Human-Centered Artificial Intelligence. 2019—2020 Annual Report [R]. 2020.

② Wallace H. Coulter Department of Biomedical Engineering. Timeline: History [EB/OL]. https://bme.gatech. edu/bme/history.

为健康事业产生重要影响"①。同时，生物医学工程系高度重视营造多元和包容的学习与科研环境。系里的教学和科研体现出七大标志性特点：创业者的信心、创新的课程、成功的毕业生、问题解决和设计、研究生训练基金、转化（医学）研究和世界级师资。其中，创业者的信心体现在系里对学生融合学术、工程创新和创业的支持与鼓励，系里也将创业者的思维融入学生培养环节中。Coulter 的课程由世界顶尖的生物医学工程学者和学习科学家共同设计，为学生通过创造和创新来解决复杂的真实世界问题提供充分机会。Coulter 的学生也相当善于使用工程设计知识和技能来识别和解决开放性的复杂问题②。

建系之初，Coulter 生物医学工程系的教师便决心探索一种新型的未来工程师的教育方式，以培养能集成不同视角、提出新颖解决方案的新型工程师。作为比较新兴的交叉学科，生物医学工程不同于其他更加传统的学科，它并没有已经成型、受到广泛认可的知识体系和人才培养模式。Coulter 生物医学工程系的 Wendy C. Newstetter 等教师联合认知科学教授 Nancy Nersessian 提出一种"转化"的课程设计思想。她们首先细致观察和研究了生物医学工程实验室里的专业研究人员开展工作的方式和过程，总结出生物医学工程专业研究者学习、运用相关知识进行思考和开展工作的方式。然后，以真实研究者所进行的认知实践为基础，反推出课堂和实验课教学的目标，创立了"问题驱动式学习"（Problem-Driven Learning，PDL）的课程设计和教学理念③。PDL 的核心原则来源于 Newstetter 等在观察生物医学工程研究实验室时的发现：学习是由解决复杂问题的需要驱动的。围绕复杂问题的识别、分解和解决，实验室的研究者采取了一系列具有共性的认知措施（Ibid）。在问题驱动的课堂中，学生的身份被定义为"问题解决者"，教师为学生提供相关的参考资料、实验工具和器材，但是并不直接说明问题该如何解决。新的课程设计也鼓励学生团队在失败中学习，在试验结果和预期不符时及时反思和讨论，寻找问题（Ibid）。Newstetter 等的研究发现，新的课程模式能够比传统的、按照手册或教师的讲授开展实验的方式更好地帮助学生实现相关的学习目标（Ibid）。在佐治亚理工学院的探索成功之后，Newstetter 等又通过生物医学工程系的国际合作，将 PDL 的模式推广到中国、阿联酋等国家的生物医学

---

① Wallace H. Coulter Department of Biomedical Engineering. Department Overview [EB/OL]. https://bme. gatech.edu/bme/about.

② Newstetter W C, Khalaf K, et al. Problem-driven learning on two continents: Lessons in pedagogic innovation across cultural divides [C]. 2012 Frontiers in Education Conference Proceedings, 2012: 1–6.

③ Newstetter W C, Behvaresh E, et al. Design Principles for Problem-Driven Learning Laboratories in Biomedical Engineering Education [J]. Annals of Biomedical Engineering, 2010, 38 (10): 3257–3267.

工程教学中[①]。

2017 年，Coulter 生物医学工程系获得美国国家科学基金会"革新工程科系"项目资助，探索如何在一个在研究方面高度活跃的工程科系中，通过文化和课程的全面转型，帮助未来工程师更好地与多元背景的人互动和共事，更有效地发挥多元团队的创造性。为了实现该目标，Coulter 系提出了由 3 个部分组成的研究和实践计划：一是组建由师生、产业工程师和学习科学家组成的"多元教学孵化器"，来探索新颖的包容性教学实践；二是通过迭代的方式，执行和评估有助于师生认识到包容性价值的教学策略与活动，并将师生的认识进一步"转化"为包容性的互动策略；三是变革系内文化，使得包容性的价值和实践在"一对一"、团队、课堂互动及院系政策和程序中得到认同[②]。

2018 年，佐治亚理工学院获得科恩家族基金会（Kern Family Foundation）150 万美元的资助，期望在生物医学工程系的课程和文化中融入创业思维。[③]科恩家族基金会牵头成立的科恩创业工程联盟（KEEN）的核心价值是 3C：好奇心（Curiosity）、连接（Connections）和创造价值（Creating Value）。针对工科学生在创业时特别需要的识别价值、共情、沟通等能力，Coulter 系教授 Joe Le Doux 邀请亚特兰大知名编剧 Janece Shaffer 一同设计了必修课程《BMED 4000：讲述你的故事的艺术》。BMED4000 奉行"基于故事的学习"理念，鼓励学生挖掘和反思自身经历，通过讲故事的方式总结、传达与自己价值观、自身成长、职业发展相关的思考，并以互相讲述和倾听的方式深化学生之间的联系。课程的开发者认为，工程师通过故事来实现 3 个目的：①识别需要解决的问题，并确保他们的工作会产生真实影响；②启发其他人与工程师共同努力书写更新、更好的未来；③帮助学生更好地认识自己。作为课程的内容之一，每个学生为自己制作一个网页版的职业档案袋，作为向外界推介自己的媒介。BMED4000"基于故事的学习"理念已经在工程教育共同体中产生积极影响。佐治亚理工学院的航空工程、土木和环境工程等院系，已经加入生物工程系共同申请新的科恩基金会资助。此外，詹姆斯·麦迪逊大学和罗彻斯特理工大学也效仿佐治亚理工学院的做法，创立了"基于故事的学习项目"[④]。

---

① Khalaf K, Newstetter W C. (2013). Problem-driven Learning Pedagogy: Transfer across Cultures: Challenges and Opportunities [C]. 5th International Conference on Education and New Learning Technologies, 2013: 4890–4895.

② NSF. Award Abstract [EB/OL]. https://www.nsf.gov/awardsearch/showAward?AWD_ID=1730262.

③ 关于科恩家族基金会和工科学生创业思维培养的更多信息，见本报告第三章。

④ BMED 4000: Curious Students Making Connections and Creating Value. [EB/OL]. https://bme.gatech.edu/bme/news/bmed-4000-curious-students-making-connections-and-creating-value.

三、罗斯－霍曼理工学院

罗斯－霍曼理工学院（Rose-Hulman Institute of Technology）位于印第安纳州的特雷霍特（Terre Haute），是一所以本科教学为主的理工学院。在 US News & World Report 的大学排名中，罗斯－霍曼理工学院在"最佳本科工程教育"（最高授予学位非 PhD）的榜单中连续 23 年排名全美第一（最近几年欧林工学院在该榜单经常排名第三）。该校的毕业生就业率常年在 98% 以上，曾被布鲁金斯学会"大学附加值排行榜"在 7 400 所美国高校中排行第四。

罗斯－霍曼理工学院的前身罗斯理工学院（Rose Polytechnic Institute）成立于 1874 年，由印第安纳商人昌西·罗斯出资创办，旨在"为年轻人提供智识和实践教育"，是美国"阿勒格尼山脉以西第一家私立的工程学院"①。学院的首任校长查尔斯·汤姆森信奉"平衡理论与实践训练"的工程教育理念，在课程中包括了数学、物理科学和外语等科目，并要求学生独立完成和答辩毕业论文。

1917 年，因为学校原址过于狭小，Terre Haute 市的霍曼家族捐赠了 123 英亩（1 英亩 =4 046.86 米^2）农地用于新校区的建设。直至 20 世纪 60 年代初期，学院的学生数维持在 300～400 人。1962 年，具有国际工程经验的土木和环境工程师 John A. Logan 出任校长，并说服校董会将学生规模扩大至 1 000 人。在霍曼基金会的资助下，校区进一步扩建。1971 年，霍曼家族继承人将基金会的资产都转赠给学院。为感谢霍曼家族的长期支持，学院校董会决议将学院改名罗斯－霍曼理工学院。20 世纪 70 年代后期，学院获得欧林基金会（欧林工学院的资助者）475 万美元的资助，用于校园设施的建设。自 20 世纪 80 年代中期以来，罗斯－霍曼理工学院和位于洛杉矶的哈维·穆德学院、位于纽约的库伯联盟学院被看作全美最好的 3 个本科工程学院（这个序列在近年有变化，但是罗斯－霍曼理工学院延续了其榜首的位置）。同时，罗斯－霍曼理工学院在获得 NSF 经费资助、计算机辅助学习、学习成效评价等方面成为全国工程教育的领导者②。

罗斯－霍曼理工学院的使命是"在一个关注并支持个体成长的环境中，为学生提供世界上最优质的科学、工程和数学的本科教育"，其愿景是学院毕业生能为成功定义和解决复杂全球社会问题的职业生涯做好准备，学院也能成为毕业生

---

① Rose-Hulman Institute of Technology. Rose-Hulman History Project by William Pickett and John Robson [EB/OL]. https://www.rose-hulman.edu/about-us/history-and-leadership/detailed-history.html.

② 同上.

终身的伙伴，成为受到全球认可的科学、工程和数学教育的领导者[①]。

学院平均学生数约 2 000 名本科生和 70 名研究生，师生比为 1∶10，平均课堂人数为 20 人。教师使命以教学为主，较高的师生比使得学生有充分的机会与老师进行课堂内外的互动，教师的可及性成为学院特色之一。2012 年，在《普林斯顿评论》评选的全美最佳 300 位大学教授中，罗斯 – 霍曼理工学院有 6 位教授入选，是仅有的 11 所有 6 位以上教授入选的大学之一[②]。

在充分的资金投入支持下，学院拥有顶级水平的实验室、项目空间、教室和学术设施，可以支持学生自大一开始便在教师的密切指导下参与科研实践。例如，学院的 MiNDS 实验室支持学生在洁净室开展半导体设备制造和材料特性、纳米材料等相关内容的学习和科研。Branam and Kremer 创新中心提供空间、器材和焊接、机械、手工锻造等培训，支持学生俱乐部开展新能源车辆、机器人、火箭等一系列前沿技术的全过程开发和建造。此外，作为学生接触产业实际经验的窗口，Rose-Hulman Ventures 项目让学生参与技术企业委托的真实产品开发和改进，在具有丰富经验的工程师、软件开发和设计师的指导下，学生可以运用 Ventures 的实验室、快速成型、CAD 和 3D 打印等设施，完成企业委托的产品开发项目。

学院在学生支持方面的另一亮点是优质的就业服务。学院的职业服务和雇主关系办公室负责为学生创造就业和实习机会。就业办公室与雇主保持着深度合作关系，每年举办 3 次就业招聘会，吸引世界各地数百个知名企业来开展校园招聘，让学生就近获得接触雇主的机会。学生从入学开始就得到就业办公室的指导，在准备简历、面试、寻找实习机会等方面提供支持。在新冠疫情之前，接近 90% 的毕业生至少完成过一次校外实习，超过 60% 的毕业生完成过两次以上实习[③]。贴心的就业服务为罗斯 – 霍曼理工学院带来了相当耀眼的就业率。以 2020 届毕业生为例，全校 12 个专业中，9 个专业的毕业生在毕业 6 个月内的就业率为 100%，其余 3 个专业的毕业生毕业 6 个月内的就业率也达到 90%、91% 和 94%。

作为一所小型本科学院，罗斯 – 霍曼理工学院的国际化突破了规模和地域的限制。学院的全球联系中心（Center for Global Engagement）为学生创造了境外

---

① Rose-Hulman Institute of Technology. Mission & Vision [EB/OL]. https://www.rose-hulman.edu/about-us/index.html.

② Rose-Hulman Institute of Technology. Six Faculty Members Showcased Among America's "Best 300 Professors"—The Only School in Indiana Featured [EB/OL]. [2012-04-03]. https://www.rose-hulman.edu/news/archive/2012/six-faculty-among-best-300-professors.html.

③ Rose-Hulman Institute of Technology. 2022 Internship Report [EB/OL]. https://www.rose-hulman.edu/career-services/info-for-students.html.

游学和国际交换的机会。学院的"大一国际课程"专门面向大一新生，提供与教师一起到国外学习和参观的机会。2022—2023 学年开设了《概率论在巴黎》《饮食的化学在日本》和《可持续概论》等课程，学生们可以利用春假、暑假等机会去法国、日本、比利时和荷兰等国旅行，将科学知识的学习和国际文化视野的拓展充分结合。学院还通过与世界各地高校建立的交换生项目，吸引了一批来自国外的学生到罗斯－霍曼理工学院学习，以丰富校园文化的国际多元性。

罗斯－霍曼理工学院的学科设置以理学和工程基础学科为主。本科学位专业包括生物、化学、物理和数学等相关科学专业，电气、计算机、机械、化工、土木等传统工程专业，以及一些新兴的、交叉学科和应用性较强的专业，如生物数学、工程设计、光学工程和软件工程等专业。罗斯－霍曼理工学院的国际计算机科学专业包含在德国乌尔姆应用技术大学为期一年的学习中。学院还提供计算科学、数据科学、国际研究（International Studies）第二学位，以及美国空军和陆军预备役（ROTC）的训练课程。除了专业之外，学院还提供人类学、艺术、地质学等几十个方向的辅修，以及通信、工程咨询、集成电路测试、光学通信、电力和半导体材料和设备 6 个领域的证书项目。此外，罗斯乘方项目允许学生通过组合大学先修课程和其他学分、在本科期间修读研究生课程学分等方式，在 4 年的时间里完成本科加硕士学位的学习（硕士学位以工程管理 MEM 为主）。

罗斯－霍曼的工程设计专业于 2018 年迎来第一届学生。作为一个多学科、强调动手能力的专业，工程设计专业注重学生对设计过程的理解和把握。工程设计学位项目的教育目标是：

（1）学生毕业后 3～5 年能使用工程设计的原则对开放性问题给出符合伦理的解决方案；

（2）被认可为有技巧的工程师或设计师；

（3）得到有意义、具有协作性的工作；

（4）主动参与职业和个人发展；

（5）为当地、国家和全球社会做出贡献；

（6）被认可为多学科团队的推动者。

工程设计专业的学生从大一到大三完成 6 个不同的设计工作室课程，面向真实客户开展设计。除了专业公共的设计相关课程之外，每位学生必须聚焦一个技术方向进行进一步深入学习。聚焦方向的学习包括 24 学分工程相关科目的学习，必须体现一条清晰的主线，并且不包含其他必修课程。此外，工程设计专业的学生还必须按完成 16 小时的实践课程，选修实践课程要求学生有正式的实习或合作学习（Co-op）的雇佣关系，至少在持续 8 周的时间里，每周有 25 小时以上的正式工作实践，且工作内容必须包含设计过程的相关环节，如商业化、概念设计、制造、建模等。

工程设计专业第一年的课程包括《设计与沟通工作室》（ENGD100）和《电路、软件开发和社会影响设计工作室》（ENGD110）。第一个学年的课程有"为学生提供系统建模的广泛理解"和"面向客户解决方案原型的重复训练"（Course Catalogue，"Engineering Design"）。第二年的课程包括《用户体验设计工作室》（ENGD240）、《人际交互工作室》（ENGD250）、《产品设计工作室》（ENGD260）和《垂直集成项目》。在《垂直集成项目》中，不同学年的学生混编到项目团队中，使得大二的学生有机会分别和大四、大一的学生共同学习一学期，介入已有项目的开发。第三学年的课程包括为期 20 周的设计实践，同时本学年的课程设置允许学生进行工读实践或出国学习。大四的学生完成自己在工程设计专业之外的学科聚焦课程，并参与一年的多学科毕业设计。

小结

本节所介绍的案例显示，近年来美国不同层次的高校都在工程教育方面积极探索创新。总体而言，这些创新超越了 ABET 认证标准所指定的学习成效，围绕学科交叉、学生的创新创业能力和领导力、解决全球问题等比较前沿的领域来开展。与此同时，不同学校在探索工程教育的变革创新时，也体现出较为明显的与学校定位相适应的选择。

斯坦福作为世界顶尖的研究型、创新型和融合型的大学，在教育形式和内容方面的创新突出了前沿、跨界和超越本校的影响力。"斯坦福 2025"计划在公关方面的效果一定意义上大于对学校实际变革的推动。然而，这样一个由课程衍生出的作品因为斯坦福的身份受到举世关注；反过来，这种关注也进一步增强了斯坦福作为高教领域前沿探索者的形象。类似地，Epicenter 和 HAI 的创立，其视野并不局限于校内，而是希望通过这些团队来引领工程教育共同体以及相关的产业和政府部门，共同革新工科创新创业生态和人工智能的研究、教育和应用。

佐治亚理工学院 – 埃默里大学生物医学工程系既发挥了两校互补的研究优势，又紧紧抓住了生物医学工程作为新兴、交叉学科的特点，采用医学中常见的"转化"思想来设计课程，把认知科学关于人类学习的最新成果及时运用到工程课堂里。同时，该系也非常敏锐地抓住了学生人口方面的特征（美国南部，非裔相对较多，佐治亚理工学院性别比例严重失衡，但是生物医学工程是工程学科里女生占比最高的学科），培养具有包容性领导力的工程领袖，并且用创业教育来夯实学校在知识和设计技能方面的基础。

罗斯－霍曼理工学院坚持"关注个体"的文化，打造小规模的精品工程教育。通过高密度的师资、设施和课程资源，培养具有传统博雅教育的宽泛通识素养，又具有较强工程实践和创新能力的"英才"毕业生。同时，学院高度注重与产业的联系，为学生提供充裕的产业锻炼机会，故而培养出受到产业高度欢迎的学生，而校友们也因为职业生涯的成功而高度认可这所母校。

课题资助等资源的激励往往会导致学校不分定位追求同质化的创新途径（如"二战"后美国工程教育的科学化转向）。本节的案例院校，在获取资源的同时，非常策略性地结合与强化了自身的定位和特点，值得广大工程教育者参考。

第八节

总结与展望

美国工程教育的发展变化突出了 3 个主要特点，分别是经济需求与科技进展、工程专业共同体和社会政治思潮的强烈影响。

纵观美国工程教育历史，经济结构和经济环境深刻塑造了工程教育的规模、结构、内容和方式。从 19 世纪以农业机械化和公共基础设施（道路桥梁）建设为主要牵引，到 20 世纪早期和中期的电气、化工、汽车等产业高速发展，再到冷战结束以来创新驱动的新经济形态，美国工程教育所经历的"技术范式""科学范式"，以及强调综合专业素养和设计能力的"工程范式"，都以服务经济需要为重要的目标。在这些转型的过程中，科技知识的更新起到了非常重要的媒介作用。19 世纪的工程知识侧重简单的能量转换，而 19 世纪和 20 世纪之交的第二次科技革命，则大幅增加了工程所涉及的数学、物理和化学知识，使工程的主要内容从基于经验和简单测量的技术工作，转向了具有研究性和科学性的复杂系统开发和运行。20 世纪后叶，信息技术革命的持续深入，也拉近了工程师和服务对象（用户）之间的距离，推动了工程教育注重未来工程师综合专业能力的培养。

本报告所观察的时期（2016—2020 年）体现出新的经济环境和新一轮技术革命对工程教育未来的重塑。一方面，经济全球化进入更加复杂的阶段，全球合作、竞争和冲突并存的趋势更加显著。面对全球产业链和供应链不确定性的增加，美国的经济政策开始更加强调自给自足，在此背景下，从奥巴马政府到特朗普政府都强调将制造业重新吸引回美国本土。吸引制造业回流的经济和政策环境对工程教育具有深刻的影响。美国中西部等内陆地区纷纷加大力度培养承接制造业所需要的技能劳动力。在联邦政府相关措施的推动下，各地建立了一系列连接政府、产业、学校和社会组织的工程技术教育生态系统，更加积极地探索产教融合和工学结合的措施。同时，为了提高未来工程科技人才和技能劳动力的基数，许多高校与中小学合作，在低年级的课程中推广工程知识和工程文化，培养学生对技术探索和创新的兴趣。另一方面，以数字化和智能化为标志的工业 4.0 在全球走向深入，也推动以制造业为代表的传统工业不断转型升级。产业界和教育界的领导者已经意识到，面向未来的制造业劳动力培养，与"二战"后美国工业腾飞时期所依赖的制造业劳动力具有深刻的区别。未来的制造业劳动者将在智能化生产系统中承担集成、分析和决策的功能，需要具有深厚的信息和数据素养，系统性、跨学科视野和创造性解决问题的能力。这些需求也推动美国工程教育在内容和目标上不断更新。当前，这些创新措施虽然已经形成局部的生态系统，却尚未全面改变美国高等教育的主流话语。随着观察者所预测的未来产业愿景逐步实现，围绕这些愿景所构筑的工程人才培养体系，可能引发新一轮工程教育范式变革。

　　与很多国家相比，美国工程教育治理的一个显著特征是工程专业（Engineering Profession）共同体对工程教育强有力的影响。通过注册工程师制度等相关立法，工程专业在美国政治、社会和经济事务中拥有较强的自主性和话语权。很多老牌的工程专业协会，如 ASCE、IEEE 等，已经成为世界性的工程专业组织和相关标准的制定者。由于美国的高等教育管理权隶属于各州政府，缺乏全国性的高等教育管理机制，由工程专业组织代表所构成的 ABET 反而承担了全国范围工程教育标准设定和质量保障的功能，使得工程专业共同体通过专业认证进一步影响工程教育的目标、标准和实现方式。同时，ABET 作为美国工程教育治理的代表性组织，通过《华盛顿协议》和国际项目认证等方式，将美国工程专业关于工程师培养的标准输出到海外。

　　虽然 ABET 在标准设定和评估方面拥有极大的权力，但是作为工程教育质量的"守门员"，ABET 在推动工程教育前沿创新方面所发挥的引领性作用还不够。一方面，美国工程院和美国工程教育协会的成员，以及知名高校的管理者时常批评 ABET 在观念上过于保守，或者在认证评估过程中缺乏一致性。近年来，ABET 关于认证标准的修订，引发了一些激烈的批评。另一方面，一些位于工程教育创新前沿的学校，抱怨 ABET 大众化的标准成为创新的阻碍。近年来斯坦福大学和加州理工大学的一些知名工程项目先后宣布退出 ABET 认证，引发了对认证制度是否可持续的关注和担忧。

此外，虽然工程技术共同体一般被看作政治上比较中立的团体，美国政治与社会中的主流思潮和重要议题仍然对工程教育的目标和方式产生深远影响。例如，20 世纪六七十年代的平权、反战和环保等思想，对"二战"后受联邦科研资助影响下密切服务军工研发的工程教育带来大幅的调整。自 20 世纪 90 年代以来，工程教育师生中来自女性、少数族裔和社会经济地位弱势群体的比例过低的问题，持续引发工程教育共同体的关注。在本报告所观察的 2016—2020 年，因为政治保守派执政，美国社会围绕性别和种族的矛盾有激化的迹象。工程教育并没有隔离于这些政治和社会争议之外。围绕工程教育受众的代表性、工程教育中少数派的权利和境遇、传统工程文化与代表不同性别、族裔和文化的工科师生之间的平等和尊重等话题的讨论和争议频繁出现。对这些议题的不同看法，以及主要工程院校领导者的人事变更，使得美国工程教育有日渐政治化的趋势。这种趋势给美国工程教育所带来的长期影响，还需要进一步评估。

执笔人：唐潇风

第十章

加拿大

工程教育发展概况

一、加拿大工程教育简史

加拿大的工程教育始于 19 世纪。在 19 世纪 40 年代运河行业繁荣和 19 世纪 80 年代铁路行业繁荣的推动下，工程专业在 19 世纪的加拿大逐渐形成一股力量。但在 19 世纪中后期，在加拿大被称为"工程师"的人相对较少。在铁路行业繁荣之初工程师只有几十人，30 年后加拿大太平洋铁路（Canadian Pacific Railway）[①] 修至西海岸时工程师也只有几百人。

1867 年 7 月 1 日，加拿大联邦将 4 个东部省份合并为一个新国家。作为协议的一部分，新斯科舍省和新不伦瑞克省承诺修建一条铁路，将它们与加拿大中部的魁北克省和安大略省连接起来。曼尼托巴省于 1870 年加入联邦，而位于西海岸的不列颠哥伦比亚省在 1871 年加入新联邦，它们加入联邦的前提是承诺在 10 年内建成一条横贯东西大陆的铁路。

1867 年加拿大联邦成立之初，专业工程师数量并不很多，大概有 200 人左右。他们中的大多数是土木工程师，还有一些是机械工程师，从事铁路、运河和公共工程工作，他们的工作经验主要是通过学徒和实习的途径获得。电气工程、化学工程、岩土工程以及航空工程在联邦成立之前几乎不存在。当时大多数工程师都是通过学徒制而不是在技术学校或大学接受培训的，许多工程师来自英国或美国。

尽管加拿大在 19 世纪和 20 世纪初与英国有着密切的政治、经济和军事联系，但这一时期，加拿大科学和工程的发展反映的是美国模式，而不是英国模式，因为，加拿大的工程教育模式普遍采用了美国的模式。自 19 世纪初起，美国的技术学院和大学就开始教授工程。第一个在大学里进行授课的工程教育是在新不伦瑞克（New Brunswick）大学举行的。1854 年，加拿大第一所工程学校在国王学院（现新不伦瑞克大学 University of New Brunswick）成立。

直到 19 世纪 70 年代，工程教育才开始在大学普及。麦吉尔大学（McGill

---

① 加拿大太平洋铁路建于 1881 年，目的是将加拿大人口稠密的东部地区与人口相对较少的西部地区连接起来。这项庞大的工程于 1885 年 11 月完成，比计划提前了 6 年。

University）、蒙特利尔综合理工学院（École Polytechnique de Montréal）、多伦多大学（University of Toronto）、女王大学（Queen's University）和位于安大略省金斯顿的皇家军事学院（Royal Military College in Kingston）开始了专业工程教育。

1870 年，麦吉尔大学开设了采矿工程的第一门课程。1874 年，圭尔夫农业学院（圭尔夫大学前身）成立。1887 年，为促进工程师职业发展、确立工程师职业身份，加拿大工程师成立了加拿大工程学院（Engineering Institute of Canada，EIC）。加拿大工程学院前身为加拿大土木工程师学会（Canadian Society of Civil Engineers），1918 年更名为 EIC。到 1919 年，EIC 拥有了 3 200 多名成员。"一战"结束前，为工程师提供专业培训的机构数量有所增加，包括曼尼托巴省、萨斯喀彻温省、阿尔伯塔省和不列颠哥伦比亚省的大学以及新斯科舍省技术学院。

1867—1918 年，是加拿大及其工程界的"新兴"时期。这一时期出现了新的工程学科，例如电气、化学、航空工程等，这使得加拿大在铁路和水电系统工程方面获得了国际声誉。总的来说，科学发现和技术变革的速度正在加快，大学毕业的工程师也越来越多，国际活动和联系已转向美国而远离英国。从积极的一面来看，加拿大成了一个熟练的技术接受者，这种技术起源于国外。消极的一面是，经济仍然以资源为基础，支持工程实践的研究几乎不存在，而且根据迈克尔·布利斯的说法，铁路建设过度。

在 19 世纪和 20 世纪之交，加拿大大学工程课程通常由科学教授授课，课程"简单地扩展了纯科学领域的形式，以便在课堂或大学实验室中方便地处理实际应用"。随着受过训练的工程师逐渐填补教授职位，课程重点从基础科学（如数学、物理和化学）转向实际工程应用。此外，重视毕业生具有实际技能的工业界雇主鼓励工程技术教育的发展。

到 20 世纪 20 年代中期，加拿大有 11 所高等院校提供工程课程，每年约有 300 名毕业生。在"二战"期间（1939—1945 年），加拿大没有建立新的工程学校。

"二战"后的 25 年基本上是加拿大经济的繁荣时期。在战后的最初几年里，移民数量"巨大"，出生率也在上升。归来的退伍军人对自己的工作前景更加满意，不少退伍军人利用退伍军人补助金接受高等教育。随后几年，加拿大专业工程师的数量迅速增加，其中许多是退伍军人或新移民，并在全国各地建立了新的工程学院和专门为工程业务培训技术人员的学院。

1922 年，加拿大高校工学院第一次为毕业生举行"工程师召唤仪式"。工科毕业生在毕业时都要参加这项神秘而隆重的仪式。毕业生会被授戴一枚戒指，早期的戒指是由位于多伦多退伍军人医院里的退伍军人手工打造而成的。这枚戒指被称为"工程师之戒"，佩戴戒指是加拿大工程师社会责任和职业道德义务的象征。至今，加拿大高校的工学院每年都要举行这项仪式。

在整个 20 世纪，加拿大的工程教育不断发展。其中一个最重要的发展领域——石油工程，加拿大一直处于世界领先地位。阿尔伯塔大学（University of Alberta）于 1948 年建立了第一个石油工程学位课程，并提供理学学士、理学硕士和博士学位。1978 年，联邦政府成立了国家科学和工程研究委员会（National Science and Engineering Research Council），开始了对大学科学和工程研究拨款的管理。

1945—2017 年，加拿大在"二战"后建立了一个相当规模、成熟和有能力的工程专业，参与了一系列的国际工程前沿活动，尤其是在太空探索和电子设备生产方面。

二、加拿大工程教育概况

加拿大的工程教育学位课程受到加拿大工程师协会（Engineers Canada）的加拿大工程认证委员会（Canadian Engineering Accreditation Board，CEAB）的严格监管。工程专业认证意味着成功完成认证课程的学生将获得足够的工程知识，以满足获取职业工程师资格的知识要求。大学本科毕业生通常要经过 2 年的工程实践，才能在省级工程师协会注册成为职业工程师（P. Eng）。未经认证的 3 年制文凭、理学学士或工程学士毕业生，可以通过加拿大工程师协会的考试，来获取注册职业工程师的资格。每一所在加拿大提供工程学位的大学都需要由加拿大工程认证委员会认证，从而确保所有大学都实施统一标准。

2014 年，加拿大有 43 所院校提供 278 个工程认证课程。截至 2019 年底，加拿大全国 12 个工程监管机构共有 305 285 名注册会员[1]，较 2018 年增加了 2 409 名，增长率为 0.8%（2018 年增长 2.3%）。虽然某些辖区的会员人数有所下降，但人数增长最多的是不列颠哥伦比亚省（2 654 名工程师），其次是安大略省（1 917 名工程师）。

---

[1] 会员类别包括执业注册工程师、临时执照持有者、从业执照持有者、受限执照持有者、非从业注册工程师、终身会员和受训工程师，不包括学生。

2019 年[①]，通过安大略省注册工程师协会（PEO）注册的人数最多，为 3 130 人。新注册工程师的人数在 2018—2019 年，从 7 825 人增加到 8 833 人。

2019 年，共有 42 805 名工程专业女性会员，占当年全国会员总数的 14.0%（较 2018 年的 13.5% 有所增加）。在 2018—2019 年，工程专业女性会员人数增加 1 781 名。其中，不列颠哥伦比亚省的女性会员增幅最大，增加了 706 名。2019 年，在加拿大新注册的工程师中，女性占 17.9%。2018—2019 年，完成注册的女性工程师总人数从 2018 年的 1 414 人，增加到 2019 年的 1 577 人。

2015 年，加拿大工程师协会在省级和地区监管机构的支持下启动了"30×30"计划。[②]该计划承诺到 2030 年将新注册女性工程师的占比提高到 30%。这是一项用于跟踪支持工程领域性别平等计划的影响的重要指标，因为它标志着女性在从认证学科毕业后的早期职业生涯或进入加拿大就业市场的国际培训工程师的职业里程碑。研究显示，许多公司都在努力确保女性在高层管理人员和留任人数中有公平的代表性。男女平等的进展仍然缓慢，工程专业是少数几个获得执照的职业之一，在这些职业中，男性人数仍然远远超过女性。

加拿大麦考林（Maclean's）杂志综合两项指标：项目声誉和研究声誉，列出了 2021 年加拿大排名前 20 所工科学校见表 10–1。

表 10–1　加拿大 20 所顶尖工科学校 2021 年排名

排　名	学　校	项 目 声 誉	研 究 声 誉
1	多伦多大学	*1	*1
*1	滑铁卢大学	*1	*1
3	不列颠哥伦比亚大学	3	3
4	麦吉尔大学	4	4
5	阿尔伯塔大学	6	5
6	麦克马斯特大学	5	6
7	皇后大学	7	7
8	蒙特利尔大学	8	*9
9	维多利亚大学	*13	8

---

① 新注册工程师类别，包括经过加拿大工程认证委员会培训、国际培训的，首次获得注册工程师执照的个人，或通过其他途径首次获得执照的个人。不包括跨省流动申请人。

② 加拿大工程师协会的"30×30"计划（30 by 30 initiative）是一项全国性的合作倡议，旨在增加从事工程行业的女性人数。这项倡议的目标是到 2030 年将新获得执照的女性工程师比例提高到 30%（目前这一数字为 18.1%）。

排　　名	学　　校	项 目 声 誉	研 究 声 誉
10	卡尔加里大学	*11	*9
11	拉瓦尔大学	10	*11
12	卡尔顿大学	*11	*14
13	舍布鲁克大学	9	22
*14	康考迪亚大学	*18	13
*14	韦仕敦大学	22	*11
16	达尔豪斯大学	16	*14
*17	曼尼托巴大学	*13	*18
*17	瑞尔森大学	*18	*14
19	渥太华大学	15	*18
20	圭尔夫大学	17	*18

资料来源：加拿大麦考林杂志官网。

* 并列

小结

　　本节根据加拿大历史发展进程，从工程发展的角度，简要且重点性地介绍了加拿大 4 个历史时期的工程教育简史（第一个时期是 1867 年加拿大联邦成立之前，另外 3 个时期是在 1867—2017 年），以及加拿大工程教育概况。

　　加拿大的工程教育始于 19 世纪，其工程教育发展离不开 19 世纪 40 年代运河行业和 19 世纪 80 年代铁路行业的发展，在运河工程和铁路工程的快速发展下，工程专业在 19 世纪的加拿大逐渐形成并发展壮大。

　　加拿大于 1931 年成为英联邦成员国，尽管加拿大与英国有着密切的政治、经济和军事联系，但加拿大的工程教育模式普遍采用的是美国模式，而不是英国模式。加拿大工科院校为毕业生授予"工程师之戒"举行的独特而神秘的"工程师召唤仪式"始于 1922 年，美国类似的"工程师宣誓仪式"则于 1970 年举行。

工业与工程教育发展现状

一、加拿大重点工业发展现状

加拿大经济高度发达,是世界上最大的国家之一。根据世界银行的最新数据,2020 年,该国的年国内生产总值(GDP)按当前美元计算为 1.64 万亿美元,这使加拿大成为世界第九大经济体。[①]加拿大经济高度依赖国际贸易,商品和服务进出口均占 GDP 的三分之一左右。该国三大贸易伙伴是美国、中国和英国。加拿大的制造业、高科技产业、服务业发达,资源工业、初级制造业和农业是国民经济的主要支柱,按照对 GDP 的贡献衡量,采矿(包括石油、天然气和矿石开采)、制造业和房地产是加拿大三大重点产业。新冠疫情大流行导致加拿大经济在 2020 年上半年大幅回落,然后在下半年反弹。2020 年第二季度,实际 GDP 环比下降 11.3%,但第三季度环比上升 9.1%,第四季度环比上涨 2.2%,抵消了上半年的大幅下滑。下面的一些统计数据可能因来源而异,因为每个来源都使用自己的方法来定义和计算统计数据。

从数字看加拿大经济情况(2020 年如下)。

(1)加拿大 GDP:1.64 万亿美元(世界排名第 9 位)[②]。

(2)加拿大人均 GDP:43 241.62 美元(世界排名第 29 位)[③]。

(3)加拿大 GDP 增长:–6.428%[④]。

(4)加拿大消费者价格指数(CPI)通货膨胀:0.7%[⑤]。

(5)加拿大货物和服务贸易差额:由于进口大于出口,出现 362 亿加元(286

[①] The World Bank. "GDP (Current US$)—Canada." https://data.worldbank.org/indicator/NY.GDP.MKTP.CD?locations=CA.

[②] The World Bank. "GDP (Current US$)—Canada." https://data.worldbank.org/indicator/NY.GDP.MKTP.CD?locations=CA.

[③] The World Bank. "GDP per Capita (Current US$)—Canada." https://data.worldbank.org/indicator/NY.GDP.PCAP.CD?locations=CA&most_recent_value_desc=true.

[④] The World Bank. "GDP per Capita Growth (Annual %)—Canada." https://data.worldbank.org/indicator/NY.GDP.PCAP.KD.ZG?locations=CA&most_recent_value_desc=true.

[⑤] 同上.

亿美元）的赤字①。

根据 GDP 贡献以及就业人数，加拿大重点行业排行如下（见表 10–2)②。

表 10–2　加拿大重点行业排行（2020 年）

行 业 名 称	对 GDP 贡献 /10 亿加元	就业人数 / 百万
房地产、租赁	256	0.25
制造业	178	1.50
采矿、采石、油气开采	144	0.19
建筑	137	0.96
医疗、社会援助	131	1.30
金融、保险	143	0.73
公共管理	131	1.10
职业、科学和技术服务	116	0.95
教育服务	99	1.30
批发贸易	99	就业数字未显示

资料来源：加拿大统计局（行业 GDP 和就业数据）。

二、加拿大工程教育发展现状

（一）2014—2018 年工科在校生和毕业生调查

2020 年 4 月，加拿大工程师协会（Engineers Canada）发布《未来的加拿大工程师：2014—2018 工程专业招生和学位授予趋势》报告，报告评估了 5 年内全日制和非全日制学生入学率和学位授予的趋势。加拿大 45 所高等教育机构提供了有关其学生入学、课程设置和学位授予情况的信息。报告结果突出显示了学科和教育机构的招生趋势，以及每年的本科和研究生学位授予数量。同时，报告结果还显示了关于特定学科、教育和性别的发展趋势，以及可进入劳动力市场的工程类毕业生的数量和留学生参加加拿大工程类教育方面的情况。此外，报告还比较了本科生、硕士研究生和博士研究生的入学趋势，以及学习和从事工程专业的男女性别比例数据。

---

① The World Bank. "Inflation, Consumer Prices (Annual %)—Canada." https://data.worldbank.org/indicator/
FP.CPI.TOTL.ZG?locations=CA.

② https://www.investopedia.com/articles/investing/042315/fundamentals-how-canada-makes-its-money.asp.
Accessed November 10, 2022.

1. 规模与结构

2014—2018 年，加拿大工科专业学士学位授予人数保持强劲增长。与 2014 年相比，2018 年的工科学位授予人数增加了 18.9%，且该年度大多数工科专业授予的学位数均多于 2014 年。大多数工科专业在同期的本科入学人数方面也都出现了增长。

2. 本科生

1）本科生入学总数

2018 年经认证的工科专业本科生入学总数为 89 242 人，较 2014 年增长 16.0%，较 2017 年增长 8.0%，如图 10–1 所示。

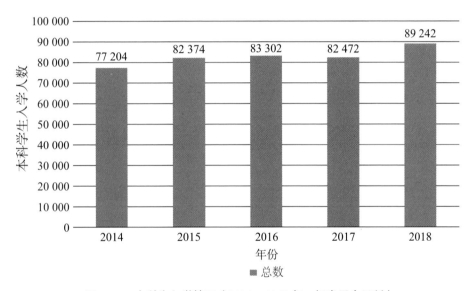

图 10–1　本科生入学情况（2014—2018 年，相当于全日制）

2）按学科统计的本科生入学总数

2018 年本科生入学最多的工科专业是机械工程、土木工程和电气工程，分别占本科生入学总数的 22.7%、14.5% 和 13.6%。相反，本科生入学占比最小的领域是地质工程（0.7%）、材料或冶金工程（1.0%）以及采矿或矿物工程（1.2%）。

生物系统工程（27.5%）、软件工程（27.4%）及工业或制造工程（20.4%）自 2017 年以来呈现最高增长。同样，自 2014 年以来累积增幅最大的学科是软件工程（76.8%）、生物系统工程（68.7%）和计算机工程（57.2%）。相反，工程物理

（–27.7%）、环境工程（–25.2%）和地质工程（–7.0%）同比下降幅度最大。此外，自 2014 年以来，只有 4 个学科的入学人数呈下降趋势，即工程物理学（–27.2%）、采矿和矿物工程（–22.7%）、地质工程（–20.0%）和环境工程（–13.6%）。请注意，这些比较是在自 2014 年以来持续响应加拿大工程师协会学和学位授予调查的院校之间进行的，如图 10–2 所示。

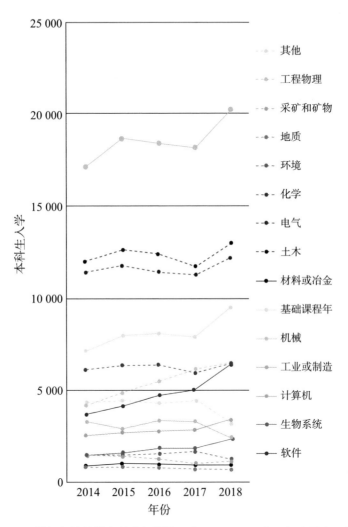

图例：
其他
工程物理
采矿和矿物
地质
环境
化学
电气
土木
材料或冶金
基础课程年
机械
工业或制造
计算机
生物系统
软件

纵轴：本科生入学（0, 5 000, 10 000, 15 000, 20 000, 25 000）
横轴：年份（2014, 2015, 2016, 2017, 2018）

图 10–2　按课程统计的本科生入学情况（2014—2018 年，相当于全日制）

3）各省本科生入学总数

本科生入学占比最高的省份仍然是安大略省（ON）和魁北克省（QC）。

2018 年，这两个省份分别占本科生入学总数的 41.9% 和 30.3%。此外，魁北克省和阿尔伯塔省（AB）的入学人数较 2017 年增幅最大，前者增长 28.3%，后者增长 6.7%。

自 2014 年以来，阿尔伯塔省（31.5%）和魁北克省（35.4%）的累计入学人数增长率最高。

不列颠哥伦比亚省（BC）（–7.5%）、萨斯喀彻温省（SK）（–5.1%）和新不伦瑞克省（NB）（–2.9%）是入学率较 2017 年下降的省份。新不伦瑞克省（–11.3%）和不列颠哥伦比亚省（–4.6%）是自 2014 年以来入学率下降的省份。请注意，这些比较是在自 2014 年以来持续响应本协会入学和学位授予调查的院校之间进行的，如图 10–3 所示。

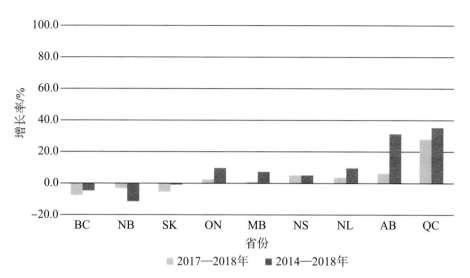

图 10–3　各省本科生入学人数的平均变化率（**2017—2018 年、2014—2018 年**，相当于全日制）

4）本科学位授予总数

2018 年本科学位授予总数为 16 497 人，较 2014—2018 年平均增长 4.4%，同比增长 4.5%。与 2014 年相比，加拿大各地的学位授予数量累计增加了 18.9%。

请注意，这些比较是在自 2014 年以来持续响应本协会入学和学位授予调查的院校之间进行的，如图 10–4 所示。

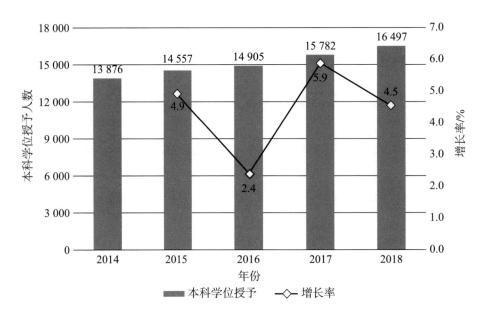

图 10-4　本科学位授予情况（2014—2018 年）

图 10-5 显示，新斯科舍省（NS）、纽芬兰省（NL）和萨斯喀彻温省（SK）的本科学位授予率自 2017 年以来增幅最高，分别增长 14.4%、11.0% 和 7.4%。同样，曼尼托巴省（MB）、萨斯喀彻温省和安大略省（ON）从 2014 年开始获得本科学位的人数增幅最大，分别增长 31.5%、27.2% 和 24.7%。

曼尼托巴省（–7.7%）、不列颠哥伦比亚省（BC）（–6.2%）和新不伦瑞克省（NB）（–3.5%）的本科学位授予率较 2017 年有所下降，而只有纽芬兰省（NL）（–41.8%）自 2014 年以来本科学位授予数量出现累计下降。请注意，这些比较是在自 2014 年以来持续响应本协会入学和学位授予调查的院校之间进行的。

机械工程、土木工程和电气工程在 2018 年授予的学位数量最多，分别占总数的 25.3%、16.8% 和 13.4%。此外，计算机工程在 2017 年（55.0%）和 2014 年（107.2%）授予的学位中增幅最大。环境工程（–15.8%）和工程物理学（–15.6%）是仅有的自 2014 年以来本科学位授予数量出现下降趋势的学科。工程物理（–27.3%）、生物系统工程（–9.4%）、土木工程（–2.7%）和材料或冶金工程（–2.2%）自 2017 年以来本科学位授予数量有所下降，如图 10-6 所示。

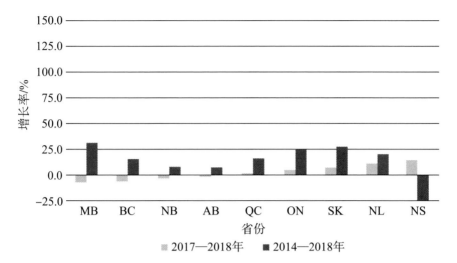

图 10-5　各省本科学位授予的平均变化率（2017—2018 年、2014—2018 年）

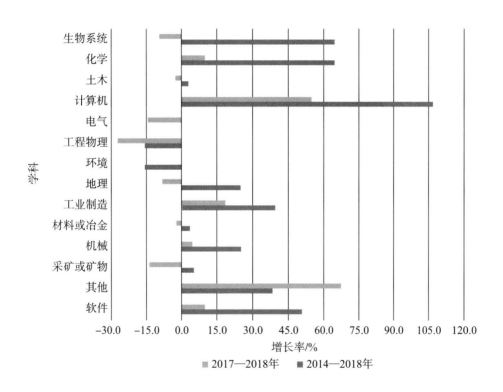

图 10-6　按学科统计的本科学位授予的平均变化率（2017—2018 年、2014—2018 年）

3. 研究生

1）研究生入学总数

2018 年研究生入学总数为 25 835 人。通过在自 2014 年以来持续响应本协会调查的院校之间进行比较，我们发现，研究生入学人数较 2017 年增长 7.7%，较 2014 年增长 25.4%，平均年增长率为 5.9%，如图 10–7 所示。

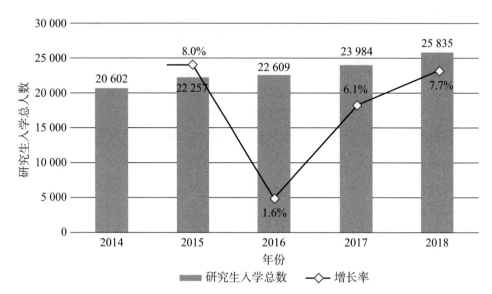

图 10–7　研究生入学情况（2014—2018 年，相当于全日制）

上一年研究生入学人数增长最快的省份是新不伦瑞克省（NB）（29.9%），萨斯喀彻温省（SK）显示出自 2014 年以来最高的累计增长率（71.9%）。与 2017 年和 2014 年相比降幅最大的是曼尼托巴省（MB），分别为 –22.9% 和 –30.1%。请注意，这些比较是在自 2014 年以来持续响应本协会入学和学位授予调查的院校之间进行的，如图 10–8 所示。

2）研究生学位授予总数

2018 年共授予硕士学位 7 764 人，工程博士学位 1 575 人，研究生学位授予总数为 9 339 人。相较于 2017 年，硕士学位授予增长率为 18.4%，博士学位授予增长率为 0.7%。同样，自 2014 年以来，硕士学位授予数量累计增长 29.2%，博士学位授予数量累计增长 17.0%，如图 10–9 所示。

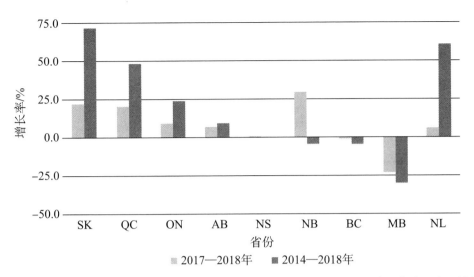

图 10-8 各省研究生入学人数平均变化率（2017—2018 年、2014—2018 年，相当于全日制）

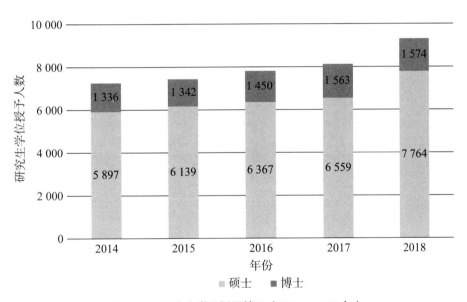

图 10-9 研究生学位授予情况（2014—2018 年）

图 10-9 表明不列颠哥伦比亚省（BC）在 2017 年（33.7%）和 2014 年以来（59.0%）授予的研究生学位数量增幅最大。

图 10-10 显示了 2014—2018 年和 2017—2018 年各省硕士学位授予的平均增长情况，图 10-11 显示了博士学位的相同趋势。请注意，这些比较是在自 2014 年以来持续响应本协会入学和授予学位调查的院校之间进行的。

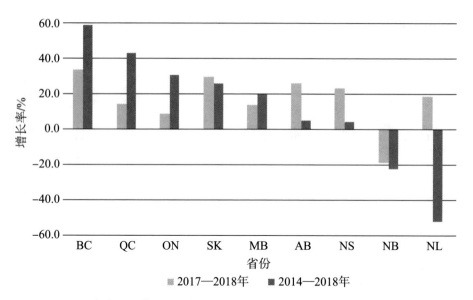

图 10-10　各省硕士学位授予的平均变化率（2017—2018 年、2014—2018 年）

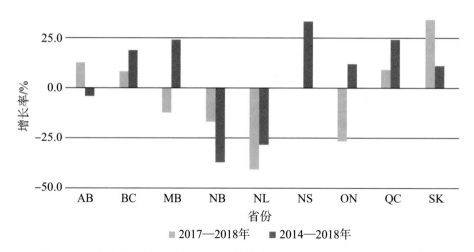

图 10-11　各省博士学位授予的平均变化率（2017—2018 年、2014—2018 年）

4. 女性本科

1）女性本科生入学情况

2018 年女性本科生入学率保持在 20% 以上，从 2017 年的 21.8% 增长到 2018 年的 22.0%，增长 0.2%。就读本科工科专业的女生总人数较 2017 年增长 14.5%，较 2014 年增长 44.2%，如图 10-12 所示。

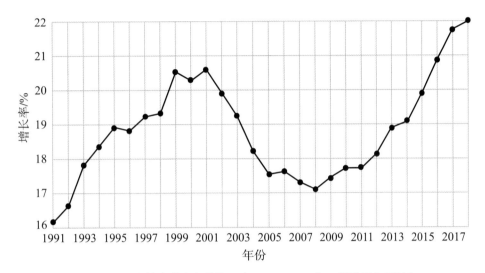

图 10-12　女性本科生入学情况（1991—2018 年，相当于全日制）

2）按学科统计的女性本科生入学情况

2018 年女性本科生入学比例最高的学科是生物系统工程（51.3%）、环境工程（43.7%）和化学工程（39.8%）。

女性本科生入学率最低的学科是软件工程（14.3%）、机械工程（14.6%）、采矿和矿产工程（14.6%）。这 3 个学科虽然占本科生总数的 31.6%，但仅占女性本科生总数的 21.0%，如图 10-13 所示。

此外，从 2017 年开始，女生比例增长最快的学科是生物系统工程、软件工程和机械工程，2018 年分别增长了 37.6%、25.1% 和 14.6%。

同样，2014 年以来女生比例增长最快的学科是软件工程、计算机工程和生物系统工程，2018 年分别增长了 122.3%、111.7% 和 101.1%，如图 10-14 所示。

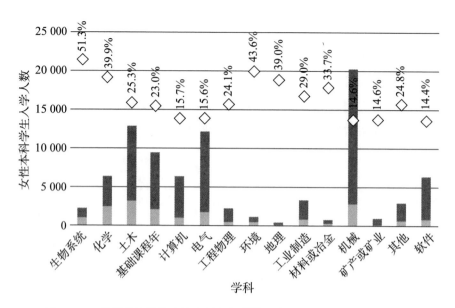

图 10–13　按学科统计的女性本科生入学情况（2018 年，相当于全日制）

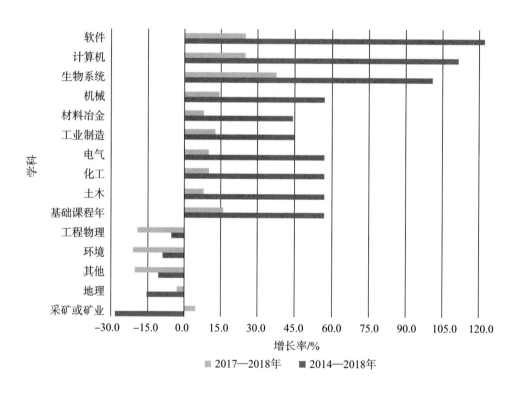

图 10–14　按学科统计的女性本科生入学数量的平均变化率（2017—2018 年、2014—2018 年，
相当于全日制）

3）各省女性本科生入学情况

2018 年，纽芬兰省（NL）的女性本科生占比最高（27.0%），而萨斯喀彻温省（SK）则最低（18.0%），如图 10–15 所示。有 7 个省的女性本科生入学人数较 2017 年有所增加，有 8 个省较 2014 年有所增加。请注意，这些比较是在自 2014 年以来持续响应本协会入学和授予学位调查的院校之间进行的，如图 10–16 所示。

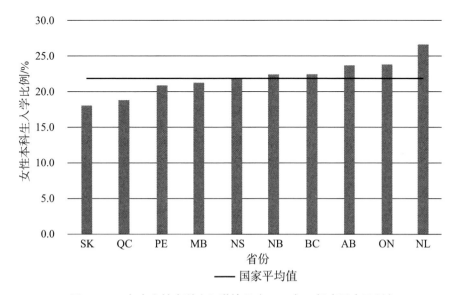

图 10–15　各省女性本科生入学情况（2018 年，相当于全日制）

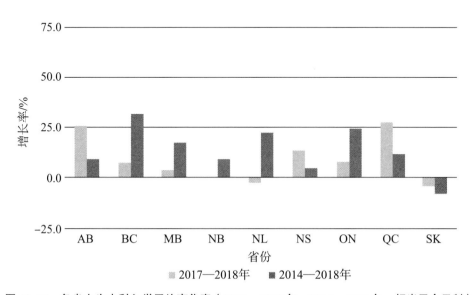

图 10–16　各省女生本科入学平均变化率（2017—2018 年、2014—2018 年，相当于全日制）

4）女性本科生学位授予情况

在 2018 年授予的 16 497 个工程学位中，有 3 486 个是授予女生的，占毕业生总数的 21.1%。通过比较持续响应本协会调查的工科专业，我们发现，女生工程学位授予率较 2017 年和 2014 年分别增长了 13.5% 和 42.9%，如图 10-17 所示。

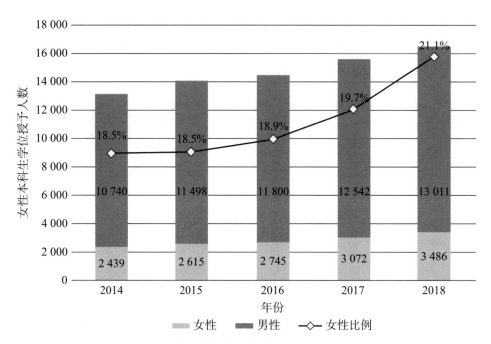

图 10-17 女性本科生学位授予情况（2014—2018 年）

女性本科生学位授予比例最高的省份是纽芬兰省（NL）（29.6%），其次是阿尔伯塔省（AB）（22.9%）和新斯科舍省（NS）（22.2%）。此外，与 2017 年相比，新斯科舍省女性本科生学位授予比例增幅最大，总体增长了 102.4%，如图 10-18 所示。

女性本科生学位授予比例较上年增长最快的学科是采矿与矿产工程（增长 4.1%）和计算机工程（增长 2.9%）。自 2014 年以来增长最快的学科是环境工程（增长 5.7%）和工业或制造工程（增长 4.5%）。爱德华王子岛省的增长归因于有一所大学提供了该省的全部工科专业。这所大学创立于 2013 年，招生人数每年都在增长，如图 10-19 所示。

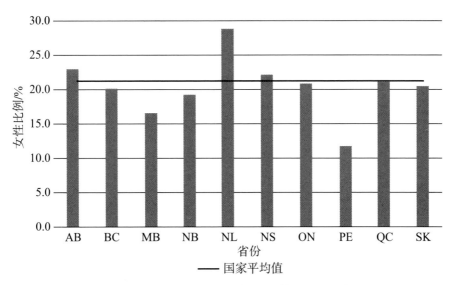

图 10-18　各省女性本科生学位授予情况（2018 年）

如果假设被授予学位的女生比例与入学的女生人数相匹配，那么许多学科的女性本科生学位授予比例在未来几年可能会因为女性本科生占比的增加而增长，如图 10-19 所示。这在环境工程、工业或制造工程和化学工程等学科尤为突出。

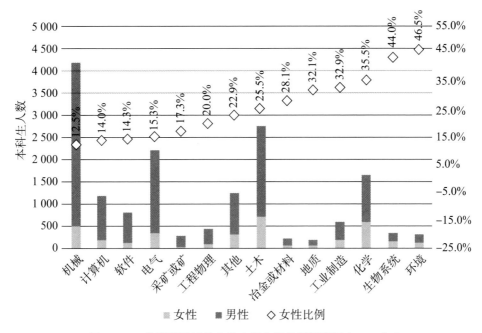

图 10-19　按学科统计的女性本科生学位授予情况（2018 年）

5）女研究生入学情况

工程类女研究生入学占比持续增长，2018 年达到 26.3%。通过对自 2014 年以来持续响应本协会调查的院校进行比较，我们发现，该比例较 2017 年上升 0.8%，较 2014 年上升 2.2%（见图 10-20）。

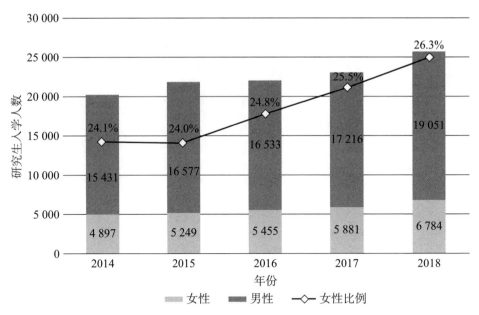

图 10-20　女研究生入学情况（2014—2018 年，相当于全日制）

　　2018 年女研究生入学占比最高的是爱德华王子岛省（PE）、不列颠哥伦比亚省（BC）和阿尔伯塔省（AB），分别为 33.3%、29.6% 和 29.1%，如图 10-21 所示。

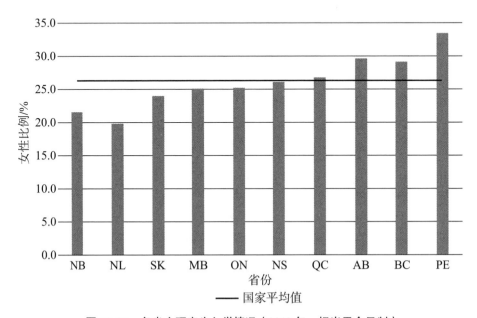

图 10-21　各省女研究生入学情况（2018 年，相当于全日制）

6）女研究生学位授予情况

2018 年女研究生学位授予数量包含 1 960 个硕士学位和 393 个博士学位。相较于 2017 年，这意味着被授予硕士学位的人数增加了 27.8%，被授予博士学位的人数增加了 60.4%。然而，通过比较自 2014 年以来持续响应本协会调查的院校，我们发现，女性硕士学位授予比例从 2017 年的 23.4% 增长到 2018 年的 25.2%，如图 10–22 所示；女性博士学位授予比例从 2017 年的 15.7% 增长到 2018 年的 24.9%，如图 10–23 所示。

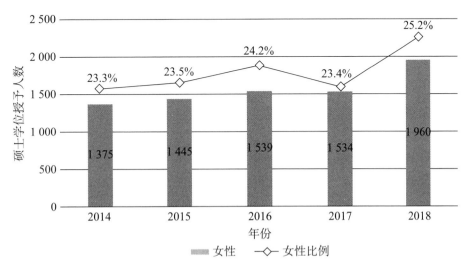

图 10–22　女性硕士学位授予比例（2014—2018 年）

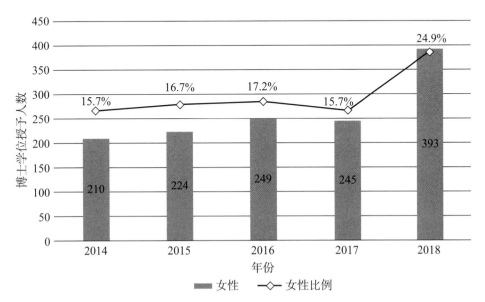

图 10–23　女性博士学位授予比例（2014—2018 年）

2018 年，女性硕士学位授予比例最大的省份是阿尔伯塔省（AB），为 30.1%，而新不伦瑞克省（NB）的女性博士学位授予比例最高，为 40.0%。相反，新不伦瑞克省女性研究生硕士学位比例最低（15.4%），而曼尼托巴省（MB）的女性博士学位授予比例最低（15.4%），如图 10–24 所示。

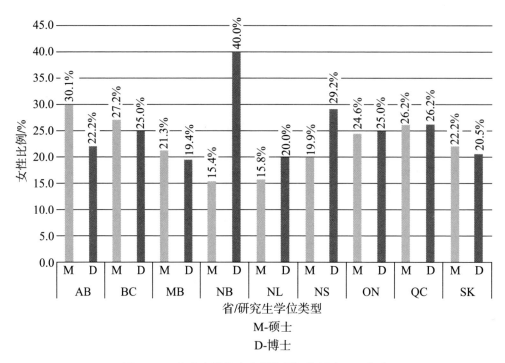

图 10–24　各省女性研究生学位授予比例（2018 年）

5. 留学生

1）本科留学生入学情况

2018 年，本科工科专业留学生入学人数为 13 941 人，占入学总人数的 15.6%。通过比较自 2014 年以来持续响应此项调查的院校，我们发现，本科留学生占本科生总人数的 14.9%，而 2017 年为 16.3%。这意味着，自 2014 年以来，就读本科工科专业的留学生比例有所增长但较 2017 年有所下降下降了 3.9%，如图 10–25 所示。

2）按学科统计的本科留学生入学情况

材料或冶金工程、采矿或矿物工程的留学生入学比例最高，分别为 32.1% 和 20.2%。相反，地质工程和生物系统工程显示留学生比例最低，分别为 8.9% 和 10.8%，如图 10–26 所示。

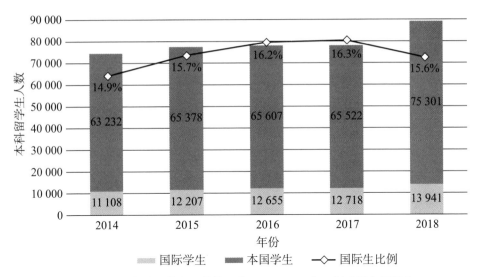

图 10–25　本科留学生入学情况（2014—2018 年，相当于全日制）

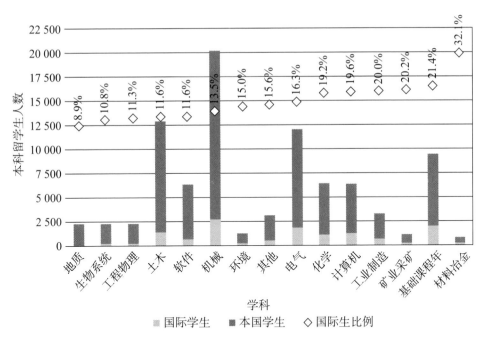

图 10–26　按学科统计的本科留学生入学情况（2018 年，相当于全日制）

3）按省份统计的本科留学生入学情况

在 2018 年于加拿大就读本科工科专业的 13 941 名留学生中，40.7%（5 670 人）在安大略省（ON）学习，24.8%（3 456 人）在魁北克省（QC）学习。新斯科舍省（NS）和萨斯喀彻温省（SK）的留学生入学比例最高，分别为 33.6%（754 人）和 21.8%（562 人）。上一年留学生入学人数增幅最大的是纽芬兰和拉布拉多省（NL）（61.5%）以及魁北克省（16.3%），如图 10-27 所示。

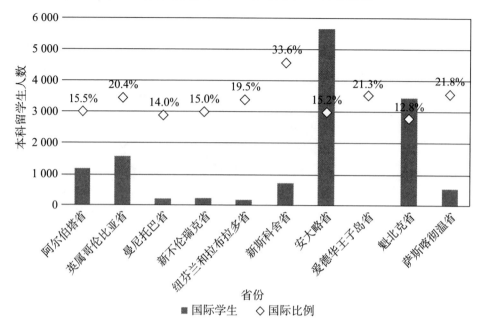

图 10-27 各省本科留学生入学情况（2018 年，相当于全日制）

4）本科留学生的学位授予

2018 年，在 16 497 个授予的本科学位中，有 2 416 个是授予留学生的，占授予总数的 17.9%。通过比较自 2014 年以来持续响应本协会调查的院校，我们发现，授予留学生学位的比例比 2017 年和 2014 年分别增长了 17.9% 和 37.6%，如图 10-28 所示。

图 10-28 本科留学生学位授予情况（2014—2018 年）

5）留学研究生入学情况（见图 10–29、图 10–30）

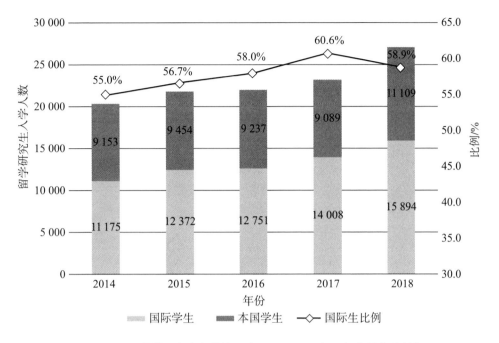

图 10–29　留学研究生入学情况（2014—2018 年，相当于全日制）

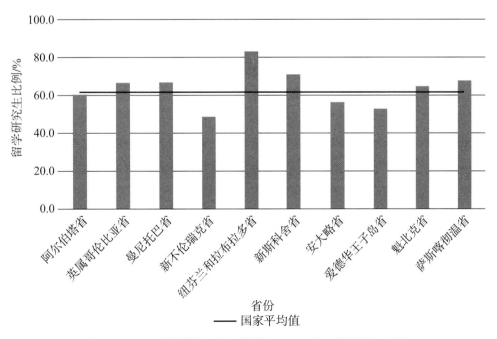

图 10–30　各省留学研究生入学情况（2018 年，相当于全日制）

6）留学研究生学位授予情况

2018 年，留学生硕士学位授予总数为 4 976 人，博士学位授予总数为 883 人。通过比较持续响应此项调查的院校，我们发现，授予的留学生硕士学位较去年增加 9.8%，较 2014 年增加 26.3%，如图 10-31 所示；而授予的博士学位较去年增加 53.9%，较 2014 年增加 113.9%，如图 10-32 所示。

2018 年，留学生的研究生学位授予数量在全部硕士学位中占比为 64.1%，博士学位授予数量在全部博士学位中占比 56.0%，较 2014 年的硕士学位授予比例 50.7% 和博士学位授予比例 26.2%，分别有所增长。

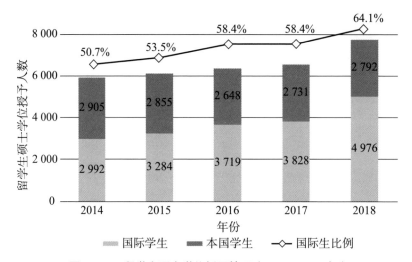

图 10-31 留学生硕士学位授予情况（2014—2018 年）

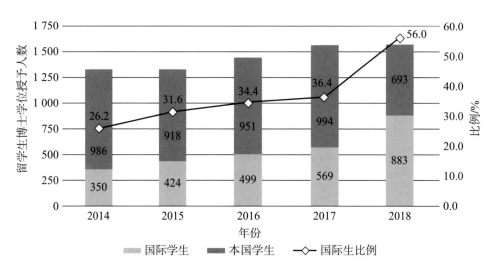

图 10-32 留学生博士学位授予情况（2014—2018 年）

2018 年，纽芬兰和拉布拉多省（NL）、新斯科舍省（NS）和萨斯喀彻温省（SK）的留学生硕士学位授予比例最高，分别为 87.7%、86.3% 和 75.6%。同样，纽芬兰和拉布拉多省、魁北克省和萨斯喀彻温省的留学生博士学位授予比例最高，分别为 80.0%、65.3% 和 61.5%，如图 10-33 所示。

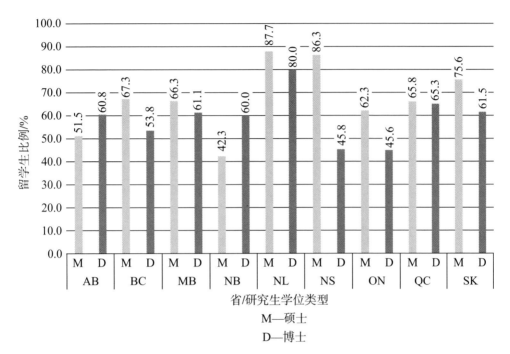

图 10-33　各省留学生研究生学位授予情况（2018 年）

6. 少数族裔学生的入学率和学位授予情况

在对本协会的入学和学位授予情况调查做出响应的 45 所院校中，有 17 所提供了有关本土学生的信息。由于所报告的数字较小，所以本土学生入学数据以累积形式呈现，以确保匿名发布。虽然并非所有院校都能够报告其学生的少数族裔人身份，但本协会认为，这些数据使得工程界能够就提高少数族裔在工程领域的代表性来展开对话。即使目前无法全面、真实地反映本土学生的入学率和学位授予率，但这些数据也为我们提供了一个重要的开端。

在提供数据的 17 所院校中，有 15 所院校提供了本科生入学信息，涵盖的学生数量占加拿大所有工程类本科生的 46.7%。9 所院校提供了本科学位授予信息，涵盖的学生数量占本科学位授予总数的 25.2%。此外，有 10 所院校提供了研究生课程的本土学生入学数据，涵盖的学生数量占加拿大研究生总数的 25.4%。3

所院校提供了研究生学位授予数据，涵盖的学生数量占研究生学位授予总数的12.6%。

虽然少数民族占加拿大人口的4.9%（加拿大统计局，2017年），但本土学生仅占工程类本科生总人数的0.5%和本科学位授予总数的0.5%。研究生入学人数表明少数族裔的入学率较低，仅占入学总人数的0.2%，而本土学生的研究生学位授予占比仅为0.1%，如图10–34所示。

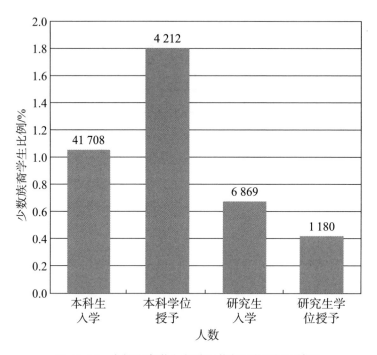

图10–34　少数族裔学生本科入学率和学位授予情况

7. 教职员工

2018年，共有4 696名相当于全日制课程的工程类全职教职员工。通过比较自2014年以来持续响应本协会调查的院校，我们发现，相当于全日制课程的教职员工人数比2017年增长了8.9%，比2014年增长了14.2%，如图10–35所示。

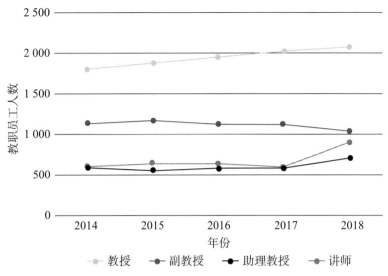

图 10–35　按职位统计的教职员工数量（2018 年，相当于全日制）

女性教职工的比例从 2013 年的 13.4% 和 2016 年的 14.9% 上升到 2017 年的
15.5%。女性占比最高的教师职位是助理教授（23.0%），而女性占比最低的职位
是教授（11.2%），如图 10–37 所示。

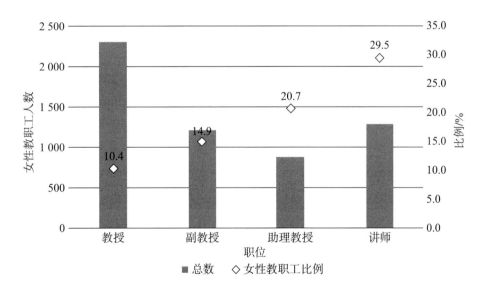

图 10–36　女性教职工（2018 年，相当于全日制）

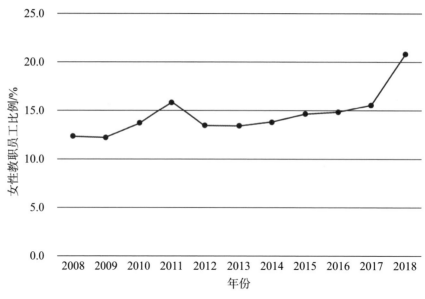

图 10-37 女性教职员工的比例（2008—2018 年，相当于全日制）

（二）加拿大工程劳动力市场：2025 年预测

加拿大工程师协会的《劳动力市场研究》报告对加拿大及各省 14 个工程职业截至 2025 年的需求和供应情况进行了预测。职业预测采用 "需要量"（Requirements）方法，按照预期的经济运行情况和人口情况，对所需从业人员的数量和来源进行估计。

对于任何职业来说，从业人员的总供应量包括该职业的新加入者、一些职业间流动人员以及省际和国际流动人员。加拿大各大学授予工科学位，并为工程职业源源不断地提供新人。工程职业的新加入者包括越来越多的女性和国际学生。迁移需求对于满足工程职业的供应需求来说较为重要。这些职业由省级监管部门监管，这进一步提升了国际流动的重要性。以联邦政府的 "加拿大快速通道" 制度为例，通过实施该类型的计划可以确保未来的移民需求得到满足。同样重要的是，加拿大工程专业继续提供优质教育，工程监管部门则致力于促进省际流动，以确保加拿大全国工程师的充分供给。

1. 工程职业

报告侧重于对 14 种工程职业的前景进行展望，这些职业如表 10-3 所示。

表 10–3   14 种工程职业分类代码

职 业 名 称	职业分类代码
土木工程师	2131
机械工程师	2132
电气 / 电子工程师	2133
化学工程师	2134
工业 / 制造业工程师	2141
冶金工程师	2142
采矿工程师	2143
地质工程师	2144
石油工程师	2145
航空航天工程师	2146
计算机工程师	2147
工程管理人员	0211
软件工程师	2173
其他注册工程师	2148

2. 职业劳动力分析方法

下面所呈现的职业预测采用劳动力"需要量"（Requirements）分析方法。这种方法首先注重的是按照预期的经济运行情况和人口情况，对所需从业人员的数量和来源进行估计，然后重点分析这些需要量的可能来源，以及能够或者需要从这些来源获得的、可以满足需要量的从业人员的数量。最后该方法对满足这些需要量的可能难度进行评估。

该方法并非试图预测将来某个职业"实际"存在的供给情况。在给定需求量的情况下，该方法估计会"需要"什么样的供给。这种类型的信息有益于进行劳动力规划，使得相关组织或政策制定者可以采取行动，确保将来有足够的供给可以满足需求。例如，新加入者的估计需要量可以为组织提供相关职业类型的教育和培训，以及这些组织将来需要教育或培训的人员数量方面的信息。估计迁移需要量、特别是国际迁移需要量，可以提供将来需要通过移民获得的人员数量和职业类型方面的信息。

该方法首先利用各省经济的宏观经济模型来创建各省和加拿大全国的经济和人口前景。在这些模型中，劳动力需求和供给随着时间的推移而调整"劳动者数量"总水平，以满足劳动力需求。这种调整的一个重要部分是"最佳"移民方法，加拿大联邦政府通过移民政策来调整移民，以增加或减少所需的劳动力供给，从而满足需求。以联邦政府的"加拿大快速通道"系统为例，通过实施该类型的计划可以确保未来的移民需求以及供给需求得到满足。在这种方法下，劳动者"数量"没有永久的短缺或过剩，因为可以通过移民来调整供应，从而满足需求。

需要量方法显示不出短缺，因为可以通过模型调整来满足预计需求。这并非在假设实际经济将通过调整来满足这种需求。因此，上述模型能够表明未来满足预计需求而必须做什么。它表明为了让经济按照预计的需求水平运行，需要满足哪些要求。在移民方面，并非假设每个省或职业的预计移民数就是每个省或职业将来实际接收的移民数，只是表明每个省或职业将来为了满足预计需求而需要什么。

预计劳动力需求变动称为职位空缺，分为两个组成部分。第一个组成部分叫作扩充需求，是由导致就业率变动的经济运行变动情况，以及满足劳动力正常流动所需的过剩劳动力的数量决定的。第二个组成部分叫作接替需求，是指由需要替换的退休人员或死亡人员所产生的职位空缺。后两种来源受人口老龄化的影响。随着人口老龄化，越来越多的人退休，或者在退休前去世。

满足需求的供应来源有：从学校毕业后加入劳动力大军的年轻人（新加入者）；国际和省际净迁入人员；以及其他来源，如由于工作机会更多、工资更高而改行或者决定加入劳动力大军的人。有越来越多的女性和其他传统上占少数的人群在参与各种工程职业。如果这种趋势继续发展，就可以预计将来会从这一人群中得到更多的劳动力供给。

新加入者就是完成教育离开学校后加入劳动力大军的人员。他们的年龄一般在 15～30 岁。新加入者的数量很大程度上是由该年龄段人群的规模和年龄分布情况决定的，该年龄段的人会更加依附于劳动力市场。任何一个经济体的新加入者总数是通过在宏观经济模型中创建的信息来计算的。在职业建模系统中，假设分配给某一职业的新加入者的比例是由该职业最近占劳动力总数的份额决定的，该份额会随着时间的推移而变动，因为对这一职业的需求是相对于对其他职业的需求而变动的。

报告提供了关于全国工科毕业生人数的历史信息。这一信息代表着进入工程职业的新加入者的可能"供给"。它不同于本报告中所使用的新加入者的概念，新加入者代表着需要量，而不是实际供给。某一省的工科毕业生数量不一定会与新加入者需求量吻合，因为毕业生可能是外国学生，他们要回到自己祖国，可能会继续攻读研究生，可能会到其他省去工作，或者可能会失业。按照本报告中所使用的方法，迁移到其他省份的毕业生会被视为移民。

分配给某一职业的移民数量作为一个供应来源，其确定方法是：首先从每个职业的供应需求中减去新加入者的数量，然后将这些数量求和，得出所有职业的总值。这一度量指标是留下来将由新加入者满足的供应需求。然后用某一职业占所有职业该指标总值的份额乘以移民总数，计算每个职业的移民需要量。后一个总数限定为与宏观经济模型结果中得出的总数相同。

虽然各职业没有短缺或持续过剩现象，但是可以采用劳动力市场紧张度评级法，来尝试显示各职业获得估计的供应需求的相对风险。这一方法试图识别相关组织将来比较难找的职业。

例如，需求增长相对强劲的职业可能比需求增长较弱的职业难找。而且，如果不通过额外的移民来满足供应需求，或者加拿大劳动者不愿意或者没有人会搬到相关的特定地点，那么供应需求主要通过移民来满足的职业可能会面临风险。如果存在超额需求情况，就有益于从各种背景的劳动者中获得更多供给，这些劳动者目前未得到充分利用，或者不能进入相关行业。同时，不同经济周期以及特定职业还可能有一定的紧张度问题。特定职业的紧张度可以用正常失业率与实际失业率之间的差距来衡量。正常失业率度量的是平均失业率，受劳动力正常流动、季节性失业和结构性失业（现有人员不具备所需的技能）的影响。我们将这种紧张度纳入评级法。

紧张度等级是对劳动力市场可能的紧张度以及获得劳动者的相关风险的定性度量。等级分为 1~3 级。

（1）1 级：超额供给的情况，这种情况下有足够的劳动者来满足需求。需求增长慢于正常增速，对填补职位空缺的移民的依赖度低于正常值。要找到劳动者应当比较容易。

（2）2 级：代表正常的市场情况，相关组织可依靠其传统方法获得劳动者。需求增长正常，而相关组织可能得依靠移民来满足供给，这种情况与过去所面临的情况并无不同。

（3）3 级：超额需求的情况，在这一类型的市场情况下，需求增长很强劲，相关组织必须比正常情况下更加重视获取移民，以满足其劳动者需求。要找到劳动者相对较难。

3. 职业数据来源

职业数据来源于加拿大全国家庭调查（NHS）和劳动力调查（LFS）。以劳动力调查为基础来衡量整个职业的数据。也就是说，劳动力总数和就业总人数等于每年的劳动力调查数值。不过，职业数据与加拿大统计局公布的劳动力调查职业数据并不吻合。后一数据的样本量太小，不能提供可靠的职业估计数，特别是各省的职业估计数。

4. 土木工程师

1）市场需求

预计多数省份土木工程师的市场情况是正常的，不列颠哥伦比亚省和曼尼托巴省是例外。不列颠哥伦比亚省和曼尼托巴省土木工程师的平均年龄显著提高，这会导致短期到中期内这两省出现超额需求，因为很多人接近退休年龄，即将退休。考虑到当前的毕业生人数、预计的新加入者人数、各省的土木工程师外来移民人数，两省在获得所需的土木工程师劳动力方面应当没有困难。新加入者在全国流动可能是最大的困难，特别是对于不列颠哥伦比亚省来说，该省对流动人员的需求比较大。

2）毕业生

表 10-4 列示了 2000—2013 年加拿大全国土木工程专业毕业生人数，此表前两列为 5 年均值数，后 4 列为年度数据。2004 年以来，安大略省和魁北克省每年的土木工程专业毕业生人数一直比较快速地增长。魁北克省和安大略省 2013 年的毕业生人数分别约为 900 和 1 000。过去 10 年来女性毕业生人数稳步增长，2013 年差不多占土木工程毕业生总数的 25%。2003—2013 年，签证毕业生①占毕业生总数的比例从 4.3% 提高到 7.1%。

魁北克省和安大略省最近的毕业生人数超过了两省的职位空缺平均数，后面一节"需求来源"将对此进行说明。毕业生的这种供给状况对于阿尔伯塔、不列颠哥伦比亚和曼尼托巴等省可能有帮助，这几个省的毕业生人数少于预期的年均职位空缺数。不过，如引言中所述，这些毕业生中很多人可能会继续攻读研究生，或者可能不留在本省或加拿大，因此不会在其毕业所在省找工作。

表 10-4 授予学位数：土木工程（2000—2013 年）　　　　　单位：人

省　份	2000—2004 年平均	2005—2009 年平均	2010 年	2011 年	2012 年	2013 年
不列颠哥伦比亚省	101	116	184	239	237	254
阿尔伯塔省	156	195	234	229	257	369
萨斯喀彻温省	26	61	85	83	100	125
马尼托巴省	33	41	53	58	56	58
安大略省	524	705	799	956	1 017	1 159
魁北克省	226	390	592	690	735	923

---

① 资料来源：加拿大工程师协会。本报告中的签证数据仅指本科生。

省　　份	2000—2004年平均	2005—2009年平均	2010 年	2011 年	2012 年	2013 年
新不伦瑞克省	52	73	76	86	81	88
新斯科舍省	28	63	8	90	81	111
爱德华王子岛省	0	0	0	0	0	0
纽芬兰与拉布拉多省	25	39	32	33	19	64

资料来源：加拿大工程师协会《2014 年在校生数和授予学位数报告》。

3）行业就业人数

表 10-5 表示了土木工程就业人数按行业、按省份的排名情况。在建筑、工程与相关服务业工作的土木工程师最多。大多数土木工程师在安大略省工作，但也有很多在阿尔伯塔省、魁北克省和不列颠哥伦比亚省。在各级政府部门从事公共管理工作的土木工程师也很多。安大略省土木工程师的集中度为全国最高。

表 10-5　按产业和省份排名前 25 位的土木工程师估计就业人数（2015—2025 年）　单位：人

省　　份	行　　业	2015—2019 年均值	2020—2025 年均值
安大略	建筑、工程与相关服务	12 279	12 746
阿尔伯塔	建筑、工程与相关服务	6 890	7 370
魁北克	建筑、工程与相关服务	6 146	6 221
不列颠哥伦比亚	建筑、工程与相关服务	5 445	5 722
安大略	地方市政与区域公共管理	1 394	1 480
安大略	重型与土木工程建设	1 039	1 029
安大略	管理、科学技术咨询服务	866	900
曼尼托巴	建筑、工程与相关服务	817	861
新斯科舍	建筑、工程与相关服务	771	765
萨斯喀彻温	建筑、工程与相关服务	737	752
新不伦瑞克	建筑、工程与相关服务	663	649
魁北克	省级和地区级公共管理	648	683
安大略	住宅建设	579	570
魁北克	非住宅建设	564	604
纽芬兰与拉布拉多	建筑、工程与相关服务	560	566
安大略	省级和地区级公共管理	551	575
阿尔伯塔	地方市政与区域公共管理	539	588
阿尔伯塔	重型与土木工程建设	511	543
不列颠哥伦比亚	重型与土木工程建设	497	459
安大略	联邦政府公共管理	485	508
魁北克	地方市政与区域公共管理	480	510

省　　份	行　　业	2015—2019 年均值	2020—2025 年均值
安大略	贸易承包	460	461
阿尔伯塔	油气开采	446	380
安大略	公用事业	438	446
阿尔伯塔	非住宅建设	434	508

4）年龄结构

人口的年龄分布对劳动力供给有着重大影响。人口老龄化导致退休人数和死亡人数增多，从而降低了劳动力供给增速。加拿大工程师的年龄通常在30～55 岁。表 10-6 按省列示了预测期每一年土木工程师的平均年龄。2015 年，不列颠哥伦比亚省土木工程师的平均年龄最大，为 50 岁，其次是曼尼托巴省，为 48 岁。

预测表明，预测期内不列颠哥伦比亚省和曼尼托巴省土木工程师的平均年龄显著下降。随着这两省的土木工程师退休以及新加入者或年轻移民加入劳动力大军，平均年龄将开始下降。现有的问题是，退休人员和新加入者之间存在技能差距，新加入者不具备退休人员在工作经历中获得的各种技能。相关省份可尝试通过省际或国际移民引进有经验的从业人员。

表 10-6　土木工程师的平均年龄（2015—2025 年）　　　　单位：岁

省　　份	2015	2016	2017	2018	2019	2020	2021	2022	2023	2024	2025
不列颠哥伦比亚省	50	49	48	47	46	46	45	45	44	44	44
阿尔伯塔省	42	42	42	42	42	42	42	42	42	42	42
萨斯喀彻温省	43	43	42	42	42	43	43	43	43	43	43
曼尼托巴省	48	47	46	46	45	45	44	44	44	43	43
安大略省	42	42	42	42	42	42	42	42	42	42	43
魁北克省	43	43	43	43	43	43	43	43	43	43	43
新不伦瑞克省	44	44	43	43	43	42	42	42	42	42	43
新斯科舍省	43	43	43	43	43	43	43	43	43	43	43
爱德华王子岛省	42	42	42	43	43	43	43	44	44	44	44
纽芬兰与拉布拉多省	42	42	43	43	43	43	42	42	43	42	42

表 10-7 列示了各省土木工程师的年薪中位数数据，表中数据以千加元为单位。阿尔伯塔省土木工程师的工资是加拿大最高的，其次是纽芬兰与拉布拉多省。爱德华王子岛省土木工程师的工资最低，该省对土木工程师这一职业的需求非常小。

表 10-7 2015—2025 年年薪中位数 / 千加元

省 份	2015年	2016年	2017年	2018年	2019年	2020年	2021年	2022年	2023年	2024年	2025年
不列颠哥伦比亚省	82.6	85.2	88.5	92.4	96.5	100.6	104.5	108.2	111.7	115.2	118.6
阿尔伯塔省	104.1	106.1	108.5	111.8	115.8	120.1	124.6	128.8	132.7	136.4	140.0
萨斯喀彻温省	95.1	98.4	101.4	104.1	106.3	108.2	109.6	111.0	112.5	114.7	117.7
曼尼托巴省	79.0	81.4	83.7	85.9	87.7	89.4	91.0	92.7	94.6	96.6	98.9
安大略省	84.6	87.1	89.7	92.5	95.1	97.5	99.9	102.3	104.9	107.8	111.0
魁北克省	80.0	82.5	85.3	88.5	91.5	94.4	97.1	99.7	102.2	104.8	107.6
新不伦瑞克省	78.6	80.2	82.6	85.6	88.8	92.2	95.5	98.7	102.0	105.3	108.7
新斯科舍省	87.1	89.9	93.2	96.8	100.3	103.9	107.4	111.0	114.7	118.7	122.9
爱德华王子岛省	67.3	68.0	68.8	69.9	71.0	71.9	72.7	73.4	74.1	74.8	75.5
纽芬兰与拉布拉多省	102.1	104.6	106.9	110.0	113.4	117.3	121.5	125.8	129.8	133.3	136.6

小结

加拿大是西方七大工业国家之一（G7 集团之一），能源资源行业、制造业、农业、金融保险业、专业服务业是加拿大国民经济的支柱产业。根据加拿大统计局 2020 年数据显示，教育服务业在加拿大重点行业中位列第 9，对加拿大 GDP 贡献为 990 亿加元，就业人数为 130 万人。

根据加拿大工程师协会发布的《劳动力市场研究报告》对加拿大工程劳动力市场 2025 年预测，以土木工程师为例，土木工程就业人数按行业、按省份排名情况，在建筑、工程与相关服务业工作的土木工程师最多。大多数土木工程师在安大略省工作，但也有很多在阿尔伯塔省、魁北克省和不列颠哥伦比亚省。在各级政府部门从事公共管理工作的土木工程师也很多，安大略省土木工程师的集中度为全国最高。报告预计多数省份土木工程师的市场情况是正常的，不列颠哥伦比亚省和曼尼托巴省土木工程师的平均年龄显著提高，这会导致短期到中期内这两省出现超额需求。报告还指出，加拿大工程师的年龄通常在 30～55 岁，工程职业的新加入者包括越来越多的女性和国际学生。

加拿大经济正在经历快速的技术变革与转型，制造业和服务业之间的界限越来越模糊，数字技术渗透到包括重工业在内的各个生产领域。依赖研究和开发及科学、技术、工程和数学（STEM）技术人员的重点行业，如先进制造业、专业服务业、航空航天和机械行业，以及石油、天然气开采和发电等，是这一转型的核心，也是加拿大未来繁荣的关键。

第三节

工程教育与人才培养

随着全球人口的增长和生活水平的提高，世界上有限的资源将面临越来越大的压力。因此，未来的工程师将被要求更有效地利用地球资源，减少浪费，同时满足日益增长的商品和服务需求。为了应对这些挑战，工程师需要了解他们的决策对建筑和自然系统的影响，并且必须善于与规划者、决策者和公众密切合作。可持续发展是工程实践中一个新兴的方面，它更具综合性和前瞻性，在许多领域正在超越"保护环境"这一更为狭隘的学科具体活动，工程教育和人才培养需要纳入可持续发展理念。工程教育界正处在一个关键时刻。工程教育认证机构将批判性地思考，哪些内容应该或不应该被纳入可持续工程课程中。加拿大工程师协会发布的《注册工程师可持续发展和环境管理国家指南》提供了当前可用内容的清单，可作为专业组织制定工程教育与人才培养的资源。

一、工程师与可持续发展

由于资源消耗、环境污染、人口快速增长和生态系统破坏的不利影响，人类面临着严峻的挑战。尽管已经做出了环境保护努力，但未来能源、水资源和不可再生材料的可用性仍岌岌可危。人类正在以多种方式使地球的环境承载能力进入超负荷状态。国际咨询工程师联合会（FIDIC）在2013年指出：

"这些变化正在开始从根本上改变判断工程项目绩效的方式，它们增加了无形的设计标准，无论对于产品、工艺、设施还是基础设施来说，这些标准将最终影响每个工程项目。可持续发展的影响将会把广泛的资源、生态和社会问题纳入工程设计的主流，工程师了解这些问题并寻找方法来将这些考虑因素纳入其工作实践变得至关重要。"

负责任的环境管理是所有工程师需要承担的职责的不可或缺的一部分，无论他们从事哪一学科或者担任什么角色，也无论他们是雇员、雇主、研究人员、学者、顾问、监管者还是管理者。正如《加拿大工程师协会职业道德准则》中所述，工程师的主要职责是在适当考虑环境和社会价值的情况下，将保护公共安全和福利放在首位。

通过持续改善，工程实践不断与时俱进，如图 10-38 所示。这不仅包括技术方面，还包括人的方面。通过可持续发展追求"公益"的理念有助于社会、经济和环境的长远利益。政府通过各种立法进行引导，这有助于持续改进和追求"公益"。作为行业专家，工程师可在如何代表客户处理问题方面产生相当大的影响。几乎没有明确的标准来指导工程师的实践，因此在这种情况下，工程判断将开始发挥作用。工程和相关学科还需要利用其他行业的专业知识，如规划、经济学、社会科学、金融和法律。这些专业将共同推动实现可持续发展和环境管理。

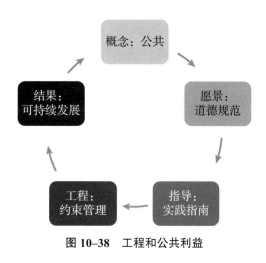

图 10-38　工程和公共利益

工程师必须考虑可持续性并将可持续发展原则纳入其专业实践。工程专业人员有责任提供相关指导。

"可持续性对工程师而言意义重大。在经济和技术设计中，对资源和范式转换的长远思考是必要的。不仅要增加商品的数量，还要提高生活品质。工程师必须能够更有效地确定真实需要而不是想要的东西。这就要求他们设想相关问题，以便可以帮助确定最有效的技术方向。此外还涉及教育职能，一些客户在评估新项目时可能不知道可持续的替代方案。工程专业人员必须作为引路人，引领社会走向更加可持续的未来。"

涵盖环境管理的可持续发展实践之长远目标是，保持生态系统的活力并确保今天的活动不会损害后代的福祉。工程师们认识到，尽管公众的期望在不断发展变化并且千差万别，但环境管理是所有公民的责任，他们在设定环境管理目标方面享有合法权利。随着时间的推移，均衡方法将通过整合环境可持续性与社会及经济考虑因素，来创造满足社会需求的发展。

（一）什么是可持续发展

1987 年，布伦特兰委员会发布了可能是最广泛、最有名和最广为接受的可持续发展的定义："可持续发展是在不损害后代满足其需求的前提下，满足当代社会、经济和环境需求的发展。"

可持续发展的这一定义以及任何其他定义都强调，只有发展所依赖的自然资源得到妥善保护时，长期的经济和社会变革才能是可持续的和有益的。所有定义中都隐含着"代内和代际公平"的概念（在同一代内以及后代之间公平分配和获取资源）。

（二）工程师在实现可持续发展方面的作用

工程师担任雇员、雇主、研究人员、学者、顾问以及监管和管理等多方面的工作。他们经常与其他专家一起以团队的形式开展工作，这意味着他们可能会控制或单独负责一个特定项目。工程师应该尽可能地了解和管理他们所参与项目的环境方面。在所有项目中，工程师都应该参与确定和提出明确的理由，来实施更符合公共利益的可持续解决方案。

工程师在各种类型的项目中执行工程工作如下。

（1）设计和建造项目以满足人类的基本需求（饮用水、食物、住房、卫生、能源、交通、通信、资源开发和工业加工）；

（2）设计、建造、运营和管理用于缓解环境问题的设施和系统（例如，创建废物处理设施、回收资源、清理和恢复受污染场地、现场清理、环境恢复以及保护或恢复自然生态系统）。

短期环境影响通常被视为一种设计约束。更广泛的长期环境结果更难以预测，可能会导致意想不到的后果，因此，工程师面临重大挑战。例如，他们经常不得不考虑短期成本削减措施，这可能会损害可持续发展或可能产生超出其职责范围的长期后果。项目定义的工作范围考虑的是直接要求，而不是下游的辅助或迁移对技术、经济、社会结构或环境造成的负担。其中许多问题很难预见，而且不太可能有可用的财政资源来解决这些问题。

然而，所有工程师都需要考虑其事业（系统和结构）对环境的影响，以及环境对这些事业的影响。

工程师有责任了解项目行动对环境和社会影响的后果。正如加拿大咨询工程公司协会所指出的，"这些责任由客户、监管机构和各级决策者（政府）共同承担。《道德规范》赋予了工程师通报的责任，而不是最终决定权。这一区别主张政府和客户在项目开发的后果方面保持密切联系，并表明工程师应该成为可持续项目发展和适当监管环境发展的合作伙伴"。

工程师有时会处于两难境地。他们通常既不是项目的最终决策者，也不一定反映当地社区的观点。如果工程师要影响开发和管理过程，就必须了解并尊重这两个因素，即决策约束和敏感性需求。在某些情况下，工程师在追求 SD&ES 时会得到项目发起人的大力支持（财务资源和授权）。凭借对 SD&ES 原则的知识和理解，工程师有潜力为未来做出积极贡献，并且可以通过在其实践领域发挥领导作用来做到这一点。

二、注册工程师可持续发展和环境管理国家指南

2016 年 9 月，加拿大工程师协会发布了《注册工程师可持续发展和环境管理国家指南》，目的是指导预期可持续发展和防止环境退化的工程实践。例如，启动监测系统，以便在早期确定工程项目对环境和社会的影响，以有助于其可持续性，并提供可用于实施补救措施的环境信息。指南中的每一条指导原则，连同额外的详细说明，都是为了让工程师和执业许可人以对环境负责和可持续的方式执业。特别是旨在通过遵循可持续性原则，积极主动地保护和管理环境。

（一）十项指导原则

指南中包含的十项指导原则涵盖了 SD&ES 的原则，这些原则适用于由工程师执行的项目中的工程实践以及工程师的责任。建议工程监管机构将这些汇编成一个页面，并作为正式发布的文件与《道德规范》放在一起，以提醒工程师他们在专业实践和为公众利益服务过程中的责任。工程监管机构可以通过将"应该"一词替换为"须"或"必须"来强化这些指导原则。十项指导原则如下。

（1）应该保持并不断提高对环境管理、可持续性原则以及与其实践领域相关问题的认识和了解；

（2）应该利用他人的专业知识来充分解决环境和可持续性问题，并提高认识和改进实践；

（3）应该将全球、区域和当地社会价值观应用于其工作；

（4）应该在项目的最早阶段针对环境管理确立共同商定的可持续性指标和标准，并根据绩效目标定期对这些指标和标准进行评估；

（5）在评估工作的经济可行性时，还应该评估环境保护、生态系统组成部分和可持续性方面的成本和收益；

（6）应该将环境管理和可持续性规划纳入影响环境的活动的生命周期规划和管理，并应该实施高效、可持续的解决方案。

（7）应该寻求和宣传可平衡环境、社会和经济因素的创新方案，同时提升建成环境和自然环境的健康指数。

（8）应该在关于可持续发展和环境管理的讨论中发挥领导作用，并以公开、透明的方式征求利益相关者和认证专家的意见。

（9）应该通过应用现有最佳的、经济上可行的技术和程序，来确保项目符合监管和法律要求。

（10）在存在严重或不可逆转的损害威胁但缺乏科学确定性的情况下，应该及时实施风险缓解措施，以尽量减少环境退化。

（二）十项指导原则详述

以下内容进一步解释了如何实施构成整体的职业工程师可持续发展十项指导原则。

1. 指导原则 1——保持和提高知识与能力

工程师应该保持并不断提高对环境管理、可持续性原则以及与其实践领域相关问题的认识和了解。

详述：

（1）了解工程师的活动对环境和可持续性影响的总体程度。积累环境管理、可持续性相关因素及环境影响方面的工作知识，以便综合判断专业活动与这些问题的潜在相互作用。

（2）了解环境管理系统（EMS）在识别、控制和减少这些影响方面的重要性。

（3）作为尽职调查和合理谨慎应用的一部分，保持专业知识并跟上技术进步和专业化程度提高的节奏。

2. 指导原则 2——与多学科团队合作

工程师应该利用他人的专业知识来充分解决环境和可持续性问题，并提高认识和改进实践。

详述：

（1）在接受或解释任务及设定预期结果方面小心谨慎，并清楚地传达他们的专业知识的局限性。

（2）如果项目的环境和可持续性问题需要其经验领域之外的资质和专业知

识，则针对如何获得进一步建议提出适当的意见。

（3）认识到环境问题和可持续性本质上具有多学科性，需要超出其能力范围的专业知识。

（4）鼓励涉及工程以外学科的综合决策。了解社会学等社会科学、规划、法律和金融，以确定通常在大多数工程培训和实践之外的社会和外部经济影响。

（5）在必要情况下向自然科学家，如气候专业人士、水文学家、生物学家、地球科学家或其他学科专家咨询，并利用其专业知识。

3. 指导原则 3——考虑社会影响

工程师应该将全球、区域和当地社会价值观应用于其工作。

详述：

（1）要考虑的价值观包括地区、地方和社区问题、生活品质和其他与环境影响相关的社会问题，以及传统和文化价值观，包括原住民族（若适用）。

（2）首先定义和评估地方和社区层面的所有社会需求、问题和关注点，以符合公共利益。

（3）寻求有关社会价值观的信息和意见。

（4）考虑当地社会对项目整个生命周期的接受程度，以及其他被取代的技术和工艺的潜在影响。

（5）考虑当地社会的短期和长期需求，确定并阐明拟定行动的正面和负面影响。

4. 指导原则 4——设计和评估可持续性成果和环境管理指标

工程师应该在项目的最早阶段，针对环境管理确定共同商定的可持续性指标和标准，并根据绩效目标定期对这些指标和标准进行评估。

详述：

（1）绩效目标应针对特定项目确定，并让关键利益相关者来定义关键的可持续性和环境问题。

（2）采用可提供客观证据的适当标准、系统、工具和数据。

（3）考虑基于 ISO14000 标准的适当环境管理体系，其中包括绩效指标以及收集和分析数据的方法。将该要素纳入考虑范围应成为项目实施的一部分。这包括关于定期审查并确定改进机会的承诺。

（4）指标应客观、可衡量、可比较，并符合任何法定要求。收集和记录基线数据，并在收集和分析时使用公认的方法得出结果。获得指标的方法将不断演进，但整个项目周期内应持续收集数据。

（5）检查以前项目的指标，并根据当地和区域需求、问题和关注点以及法定要求，确定哪些指标（如果有）适合当前项目。

（6）指标的性质和范围应合理且基于需要。财务资源应包括在项目预算中，以收集和处理数据并准备定期进度报告。

（7）了解用于衡量和评定项目可持续性指标和成果的现有系统。监控正在开发的新系统，以保持与最佳实践相关的能力。

（8）贡献来自过去项目的观点和经验，以制定公开接受的标准，进而对项目的环境管理进行评估。探索、制定和记录反映可能适用的已知标准的标准。

5. 指导原则 5——成本计算和经济评估

在评估工作的经济可行性时，工程师还应该评估环境保护、生态系统组成部分和可持续性方面的成本和收益。

详述：

（1）对项目的收益进行经济分析。此项分析通常应包括资本、运营、维护和调试、退役、社会和环境成本。

（2）项目生命周期内的环境保护和可持续性应包含在项目综合成本中。

（3）制造涉及的成本应包含产品的全部成本，包括原材料的使用、制造、副产品、包装和报废处置的费用。

（4）将环境保护和相关成本作为项目开发的一个组成部分。

（5）在适当的情况下，还应考虑评估通过减少温室气体来缓解气候变化的成本和收益。

（6）考虑调整工作以提高对气候变化和极端天气影响的适应能力的成本。

6. 指导原则 6——规划和管理

工程师应该将环境管理和可持续性发展规划，纳入影响环境的活动的生命周期规划和管理，并应该实施高效、可持续的解决方案。

详述：

（1）认识到空气、土地和水污染、灰尘、噪声和视觉污染等环境因素对人类和自然环境的影响。

（2）使用生命周期评估工具，确定所有项目阶段（如设计、建造、运营和退役）可能的环境影响和可持续性。

（3）预防不利影响是首选方案，其次是采取缓解措施。这最好在进行风险评估 / 采用风险管理方法时完成。

（4）考虑对无法避免或无法充分缓解的影响进行补偿。

（5）寻求不仅能保护环境，还能增强环境及其可持续性的替代解决方案。

（6）在要求识别和优先考虑环境因素环境管理体系内工作，并组织具有成本效益的计划，以控制和减少对持续运营的相关影响。

（7）知道如何设计和理解基础设施的运行，以尽量减少环境长期变化的影响，包括气候变化的影响。

（8）寻找创新方法来最大限度地减少对资源的需求，尤其是存在稀缺问题的资源。

（9）规划范围应包括对正在完成的工作附近的其他微型生态系统的个体和累积影响的合理调查。

（10）指定并实施适当的操作及维护政策和程序，以确保在预期生命周期内的服务和性能，避免过早维修或更换。

7. 指导原则 7——寻求和传播创新

工程师应该寻求和宣传可平衡环境、社会和经济因素的创新方案，同时提升建成环境和自然环境的健康指数。

详述：

（1）将创新作为可持续解决方案开发和应用的一个关键方面。

（2）应采用可减少环境影响的创新产品和流程。

（3）在进行设施规划时，实施全面和创新的设计策略，以减少或防止固体废物的产生。

（4）采用先进的和创新的制造工艺生产耗能更少的产品。

（5）通过知识传递、能力建设和成果衡量，确定并进一步重新应用良好的创新解决方案。

8. 指导原则 8——领导、沟通和咨询

工程师应该在关于可持续发展和环境管理的讨论中发挥领导作用，并以公开、透明的方式征求利益相关者和认证专家的意见。

详述：

（1）积极倡导和参与（与任务范围和专业知识相一致的）制定持续解决环境问题的战略。指导行动的原则应包括问责制、包容性、透明度、承诺和响应。

（2）与利益相关者协商并参与确定当地、社区、传统和文化价值观及优先事项，通过公共会议、焦点小组和其他公开对话方式促进社区参与。这些过程可进一步记录任何证明和必要的环境、社会或经济影响缓解措施或对设计假设的调整。

（3）立即告知雇主和（或）客户在他们参与的任务过程中发现的任何潜在不利影响。尤其重要的是沟通和记录工程师关于环境修复或可持续发展的建议是否被否决或忽略。

（4）积极分享专业知识并教育其他行业、政府和公众，以提高社会对环境管理和可持续性实践的支持。

9. 指导原则 9——遵守监管和法律要求

工程师应该通过应用现有最佳的、经济上可行的技术和程序，来确保项目符合监管和法律要求。

详述：

（1）工程师必须遵守监管和法律要求。

（2）适当考虑环境立法的现实和趋势，划分作为和不作为的个人责任。在与工程师、雇主、同事和客户相关的专业职责中反映这一现实。

（3）预见在项目生命周期中可能发生的立法变化。

（4）确保在公共安全或环境受到威胁的任何情况下，或在相关立法、批准或命令要求的情况下，采取适当的行动或通知有关当局。

（5）除非相关法律、法规、批准或命令另有要求，否则保守客户和（或）雇主的机密。当向公共当局披露任何机密信息时，确保将此类披露告知其雇主和客户。

（6）对于监管标准有限的司法管辖区，建议并使用被认为适合当地的其他国家或国际法规、规范或标准。

10. 指导原则 10——管理风险

在存在严重或不可逆转的破坏威胁但缺乏科学确定性的情况下，工程师应该及时采取风险缓解措施，以最大限度地减少环境退化。

详述：

（1）提前评估风险，以通过预防措施来推荐可保护、恢复或改善环境及项目可持续性的行动。

（2）确保预防性的"无遗憾"或"减少遗憾"的行动不会过度，也不会为保护有限的利益或小幅降低风险而产生不必要的开支。通过风险评估，确定采取具体行动或不采取具体行动的潜在影响和责任。

（3）向决策者提供潜在行动的明确说明。其中，潜在的行动是指，通过保护、恢复和（如果可能）改善可能受其项目影响的环境来降低风险的行动，同时尊重当地的需求和关注的问题。

小结

可持续发展是工程实践的一个方面，它更具全面性和前瞻性，在许多领域正在超越"环境保护"这一较为狭隘的特定学科活动。现今，纯粹的环保思路是不够的，而是越来越多地要求工程师采用更广泛的视角，包括减轻贫困、维护社会正义以及保持本地和全球联系等目标。预计这种有关可持续发展的实践将会不断取得进展，工程教育和人才培养需要创新性地包含对可持续发展的理解。创新，以硬技术（设备）和软技术（方法、过程和程序）的形式出现，往往是由产业所推动的。工程师在将科学转化为技术以应用于现实世界中发挥关键作用。

加拿大工程师协会提出的《注册工程师可持续发展和环境管理国家指南》将给许多工程师带来挑战——有些工程师可能认为这些指导原则与他们的实践领域无关，或超出了他们的控制范围，或超出了他们在重要层面上实施的技能范围。对财政资源的限制往往是另一个可能限制任何努力的重大限制。当然，应该考虑如何在任何重大项目的早期阶段由工程师组建多学科团队，并确定分配适当资源的方法。尽管存在这些挑战，但所有工程师都应在实践中努力寻求可持续和对环境负责的解决方案，并为提高专业能力做出贡献。加拿大工程师协会及其工程监管机构已承诺，在工程实践中支持可持续发展和环境管理。采用这些准则表明了这一承诺，并使加拿大所有注册工程师受益。

第 四 节

工程教育研究与学科建设

一、工程教育研究发展

（一）北美及其他地区的工程教育研究

美国工程教育学会（ASEE）提供了北美工程教育研究正式组织的历史记

录，记录详细介绍了自 1893 年工程教育促进会（Society for the Promotion of Engineering Education，SPEE）成立以来，这一独特的学术领域的出现。SPEE 最初的重点是发展一种具有坚实学术基础的工程教育形式，植根于科学和数学概念，补充了已经确立的工程教育应用方法。1946 年，该学会更名为美国工程教育学会（ASEE），将战时对研究和创新的重视纳入其中。

目前，ASEE 在全球拥有 12 000 多名会员。作为 ASEE 工作的补充，国际工程教育学会（International Society for Engineering Pedagogy）于 1972 年在奥地利成立，将工程与教育学科学联系起来。自那以后，该组织制定了一个示范工程课程，并授予世界各地符合其课程框架的各个工程教育中心国际工程教育者的称号。世界上许多国家和地区都有自己的专门从事工程教育的学会、协会和项目。随着专业组织的兴起，工程教育研究人员在地区、国家和国际上聚集在一起，也有一些期刊，鼓励分享该领域的学术研究和教学实践。其中包括《工程教育杂志》（*Journal of Engineering Education*），最初名为《工程教育促进会公报》（*Bulletin of the Society for the Promotion of Engineering Education*）。

工程教育期刊通常被视为工程教育领域的顶级期刊。1993 年，该杂志从出版教学实践记述转向出版研究性著作。20 世纪 80 年代末，美国国家科学基金会（NSF）的资金增加支持了这一转变，其动机是希望在美国培养更强的工程人才。许多工程教育会议都反映了社会、协会和期刊寻求采用以研究为导向的工程教育方法的复杂历史，同时与工程教育学科中标志性教学法的识别和改进保持着紧密联系。

（二）加拿大的工程教育研究

工程教育研究在加拿大只有一个简短的历史，尽管加拿大工程教育工作者参与与国际社会的时间要长得多。这段历史始于 2000 年加拿大设计工程网络（Canadian Design Engineering Network，CDEN）的成立，该网络致力于将工程设计教育工作者聚集在一起，分享理念和教学实践。2010 年，加拿大工程教育协会（Canadian Engineering Education Association）将 CDEN 并入加拿大工程教育协会，并扩大了使命，将重点放在"通过不断改进工程教育和设计教育，提高加拿大工程院校毕业生的能力和相关性"。CEEA-ACEG 年会已成为分享工程教育最佳实践和研究的正式场所，其会议记录构成了专门针对加拿大工程教育研究的工作目录。[①]

---

① Can. J. Sci. Math. Techn. Educ. (2020) 20: 87–97. https://doi.org/10.1007/s42330-020-00078-7.

加拿大在建立工程教育研究领域的协会、会议、期刊和一套明确的参数方面稍显落后，部分原因是与美国工程教育研究界和各种国际组织的密切联系。加拿大学术界虽然有机会参与 ASEE 及其相关期刊和活动，但不断有人呼吁加拿大工程教育应建立自己的研究议程，创造空间回应加拿大的具体关切和兴趣。大约在 CEEA-ACEG 成立的同时，负责评估本科工程项目的组织加拿大工程认证委员会（Canadian Engineering Accreditation Board，CEAB）引入了基于结果的认证模式。CEAB 并没有将工程认证的重点放在监管各种课程上，而是引入了一套毕业生素质体系，强调团队合作、沟通技巧、专业精神、道德和公平等非技术性工程能力，以及终身学习、工程知识库和技术能力，如问题分析和设计。这种更广泛地界定工程教育范围的趋势，与加拿大工程教育研究的新重点相符合。可以说，这为加拿大工程教育的研究打开了大门。

（三）工程教育研究经费

在美国，只有一个机构（国家科学基金会）资助科学和工程研究，以及这些领域的教育研究。这种资助安排在加拿大的不同之处在于，资助教育研究的联邦机构是社会科学和人文研究理事会（SSHRC），而物理科学学科的研究是由自然科学和工程研究理事会（NSEREC）资助的。因此，对于像工程教育这样的学科，位于这两个研究领域的交叉点，拟议的项目可能无法与任何一个资助机构的惯例或对研究卓越的看法产生很好的共鸣。此外，加拿大在科学、技术、工程和数学（STEM）教育研究的指定投资方面落后于许多高度工业化国家。相比之下，美国最近每年通过国家科学基金会拨出约 1 亿美元用于研究，以专门改进大学生的 STEM 教育。在加拿大历史上，高等教育的性质和作用正在发生实质性转变的时候，工程教育紧跟潮流的资源和动力很少。现在比以往任何时候都更重要的是，工程教育研究界将自己作为一个协调一致的机构来游说支持对国家来说非常宝贵的奖学金。

（四）工程教育教学型教师

加拿大最近对工程教育研究的兴趣和增长也与加拿大大学工程专业以教学为重点的教师职位的增长有关。这些职位范围从永久任命的教师或讲师职位，到临时任命的教师或讲师。加拿大大学越来越多地采用传统工程分支学科背景的标准来招聘以教学为重点的教师。其中一些新的教学重点职位围绕着与一个或多个工程分支学科紧密结合的技术知识教学，如数学、计算机编程、数据分析、工程设计或基于学科的实验室教学。这些教师可以在不同程度上在现有院系内找到合适的学术之家。然而，由于教学方案的广泛且不统一，在如何评估贡献和对职业期望的理解方面仍然存在很大的挑战。其他以跨学科教学为重点的职位也体现于领导力、商业管理、创新创业、可持续发展和多学科设计等领域。对于这些教师来说，与传统工程学科院系的期望、价值观、规范和文化脱节的可能性更大。

（五）工程教育研究方法

以学科为基础的工程教育研究（Discipline-Based Education Research，DBER）是近期工程教育学术会议的共同主题，也是从事工程教育研究的主要方法。DBER 专业专注于在特定的工程分支学科中进行教学。在美国，这种情况由来已久，ASEE 会议包括几个专门从事学科教育研究的部门。美国国家科学院的一份报告对本科生科学和工程领域的 DBER 文献进行了广泛的综合，建议采用循证教学实践来提高 STEM 的学习效果。

（六）工程教育研究的几个重要动向

加拿大工程教育研究的重要动向体现出在工程教育中的一些关键趋势，这些趋势目前在研究文献的主体中没有得到充分的体现。

1. 研究体验式学习的作用

体验式学习在工程项目中有着悠久的历史，最初的基于实习的计划在 20 世纪初在北美形成。在加拿大，体验式学习正越来越多地被视为在该领域获得就业能力的一个途径，同时也对背景技能和知识的发展至关重要。例如，在安大略省，所有专上课程都要求学生在毕业前至少参与一次基于工作体验的学习机会。

2. 跨学科技能的结构和整合

跨学科能力。在工程教育中，接受这些跨学科属性将学习从物理和认知转移到个人和情感。因此，跨学科属性可以被视为能力和内部观点的综合，工程师个人可以将这些能力和观点带到他们的活动中，以扩大他们的技术知识和优势。

3. 描述从业人员所经历的该领域本身的发展

前两个趋势反映了本科工程（部分通过新的认证要求和政府优先事项）致力于培养学生未来职业生活中所需的技能和能力。第 3 个趋势反映了加拿大对工程教育作为一门学科越来越感兴趣，以及该领域出现了研究和以论文为基础的研究生学习机会。

在加拿大，研究生对工程教育研究的兴趣正在上升。截至 2019 年 9 月，在加拿大唯一的博士层次的工程教育项目是多伦多大学工程教育的合作专业化。尽管如此，工科研究生仍设法在加拿大其他大学从事与工程教育相关的论文研究。工程教育作为研究生研究领域的出现带来了新的研究生群体和新的挑战，因为他们试图在多个学科的交叉点找到自己的位置。

二、工程教育学科建设

（一）工程教育学科发展方向

为确定加拿大当前的工程教育专业发展方向，加拿大工程师协会工程教育工作组于 2022 年 3 月出版了一份《当前和新兴的工程教育实践》研究报告。报告在分析 2020 年和 2021 年加拿大工程教育协会（CEEA-ACEG）年会论文集的基础上，提出了加拿大工程教育学科专业发展的 3 个主要趋势：第一是灵活且经过评估的途径，第二是开放包容的文化，第三是以学生为中心的工程教育。报告指出，一旦当前的新冠肺炎大流行结束，在线和远程教学也可能继续。

报告还对 2018—2022 年由工程教育机构或工学院院长理事会撰写的报告及论文等进行了总结分析，提出工程教育学科专业发展的未来趋势主要表现在以下几个方面。

（1）工程项目的灵活性和模块化组织成学习块；

（2）个性化教育；

（3）口试；

（4）全球工程教育领导力来源的转变；

（5）新专业的不断出现；

（6）解决现实挑战的问题和基于问题 / 项目的学习；

（7）同理心的融合、与行业相关的经验的融合；

（8）多样化的团队以及跨学科经验。

工程教育学科发展方向强调以问题和项目为基础的学习，以应对现实世界的挑战，融合同理心，融入与行业相关的经验，多样化的团队和跨学科的经验。其中，模块化、个性化、口试和新专业的出现，具体表现如下。

1. 模块化

模块化的出现明显地改变了课程结构，将主题和技能分为时间和教学的子集，比传统的 12～16 周课程小。模块化为学生的学习路径提供了灵活性，并使学生更积极地参与到计划学习计划中，从而有机会在模块之间进行重复、选择顺序和选择。模块化和灵活性也解决了工程领域日益增长的应用和重点领域的挑战："工程正在进入如此多的领域，工程教育将需要更灵活的程序，以便更好地满足社会的需求和学生的愿望。这可以通过实施工程计划的模块化方法来实现。"①

2. 个性化和自我评估

个性化教育将"大学重新定义为支持学生个人和职业发展的地方，帮助他们实现梦想。因此，在以学生为中心的大学中，学生也应该负责任地决定并更积极地参与课程规划"，就像他们在 SLICC② 的紧急实践中所做的那样。具体来说，在工程领域，学生可以走许多超越"基本核心"的道路，例如，服务学习、研究、创业，以及"（学生需要被允许）探索这些东西，（这样他们才能）选择适合自己天赋和兴趣的道路"。③

3. 口试

工程项目内的评估正在发生变化，包括接受口试。加州大学圣迭戈分校的教员开始使用口试来保持学术诚信，学生们学会了清晰地表达自己的分析工作，并与导师建立了更好的联系。④

4. 新专业的出现

新专业的发展是工程教育中当前和不断扩大的挑战和机遇。澳大利亚工程院长委员会（ACED）题为《工程 2035》的报告指出，"工程项目通常是在学科基础上构建的。然而，近年来，出现了新的学位课程，重点是新兴和融合学科的专业，如航空航天系统、生物医学、环境、机电一体化、资源和可再生能源工程。新专业的出现伴随着新课程的出现，这些课程可能会进一步扩展到跨学科合作和工程以外的课程，这可能会影响工程教育学分的计算"。⑤

---

① D. Lantada. Engineering education 5.0: Continuously evolving engineering education [J]. International Journal of Engineering Education, 2020, 36(6): 1814—1832.

② Student-Led，Individually-Created Courses，学生主导、个人创建的课程。

③ R. Graham, "The global state of the art in engineering education," Massachusetts Institute of Technology (MIT), Cambridge, Ma, 2018.

④ L. Zeldovich [.] Universities look to re-engineer education [EB/OL]. [2021-08-02]. Available: https://www.Asme.Org/Topics-Resources/Content/Universities-Look-To-Re-Engineer-Education.

⑤ Australian Council of Engineering Deans. Engineering futures 2035—2021 engineering change—The future of engineering education in Australia [R]. Australian Council of Engineering Deans, 2021.

（二）工程教育学科实践主题

加拿大工程教育协会（CEEA-ACEG）会议记录中确定了 24 种当前和新兴的工程教育实践主题，为工程教育学科专业方向发展提供了借鉴。表 10–8 总结了具体的主题和相关趋势。

表 10–8　当前和新兴的工程教育实践主题

趋　　势	当前和新出现的具体实践（主题）
加强证据的方法和支持	（1）教师和助教支持 （2）教育技术 （3）在线教学 （4）异步学习
提高工程教育的灵活性	（5）进入工程课程的途径，如一年制课程或与工程学位课程签订技术课程协议 （6）为高中直接或间接进入工程专业的学生提供衔接课程；基于能力的评估 （7）作为特定技能发展或演示指标的微证书
工程教育中的文化转变	（8）公平、多样性和包容性 （9）本土化和土著知识 （10）学生健康和以学生为中心 （11）培养学生的同理心和去偏见意识
以学生为中心	（12）积极学习，包括教学实践，使学生在认知、情感和社交方面参与进来 （13）翻转式教学，在课堂外和学生上课前进行教学，进行积极讨论、解决问题或动手学习 （14）利用游戏吸引学生的游戏化 （15）行业合作和实习安排 （16）通过现实问题、情境或模拟进行体验式学习 （17）设计课程 （18）基于问题和项目的学习
发展新技能	（19）创业 （20）数字素养 （21）自我反思和意识 （22）整合终身学习、道德和团队合作的行为技能
扩展伙伴关系	（23）包括学生作为课程的合作伙伴和共同创作者 （24）社区或行业伙伴关系

小结

在加拿大，工程教育研究虽然已成为一门学科，但人们已经对它提出了很多要求。工程专业毕业生职业道路的多样性，以及受全球工程挑战的日益复杂和技术的影响，当前的工程教育研究重点和实践面临很多问题。工程教育研究中理论和实践的复杂混合是定义该领域的一个挑战，并已成为加拿大工程教育研究人员的一个难题。加拿大工程师协会发布的《当前和新兴的工程教育实践》研究报告分析了工程教育学科专业发展的未来趋势，汇总的 24 种当前和新兴的工程教育实践主题为工程教育学科建设提出了具体的发展方向。

在加拿大从事工程教育研究职业的个人可以通过与从事高等教育研究的人员建立研究伙伴关系来获得支持，这种合作可以为以学科为基础的教育研究提供一个更强有力的基础，特别是当它涉及本科工程背景时。

第五节

政府作用：政策与环境

政府专注于如何重塑大学以促进增强国家竞争力，以及如何创造足够的人力资本以促进经济增长。加拿大政府在转变高等教育方面的作用相当大，除了少数例外，都是以单向的经济重点为导向的。近年来，基于市场的高等教育愿景已经形成，加拿大高等教育政策的方向和优先事项也随之改变。政府专注于刺激经济和缩减公共开支，这改变了加拿大的大学。[①]

一、工程教育亟须政府资金支持

不断加强科学、技术、工程和数学（STEM）能力的努力使加拿大成为科学、研究和创新的领导者。这些努力包括联邦政府承诺提供超过 60 亿美元的资金（2019 年数据）[②]，支持研究与创新以改变我们的生活。很明显，加拿大政府认识到，技术创新在加拿大繁荣和全球市场竞争力中发挥的重要作用。然而，不仅

---

① Jamie Brownlee. The roles of government in corporatizing Canadian universities. January 2016 Issue. https://academicmatters.ca/the-role-of-governments-in-corporatizing-canadian-universities/.

② https://www.ourcommons.ca/Content/Committee/421/FINA/Brief/BR10006860/br-external/CanadianEngineeringEducationAssociation-e.pdf.

仅是资助研究，进步的基础是人的发展，未来竞争力的基础是教育加拿大未来技术创新者的能力。

STEM 教育工作者需要加强和现代化中学后的教学，以便更好地让学生跟上技术创新的步伐。不能指望用过去的教育模式培养未来的创新者，我们需要联邦政府的支持才能实现所需的变革。因此，作为 2019 年联邦政府预算的一部分，需要通过资助关于如何教授下一代工程师和科学家的关键研究，帮助他们培养下一代科学家。这笔资金将有助于研究生工程师和科学家，他们可以促进竞争力，同时积极为加拿大的技术未来设计就业考虑因素。此外，这笔资金将巩固加拿大应用 STEM 教育奖学金的基础，并培养加拿大下一代学者，其中许多是女性。[①]

在工程领域，教育改革的必要性正当其时。加拿大工程教育协会的成员认识到，需要在如何教育全国 10 多万名工科学生方面发生重大变化。这一转变是必要的，以便更好地让他们掌握成为推动加拿大经济增长的创新者和领导者所需的技能。高等教育的这种重大转变必须以教育研究的证据为基础。

在加拿大，关于如何在高等教育阶段教授 STEM 的研究明显缺乏联邦资金；在这方面，加拿大不仅没有领先，反而进一步落后于其他国家。例如，美国传统上每年通过国家科学基金会拨款约 1 亿美元用于研究，以改善本科 STEM 教育。在高等教育的性质和作用正在发生重大转变的时候，加拿大没有同等的资金。由于这项研究位于传统研究领域之间，如物理科学和教育，因此不符合联邦委员会授予机构的资格标准。这一差距对女性的影响大于男性，女性在初级教师和大多数从事工程教育论文研究的研究生中占多数。加拿大资助高等 STEM 教育研究的障碍不仅没有为变革提供坚实的基础，反而阻碍了我们对加拿大下一代工程师和科学家的教学方式进行循证改进的能力。

加拿大政府应帮助吸引和留住 STEM 教育研究领域的年轻学者和研究生，以加强加拿大学术界的引领地位，促进工程教育创新。事实上，这一运动已经在进行。尽管目前在这一领域缺乏联邦资金，但高校仍在招聘新的教师，研究生对工程教育的参与主要通过大学内部资金增加的方式。现在有 40 多名学生在这一工程教育领域从事研究生培养工作。许多初级教师都是女性，大多数从事工程教育研究的研究生也是如此，这表明了在传统上由男性主导的领域进一步多元化的机会。这些学生将成为加拿大下一代工程教育领域的导师和创新者。

加拿大工程教育协会研究报告《联邦高等教育研究基金——工程与科学教育》

---

① https://www.ourcommons.ca/Content/Committee/421/FINA/Brief/BR10006860/br-external/CanadianEngineeringEducationAssociation-e.pdf.

2019 年政府预算案前磋商意见指出，加拿大政府应积极实施支持计划，以改变高等教育中科学、技术、工程和数学（STEM）的教学方式，从而通过加快加拿大未来技术创新教育方式的现代化，提高加拿大的竞争力。研究报告建议，政府每年应通过加拿大研究协调委员会（CRCC）为研究和人员提供每人 1 000 万美元的五年资金，以启动加拿大在 STEM 中学后教学和学习方面的奖学金和研究专业基础的建设。建议政府每年提供 1 500 万美元，用于 5 年的项目资助，以创建通过未来技能倡议主办的中学后 STEM 教学创新（IIP-STEM）项目，共同资助中心，在调动技术发展和将创新转化为竞争力所需的专业技能的指导和评估中试点创新的机构或个人倡议。[①]

二、行业发展和市场环境的需求

（一）加拿大工程教育的弱点及工程师所具备的技能

工程教育能满足行业需求吗？目前加拿大高校的工程专业毕业生毕业后，希望能为工程实践做好准备。经过多年的紧张学习，这些聪明而渴望进入社会的工程学毕业生计划参与汽车设计、建造桥梁和开发计算机系统等工作。然而，一段时间以来，调查表明，雇主发现工程专业毕业生在工程设计、创新、沟通和相关专业技能方面很薄弱。然而这不太可能是学生的错，人们可能会质疑工程课程中的设计和专业技能要求是否足够。行业反馈表明，加拿大的工程教育需要改革。

工程教育工作者不仅要注重教什么，还要注重如何教。学生对拥有良好专业设计技能的认知清楚地表明了这一点，与行业明显未满足的需求相比，利益相关者之间存在明显的脱节，即工程教育已不满足社会市场需求。根据行业调查，确定了加拿大工程教育课程常见的十大弱点（见表 10–9）。

表 10–9　当前加拿大工程教育课程常见的十大弱点

	弱　　点	描　　述
1	实践技能	缺乏实际经验；几乎没有为现实问题做准备
2	沟通技巧	缺乏口头和书面沟通能力；口头和书面表达想法的困难
3	商业技能	缺乏工程经济学、预算、营销背景
4	与他人合作的能力	没有多学科或跨学科的经验，与其他员工（年长、非技术人员等）合作有困难

---

① https://www.ourcommons.ca/Content/Committee/421/FINA/Brief/BR10006860/br-external/CanadianEngineeringEducationAssociation-e.pdf.

续表

	弱　点	描　述
5	关注理论	学校把太多的资源集中在发展理论和学术；狭义教育
6	设计流程	没有设计工艺或设计方法经验
7	教学	教授讲课不好，几乎没有或没有培训；教师似乎主要用于研究技能
8	安全、监管和责任的理解	学生对完成设计必须满足的安全、监管或责任要求没有概念
9	项目管理	从头到尾没有规划项目的经验；很少教授项目管理工具
10	批判性思考能力	缺乏批判性思维能力；无法批判性分析设计及其潜在风险

为了在当今的全球经济中竞争，公司需要具有不同技能、想法和知识的人才，工程专业学生必须能够适应快速变化的行业。波音公司确定了一份工程专业毕业生的期望属性清单，指出成功毕业的工程师必须具备以下技能。

（1）对工程基础有很好的理解；

（2）对设计和制造过程有很好的掌握；

（3）对工程实践背景的基本理解；

（4）多学科系统视角；

（5）良好的沟通技巧；

（6）高道德标准；

（7）批判性和创造性思考以及独立和合作的能力；

（8）适应快速 / 重大变化的能力和自信；

（9）终身学习的愿望和承诺；

（10）深刻理解团队合作的重要性。

（二）工程师所具备的工程思维的培养

工程教育的一个重要主题是对"工程思维"（Engineering Mindset）的理解。因为工程师与社会的许多不同项目进行互动，并发现自己扮演着许多不同的角色，所以人们对这种思维方式给高校和社会带来的影响有着广泛的兴趣。加拿大工程教育协会（Canadian Engineering Education Association）的一份报告中指出，工程思维建立在核心信念之上，即人类问题的解决方案可以在科学、经济、环境和安全风险管理的约束下设计。[①]如果无法在已知技术的范围内找到解决方案，那么研究和创新可能会提供一条前进的道路。这是一个有用的定义，有两个原因。

---

① Marnie Jamieson and John Donald, (2020) "Building the Engineering Mindset: Developing Leadership and Management Competencies in the Engineering Curriculum." Proceedings 2020 CEEAACEG20 Conference.

首先，它可以区别于其他学科思维，有几个学术领域和子领域可能会对人类克服人类问题的能力这一信念提出质疑。其次，它明确地连接到其他几个领域，并意味着许多工程项目是为具有广泛利益相关方的项目服务的。那么，我们的问题来了，如何在工程教育中培养学生的工程思维？

加拿大工程教育正在采取认真的措施，扩大对工程师的理解，以及谁可以成为工程师。长期以来，工科院校一直有一种与大多数其他专业院校不同的自豪感，工程教育所能建立的社区纽带不应被抛弃，这是使工程成为一个充满活力的领域的关键。工程院系正越来越多地将目光转向外部社会的关注点，并认真思考他们对社会和技术问题的贡献。工程院系积极开发项目和课程，并要求工程师与其他专业背景的人更紧密地合作，以提高相互之间的理解。

加拿大工程学院在认真考虑第一年的课程结构和内容。大多数学院面临的巨大挑战是培养学生第一年的"工程经验"，既让学生获得在广泛的工程学科中取得成功所需的工具，也让学生接触现实世界的挑战和问题，并就挑战性和技术性主题进行强化培训。这对于任何一个教师来说都不是一个容易实现的平衡。

加拿大工程教育的另一项挑战是工程领域中的性别差异。正如《加拿大工学院院长理事会宣言》中所述，多个层面明确承诺改善工程领域长期存在的性别差异。这一承诺体现在几项研究中，以及帮助为新生提供指导和支持的工程团队中女性的成长。应对这一挑战的一个办法是开发课程，批判性地审查工程师在社会中的作用。许多教育项目围绕工程专业开设了一些课程，审查道德要求、可持续性和职业行为，这些课程也扩展到包括一些关于包容性和工作性别的讨论。例如，滑铁卢大学电气工程项目的工程专业和实践课程包含了多样性培训。渥太华大学建立了一个 STEAM 创作倡议，将 12 名工程学生和 12 名艺术学生聚集在一起，培养对不同方法论视角的理解。加拿大工学院院长理事会将包容性和多样性确定为工程教育的基本原则。

（三）社会所需要的基于挑战的学习

自 21 世纪之交出现在学术文献中以来，"基于挑战的学习"（Challenge Based Learning，CBL）获得了相当大的吸引力。虽然 CBL 的精确定义可能因文献而异，但它通常表示"通过多学科参与者、技术增强型学习、多方利益相关者合作，聚焦于真实的现实世界，将学习与挑战结合起来"。基于挑战的学习（CBL）不同于其他基于问题或基于项目的学习（PBL），因为它为学生提供了一个有待解决的开放问题，而不是一个需要完成的特定问题或项目。基于挑战的学习（CBL）

更促进学生、教育者和外部团体之间的协作。

工程学是早期采用 CBL 作为教学方法的学科之一。许多工程学院已经开发了一些项目和方法，鼓励学生发展对这些挑战的知识，并在 CBL 框架内的课程中直接创建解决方案。这种方法的主要参考是联合国可持续发展目标（SDGs）。例如，加拿大工学院院长理事会确定了围绕联合国可持续发展目标制定的六项加拿大工程大挑战项目。

CBL 与 PBL 有很多相似之处，PBL 在加拿大是一种更为人所知的方法。Alex Usher 和 Robert Crocker 在 2006 年的一份报告中探讨了 PBL 在 McMaster 中的使用。PBL 要求学习者批判性地思考和分析现实世界中的问题，而问题通常是从实际场景中直接取得。PBL 项目通常是在一个学期内进行，而 CBL 与 PBL 最关键的区别是不需要导致最终解决方案，CBL 的教学价值在于认真调查和发展可能应对挑战的想法。此外，CBL 不期望教师知道问题的答案，而是帮助学生发展最适合的想法。

小结

来自行业的调查结果表明，应用工程、沟通技能、人际关系、团队合作是制造工程领域毕业工程师最需要的技能。不幸的是，在过去 10 年的工程教育文献中，似乎很少有研究能有效地确定工业界在上述方面对所有工程专业毕业生的真正需求。为了继续为工程教育的利益相关者提供充分的服务，加拿大工程教育改革势在必行。

行业需要什么？教育提供什么？经过与业界的广泛讨论，加拿大自然科学与工程研究委员会（NSERC）得出如下结论："加拿大创新体系的一个主要差距是缺乏具备实现创新的技能和知识的人才。具体来说，我们缺乏设计工程师。设计工程师是创新的推动者，如果我们想在创新方面取得更大的成功，必须对他们进行更多的教育和培训。在过去几十年里，工业和工程经历了重大变革；因此，为了保持有效的步伐，工程教育也必须如此。"[1]

---

[1] NSERC Chairs in Design Engineering. (2002, June) Guide for applicants.

工程教育认证与工程师制度

目前，世界上大多数国家都申请加入国际工程联盟（International Engineering Alliance）工程教育专业认证和工程师职业能力标准认证。国际工程联盟有 7 项关于工程教育和职业能力的国际协议（见表 10–10），其中包括 3 项工程教育协议和 4 项职业能力协议。工程教育协议旨在帮助签署国家或地区对经认证的工程专业课程的相互承认，认可工程教育专业课程的"实质等效"，为专业工程教育建立了国际标准。职业能力协议是对签署国家或地区工程实践专业水平评估的关键基础，为建立职业工程师国际能力标准创建了框架，从而提高职业工程师的国际流动，促进专业工程服务的全球化。加拿大是以上 7 项国际协议的正式签署国。

表 10–10　国际工程联盟七项国际协议

国际工程联盟（IEA）国际协议	
工程教育协议 （Engineering Educational Accords）	《华盛顿协议》（Washington Accord）
	《悉尼协议》（Sydney Accord）
	《都柏林协议》（Dublin Accord）
职业能力协议 （Professional Competence Agreements）	《国际职业工程师协议》 （The International Professional Engineers Agreement, PEA）
	《亚太经合组织协议》（The APEC Agreement）
	《国际工程技术专家协议》 （The International Engineering Technologists, IETA）
	《国际工程技术员协议》 （The International Engineering Technicians, AIET）

一、加拿大工程教育认证

加拿大工程师协会（Engineers Canada）代表加拿大，成为本科工程教育认证项目——《华盛顿协议》6 个创始签约国家（见表 10–11）之一。加拿大工程师协会仅通过认证委员会认证本科工程项目。加拿大共有 44 所高等教育机构的

279 个认证的工程教育项目。[①]

表 10–11 《华盛顿协议》创始签约国家

	国　　家	签　约　组　织
1	澳大利亚	澳大利亚工程师协会（Engineering Australia）
2	加拿大	加拿大工程师协会（Engineers Canada）
3	爱尔兰	爱尔兰工程师协会（Engineers Ireland）
4	新西兰	新西兰专业工程师学会（Institution of Professional Engineers New Zealand）
5	英国	英国工程委员会（Engineering Council United Kingdom）
6	美国	美国工程技术认证委员会（Accreditation Board for Engineering and Technology, ABET）

加拿大宪法赋予各省管理执业工程师的权力，加拿大工程师协会是代表所有省级和地区监管机构的全国性组织。在全国范围内，规范工程法规的大部分方面各省都非常相似。加拿大职业工程师做什么？工程师设计保护环境和（或）提高公众生活质量、健康、安全和福祉的产品、工艺和系统。他们还管理处于新兴技术前沿的世界领先公司。为什么需要专业工程师执照？只有持有执照的工程师才能在加拿大从事工程实践，要在加拿大从事工程，必须持有加拿大工程监管机构颁发的许可证。

（一）加拿大工程师协会（Engineers Canada）简介

总部位于加拿大首都渥太华，是一个非营利性组织，是由 12 个工程监管机构组成的全国性组织，拥有 295 000 名专业工程师。它代表加拿大所有的专业工程师协会，帮助他们制定指南、考试和国家工程师职业标准。加拿大工程师协会通过在工程规范方面支持一贯的高标准，鼓励加拿大工程师协会的发展和激发公众信心，维护工程行业的荣誉、诚信和利益。加拿大工程师协会认证加拿大工程本科课程。获得认可工程项目学位的学生符合获得加拿大工程监管机构许可所需的学术要求。

1. 核心目标

加拿大工程师协会的工作重点放在以下 10 个核心目标上。

（1）认可本科工程课程；

（2）促进监管者之间的工作关；

（3）提供能够评估工程资格、促进工程实践和法规方面的卓越性以及促进加

[①] https://engineerscanada.ca/accreditation/about-accreditation.

拿大境内从业人员流动的服务和工；

（4）提供国家项目；

（5）提倡联邦政府；

（6）积极监测、研究和建议影响加拿大监管环境和工程行业的变化和进展；

（7）管理与国际工作和从业人员流动相关的风险和机遇；

（8）培养对该职业对社会的价值和贡献的认识，激发下一代专业人士兴趣；

（9）促进反映加拿大社会的职业多样性和包容性；

（10）保护与工程专业或其宗旨有关的任何文字、标记、设计、口号或标志，或任何文学作品或其他作品（视情况而定）。

2. 文化和价值观

2018 年，加拿大工程师协会获得了加拿大卓越、创新和健康框架银牌认证。这一卓越之旅的一部分是在整个组织范围内就 6 个定义价值观进行协作。

（1）我们以创造团队精神和健康文化为荣；

（2）我们通过高质量的工作赢得信誉；

（3）我们培养新想法，并采用创新方法；

（4）我们是透明和负责的；

（5）我们建立并维持信任关系；

（6）我们依靠不同的人和观点丰富我们的工作。

这些价值观贯穿了工作和工作场所文化的方方面面，创造了一个值得信赖的、开放的地方，每个人都可以在这里做出贡献并苗壮成长。

3. 组织的历史

建立工程专业法律地位的第一步始于 19 世纪末，即 1896 年，第一部规范马尼托巴工程通行实践法案出台。随着组织的发展，它经历了两次名称变更，1959 年，称为加拿大专业工程师委员会（CCPE），2007 年，命名为现在的名称：加拿大工程师协会。

1896 年：第一部规范马尼托巴工程通行实践的法案出台。

1920 年：第一个省级监管机构形成，阿尔伯塔省、不列颠哥伦比亚省、马尼托巴省、新不伦瑞克省、新斯科舍省和魁北克省。

1922 年：安大略省监管机构形成。

1930 年：萨斯喀彻温省监管机构形成。

1936 年：多米尼克专业工程师委员会形成。

1952 年：纽芬兰和拉布拉多省监管机构形成。

1955 年：PEI 省监管机构形成。

1956 年：育空地区监管机构形成。

1959 年：更名为加拿大专业工程师委员会（CCPE）。

1969 年：西北地区领土管理机构形成。

2007 年：CCPE 成为加拿大工程师协会。

2008 年：《工程师和地球科学家法》颁布。

4. 2019—2021 年战略规划

董事会制订了一项 3 年战略计划。该计划由各成员批准，董事会每年对其进行审查，以根据迄今为止的进展和外部环境的变化做出任何必要的调整。当前的战略计划于 2018 年 5 月 26 日获得加拿大工程师协会成员的批准，涵盖 2019—2021 年。

5. 组织机构

加拿大工程师委员会分为董事委员会（Board Committees）和运营委员会（Operational Committees）。董事会委员会（Board Committees）和工作组由董事会任命，并向董事会报告。董事会委员会和特别工作组的原则在政策中规定，每一个都有具体的职权范围，下分为：

审计委员会（Audit Committee）；

认可委员会（Accreditation Board）；

财务委员会（Finance Committee）；

资格审查委员会（Qualifications Board）；

薪酬委员会（Compensation Committee）；

执行委员会（Executive Committee）；

治理委员会（Governance Committee）；

运营委员会（Operational Committees）。

这些委员会通过完成分配的费用，支持首席执行官实现战略方向。委员会保持对相关战略方向相关问题的认识，以协助视界观察。

加拿大工程师委员会做什么？

董事会是加拿大工程师管理机构。它负责通过以下方式确保适当的组织绩效：

（1）为组织设定战略方向，以满足工程监管机构的需求；

（2）制定书面管理政策，解决组织和董事会本身的运作方式；

（3）监督首席执行官以确保组织绩效；

（4）做出与加拿大工程认证委员会和加拿大工程资格委员会有关的决定；

（5）吸引和激励志愿者。

加拿大工程师委员会向谁汇报工作？

董事会向工程监管机构报告，这些监管机构是加拿大工程师协会的所有者。

加拿大工程师委员会的成员是谁？

董事会由志愿董事和首席执行官小组的一名顾问组成。董事是加拿大工程监管机构的志愿者代表。

二、加拿大职业工程师制度

在加拿大，规范专业人士的立法权是属于省一级政府（在美国规范专业人士的立法权是属于州一级政府）。按照各省的法律，如果你没有在本省的专业工程师协会注册，你不可以称自己为工程师，也不允许从事必须由专业工程师才可以承担的工程工作。加拿大法律规定，任何人在未取得工程师执照之前是不能从事专业工程技术工作的。专业工程师（P.Eng）执照由加拿大 12 个省和地区的工程师协会颁发。这些协会在制定行业标准、规范专业人士的同时，亦代表各省或地区政府为公众服务，保护公众的权益。申请人一旦获准成为该省或地区工程协会的正式会员即成为专业工程师。在加拿大，任何个人未经核准成为工程师协会正式会员，而从事专业工程技术工作或任意使用专业工程师（P.Eng）名衔的，均属违法行为。

（一）实习工程师 Engineering-in-Training（EIT）

在加拿大，正式的注册职业工程师称为 Professional Engineer，一般简写作 P.Eng。任何人想申请加拿大的 P.Eng 都必须先拿到 Engineering-in-Training（缩写为 EIT）的资格，即实习工程师、见习工程师之意。也就是说，EIT 还不是正式的工程师头衔。拿到 EIT 资格之后，再向工程师协会提交若干专业技术报告，通过法律和职业道德规范的考试，并且拥有 4 年或 4 年以上专业经验后才能成为正式的 P.Eng。

那么，要具备什么条件才能够申请 EIT 的资格呢？下面以萨斯喀彻温省（Saskatchewan）为例，首要的硬性条件，是申请人必须拥有学士学位（不是大学本科毕业证）。大学生毕业时只拿到了毕业证书，而没有取得学士学位证，这种情况是不符合萨省工程师与地质学家协会（Association of Professional Engineers &

Geoscientists of Saskatchewan，APEGS）的申请要求的。

其次，如果你的学位（不限于学士学位）不是在以英语为教学语言的院校里获得的话，就必须提供权威的英语能力考试成绩单以证明你的英语能力。APEGS所承认的英语考试及成绩要求如下。

（1）托福（TOEFL）：Paper Based，550分；Computer Based，213分；Internet Based，79分。

（2）CANTEST（Canadian Test of English for Scholars and Trainees）：听、读4.5分，写4.0分，不要求一定考口语。这是由渥太华大学主持开发的英语考试，有较多的加拿大大学用作录取标准之一。

（3）CLB（Canadian Language Benchmark Test）：听、读、写均为8分，口语没有要求。

申请Engineer-in-Training需要有多少年工作经验？答案是不需要任何经验，无论是北美的经验还是中国的经验都不需要。如果是加拿大当地大学毕业的工程专业学生，一毕业就自动转为EIT。

安大略省工程师协会（Professional Engineers Ontario）[①]针对实习工程师（EIT）推出了EIP（Engineering Intern Program）项目，以保证实习工程师在正确的方向上前行。参加EIP，可以获得以下帮助。

（1）每年可以参加Experience Review，来帮助评估实习工程师EIT这一年的工作经验，如果不足，有哪些需要改进和提高；

（2）可以加入职业援助项目，获得帮助；

（3）可以订阅工程师协会的内部刊物；

（4）可以参加工程师研讨，加入工程师的圈子里面；

（5）得到工程师活动的电邮通知；

（6）参与到一些只有有执照的工程师才可以参与的在线讨论或者论坛等；

（7）加入工程师协会，获取正式会员享受的服务，如保险、投资计划或者获取更多的就业信息。

（二）职业工程师 Professional Engineer (P.Eng)

在加拿大将工程专业作为"专业工作"的一个领域并通过法律的形式对其加以规范期始于1887年的加拿大土木工程师协会（CSCE）第一次年会。由于加拿大是一个联邦制的国家，各省均有自己的立法权，因此各省对工程专业作为"专

---

① http://www.peo.on.ca/.

业工作"的法律和注册的标准也略有不同，一般说来，成为加拿大注册专业工程师必须达到以下 6 个条件：

（1）是加拿大公民或永久居民；

（2）年满 18 岁以上；

（3）证明具有适当的教育水准并达到所需的学术标准；

（4）通过所要求的考试（通常为职业道德考试）；

（5）具有所需要工作经验；

（6）具有良好的道德水平。

在以上 6 个条件中，学术标准的评估通常是由专业工程师协会下属的"考试及学术标准评估委员会"进行评估。根据各省的立法要求，凡是经 Canada Engineering Accreditation Board（CEAB）认可的加拿大大学的工程专业毕业生均自动满足了学术标准要求（大多数美国的大学工程专业毕业生也均自动满足了学术标准要求）。而对其他外国的学位则需要通过考试及学术标准评估委员会的评估。对外国较为知名的大学的工程专业毕业生一般要求参加 1～4 门课的考试来证明他们具有所需的学术标准（这些课程通常都是你以前没有学过而在加拿大大学的教学大纲中）。而对一般的大学的工程专业毕业生一般要求他们参加 8～10 门课的考试来证明你具有所需的学术标准。对前者来说一旦一门课考失败，则会再增加 2～3 门课程让你去考。更重要的是一旦一门课考失败那么你以前的工作经验便不受承认了。所有的工作经验的累积只有当你的所有考试通过后才又重新开始。

各省专业工程师协会的考试及学术标准评估委员会的评估大有差别。相对而言，安大略省及阿尔伯塔省的评估较为宽松（少考试或不考试）。如果你顺利通过评估考试，下一步便是获得足够的工作经验（你必须有 4 年以上的工作经验并且至少 1 年的北美工作经验）。至于在加拿大以外的工作经验则需要你的导师或老板（必须是该国的注册工程师）出具证明并通过工作经验评估委员会的认可才可计入。

有了所需的学术标准及足够的工作经验，还需要参加职业道德考试。该考试的形式也因省不同。有多项选择考试形式，也有写小论文形式。一旦这些条件都达到了，则需要两位注册工程师提供你具有良好的道德水平的证明信。下一步便是交纳注册费及年费从而加入注册工程师的行列。从注册的那天起你才可以称自己为工程师了，在你的名片上就可以印上"P.Eng"了。

由于各省的立法略有不同，在安大略省注册并不代表你可以在其他各省从事注册工程师的工作。如果你需要在其他省份从事注册工程师的工作，则必须在其他省份注册。一般而言不需要再参加学术标准评估，但是必须参加职业道德的考试。

加拿大职业工程师有严格的立法和执业许可流程。以安大略省为例。安大略省专业工程师协会（PEO）成立于 1922 年 6 月 14 日，是该省专业工程的许可和管理机构。PEO 在《职业工程师法案》的授权下运作，通过为工程专业制定和维护高学术、经验和专业实践标准，服务和保护公众利益。获得 PEO 许可的个人是法律允许的唯一在安大略省承担和承担工程工作的人。安大略省工程职业由《注册工程师法案》1990 年 R.S.O. 章第 28 页及其附属条例 1990 年 R.R.O. 条例 941/90 和 1990 年 R.R.O. 条例 260/08 管辖。

安大略省立法机构通过的《职业工程师法案》（Professional Engineers Act）法律对此有明文规定。因此，安大略省职业工程师协会（PEO）作为监管机构，其主要职能是通过颁发许可证、执法来管理法案。该框架与世界上大多数其他职业工程师司法管辖不同，在英国和许多其他英联邦国家，工程组织只是授予一个专业头衔，如"CEng（Chartered Engineers）"称号。

为提高加拿大女性工程师数量，加拿大实行了"30×30"计划，即到 2030 年实现新注册女性工程师占比达 30%。该计划于 2014 年被加拿大工程师协会采纳，它设定了一个国家目标，即到 2030 年实现新注册女性工程师占比达 30%。作为加拿大工程师 2019—2021 战略计划的一部分，"30×30"计划将进一步扩大，以涵盖女性在该专业领域的保留和专业发展。

（三）工程专业的成长

加拿大工程师协会发布 2019 年注册工程师数据。从 2018 年到 2019 年，省级和地区监管机构会员数量有所增加。截至 2019 年 12 月 31 日，全国 12 个工程监管机构共有 305 285 名，增加了 2 409 名，即增长率为 0.8%（2018 年增长 2.3%）。虽然某些司法辖区的会员人数有所下降，但人数增长最多的是不列颠哥伦比亚省（2 654 名工程师），其次是安大略省（1 917 名工程师）。

1. 新注册工程师

为了了解该专业未来的情况，我们跟踪了每年新注册工程师的人数。2019 年，共有 8 833 名新注册工程师，通过安大略省注册工程师协会（PEO）注册的人数最多，为 3 130 人。从全国来看，新注册工程师的人数在 2018—2019 年从 7 825 人增加到 8 833 人。

在新注册工程师采用的三种注册途径（加拿大工程认证委员会 CEAB；国际

培训和其他途径）中，通过其他途径完成注册的人数从 2018 年的 75 人增加到 2019 年的 244 人。在新不伦瑞克省新注册的男性工程师中，通过第三条途径注册的人数增幅最大。

在 2018—2019 年，男性实习工程师（EIT）人数减少 1 443 人，女性受训工程师人数增加 53 人，因此，受训工程师总人数减少了 1 258 人。

2. 工程领域性别占比

2019 年，共有 42 805 名工程专业女性会员，占当年全国会员总数的 14.0%（较 2018 年的 13.5% 有所增加）。在 2018—2019 年，工程专业女性会员人数增加 1 781 名。其中，不列颠哥伦比亚省女性会员增幅最大，增加了 706 名。从两年的趋势来看，2018—2019 年的变化率为 4.16%，小于 2017—2018 年的变化率（5.5%）。

2019 年，在加拿大新注册的工程师中，女性占 17.9%。在 2018—2019 年，完成注册的女性工程师的总人数从 2018 年的 1 414 人，增加到 2019 年的 1 577 人。同期男性工程师人数的增长率高于女性工程师，从而使这一时期新注册女性工程师的占比较低（从 2018 年的 18.1% 降到 2019 年的 17.9%）。

作为"30×30"计划的一部分，加拿大工程师协会和监管机构自 2014 年以来一直跟踪了新注册女性工程师的数量。这是一项用于跟踪支持工程领域性别平等计划的影响的重要指标，因为它标志着女性在从认证学科毕业后的早期职业生涯或进入加拿大就业市场的国际培训工程师的职业里程碑。

3. 从工程专业学生到注册工程师

根据加拿大工程师协会关于工程专业招生和毕业人数的报告，2015 年有 14 557 名学生毕业于高等工程学科。假设从经认证的工程专业毕业到获得专业执照（完成工程师注册）至少需要 4 年时间，我们可以估计那些 2015 年的毕业生将会在 2019 年获得其工程执照，并将被纳入当年的新注册人数。

2019 年，加拿大工程认证委员会（CEAB）的毕业生占加拿大新注册工程师总数的 71%。这个数字从 2018 年的 5 554 人增加到 2019 年的 6 290 人。CEAB 的毕业生构成了最大的潜在工程师库，其中包括最多数量的新注册女性工程师。

小结

工程专业本科生面临的最常见障碍之一就是不知道成为一名注册工程师的必要条件。这包括认为毕业后他们可以获得执照并可以开始执业的误解，以及普遍缺乏对执照颁发过程的认识。由于大学生缺乏指导机会，所以情况更加复杂。加拿大工程师协会担负了此项责任，为工科毕业生从申请实习工程师，到申请注册工程师，以及职业工程师管理，提供了一站式一条龙的服务。

与大多数的其他发达国家一样，在加拿大从事诸如医生、律师、建筑师及工程师之类的专业工作，按照法律规定必须持有有效的注册执照方能从事该类"专业工作"。这种控制的目的是防止不合格的人从事该类"专业工作"并对不负责任的专业人士给予纪律处分以达到保护公众的利益这一最终的目的。

从广义上讲，加拿大职业工程师制度是以"执业权"（执照）为基础的。职业工程师 P.Eng. 称号不仅仅是一个头衔，而是一个执业许可证。没有这个执照，就不能从事专业工程。根据安大略省立法，它所涵盖的范围非常广泛。"专业工程实践"是指任何需要应用工程原理并涉及维护生命、健康、财产、经济利益、公共福利或环境，或任何此类活动的管理的规划、设计、编制、评估、建议、报告、指导或监督的行为行动。

第七节

特色及案例

一、多伦多大学：跨学科合作的工科人才培养

进入 21 世纪，随着在工程实践中面临越来越多的复杂问题的挑战，工程师必须采用跨学科合作的方法来应对全球挑战，任何一门学科都无法单独解决这些挑战带来的相关问题。挑战的复杂性部分归因于不同行业如能源、交通、通信、医学等不同专业技术间的相互融合，这种趋势导致了复杂的社会技术系统（Sociotechnical Systems）内部越来越相互依存。这需要跨学科的团队来应对气候变化、全球不平等、大流行病等问题所带来的挑战。对于工程来说，跨学科不是、也从来不是一种选择。工程教育需要向这方面转换，进行跨学科合作的人才培养。

目前，在工科专业领域实施跨学科教育还没有一套成熟的方法，但跨学科工程教育已经引起了工业界、学术界以及教育界的广泛关注。加拿大高校已经开始

积极地进行有意义的尝试，其中比较典型的是多伦多大学跨学科工程教育与实践研究所（ISTEP）。

多伦多大学长期以来一直是加拿大工程教育的领导者。为了进一步推动工程教育创新，于2018年成立了工程创新创业中心（Myhal Centre for Engineering Innovation & Entrepreneurship）。中心旨在促进研究人员、学生、行业合作伙伴和校友之间的广泛合作。同时，工程创新创业中心大楼也正式启用。工程创新创业中心大楼的空间结构充分考虑了跨学科合作、体验式学习、工程领导力及创新创业课程等功能性的使用，它包括灵活的主动学习空间、支持课程和课外设计项目的原型设施以及学生俱乐部和创业团队专用空间。

2018年，工学院正式成立了"跨学科工程教育与实践研究所"（Institute for Studies in Transdisciplinary Engineering Education and Practice，ISTEP）。ISTEP的愿景是以现代工程实践为基础，培养杰出的工程专业学生，使他们具备应对未来社会挑战的能力。ISTEP汇集了工程学院现有的相关学术规划、课程教学、奖学金项目以及师资，通过学术研究和教学实践两个主要方面，为培养未来的工程师创造了一个充满活力的工程教育生态系统。

ISTEP认为学术研究成就了教学实践，教学实践则促进了学术发展，并通过学术研究重新构想21世纪的工程领域和现代工程师的身份。ISTEP的核心学术研究包括3个相互关联的主要领域，形成了三大协同效应主题（见图10-39）。

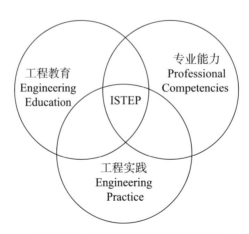

图 10-39　ISTEP 三大协同效应主题

（1）工程教育（Engineering Education）。ISTEP正在评估教学创新策略和空间带来的益处，以使学生能够更丰富和深入地学习。例如，ISTEP正在积极开展技术增强式学习，重新设计评估工具以提供更有意义的反馈，并使用数据分析来更好地理解学生体验。ISTEP 的研究范围从检验工程教育的理论和范例，到支持工程教学的课程开发和应用研究。

（2）专业能力（Professional Competencies）。ISTEP 正在探索工科学生如何发展成为领导者，如何在团队中有效地工作，以及如何更好地培养学生的专业能力和沟通能力。还包括有关获取公平、多样性和包容性的研究，这有助于在工程环境中提高工程师的沟通、领导、团队合作以及创业精神等能力。

（3）工程实践（Engineering Practice）。ISTEP 正在探索现代工程师用来应对工作场所挑战的方法和工具。此外，正努力开发一套整合技术和专业技能的方法，以促进未来工程师的终身学习。

ISTEP 十分注重加强对工科学生的教育实践，作为加拿大高校首个跨学科工程教育项目，ISTEP 从 8 个维度为学生提供有针对性的课程及培训。

（1）工程领导力（Engineering Leadership）：领导力教育是学习如何有效地处理复杂的、人性化的挑战。Troost 工程领导力教育研究所（Troost Institute for Leadership Education in Engineering）通过提供变革性的课程和课外学习机会，教授学习者如何进行分析和系统的思考，以在未来工作中充分发挥作为创新者和领导者的最大影响力。

（2）全球视野（Global Perspective）：基于全球工程中心（Centre for Global Engineering）解决世界上最紧迫的挑战的跨学科项目，ISTEP 与校内外合作伙伴协同，将全球环境整体融入工程课程和学生体验中，为学习者提供"全球工程证书"（Certificate in Global Engineering）课程。课程选择侧重于如新兴技术对发达经济体和发展中经济体的影响、全球能源系统、创新金融技术、国际发展的当前理论等。

（3）沟通（Communication）：ISTEP 提供"工程沟通课程"的目标是帮助本科工科学生建立专业水平的沟通技能。从第一年到第四年，工程沟通教育整合在专业课程中，除可进行一对一的辅导外，还提供选定科目的选修课程，这些课程扩展了工程以外环境中的沟通实践，加深了对沟通的理论理解，促进了写作、口头沟通和批判性思维方面的专业发展。

（4）伦理与社会影响（Ethics & Societal Impact）：ISTEP 积极推广社会技术理论和工程伦理课程，让学生有机会了解工程对社会和环境的影响，以及工程伦理在公平和公正决策中的作用，本科课程侧重于工程道德、社会和环境影响。

（5）工程商业（Engineering Business）：多伦多大学工学院提供了一套与管理学院联合设计和教授的课程，为学习者提供了一个通过商业视角探索工程领域的机会。①工程商业辅修课程是工学院和管理学院的合作项目，专为有兴趣学习更多工程商业方面知识的工程专业学生设计；②工程经济学必修课是每一个工科本科生都必须修的一门工程经济学课程。

（6）创业（Entrepreneurship）：工程商业和创业是紧密结合在一起的，ISTEP提供了一个丰富的创业生态系统，培养了整个学院和大学蓬勃发展的创业文化。

（7）工程教育（Engineering Education）："工程教育中的协作专业化"（Collaborative Specialization in Engineering Education）是一个跨学科项目，专为那些对工程教育和研究感兴趣的工学院和教育学院的学生而设计。

（8）职业发展（Career Development）：ISTEP通过一些职业计划项目为工科毕业生的职业发展提供支持。无论选择何种职业，这些职业计划将增强毕业生将自己的优势和兴趣与职业成功结合的能力。

多伦多大学跨学科合作的工程教育具有以下两个特点。

特点一：跨学科工程教育的实体中心＋大楼。作为跨学科工程教育的实体平台，工程创新创业中心的成立开启了多伦多大学工程教育的新时代，也标志着多伦多大学工程教育与研究的转型。工程创新创业中心大楼是领先的多学科研究中心和项目研究团队的所在地，其互动式课堂技术、前沿实验室的开放概念和学生、教师及校友的协作空间等特色与功能，正在成为多伦多大学培养今天的工科学生和未来的工程领袖的理想空间。[①]

特点二：基于三大主题、围绕8个维度的跨学科工程教育创新生态系统。多伦多大学的跨学科合作研究基于三大主题。①工程教育，我们教什么和如何教。②专业能力，我们的学生成为谁。③工程实践，我们的学生将做什么。三大主题相互衔接产生协同效应，共同促进跨学科工程教育。同时，ISTEP围绕8个维度提供跨学科课程及培训。ISTEP整合扩展了工学院各个专业的课程，开发了工程沟通、工程领导力、工程商业、创新创业等课程，汇集各个专业从事教学的教师共同创造了一个充满活力的跨学科工程教育创新生态系统。

工科毕业生正面临一个瞬息万变、日益充满挑战的世界，这种变化正在重新定义21世纪的工程师。未来社会需要工程师在领导力、沟通、商业、教育、创业、可持续性和全球化等领域拥有更多跨学科知识，这些能力超越了学科，放大了技术知识的影响，并正在成为学生学习和职业成功不可或缺的一部分。多伦多大学跨学科工程教育的"实体中心＋大楼＋课程的三合一"模式，为培养未来

---

① Doors Open 2019. Myhal Centre for Engineering Innovation & Entrepreneurship. University of Toronto. https://www.engineering.utoronto.ca/doors-open-2019/.

工程师所必需的跨学科能力提供了坚实的基础。正如跨学科工程教育与实践研究所（ISTEP）主任 Greg Evans 教授介绍，无论是在大学内部还是与其他合作伙伴，我们广泛合作、共同探索工程领域跨学科能力的本质，理解现代工程实践，以更好地培养工程专业的学生，使他们在未来职场中能够快速适应变化的社会。

二、滑铁卢大学：Co-op 合作教育工科人才培养模式

滑铁卢大学创建于 1957 年，位于加拿大安大略省滑铁卢市，是一所中等规模的以工科为主的研究型公立大学。滑铁卢大学有 6 个学院，分别是应用健康科学院、艺术学院、工程学院、环境学院、数学学院和理学院。其中最强的专业是数学学院的精算专业、计算机科学专业，工程学院的计算机工程专业和土木工程。目前大学在校人数 30 000 人，教职工人数 3 220 人。

滑铁卢大学是加拿大第一所提供 Co-operative education（合作教育）课程的大学，目前很多高校都借鉴了滑铁卢大学的 Co-op 制度，在加拿大建立起了比较完善的 Co-op 教育体系，这也是滑铁卢大学几十年来一跃成为加拿大名校的基石。所谓 Co-op 制度就是学生在本科学习期间安排一定时间去企业做相关专业的带薪实习工作，一切都按照社会上正常的求职、招聘、上班的程序进行。同样位于安大略省的多伦多大学（University of Toronto）也有类似的 internship（见习）制度，但时间比较短，且是一次性的 18 个月。安大略省的另一所大学——麦克马斯特大学（McMaster University）也有 Co-op 制度，但不是强制要求。滑铁卢大学的本科学生一般分为普通（regular）和实习（Co-op）两种，普通学生在校学习期间不需要实习；实习学生则必须进行实习。目前滑铁卢大学工程学院的学生全部实行 Co-op 制度，数学学院则一部分是 Co-op 学生，比例大概不超过 50%，而理学院学生都是普通学生。

滑铁卢大学的 Co-op 制度时长为 2 年，那就意味着学生在本科学习期间至少要参加 20 个月的实习才能到达毕业要求。Co-op 实习分成 6 次进行，也就是说在 4 年的学习生活中，学生必须经历 6 次的求职面试，并在 6 个不同的公司工作。这个制度对一个本科学生来讲是极大的挑战，但同时也是最好的磨炼。滑铁卢大学 Co-op 制度培养出的学生一毕业就有工作经验，而且往往是还没有毕业就已经被用人单位聘用了。同时，Co-op 学生因为之前有工作经验，毕业时拿到的薪水也会比普通的毕业生丰厚。

Co-op 合作实习制度带给学生的工作经验是无价的，很多学生还没毕业就被

加拿大大公司录用，例如 IT 通信行业的贝尔（Bell）公司、黑莓（Blackberry）公司等，还有诸如加拿大帝国商业银行（CIBC）等金融机构。还有很多学生选择到美国做 Co-op 实习工作，每年也有很多人进入 Google、Facebook、Microsoft 等公司实习。学校有 Co-op 合作实习平台提供各种公司的招聘信息，学生可以根据自己的能力和需求投递简历，届时招聘方会来学校对学生进行面试，学校也提供各种修改简历、模拟面试等帮助。对于一个本科学生来说，从大学一年级就开始练习修改简历、查询工作、准备面试等工作，一直到最后进入公司实习，所有这些带给学生能力上的提升是不可估量的。

滑铁卢大学合作实习教育（Co-operative education）项目主要数据如下。[①]

（1）超过 18 300 名学生参加了 140 个认可的合作实习计划。

（2）2012/2013 年度 Co-op 学生实习工资总收入达到 1.93 亿加元。

（3）有超过 5 200 个定期招聘的公司雇主。

（4）2012/2013 年度 Co-op 学生的就业率为 96%。

（5）毕业 6 个月后，92% 的 Co-op 学生在本专业相关领域工作（安大略省平均水平为 73%）。

（6）毕业两年后，77% 的 Co-op 学生年收入超过 50 000 加元（安大略省的平均值是 40%）。

滑铁卢大学的合作教育项目已经运行了 40 多年。它是世界上最大的 Co-op 教育项目。2019 年有超过 23 000 名学生在 120 个不同的项目中注册，并与 60 个不同国家的 7 100 多名雇主建立了联系。该课程允许学生通过一系列与正式课程术语交叉的工作术语获得真实世界的经验（最多 2 年）。一系列专业发展课程涵盖职业基础，如简历撰写、面试技巧和批判性自我反思，为该计划提供支持。https://uwaterloo.ca/professional- 发展计划 / 学生 / 你选了哪些课程。滑铁卢开办了一个大规模的合作教育项目，在其大部分本科学位项目中，每年有超过 7 000 名学生带薪实习。[②]

该计划通过一个大型部门在机构层面运行，该部门协调并支持学生和雇主参与该计划。该大学通过 Waterlo Works（该大学运营的在线网站）寻找并获得合作就业机会，然后学生申请。学生申请和雇主偏好在旨在为双方提供平等机会的过程中进行排名和匹配。滑铁卢大学的罗斯·约翰斯顿和理查德·威克林克提供了以下信息。2017/2018 年，只有不到 15% 的学生在国际上获得了学位，其中

---

① http://entsoc.ca/resources/.

② https://uwaterloo.ca/engineering/future-undergraduate-students/co-op-experience.

2/3 在美国。通过一个专门的合作教育部门（不与单一教师挂钩）开展该项目被视为有助于提高该项目的质量、自主性和规模。该项目的资金全部来自学生支付的合作费用。[①]工科学生的合作项目费用通常为 3 600 加元，至少 5 个工作期限分布在整个工科学位中。新冠疫情前的工作期限通常为 16 周；这已减少到至少 8 周。

滑铁卢的工程和建筑学学生将自动进入合作项目，其中至少完成 5 个工作学期是毕业要求。2019 年秋季，共有 7 808 名工科学生在 20 个不同的项目中注册。工程专业学生完成了 9 460 个工作条款，占 2019/2020 年所有合作工作条款的 42%。2019 年在加拿大完成的每个工作学期，工科学生的收入在 8 400 美元到 19 200 美元。

合作教育和专业事务副院长负责协调工程学院的合作活动。这包括与教师和学者就合作事宜进行合作，如就业率、合作要求、变化、问题、需求，以及第一个工作学期学生为合作做准备。定期与系主任、项目课程协调员以及项目和学生代表举行会议。工作条件由雇主通过雇主评估表进行评估，该表包括对定义技能的评估。学生还提交部分但不是全部工作学期的工作学期报告（3~6 页）。报告可以有反射格式（几页长）或技术重点（10~20 页），或者两者都需要。来自相关工程部门的学术人员参与评估工作期限报告。由于评估工作期限报告是一项计划责任，因此使用了一系列不同的方法。滑铁卢还有一个研究所，成立于 2002 年，是滑铁卢合作教育促进中心，积极研究 WIL 和合作教育。[②]

三、麦克马斯特大学：从 PBL 到 Pivot 的新工程教育

50 多年前的 1969 年，麦克马斯特大学医学院开始了一项独特的、实践性的医学教育方法，称为"基于问题的学习"（Problem-based Learning，PBL）。"基于问题的学习"与"问题解决"（Problem Solving）截然不同，学习的目的不是解决已经提出的问题。相反，该问题用于帮助学生在试图理解问题时确定自己的学习需求，将信息汇集在一起，综合并应用到问题中，并开始有效地向小组成员和导师学习。[③]

那么，什么是基于问题的学习（PBL）？简单地说，就是以"问题"之所在

---

① https://uwaterloo.ca/co-operative-education/your-co-op-fee.

② https://uwaterloo.ca/work-learn-institute/.

③ Neville, A., Norman, G. & White, R. McMaster at 50: lessons learned from five decades of PBL. Adv in Health Sci Educ 24, 853–863 (2019). https://doi.org/10.1007/s10459-019-09908-2.

推动学习。这与传统的说教课堂环境，例如，你坐在教室里老师告诉你学习什么，截然不同。以麦克马斯特大学医学院医师助理（Physician Assistant，PA）教育项目为例。在 PA 项目中，PBL 用于了解疾病的病理生理学和管理教程，以下是教程中采取的步骤：①学生分成一个小组（约 8 人），该小组由一位导师（通常是医生）带领，每周进行两次辅导；②导师给出一个新病例（例如，47 岁男性患者出现呼吸急促……）；③小组成员决定需要研究什么，以了解患者正在经历什么（设定目标），如"定义呼吸短促""呼吸是如何工作的？""正常和异常呼吸频率是多少？"等；④学生回家或去图书馆，研究与案例相关的信息，这些信息可以为目标提供答案；⑤重新分组并分享关于上一教程中设定目标的新发现。[①]简单概括 PBL 的特点为：提出问题、分析问题、解决问题、结果评价。PBL 在随后的几十年中在全球高等教育中产生了重大影响。它不仅在很大程度上影响了医学教育研究，并随后渗透到全球高等教育的各个领域，尤其是工程教育领域。PBL也随之演变为基于项目的学习、基于过程的学习等。

随着 21 世纪第 2 个 10 年的到来，麦克马斯特大学工学院认为是时候改变当前的工程教育了。传统的工程教育与未来工程师的要求之间的激烈碰撞，迫切需要一种全新的、重新设想和重新定义的工程教育。麦克马斯特工学院认为必须通过实施大规模的教育变革来突破自己。2019 年始，工学院对本科课程进行了重大改革，重新设计了课堂，强调体验式学习——所有这些都是为了让未来的工程师做好准备，迎接瞬息万变的世界的挑战。这项耗资 1 500 万美元的工程教育转型计划被称为"枢轴"（The Pivot）项目。

"枢轴"项目通过 3 个相互关联的支柱来丰富学生的学习和经验，使教学、研究和课外体验更加紧密地结合在一起。三大支柱分别为：课程改革、重构课堂、扩大体验式学习。

支柱 1：课程改革。"枢轴"项目重新设计了一门称为"工程 1"（Engineering 1）的课程，将 4 门课程整合在一起（工程设计和制图、工程计算、工程专业和实践、材料的结构和性能整合为一门"工程师课程"）。项目还对一年级的通识教育（General Education）课程进行了调整，将第一年的 9 门课程调整为 5 门。重新设计的课程摒弃了孤立思维，形成了一个无缝的、基于项目的学习体验。为学生提供了更多的自我指导和基于项目的学习体验，形成了一个主轴贯穿整个学习计划。

---

① http://mcmasterpa.weebly.com/what-is-pbl.html.

支柱 2：重构课堂。重新构想教育意味着改变我们在何处以及如何提供教育。通过创造一个创新的、工作室式的、受创业启发的空间来重新设计课堂，激励学生成为思维敏捷的思考者。一个大型的初创企业空间将取代传统的工程基础训练课程课堂，这个空间被称为"设计中心"（Design Hub）将与工程经验学习孵化中心连接，是与行业伙伴合作的焦点。

支柱 3：扩大体验式学习。通过为学生提供更多的课外机会，扩大体验式学习。支柱 3 的目标是①增强体验式教育——开展生活学习社区，参加大挑战学者计划；②增加对俱乐部和球队的赞助；③提高本科生的研究经验，从 269 名学生增加到 400 名；④证书转换——区块链技术，识别体验式学习的微证书；⑤提高 Co-op 项目的参与度。

"枢轴"项目于 2020 年 9 月推出第一个试验阶段的综合顶石（integrated capstone）课堂。综合顶石课堂的设计分为三层，"从下至上"依次为：第一层——为学生提供"基础课程＋基于挑战"的体验；第二层——基于新兴产业趋势确定相关项目；第三层——培养学生的"核心技术能力＋持久竞争力"。综合顶石课堂的目标是先对 100 名学生实行试点，然后将这一综合性多学科的试点项目推广到有 1 000 名左右学生的 11 个经过工程教育认证的课程。

"枢轴"项目的第一年为学习者提供了 5 个挑战赛项目，学生们将接触到 5 个设计项目：①自动驾驶汽车挑战赛；②可再生技术挑战赛；③医疗挑战赛；④可持续性挑战赛；⑤社区挑战赛。在这些项目中，他们以团队的形式开发解决现实问题的方案。

通过"枢轴"项目的实施，完成所有"枢轴"的课程及活动后，学生将获得核心的五项关键能力：

（1）发现＋创造（Discover＋Create）：通过指导研究获得项目经验，以提高技术能力和创造力。

（2）整合＋解决（Integrate＋Solve）：理解、沟通和定义问题的多样性，并提出解决方案。

（3）商业＋创新（Business＋Innovate）：通过经验获得的可行的商务模式对成功实施工程解决方案是必要的。

（4）全球＋多样性（Global＋Diversity）：通过认真考虑文化问题以成功实施工程解决方案的经验获得的理解。

（5）公民＋社区（Citizen＋Community）：为社区服务是工程的愿景，深化社会意识和动机，解决全球性和地方性的社会问题。

麦克马斯特大学基于三大支柱的"枢轴"项目有以下3个特点。

特点1：课程改革。麦克马斯特大学创新的跨学科工程教育对课程进行了重大调整，更加关注于学生自身，而不是参与的具体项目，将设计思维、创新思维和创业精神融入所有课程之中。

特点2：重构课堂。传统的"粉笔＋对话"（Chalk and Talk）的教学方式被自我指导和小组学习活动等体验式教学所取代。小组学习活动将充分强化学生解决问题的技能和应用于现实世界问题的综合经验，并鼓励知识和经验的深度和广度。

特点3：体验式学习。麦克马斯特大学创新的跨学科工程教育将培养学生解决复杂问题的能力、批判性思维、适应性和创造性结合起来，将课堂内外的学习体验与行业相关背景结合起来。创新的教学方法，完整的体验式学习，学生将在大挑战的背景下学习，并鼓励运用多学科的视角看待复杂的问题。

麦克马斯特大学工学院认为，随着工程比以往任何时候都更充分地融入社会和生活中，我们必须充分利用大学的优势，确保我们的学生有能力在这种迅速变化的环境中茁壮成长，使学生们对未来充满好奇，不惧失败。麦克马斯特大学创新的跨学科工程教育以项目为基础、以团队合作为导向，鼓励学生参与研究合作，参加俱乐部等活动提高社区意识，所有这些将使学生在快节奏、充满活力的真实世界中成为为全球挑战准备就绪、具有社会意识的公民。麦克马斯特大学工学院前院长 Ishwar Puri 教授表示，"枢轴"项目的实施"是麦克马斯特工学院60年来学生经历的最大转变"，它将彻底改变本科生的学习体验，使我们能够"跨越"其他工科学校，成为加拿大、美国和世界范围内工程教育改革项目的典范。

四、麦吉尔大学：面向可持续发展的工程与设计教育

麦吉尔大学（McGill University）始建于1821年，坐落于加拿大第二大城市蒙特利尔。建校200年来，麦吉尔大学一直是蒙特利尔的骄傲，她孕育了加拿大最伟大的思想家和科学家，其中有14位诺贝尔奖获得者，145位罗德学者，获

奖人数均居加拿大大学之首。

"像麦吉尔这样的大学不仅在教育下一代科学家和工程师方面发挥着至关重要的作用，而且更是广泛社会的启蒙中心。"[①] 2012年，麦吉尔大学宣布了总额为 1 450 万美元的捐赠，用于资助在理学院建立特罗蒂尔科学与公共政策研究所（TISPP）和在工程学院建立特罗蒂尔工程与设计可持续发展研究所（TISED）。

特罗蒂尔工程与设计可持续发展研究所（Trottier Institute for Sustainability in Engineering and Design）[②] 是一所新型的跨学科研究型教学机构。TISED 的使命是创造创新的工程和设计解决方案以及智力能力，使我们能够保护和培育地球及其居民，以满足当前和未来几代人的需求。

TISED 的目标如下。

（1）促进跨学科和跨机构研究，为本地和全球可持续性挑战提供解决方案；

（2）为支持政府、行业和其他组织提供信息并推进政策，以促进发展，尤其是与工程和设计系统相关的发展；

（3）教育当前和未来一代的工程师、城市规划师和建筑师成为其职业中可持续发展的领导者；

（4）通过激发大学社区、决策者和公众的批判性思维和行动，创建并参与可持续发展论坛。

为了将各个学科的数千名学生、研究人员、创新者和发明家联系起来，特罗蒂尔工程与设计可持续发展研究所（TISED）提供了一个跨学科的平台，围绕 4 个主题开展行动，从而提高能源和制造业效率的技术开发、可持续交通和航空发展，以及鼓励建筑和城市规划中的激进绿色设计，创造未来解决方案（见表 10-12）。

表 10-12　TISED 的四个主题

主　题	描　述
可持续工业流程与制造	旨在最大限度地减少自然资源和能源消耗，减少或消除工业生产中产生的废物和污染。这包括对制造业和工业、材料和纳米技术、能源和水的研究，特别强调产品和工艺的预期或后续生命周期评估，开发新材料、产品和（或）生产系统，从而显著减少社会能源使用、资源使用和环境影响

① 洛恩·特罗蒂尔（Lorne Trottier）。

② https://www.mcgill.ca/tised/.

主　题	描　述
可再生能源和能源效率	专注于低碳/无碳能源的产生及其分配；储存和运输系统；可持续能源供应和使用的能源技术评估和系统分析；以及节能城市和工业系统的多尺度分析。这包括能源、水、材料和纳米技术领域的研究
可持续基础设施与城市发展	调查建筑、公共空间、道路、桥梁、交通工具、供水、废物处理和其他系统等基础设施如何帮助城市以弹性方式运行，同时将不利环境影响和资源消耗降至最低。研究领域包括交通、城市规划、城市基础设施和水
气候变化适应与恢复	工程和设计是多方面应对气候变化的重要组成部分，包括增强我们在极端天气下的复原力，改变我们的水资源管理做法，或使我们的城市和基础设施适应不可预测的未来。我们必须确定强有力的战略，通过适应、重组和进化来应对气候变化，这样我们的社会生态系统不仅能够生存，而且能够茁壮成长

特罗蒂尔工程与设计可持续发展研究所（TISED）为未来的工程师、城市规划师和建筑师提供培训机会，开设新课程，将可持续发展融入项目，并加强"课堂外"教育。教学重点是有效、实用、前沿的理论和策略，与可持续发展工程师、建筑师和规划师的职业发展相关。TISED 提供 4 门课程为工学院的研究生和高年级本科生，其中"能源分析""可持续发展的城市社区""基于生命周期的环境足迹""气候变化适应与工程技术设施"为 2018—2019 年首次开设的课程。将于 2022 年开设一门硕士课程：工程与设计的可持续性工程硕士（M.Eng in Sustainability in Engineering and Design）。

特罗蒂尔工程与设计可持续发展研究所（TISED）也通过举办年度研讨会和发表白皮书，积极让公众参与基于可持续事实的环境愿景。TISED 正成为魁北克省蒙特利尔市和世界各地的绿色创新中心和卓越中心，通过将环保理念融入麦吉尔大学的所有学习和教学领域来指导未来的工程师、设计师、建筑师和城市规划师，从而为可持续发展付出努力。

小结

无论多伦多大学成立的跨学科工程教育与实践研究所（ISTEP）、麦克马斯特大学开展的"枢轴"（Pivot）项目，还是麦吉尔大学的特罗蒂尔工程与设计可持续发展研究所（TISED），高等工程教育转型都已成为未来发展趋势，跨学科工程教育已成为必然。跨学科工程教育没有单一的途径、单一的模式和单一的标准，培养过程也因各自学校的学科结构而异。从案例院校实施的工程教育改革来看，通过"实体中心＋大楼＋课程""课程＋课堂＋体验式学习"以及"面向可持续发展的工程与设计主题"，跨学科合作的工科人才培养模式呈现多样化。案例学校结合各自发展战略，充分发挥传统学科结构的优势，开发实施具有自身特点的跨学科工程教育。

大学的跨学科教育为应对全球社会挑战提供了宝贵的人力资源及智力支持，全球社会挑战带来的问题也成为高校跨学科研究的项目资源，跨学科合作的教学与科研相辅相成。同时，跨学科合作的项目领域与社会需求紧密结合，专业方向紧跟科技前沿发展趋势。跨学科工程教育以真实项目为主线，将证书课程与学位课程紧密结合，将基础知识与专业知识的学习嵌入、根植于真实项目的学习中贯穿大学4年。这不仅使学习者对学科的理解更加深入且融会贯通，同时，高校借助跨学科合作在发展规划、学科建设和课程设置等方面亦得到改善及提升。

第八节

总结与展望

联合国17项可持续发展目标（UN SDGs）是对人类社会和自然世界面临的最紧迫挑战和机遇的行动呼吁。加拿大工程专业协会（Canadian Engineering Profession，CEP）和加拿大工学院院长理事会（Engineering Dean's Canada，EDC）认识到工程师作为技术领导者和管理者所起的关键作用，认为工程专业有紧迫的责任应对这些挑战，并提出了2020—2030加拿大工程大挑战"Canadian Engineering Grand Challenges（2020—2030）"的行动呼吁。

"大挑战"（Grand Challenge）的概念在过去一个世纪里由一系列个人和组织发展和完善。首先是1900年的德国数学家大卫·希尔伯特（David Hilbert），他列出了23个未解决的数学问题，他认为所有数学家都应该在未来几十年中集中注意力。从那时起，许多团体采用了"大挑战"的方法来关注和激励各自的职业。"大挑战"的大多数概念强调，它们是一组限定的高层次的愿望，反映了具有深刻社会重要性的广泛性和综合性的问题，解决方案是可以想象的，但通往解决方案的路径尚不明朗。

2017年6月，在爱德华王子岛大学举行的加拿大工学院院长理事会会议上，提出了为加拿大工程界创造一系列重大工程挑战的想法。这些挑战将是全球性的，但具有独特的加拿大背景。尽管美国国家工程院在2008年提出了重大工程挑战，但加拿大工学院院长们认为，加拿大工程界需要提出"加拿大制造"的工程挑战，以反映加拿大的独特特征，以及作为加拿大人所面临的挑战。院长们认为，以这种方式阐述这些挑战将有助于影响工程教育、研究和外雇社会的思想和行动，以解决加拿大面临的最紧迫和最重要的社会问题。

这些挑战与未来10年相关，并提出了一些问题，设想用工程解决方案来改善加拿大的生活。确定的每一项重大挑战都是一个广泛的概念，在这个概念中，工程专业知识和领导才能可以应用于大胆的新想法和工程创新。工科学生（包括本科生和研究生）以及工程教师能够处理大型复杂的、具有社会影响的问题，这些问题需要从不同角度考虑，并融合多个学科。这些问题要求工科学生和教师能够批判性地思考工程对人们及其生活方式以及自然环境和资源的影响。从事加拿大工程大挑战的学生将与其他工程学科和其他领域的人合作，从不同的角度理解和受益，并管理竞争需求。对其他学科知识的深刻理解和尊重对于确保在伙伴关系中共同创建应对重大挑战的解决方案，充分吸收他人的见解和经验至关重要。"挑战"将极大地考验学生，因为他们没有明显的解决方案，需要抽象思维、创造力、系统思维和多方面的问题解决方法，需要建设工程专业的能力，并制定权衡各种影响的解决方案——技术、环境、社会、文化、经济和金融——并反映出对全球责任的深刻理解。

2019年5月，加拿大工学院院长理事会确定了"大挑战"的6个领域，并认为这6个领域是加拿大工程界发挥集体作用的最佳选择。所有领域都植根于我们面临的气候危机，并尽可能与联合国可持续发展目标相关，这6个领域包括：①弹性基础设施；②获得负担得起的、可靠的和可持续的能源；③在所有社区获得安全用水；④包容、安全和可持续的城市；⑤包容和可持续的工业化；⑥获得可负担的和包容的 STEM 教育。图 10-40 显示了加拿大工程"大挑战"中反映 SDGs 的 6 个领域。

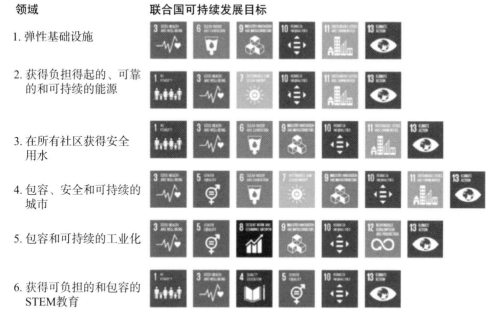

图 10-40　加拿大工程"大挑战"的 6 个领域

加拿大工程"大挑战"是加拿大工程界的思想和行动，是解决加拿大当前和未来 10 年面临的最紧迫的关键问题。这将激励工程专业学生和教师努力解决这些关键问题，以此为实现联合国可持续发展目标做出最佳贡献。

基于联合国可持续发展目标的工程"大挑战"计划为加拿大工程教育带来了未来近 10 年的展望，面向可持续发展的加拿大工程教育面临挑战，同时也面临机遇。

加拿大工程组织及专业协会

加拿大国家工程组织

1. 加拿大自然科学与工程研究委员会
   Natural Sciences and Engineering Research
   Council of Canada
   www.nserc-crsng.gc.ca

2. 加拿大工程院
   Canadian Academy of Engineering
   www.cae-acg.ca

3. 加拿大工程师协会
   Engineers Canada
   www.engineerscanada.ca

4. 加拿大工程认证委员会
   Canadian engineering accreditation board
   www.engineerscanada.ca/accreditation/
   accreditation-board

5. 加拿大工程教育协会
   Canadian Engineering Education Association
   www.ceea.ca

加拿大专业技术工程学会

1. 加拿大咨询工程师协会
   Association of Consulting Engineers of Canada
   www.acec.ca

2. 加拿大岩土工程学会
   Canadian Geotechnical Society
   www.cgs.ca

3. 加拿大医学和生物工程学会
   Canadian Medical and Biological Engineering
   Society
   www.cmbes.ca

4. 加拿大核学会
   Canadian Nuclear Society
   www.cns-snc.ca

5. 加拿大生物工程学会
   Canadian Society for Bioengineering
   www.bioeng.ca

6. 加拿大化学工程学会
   Canadian Society for Chemical Engineering
   www.cheminst.ca

7. 加拿大土木工程学会

Canadian Society for Civil Engineering

www.csce.ca

8. 加拿大工程管理学会

Canadian Society for Engineering Management

www.csem-scgi.ca

9. 加拿大机械工程学会

Canadian Society for Mechanical Engineering

www.csme-scgm.ca

10. 加拿大工程学院

Engineering Institute of Canada

www.eic-ici.ca

11. 加拿大高级工程师协会

Canadian Society for Senior Engineers

www.seniorengineers.ca

12. 加拿大电气电子工程师协会

Institute of Electrical and Electronics Engineers Canada

www.ieee.ca

省级职业工程师监管机构

加拿大的每个省和地区都有自己的职业工程师监管机构，负责向本地符合标准的工程师颁发执照，并对工程师进行管理。加拿大工程师协会（Engineers Canada）负责管理每个省份的工程师协会，帮助制定认证规则、考试要求以及职业标准。加拿大工程师协会不负责职业工程师认证，具体的工程认证工作由每个省份的工程师协会执行。以下列出各个省级工程师协会。

1. 不列颠哥伦比亚省职业工程师和地球科学家协会

Association of Professional Engineers and Geoscientists of British Columbia

www.egbc.ca

2. 阿尔伯塔省职业工程师和地球科学家协会

Association of Professional Engineers and Geoscientists of Alberta

www.apega.ca

3. 萨斯喀彻温省职业工程师和地球科学家协会

Association of Professional Engineers and Geoscientists of Saskatchewan

www.apegs.sk.ca

4. 曼尼托巴省职业工程师和地球科学家协会

Association of Professional Engineers and Geoscientists of the Province of Manitoba

www.apegm.mb.ca

5. 安大略省职业工程师协会
   Professional Engineers Ontario
   www.peo.on.ca

6. 魁北克省职业工程师协会
   Ordre des Ingenious Québec
   www.oiq.qc.ca

7. 新不伦瑞克职业工程师和地球科学家协会
   Association of Professional Engineers and
   Geoscientists of New Brunswick
   www.apegnb.com

8. 新斯科舍省工程师协会
   Engineers Nova Scotia
   www.engineersnovascotia.ca

9. 爱德华王子岛工程师协会
   Engineers PEI
   www.engineerspei.com

10. 纽芬兰－拉布拉多职业工程师和地球科学家
    协会
    Professional Engineers and Geoscientists
    Newfoundland and Labrador
    www.pegnl.ca

11. 育空地区职业工程师协会
    Association of Professional Engineers of Yukon
    www.engineersyukon.ca

12. 西北地区－努勒维特职业工程师和地球科学
    家协会
    Northwest Territories and Nunavut Association
    of Professional Engineers and Geoscientists
    www.napeg.nt.ca

执笔人：徐立辉

第十一章

巴 西

工程教育发展概况

一、社会经济和教育基本情况

过去几十年，巴西的教育规模不断扩大，各个层次教育的入学率均得到增长。教育扩张促进了劳动力教育水平的提高，为国家社会经济发展提供了重要的推动力。然而，巴西的教育仍然面临一些深层次挑战，包括学生学习成效不足，教育不平等依旧明显。当前，巴西进入人口迅速老龄化的阶段。根据联合国预测，到2050 年巴西 65 岁以上人口的占比将达到 23%（2020 年的占比为 10%）[①]，在经济合作与发展组织（OECD）国家中居老龄化速度前三位。

从 2003 年到 2014 年，借助人口红利和高位的商品价格，巴西经济增长帮助 2 900 万人摆脱贫困。然而，从 2015 年起，巴西经济进入衰退期。失业率从2014 年的 6.6% 上升至 2019 年的 12%。人口老龄化和商品价格波动使巴西未来一段时间的经济前景不容乐观。由于较为严重的经济不平等，经济增长的红利和经济下行的负担在巴西社会中的分担也并不均衡。2018 年，巴西 20% 的人口处于贫困线之下，相比 2014 年的 18% 再次上升。巴西的经济不平等和种族、性别、区域的不平等相关联，尤其是占人口比例超过半数的黑人和混合族裔人群在贫困人口中的比例显著偏高。

在社会保障方面，与 OECD 国家相比，巴西在居民安全、收入、健康、住房和教育等方面排名靠后。一些地区居民还缺乏清洁水源。

另外，有超过 40% 的巴西劳动力受雇于"非正式经济"。这些"非正式员工"相对缺乏工作稳定性，其贫困的概率比全国平均水平高 4 倍。女性、黑人和混合族裔是非正式经济的主要雇佣对象。

《巴西联邦宪法》保证所有层次免费的公立教育入学机会。巴西的教育系统分为基础教育和高等教育。基础教育包括早期儿童教育、小学初中教育和高中教育。义务教育阶段从 4 岁开始，直到高中教育结束。

巴西的公立教育受联邦、州和市三级政府管辖。三级政府以"共享"的方式

---

① OECD. The Brazilian education system [EB/OL]. https://www.oecd-ilibrary.org/sites/c61f9bfb-en/index.html?itemId=/content/component/c61f9bfb-en#figure-d1e1534.

开展教育治理。其中，市政府主要负责早教至初中阶段、州政府主要负责初中和高中教育、联邦政府主要负责管理高等教育，详见表 11-1。

表 11-1 巴西公立教育系统

ISCED2011	开始年龄	行政单位（主要管理者）	年级	教 育 项 目		
8	23~26	联邦政府	高等教育	博士学位		
7	22			学术硕士学位（严格意义上）	专业硕士学位（严格意义上）	特定的专业文凭（广义上）
6	18			学士学位	副博士或硕士学位	技术学位
4	18	联邦政府和州				技术课程
3	15	州	3 年级	高中教育		
			2 年级			
			1 年级			
2	11	市和州	9 年级	初中教育		
			8 年级			
			7 年级			
			6 年级			
1	6	市	5 年级	基础教育		
			4 年级			
			3 年级			
			2 年级			
			1 年级			
0	4	市		学前教育		
	0			幼儿教育发展		

资料来源：OECD. The Brazilian education system [EB/OL]. https://www.oecd-ilibrary.org/sites/c61f9bfb-en/index.html?itemId=/content/component/c61f9bfb-en#figure-d1e1534.

二、巴西工程教育简史

在巴西早期作为欧洲殖民地的历史中，荷兰、葡萄牙等国的军事工程师先后来到巴西，在地图测绘、工事建设等方面开展作业，并逐渐参与民用工程的建设。巴西正式的工程教育始于 1792 年，以巴西第一所工程学校——皇家炮兵工事和绘图学院——在里约热内卢的成立为标志。学院培养从事国家工程项目的军官，而此时的民间工程多数由没有受过正规学校训练的"实践工程师"担当。皇家炮兵工事和绘图学校是今天联邦里约热内卢大学工学院和阿古拉德·内格拉斯军事学院的前身①。在这里，工程专业的军官学习建筑、材料、修路、水利、桥梁和运河等多个领域的工程技术。1808 年，葡萄牙王室为躲避拿破仑入侵移居巴西。1810 年，王室以皇家炮兵工事和绘图学校为基础，在里约热内卢成立皇家军事学院。皇家军事学院采用 7 年学制，其工程训练仿照了法国巴黎综合理工学院的教学模式，基础学科和实践训练并重。1858 年，军事学院改名为"中央学校"，负责教授"数学、物理、自然科学以及民用工程的原则"②。中央学校的课程中增加了蒸汽机和铁路相关的科目。长时间的学制、严格的训练以及丰富的科目，让中央学校培养了一批"百科全书式工程师"。这群博学多才的工程师在 1870—1920 年跨度非常广泛的行业（铁路、港口、水利、工业等）中发挥了重要作用。1874 年，受到在巴拉圭战争中战败的刺激，巴西政府开始重组工程教育，通过法令将民用工程教育的权责移交给非军方的教育机构。皇家军事学院的工程部分脱离军事学院而成立综合理工学校，成为巴西最早的民用工程学校③。在此之后几十年里（直至 20 世纪 20 年代），由国外大学（特别是巴黎矿业大学）和里约热内卢综合理工学校培养的毕业生成为巴西工程师的主要来源。综合理工学校的课程和专业设置随着巴西经济和技术发展而调整。1896 年，学校开始教授机械工程。1925 年开设电气工程④。

1876 年，为更好地调查和运用本国的矿产资源，巴西皇帝佩德罗二世派遣法国教授克劳德·亨利·戈塞克斯（Claude Henri Gorceix）在矿产资源丰富的米纳斯吉拉斯（Minas Gerais）地区的欧鲁普雷图（Ouro Preto）成立了巴西的第二所工程学校：欧鲁普雷图矿业学校⑤。欧鲁普雷图矿业学校专注于矿业工程的教学，其最初学制为两年，重视工程实践训练。矿业学校的教学风格在很多方面和里约热内卢综合理工学校形成了鲜明对比。然而，此时产业对矿业工程师的需求仍显不足，矿业学校很快增设了铁路建设相关课程，培养了一批铁路工程师⑥。

---

① Pedro Carlos da Silva Telles. A History of Engineering Education in Brazil [J]. IEEE Communication Magazine, 1992 (11): 66–71.

② 同上.

③ Macedo G M e Sapunaru R A. Uma breve história da engenharia e seu ensino no brasil e no mundo: Foco minas gerais [J]. REUCP, Petrópolis, 2016 (1): 39–52.

④ Pedro Carlos da Silva Telles. A History of Engineering Education in Brazil [J]. IEEE Communication Magazine, 1992 (11): 66–71.

⑤ Lucena J. Imagining nation, envisioning progress: emperor, agricultural elites, and imperial ministers in search of engineers in 19th century Brazil [J]. Engineering Studies, 2009, 1 (3): 191–216.

⑥ Pedro Carlos da Silva Telles. A History of Engineering Education in Brazil [J]. IEEE Communication Magazine, 1992 (11): 66–71.

19 世纪晚期，5 所新的工程学校相继成立，包括圣保罗综合理工学校（1894 年）、伯南布哥工程学校（1895 年）、麦肯锡工程学校（1896 年）、阿雷格里港工程学校（1896 年）和巴伊亚综合理工（1897 年）。其中，圣保罗综合理工是第一所由州政府（而非国家政府）创办的高等工程学校。依托圣保罗州不断增长的经济实力，圣保罗综合理工（今天的圣保罗州立大学工学院）也逐渐成长为巴西最有实力的工程学院。不同于里约热内卢综合理工和欧鲁普雷图矿业学校所仿效的法国工程教育模式，圣保罗综合理工参照了瑞士联邦工业大学的办学模式，在建校之初就设立了土木、工业工程、农业工程和机械等专业，随后还增加了建筑、电气和化工专业。圣保罗综合理工的一大特色是对工业、建筑、铁路等实业需求的响应。学校从 1903 年起就接受第三方委托的研发和测试工作。麦肯锡工程学校是巴西的第一所非政府的学院，由美国富商约翰·麦肯锡资助成立，在教学上仿照北美模式。直到 1927 年，学校的学位由纽约大学授予。

巴西共和国于 1899 年成立，新的国家建设突出了对工程师的需求。1910—1914 年，5 所新的工程学校成立。到 20 世纪 30 年代，巴西拥有 13 所工程学校，30 个工程专业。其中，成立于 1913 年的伊塔珠巴电气技术学院是第一所主力培养电气和机械工程师——而非土木工程师的高等工程学校。学校采纳了德国模式。伊塔珠巴电气技术学院对巴西的机械和电气工程发展影响巨大，到 20 世纪 60 年代，巴西超过半数的机械工程师和电气工程师毕业于该校。

1920 年，综合理工学校与里约热内卢的医学院和法学院合并组建了巴西第一所大学：联邦里约热内卢大学。1934 年，圣保罗州政府成立了圣保罗大学。"二战"前后，一批新的工程学校先后成立。其中比较有影响力的包括天主教大学理工学院（1948 年）、航空技术学院（1959 年），以及坎皮纳斯大学和联邦圣卡洛斯大学的工学院。其中，航空技术学院隶属巴西航空部，专注航空和空间工程方面的教学和研究[①]。

到 20 世纪 50 年代末，全国工程学校数量上升到 28 所，这个数字在 20 世纪 70 年代末期上涨到 117 所。到 2008 年，巴西国内拥有超过 450 所工程学校 / 院[②]。

历史学家认为，巴西的工程发展经历了 3 个阶段：不受欢迎的异端，国家发

————

① Pedro Carlos da Silva Telles. A History of Engineering Education in Brazil [J]. IEEE Communication Magazine, 1992 (11): 66–71.

② Macedo G M e Sapunaru R A. Uma breve história da engenharia e seu ensino no brasil e no mundo: Foco minas gerais [J]. REUCP, Petrópolis, 2016 (1): 39–52.

展的工具，联邦大学的重构①。

19 世纪，因为大量廉价奴隶的存在，手工劳动被看作"下等"的事业，提升劳动效率的工程不受重视②。传统的巴西经济高度依赖农产品（咖啡、糖等）出口，占有政治和经济精英地位的农场主们对佩德罗二世试图通过矿业促进国家工业化的努力抱有怀疑和敌意。直到 19 世纪 70 年代，随着限制蓄奴的法令出台，以及持续数年的干旱，巴西传统的以手工劳力为基础的农业格局受到极大冲击，农业机械化以及使用铁路农产品得到重视③。铁路的大量修筑改变了工程实践的面貌和工程师的社会地位，使工程师得到社会的接受，但没有使工程师进入"士绅"阶级。在 1880 年，75% 的工程师受雇于铁路。

直到 20 世纪 30 年代，开展工程实践在巴西不需要专业的训练或资质。但随着电力和钢筋混凝土的普及，工程的专业性和复杂性使得专门训练的必要性逐渐凸显。1933 年，联邦 23569 号命令发布，从事合法的工程实践必须有从国家认可的大学获得的文凭④。这一命令是巴西工程走向专业化的重要转折点。在法令的刺激下，公立大学陆续建立工程学院，为通过入学考试的学生提供免费的工程教育。在瓦加斯时代，全国有 14 所工程院校。工程教育机构开始在国家发展中扮演重要的角色。瓦加斯组织了一系列由政府主导的教育行动，包括在公立大学开展免费的本科教育，推动劳工和专业服务立法、实现钢铁和原油的国家垄断并尝试在电力、导航、铁路等方面实现国家控制。瓦加斯所规划的学习和项目资助计划（FINEP）成为巴西工程项目的主要资助来源。

20 世纪 60 年代，里约热内卢联邦大学的理工学院开始培养研究生。因为海底石油开采的需要，巴西工程师在水下机器人技术的研究方面取得重要进展。20 世纪 70 年代以来，工程研究生项目逐渐占据了工程教育、实践和研究的重心。从 20 世纪 60—80 年代，巴西军政府在工程技术方面保持长期投入。这些投资在实现巴西原油自主方面获得成功，但在其他领域，如计算机产业方面，则没有实现预期目标。

随着军事政权在巴西的统治于 1988 年结束，大型的由国家直接投资的发展

---

① Silva J, Almeida R, Strokova V. Sustaining Employment and Wage Gains in Brazil [M]. Washington, DC: International Bank for Reconstruction and Development / The World Bank, 2015.

② 同上.

③ Lucena J. Imagining nation, envisioning progress: emperor, agricultural elites, and imperial ministers in search of engineers in 19th century Brazil [J]. Engineering Studies, 2009, 1 (3): 191–216.

④ Silva J, Almeida R, Strokova V. Sustaining Employment and Wage Gains in Brazil [M]. Washingto, DC: International Bank for Reconstruction and Development / The World Bank, 2015.

项目逐渐减少。工程教育的轨迹也随之发生变化。在高等教育方面，一系列结构调整影响了所有高等教育的学科。其中，教育部高等教育改进委员会（CAPES）自 1998 年起，每 3 年对大学教学和科研质量开展评估。这项措施在很大程度上影响了巴西高校的科研导向。自 2003 年起，联邦大学的本科教育开始增加入学人数以促进社会包容性。而学生数的增加和高等教育质量之间形成难以缓解的矛盾。同时，学生人数的增加带来了高等教育中"就业能力"导向的强化。在巴西学者看来，过分强调论文发表有悖于工程的本质，而对"就业能力"极端推崇则稀释了大学的育人功能[①]，这些因素削弱了巴西的工程能力。同时，因为执政者加强了对联邦大学的控制，减少了联邦大学的学术自主权，这一系列政策变化被看作削弱巴西联邦大学的因素，可能导致巴西工程教育版图的剧变（因为工程教育最强的学校绝大多数为联邦大学）。

小结

巴西的工程教育历史悠久。正式的、基于学校教育的工程师培养（1792 年）在巴西的历史早于美国（西点军校建校于 1802 年）。另一方面，由于巴西不同地区之间在经济结构和自然资源等方面的多样性，早期的巴西工程教育，不同地区的工程学校往往服务不同的行业需求，甚至不同阶级的利益。值得注意的是，悠久的历史和多元化的发展途径并没有使巴西成为像美国一样的工程教育强国。即便在经历 20 世纪中叶政府对工业积极的保护性措施，巴西的工程教育在培养质量和学生的学业表现方面仍然受到很多批评和质疑。学者们指出了造成这种局面的结构性原因，包括优质公立教育资源分配不均，高教政策过于僵化、过分追求无实质意义的数量指标等。然而，巴西工程教育发展滞后的更深层和更系统的原因，还需要进一步考察。

---

① Silva J, Almeida R, Strokova V. Sustaining Employment and Wage Gains in Brazil [M]. Washingto, DC: International Bank for Reconstruction and Development / The World Bank, 2015.

工业与工程教育发展现状

一、工业创新的挑战

自 2005 年以来，巴西持续占据世界经济规模前 10 的位置，在 2017 年的全球国家 GDP 排名为第 8。然而，近年不少学者指出，巴西的工业生产率并没体现出与经济增长水平相适应的增长，并且工业增长主要来源于资源开采和农牧业，技术创新带来的对生产率提升的贡献相对微小[①]。巴西学者分析认为，优质工程师的短缺是限制巴西产业在产品设计、业务模式创新等方面积累比较优势的重要因素[②]。

格罗乔奇等认为，巴西工业创新的乏力和高等教育目前的导向密切相关。经过巴西政府逾 30 年持续的科技创新投入，巴西的高校在科研产出方面已经进入世界的前列。自 2008 年起，巴西连年在科研产出方面排名全球第 13 位，正全力冲击全球科研产出前 10。相比活跃的科研产出，巴西在研发投入的 GDP 占比方面仅排在全球第 29 位，人力发展指数排名全球 79 位，而每百万人口中科学家与工程师数仅为 0.698（与之对比，韩国的数字为 6.457，俄罗斯为 3.073，中国 1.089）[③]。

格罗乔奇等指出，巴西较为旺盛的科研产出得益于高校发展较为蓬勃的研究生教育。然而，与纯粹的科研产出相比，巴西在以专利申请为代表的工业技术应用等方面的表现却不尽如人意。高校知识生产的热度和产业创新的冷清，显示出教育与产业之间的脱节。企业在研发方面投入不足，对科研人员的雇佣也在同比国家间处于低位。另外，受政府资助的公立研究机构在研究方向的选择上也没有侧重企业的实际需求，存在"为知识而知识"的倾向。这种基础研究活跃、应用创新不足的局面显示，巴西进一步的工业发展需要一大批具有"转化"能力的工

[①] Grochocki L, Guimarães J, et al. Engineering and Development in Brazil, Challenges and Prospects: A New Perspective on the Topic [J]. Innovation & Management Review, 2018, 15 (1): 41–57.

[②] 同上.

[③] Zanotto S R, Haeffner C, Guimarães J A. Unbalanced international collaboration affects adversely the usefulness of countries' scientific output as well as their technological and social impact [J]. Scientometrics, 2016, 109 (3): 1789–1814.

程科技人才，能够将基础研究成果和企业具体运用有效结合起来，以此发现新的创新机会。从人才培养的角度来看，格罗乔奇等指出，巴西工程毕业生需要更好地整合技术与商业环境和业务运营的能力。从高校工程研究的角度，除了提升工程研究人员的商业意识外，格罗乔奇等还建议统筹不同工程领域的研究以便形成相互支持[①]。

巴西的创新型高校，如英斯佩尔教育研究院（Insper），仿照美国欧林工学院模式，培养具有在实践中提炼和解决复杂工程问题的能力。格罗乔奇等认为，巴西工程教育的挑战是把类似 Insper 的创新培养模式引入主流的工程教育机构[②]。另外，为了推动企业创新，巴西还需要培养更多的博士层次的工程人才。

格罗乔奇等也记录了巴西产学研合作方面一些成功案例。

（1）Alberto Luiz Coimbra 工程研究所和研究生院深度参与了深海石油开采的技术研发。

（2）航空技术研究所先进技术中心（Center of Advanced Technology/Technological Institute of Aeronautics）与航空工业开展一系列深度合作。

（3）合作研究网络 / 工程教学创新项目（REENG/RECOPE）为产教融合提供一系列支持。

（4）在巴西 – 德国制造技术合作研究计划（Bragecrim Program）的支持下，德国向巴西产业输出一批方法和工具。

（5）2013 年，科技与创新部与巴西工业研究和创新公司（EMBRAPII）签约，由政府部门参与资助一批研究机构，开展服务产业需求的研究。

（6）2011 年启动的"科学无国界"项目，由巴西政府和企业联合资助101 000 名学生和学者到国外知名高校和实验室开展学习和研究，由高等教育人员改进协调委员会（CAPES）和国家科学技术发展理事会（CNPq）管理该项目。其中，一批参与该计划的公司为学生提供了去本公司海外分公司实习的机会。2011—2014 年，"科学无国界"培训工程学生 55 304 人，占总计划的一半人数。

二、工业 4.0 的人才挑战和应对

基于巴西工业生产率不足的情况，工业 4.0 的应用在巴西具有巨大潜力。有

---

① Grochocki L, Guimarães J, et al. Engineering and Development in Brazil, Challenges and Prospects: A New Perspective on the Topic [J]. Innovation & Management Review, 2018, 15 (1): 41–57.

② 同上.

分析指出，工业 4.0 技术的全面采用能为巴西每年节省 703 亿雷亚尔（约 140 亿美元）的成本[①]。然而，巴西的工业 4.0 建设仍然面临不少挑战。互联网基础设施的发展仍有局限，劳动力胜任力水平低于预期，政策架构尚待完善等问题成为工业 4.0 建设所面临的主要结构性阻碍。当前，中小型企业在工业 4.0 方面的缓慢进展，加剧了对巴西去工业化所带来的经济和社会负面作用的担忧。

2017 年，巴西政府成立工业 4.0 工作组（GTI 4.0）。由巴西科技和创新部牵头，召集企业和学术界代表会同政府官员共同研究促进先进制造和智能产业的政策。2019 年，科技创新部和经济部还联合成立了工业 4.0 联席会（葡萄牙语：Câmara Brasileira da Indústria 4.0）。联席会是首个协调巴西工业转型路径规划和落实的平台，联合了超过 30 家政府、产业和学术机构，聚焦研发创新、人力资本、产线管理和基础设施建设等问题。联席会的行动计划包括推广工业 4.0 在线学习工具、支持小微企业采纳先进制造技术、建立开放实验室辅助研发等[②]。

三、工业发展和人才培养战略

2018 年，巴西国家工业联盟（CNI）发布了 2018—2022 年的《工业战略地图》。CNI 认为，近年来，国内经济和政治上的一系列困局拉大了巴西和竞争者之间的差距，阻碍了巴西的经济社会发展。2017 年，巴西的全球竞争力排名（第 81 位）降至 10 年以来的最低点，劳动生产率连年低迷，如图 11–1 所示。因此，CNI 报告致力以新的视角谋划巴西的工业发展，建立有竞争力、创新性、全球布局和可持续的工业。报告指出，实现巴西工业振兴需要解决教育质量和基础设施落后、税率过高等传统的发展瓶颈；同时，面向未来，巴西工业需要整合全球市场、加强创新、融入工业 4.0、增加低碳经济参与度，并抓住机会使巴西工业融入全球工业变革的潮流当中[③]。

---

① de Figueiredo A R, Graglia M A V. Industry 4.0 In Brazil And The Challenges of The Productivity of The Economy [J]. Journal on Innovation and Sustainability, 2021, 12 (4): 13–28.

② OECD. Going Digital in Brazil: OECD Reviews of Digital Transformation, OECD Publishing, Paris, 2020.

③ National Confederation of Industry. 2018—2022 Strategy Map for Industry [R]. 2018.

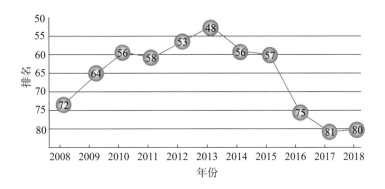

图 11-1　巴西在全球竞争力排名中的位置

资料来源：WEF（2017）。World Econom: c Forum. The Global Competitiveness Report 017—2018. Geneva, 2017.

　　围绕这些目标，报告提出了在法制、数字经济、资源环境、产业政策、企业创新、教育、卫健、公共安全、社会保障和反腐败等 10 个领域的发展目标和措施。在工业 4.0 和数字经济方面，CNI 指出，巴西所面临的挑战包括产业结构转型和物联网建设、产业园区现代化升级改造、加速创新和生产率提升等。为了扭转巴西在全球工业 4.0 推进中落后的局面，CNI 提出一系列建设目标，包括到 2022 年，在大企业中数字技术的利用率达到 80%，将工业产品中具有中高端技术含量的产品占比提升到 34%，促进企业研发和创新投入比例提升至 50%，推动促进研发的立法等[①]。

　　劳动生产率过低是当前巴西产业竞争力的主要瓶颈之一。扩大具有技能的劳动力供给是振兴巴西产业和经济的重要保障。巴西国家工业联盟（CNI）在教育方面的愿景强调到 2022 年，基础教育质量提升；高等和职业教育培养更多的工程师和技术人员，企业增加劳动力培训投入，通过多种方式，提升创新所需要的人力资本水平。其中，在高等教育领域，CNI 提出的目标包括：到 2022 年将与产业相关的工程和技术课程在大学课程中所占比例从 18.8% 提升到 22.8%，同时推动项目整合更好地衔接企业和大学合作[②]。巴西职业教育入学率偏低（2016 年只有 9.3% 的适龄高中生选择职业教育轨道），CNI 提出到 2022 年职业教育入学达到 200 万人的目标，鼓励扩大反映产业需求的职业教育供给，扩展在线教育，并建立全国性的职业教育评价体系。

---

① National Confederation of Industry. 2018—2022 Strategy Map for Industry [R]. 2018: 144-145.

② 同上：83.

小结

巴西的工业发展在经过一段时间的强势表现之后，从 2014 年以来进入了低迷状态。学者分析认为，巴西在科技创新方面存在"高校科研热、产业创新冷"的局面，体现出科技和高教政策注重论文产出的导向，没有为技术创新和产业发展提供充分的支持。同时，与南非的情况相似，巴西也面临职业教育参与人数不足，工程教育毕业生不能适应产业需要等结构性问题。这些为巴西迎接工业 4.0 时代的产业范式变革带来严峻的挑战。面对这些挑战，产业界试图通过联合发声的方式影响政策变化，一些政府部门也开始积极推动高校和产业加强合作，共同建设工业 4.0 所需要的技术和人才储备。

第三节

工程教育与人才培养

一、人才培养规模和结构

巴西的工程本科学位要求学生经过 5 年、累计超过 3 000 小时的课程训练。巴西的工程人才培养以 2017 年（见表 11–2）数据为例，按时（5 年）毕业率约为 48%，低于教育管理部门的预期。影响工科毕业率的主要因素包括基础教育质量不足、工科师资薄弱、学生的家庭经济困难等。[1]

表 11–2　巴西 2017 年工科院校招生和毕业人数[2]

招生数 / 百人			毕业数 / 百人		
总计	公立校	私立校	总计	公立校	私立校
9 214	2 282	6 932	885	211	674

根据 2019 年的数据，巴西工科院校在读生数量前五的专业分布如表 11–3 所

---

① Amorim E d S. Brazil's Engineering Capacity. [R]. 中国科学技术协会演讲，北京，2018.

② 同上。

示,可以看到,巴西正在培养的工程学科人才体量最大的是土木工程,随后是信息、生产、建设和机械等专业,这和巴西传统的优势产业分布相对应。

表 11-3　巴西 2019 年工科院校在读生数前 5 专业[1]

排　序	学科专业	在读生数
1	土木工程	394 133
2	信息系统	294 146
3	生产工程	209 493
4	建筑和城市规划	202 691
5	机械工程	175 330

　　工科相关本科学位和技术学位在读学生的性别分布如图 11-2 所示。和报告中所考察的多数其他国家一样,巴西的工程教育也存在较为显著的性别不均。女生在工科专业中的占比在 28%～32%,其中,技术学位中女生的占比高于本科教育中女生的占比[2]。

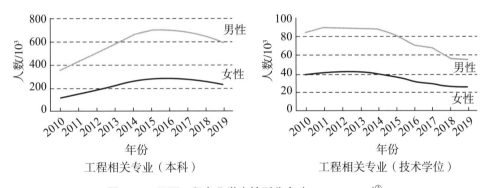

图 11-2　巴西工程专业学生性别分布（2010—2019）[3]

二、新版工程本科课程纲要的实施

　　2019 年,巴西政府出台了新的决议（CNE/CES 2019 年 2 号决议）,公布了新的本科工程课程纲要（以下简称《课程纲要》）。《课程纲要》的内容包括基于胜任力的课程,相应的毕业生水平和课程实施与评价办法。《课程纲要》的出台

① Machado C. Rachter L. et al. Brazilian Higher Education and STEM Fields [R]. Getulio Vargas Foundation, 2021, 10.

② 同上: 18.

③ 同上: 19.

源于全球范围生产和消费方式的变化，包括信息和通信技术的普及，产业自动化水平的提升，人工智能、云计算和5G网络的运用等。《课程纲要》认为，这些新的变化对工程人才在编程、信息安全、大数据存储和使用等方面提出了新的需求。新的国家课程指南旨在帮助巴西的工程师培养更加适应新的技术、经济和社会范式。

2019年，由巴西工程教育协会发起，经巴西国家教育理事会批准，成立了国家工程本科新课程纲要实施委员会。这项倡议背后也有巴西国家工业联盟（CNI）等产业组织的支持。按照委员会的描述，教育系统、专业系统和生产系统都在该委员会得到代表。委员会建立了5个分委员会，分别聚焦：评价、专业能力指针、大学－企业关系、教师培训和其他主题。委员会经过讨论，确定了4个工作重点：①提出《课程纲要》实施指南；②动员关于《课程纲要》的讨论和实施；③开发针对课程、学生表现和自我评价的评价方案；④定义根据新的《课程纲要》开展工程训练持续改进的方案。经过近一年的研究和讨论，委员会于2020年发布了5个子报告（以下简称《实施报告》），分别讨论工科的课程设计、学习评价和教学项目的管理、高等教育机构与工作环境的交互、教师培训以及专业能力指导[①]。

（一）课程教学设计项目（PPC）

PPC是定义毕业生能力和指导课程开发的政策工具。PPC的短期和中期目标是增加学术界和劳动力市场之间的整合，并且激励联邦工程和建筑理事会（CONFEA）更新和修订关于专业技能的定义。通过这些修订，《实施报告》希望工科课程能够支持毕业生。

（1）满足过程和产品创新要求，促进国家经济发展和创新能力提升；

（2）迅捷有效地解决社会真实问题；

（3）通过参与社会问题的解决，减少失业和社会不平等；

（4）积极参与政治。

《实施报告》强调了教师和就业市场能参与PPC的设计、实施、评价和修订，强调课程的协调者需要兼具学术和教学能力，同时也具备领导能力、创业精神和视野。同时，《实施报告》强调通过师资培训和教学环境的改造来促进主动学习，在学习评价中用胜任力考察代替针对知识内容的考察。

根据2019年2号决议的要求，新的教学项目必须清晰陈述毕业生的能力，

---

① Comissão Nacional para Implantação das Novas Diretrizes Curriculares Nacionais do Curso de Graduação em Engenharia. Relatório Síntese [R]. CNI, 2020.

并且以毕业生胜任力为教学项目的指导原则①。新的课程指南重点推动培养具有通识、人文精神和批判精神，兼具技术能力、社会和伦理责任感的工程师。《实施报告》指出，传统的课程设计以课程内容为主线，把学生培养看作课程内容累计的结果。然而，以内容为导向的课程设计并不能保证课程教学和毕业生能力紧密对应，因为工程毕业生除了掌握知识内容外，还需要指导何时/如何应用相关内容，以便解决真实问题。《实施报告》所倡导的基于胜任力的课程设计，以毕业生应该具备的技能为导向和课程设计的起点。同时，每个项目在满足政策标准要求的基础上，可以添加对项目本身重要的个性化技能目标。基于胜任力的课程设计还强调将理想的毕业生技能和具体的学习体验对标。

虽然《实施报告》没有明确使用"基于成果的教育"（OBE）的提法（文中有"基于胜任力的学习"的提法），但是 OBE 的理念在课程和项目的设计部分得到了充分的体现。可以说，在美国通过工程与技术认证委员会《工程标准 2000》ABET EC2000 推广 OBE 的理念近 20 年之后，巴西开始以国家的力量整体推动基于学习成果的工程教育。

根据基于胜任力的理念，《实施报告》对课程设计和教学过程中的主动学习策略、教学培训、学习空间、学习支持资源、教学材料、补充和拓展活动，以及学生科研、产学融合、创新创业等领域都给出了具体建议。

（二）学习评价和学术项目管理

这部分对胜任力概念的内涵、建议的学习评价过程、学习评价手段的分类、评价的功效和层次、评价工具，以及对评价过程的管理等内容做出了具体建议。《实施报告》指出，传统的评价方式往往聚焦记忆、理解、应用等低阶能力的测试，而未能充分捕捉学生胜任力的发展。《实施报告》鼓励教师在课程的设计阶段就规划相应的学习评价方案，通过设立适当和明确的学习目标来指引评价。同时，在评价方式上，综合直接和间接评价。《实施报告》也鼓励工程项目创造条件，让政府和非政府的机构参与评价过程。

在培养单位的自我评价方面，《实施报告》鼓励借鉴专业认证的"量规"等工具来评价学习成效达成度。并且强调使用评价结果来促进课程的改进。《实施报告》同时强调教育机构应该设立专门的机构来组织自我评价的实施。

《实施报告》指出了胜任力评价的 3 个维度：技能、知识和态度，并且给出了工科毕业生胜任力能力维度的样表，见表 11–4。

---

① Comissão Nacional para Implantação das Novas Diretrizes Curriculares Nacionais do Curso de Graduação em Engenharia. Relatório Síntese [R]. CNI, 2020. 9.

表 11-4 《巴西国家工科课程指南实施报告》胜任力能力维度

胜 任 力	技 能	知 识	态 度
形成和设计可取的工程解决方案，分析和理解用户需求和语境	形成 设计	工程解决方案	共情 全局观 人文视野
通过经过实验检验的符号、物理或其他模型分析和理解物理和化学现象	分析 理解 验证 建模	化学现象 物理现象	好奇心 （通过实验验证）
构思、设计和分析系统、产品、要素或过程	构思 设计 分析	系统 产品 要素 过程	系统观
部署、检测和控制工程解决方案	部署 检测 控制	工程解决方案	领导力
通过书面、口头和制图有效沟通	沟通	口头语言 书面语言 图形语言	效率
在多学科团队工作和发挥领导作用	团队合作		领导力
知晓和负责任地遵守与专业实践有关的法律和道德规范	遵守 应用	法律 道德规范	伦理
自主学习和处理复杂情况，熟知科技进展和创新挑战	学会学习 处理复杂性	科学 技术	自主意识

在评价的功效方面，《实施报告》区分了诊断性评价、形成性评价和终结性评价。在评价过程管理方面，《实施报告》强调课程评价应该和培养项目的整体（胜任力）培养目标相匹配，将培养目标分解到不同课程中。

总的来说，《实施报告》中关于学习评价的部分，侧重向工科教师和工程教育的项目管理者介绍基本的评价科学成果的运用。同时，围绕前一部分关于课程设计的 OBE 思想，评价部分的内容体现出运用学习成效评价来支持学生学习成果（Learning Outcome）达成的意图。《实施报告》中所提出的胜任力维度指标，在结构上也与工程专业认证所采纳的学生学习成果清单类似。

（三）师资培训

《实施报告》非常重视工科教师本身的胜任力。《实施报告》采纳了马赛托（Masetto）的理论框架，认为教师的胜任力包含 3 个维度：掌握学科领域知识；

掌握教学知识；理解教学的政治维度①。《实施报告》指出，伊比利亚美洲工程教育机构协会（ASIBEI）和联合国可持续发展目标都重视教育服务人类发展的政治维度。然而，强调工科教师胜任力的政治维度，在本报告所考察的不同国家中，具有比较鲜明的巴西特点。《实施报告》分享了巴西工程教育协会于 2019 年针对工科教师的问卷调查所得出的工科教师应该具备的基本技能。这些技能被分为技术能力、社会情感能力和教学能力三大类。其中，技术能力包括：能联系与所教课程相关的其他课程领域知识；与其他教职工和专业人员合作；识别学生兴趣；掌握课程的内容和语境。社会情感能力包括：通过沟通创造学习的空间；自我评价和提升效率；能在多学科团队开展工作。教学能力包括：在学生能理解的层次识别工程问题；识别学生需掌握的技能并进行分类；使用多模态学习策略；在项目培养方案框架下设计课程；融合教学、研究和开发；能使用多种学习评价工具；有效使用信息技术。

《实施报告》鼓励高校在教学设计、机构评价（考试）、学习评价、政策法规、教育研究和开发、学习理论、技术资源、教育创新、工程创业教育等多个领域开展师资培训。同时，针对教师资质、教学和研究之间的张力等问题，《实施报告》在教师聘用、不同的教学和研究轨道、有效使用学生评教等方面分享了经验。

《实施报告》还介绍了一批巴西国内和国际师资培训的成功案例。在巴西国内，圣保罗州立大学的教学研究和实践中心、圣卡洛斯联邦大学的教学职业发展项目、摩瓦理工学院的教师学院、英斯佩尔教育研究院的教育和学习发展中心等，提供了各具特色的教师培训和发展服务。在国际方面，《实施报告》推荐了世界工程教育论坛（WEEF）、美国工程教育协会年会、国际互动与协作学习会议、国际工程教学会议等平台，还介绍了美国普渡大学、弗吉尼亚理工大学、俄亥俄州立大学等工程教育系的工作。

（四）教育机构和工作环境的交互

《实施报告》注意到，近期的工科毕业生在技术能力上还不能满足就业市场的需求，因此呼吁教育机构与雇主更紧密地互动。《实施报告》援引巴西产业联盟的报告，推荐了多种产教合作的方式，包括：产业参与培养项目或课程的定义；设立基于产业需求的学科；组织服务产业需求的竞赛；支持学生创业；使用企业的实验室等资源进行教学；邀请企业进行授课或指导学生；邀请企业参与师资培训；鼓励企业捐赠或投资学校工程教学资源；邀请企业参与学校工程学术活动（会议、竞赛、招聘会等）；由企业设立奖学金和奖项。

---

① Masetto M T. Competência pedagógica do professor universitário [R]. São Paulo: Summus, 2003.

《实施报告》还介绍了一批在与产业互动合作方面取得成效的高校案例。例如，摩瓦理工学院（Instituto Mauá de Tecnologia）提供"特别项目与活动"。这些项目和活动要求学生在 6 个月中投入约 40 小时的工作解决市场面临的挑战。项目由学校教师和企业专业人员共同指导。从大一开始，摩瓦理工学院工科的学生每年需要完成 4 个特别项目与活动，占学分的 15% 左右。里约热内卢天主教大学的土木工程专业采用"集成项目方法"来鼓励教学与市场互动。该方法通过课程系列，培养来自 15 个学科的超过 300 名学生。课程教师选择工程和建筑企业作为合作方，为学生打造具有实践经历的产品开发项目。课程按照土木工程所关联的学科和学习深度分为 4 个模块。学生通过每个学期选修相应模块获得螺旋上升式的实际项目经验，并且可以将高年级的项目作为毕业设计的基础。

（五）专业能力

《实施报告》建议，学术活动以及相关的实习等拓展活动，应该考虑巴西工程和农业理事会（CONFEA）1973 年 218 号决议第 1 条列举的职业工程师所从事的活动。该决议条目包括了监督、协调和技术指导；研究、计划和项目说明等 18 类活动。《实施报告》还建议工科培养项目以工程师所从事的活动和这些活动所需要的胜任力为目标设计课程。同时，《实施报告》建议用工程项目而非科学论文作为工科学生毕业设计的主要内容。

小结

在高等工程教育领域提供统一的《课程纲要》，这是巴西在本报告所研究的各个国家中比较特殊的一点。结合巴西高等教育非常复杂的结构和层次，以及在不同层次和不同地区的高校间保障培养质量的需求，这种统一的《课程纲要》似乎有其必要性。最新的工程本科《课程纲要》突出了基于成果的教育（OBE）思想，而以纲要的实施为出发点的《实施报告》，非常全面地介绍了世界高等工程教育近年来在课程设计、学习评价、师资培育、产教融合等方面的主流思想。《实施报告》的内容显示出，巴西工程教育的专业组织正联合工程专业共同体和政府部门，试图对巴西的工程培养进行全面"升级"，希望尽快实现巴西工程教育与世界前沿的接轨。可以说，巴西工程教育的意见领袖已经把握了国际上工程教育的最优实践，并且成功将主流标准通过立法推向了巴西高等教育界，这一次《课程纲要》的改变有可能成为巴西工程教育的一个转折点。然而，后续高校和教育管理部门对这些愿景的实施，将成为决定这种理念能否成功落地的关键。

工程教育研究与学科建设

一、工程教育研究机构和平台

巴西工程教育协会（Associação Brasileira de Educação em Engenharia，ABENGE）是巴西工程教育共同体主要的学术交流平台。协会的使命是："推动提高巴西工程和技术领域本科和研究生教育质量的必要改革，为训练更合格、更有能力在全国各地通过技术发展造福全体人民的专业人才做出决定性贡献"。协会的目标如下。

（1）推动关于共同关心问题和活动的信息分享，包括能改进工程教育管理、教学、研究和社会联系的理念和计划；

（2）推动协会成员与外部政府、私立部门及学术共同体的合作；

（3）推动教育机构的管理和技术组织，与有关权力机构协调，在有关工程教育的立法和修订方面提供支持和说明；

（4）推动工程教学、科研和社会推广以及实验室、图书馆和教学方法改善的经费支持；

（5）推动师资、工程师和技术人员的专业化和提高；

（6）推动工科学生条件的改善，以批判性和反思性的方式培养工程专业人才；

（7）通过学生实习、研发合作和其他活动，推动工程教育项目和产业及企业的交流；

（8）推动与政府和非政府机构及工程专业共同体的交流以更新学校知识；

（9）推动与其他工程教育相关实体的研究和服务方面合作，包括与具有共同目的的国内和国际组织的合作；

（10）庆祝具有共同宗旨的组织相关目标的达成；

（11）维护教育机构和教师的权益；

（12）推动工程教育的改进和更新[①]。

ABENGE 出版葡萄牙语的《工程教育期刊》（*Revista de Ensino de Engenharia*，

---

① Associação Brasileira de Educação em Engenharia. Objectivos [EB/OL]. https://www.abenge.org.br/abenge.php.

REE），并举行每年一度的"巴西工程教育大会"（Congresso Brasileiro de Educação em Engenharia，COBENGE）。

近年来，巴西的学者在工程教育国际组织中也扮演了积极和重要的角色。在电子电气工程师协会教育分会（IEEE Education Society）的执委中，巴西科教研究组织（COPEC）主席克劳迪奥·达·罗查·布里托（Claudio da Rocha Brito）担任协会资深往任主席，而 COPEC 副主席梅兰妮·席正皮（Melany Ciampi）现任 IEEE 教育协会的副主席。

二、工程教育研究期刊

《工程教育期刊》（REE）是巴西工程教育研究成果交流出版的主要阵地。期刊创刊于 1980 年，至今已经出版 41 卷。2016—2019 年，REE 每年出版 2～3 期，2020 年出版 1 期（可能受新冠疫情影响）。期刊 2016—2020 年的刊文标题见表 11–5。

表 11–5 《工程教育期刊》（REE）刊文目录（2016—2020 年）

序号	刊 文 标 题	刊物信息
1	工程师培训过程中的治理 联邦 DE GOIÁS 大学 DE CATALÃO 校区土木工程课程教学策略评估 哪种工程师？——对 PARANÁ 联邦理工大学（UTFPR）工程课程政治教学性质的分析 评估结构项目工程师的资格 面向工科课堂的远程教学：以 PERNAMBUCO 理工学院为例 工科课程中非正式学习环境教学策略 支持偏微分方程教学过程的计算工具 区域本体论情境下学习模块推荐方法	2016 年第 1 期
2	基于可编程控制器和福柯制动器的工业自动化教学平台开发 流体力学教学设备的开发：负载压力的研究 通过工程学术画像减轻"逃离工程" 使用分析和数值方法的工程学习 大学的角色：生产工程专业学生的观点 使用数学模型和技术工具进行计算概念教学 多学科平台在系统识别教学中的应用 生产工程专业本科远程教育实践现状	2016 年第 2 期

序号	刊 文 标 题	刊物信息
3	具备专业性的实习：ISEP 土木工程硕士的经验 MECH-GCOMP 软件在微粒复合材料教学中的应用 固体废物管理概念在儿童教育中心的应用：环境工程教学策略 数字信号处理教学平台：实时数字滤波器中的应用 主动教学方法论的应用：工程领域的经验 基于动力学的学习：综合工程训练的教学建议 CAPES/BRAFITEC 计划对巴西工程本科课程国际化的贡献 工程教育中的技术开发和技能教育	2017 年 第 1 期
4	工程教育和学习研究中心（CEPEDAPE）的概念建构 工科学生基础科目画像和学业表现 监测对化学学习的重要性 函数局限的研究：工程和数学课程学习对象分析 根据安全标准为工业自动化教学提供低成本工作台的建议 重新思考土木和环境工程的课程和学习 工程教育期刊（REE）2006—2015 年刊文分析 高等教育中的远程实验：机电工程和工业自动化中的编程语言 工科毕业生《计算 I 课程》的评价分析	2017 年 第 2 期
5	建构技术的教学方法论 作为教学策略的网络知识图谱——虚拟学习环境（VLE）的扩展分析 案例研究：混合教学在创业方法传播中的应用 工程主题教学技术作为教师培训选项在圣保罗大学理工学院的应用 工程师训练中的现代和当代物理学：培训师的概念 数学游戏：在工程专业中教授微积分的有趣策略 土木工程中的微积分学习：理论与实践之间的跨学科建议 通过有限元方法教授结构分析的交互式图形系统	2018 年 第 1 期
6	传统大班课堂中的主动学习 基于主动学习方法的化工学生胜任力培养策略的分析和实施 基于项目的课程：整合学术工作的工科课程设计 工程专业精神教学：当代师生代际差异和挑战 以跨学科课程作为激励工程新生的工具 工程教育和素养提升：一些方向 UTFPR-DV 学生对森林工程专业计算教学的看法 生产工程师培养中的人文课程：趋势和偏见 基于隔离微电网能量分析的光伏太阳能学习方法	2018 年 第 2 期

序号	刊 文 标 题	刊物信息
7	PUC Minas-Barreiro 土木工程课程中微分方程教学的方法建议 从三种建造方式分析房屋的能源生命周期 利用神经心理学模糊模型辅助生产工程教育过程的分析 跨学科环境教育及其在环境工程师学术训练中的重要性 物理教学在生产工程师训练和实践中的重要性 GEU：测不准教学的学术平台 主动学习：基于元分析的文献综述	2018 年 第 2 期
8	电气安装设计方法的演变 数学补习项目：降低工科学生《计算 1》不合格率的建议 韧性对工程和设计项目质量的影响：基于学校的实证研究 对工程学科中跨学科偏见的批判性分析 MATO GROSSO DO SUL 州一所公立大学生产工程专业学生生活质量分析 达芬奇机器：机械工程的学习经验 作为产品工程教学工具的低成本原型制作 就业力和教育：从项目经理技能的角度分析大学生 用纸飞机学习：生产工程教学中的主动学习方法 教师－工程师和变形：对教学培训的需求 PBL 在巴西工科课程中的应用：文献计量分析 工程教学中的混合学习和翻转课堂：文献计量分析 土木建筑土壤分析教学自动化系统 竞争环境中的快速原型设计和参数化建模 作为建筑教学工具的结构拓扑优化	2018 年 第 3 期
9	在环卫项目中使用软件作为教学工具 巴西林业工程高等教育概述 材料工程课程中基于项目的学习（PBL）：学生怎么说？ 3D 原型制作作为特殊主题课程支持 BAGÉ 学校外联行动 大学学科教学策略：传输现象和流体力学 通过热成像评估汽车座椅的温度和舒适 工程教育中机器人逆向运动学仿真：一种基于遗传算法的方法 行动研究：教授设计思维作为工程和建筑的创新方法 工程学习新趋势：学生参与的微积分课程设计 欧鲁普雷图联邦大学生产工程专业毕业生的感想 效率背景下的能源素养：基于南非情况对莫桑比克通识教育的评估 通过基于项目的学习方法的技能培养：仪器学科的案例研究 多孔介质中流体的教学实验：对传输现象的教学建议 用于研究可再生能源的太阳能教学设备：建模、仿真和控制 BEFASTER：将工程用于知识构建的有趣应用	2019 年 第 1 期

序号	刊 文 标 题	刊物信息
10	工程教育中的现代和当代物理学：在产业中工作的工程师的概念 就业与教育：项目经理技能角度的大学生分析 工程领域初级企业家技能的开发 基于项目反应理论的 Enade 2014 生产工程专业学生能力评估 材料强度物理模型的详细说明：教学经验分享 Kanban SA：教学生产管理的严肃游戏 PBL 土木工程课程教学项目分析 工程竞赛团队的实践学习 土木工程专业研究生培养中"木棍建塔大赛Ⅲ"的相关内容 水处理站作为液压学习的积极方法 基于巴西和国外本科课程的机械加工教学方法选择 真菌对木结构的侵袭：与工科学生开展的跨学科活动 在单元操作中应用合作 – 协作方法的教学干预 建筑工程学科的 BIM 教学	2019 年 第 2 期
11	衍生教学中的计算视觉：使用图像测量物体的研究 计划和生产控制概念（PCP）：通过模拟进行教学 工业革命 4.0 及其对工程教师教育的影响 振动试验台的研制与分析 超越化学工程中基于项目的学习：混合主动的方法学习测量和蒸汽发生器的评估 基于项目的学习和逆向工程 SAEP 海上：海浪分析的网络应用程序 工程教学新方法的研究 工业 4.0：培训生产工程师的教学模式 生产工程教学中的人体工学介绍 女性在 STEM 领域的参与 为什么需要在巴西的工程课程中投资教师培训计划 在使用 TBL（基于团队的学习）期间适应团队组建标准 建筑信息模型概述——里约热内卢大学和尼泰罗大学的 BIM 和精益建筑教学 用于教学油井生产柱设计的交互式系统——TWELL	2019 年 第 3 期
12	高级计算工具在工程教学中的作用 学生在课堂和 EAD 模式中的能力和学业成绩比较：计算机工程课程的案例研究 UFMG 航空航天工程专业材料力学教学中应用主动学习方法与 MOOLE 工具 科学和数学研究与工程中的硅光伏电池 多元线性回归技术的应用：以水泥厂为例 UFERSA CMPF 钢结构教学过程中的三维感知 将 3D 打印作为教学资源在 UFERSA-CMPF 钢结构教学中的应用 工程教学中的协作学习：协作水平与学业成绩之间的关联 教学智能控制：重新审视倒立摆实验	2020 年 第 1 期

序号	刊 文 标 题	刊物信息
12	对巴西生产工程课程质量和评估结果的看法 用于教学和研究目的的风力和水力涡轮机动态分析计算代码开发 IFSP 用于控制和自动化工程机器人教学的经验 高等教育中的积极方法———一个项目开发案例研究 特定工程师培训科目中学术文本类型的存在 工业 4.0 中的教学工厂：一项商业模式提案 工程课程监视器使用的教育技术 土木工程师 X 建筑师：结构学习中的冲突 校企互动：通过元分析方法概述当前世界和国家的情况 优化课堂时间：将视频与其他活动方法相结合的翻转课堂策略 认知超负荷：对主动方法在工程基本轴学科中应用的反思 培训特定工程领域的教师 使用基于项目的学习（PjBL）来教授化学动力学和均相反应器 土木工程课程中被动和主动方法的可利用性分析 巴西绿色屋顶技术概述 计算机自适应测试学生计算机能力模型分析 国家能源政策：莫桑比克学校在促进住宅电气照明领域能效方面的作用 在土木工程中教授液压和卫生建筑系统：教师观点 应用于工程的主动学习：关于学习感知的研究 工程课程中液压系统教学平台的优化 设计思维方法在土木工程课程中的应用：一次挑战创造和创新计算学科复杂教学过程的经验 食品工程课程中的参与式方法和基于问题的学习 UBERLÂNDIA 联邦大学土木工程专业课程整合研究 补充性 STEM 教学资源：分析数值方法和编程语言在等静压结构分析中的适用性 在土木工程课程中使用扩展来建立环境意识：PAVMENTANDO juntos 项目介绍 数学和编程学科在教学中的整合：系统文献综述 用于二维传热分析的计算平台 通过 DIDACTIC KIT 对印刷电路板进行串扰研究 工程教学反思：教学实践中的挑战 化学监测：强化课程作为促进学习的策略 新人才项目作为教育民主化的工具 学生人数快速增加的影响：巴西利亚大学软件工程本科课程 符合新的国家工程课程指南的课程调整方案：学习分光光度计的项目构建 使用概念图准备化学工程课程项目 软件在学习结构元素分析和计算中的贡献 使用 MATLAB 作为本学科的教学工具：机器元件	2020 年 第 1 期

《工程教育期刑》（REE）近年的刊文情况显示，越来越多的巴西工科教师积极开展教学学术研究并发表论文。期刊所发表的主题包括基于项目的学习、主动

学习、翻转课堂等教学理念和方法的应用，也包括很多基于具体工程学科或专业课的教学工具开发和教学技术的应用。还有少量文章对国外工程教育的新理念和新进展进行了引介。总的来说，REE 刊载的论文还是以基于课程或者培养项目的改进经验总结介绍为主，除去少量对学生体验和教师观点的调研，对工程教育基础理论的研究较为稀少。从研究主题上说，巴西的工程教育研究还没有显示出一门独立学科对原创知识的关注。

REE 的编辑团队从另一个角度显示，工程教育在巴西还没有形成独立的学科建制。主编阿德里亚娜·玛利亚·托尼尼（Adriana Maria Tonini）是欧鲁普雷图联邦大学开放和远程教育中心的教授，副主编塔尼亚·雷吉那·迪亚斯·席尔瓦·佩雷拉（Tânia Regina Dias Silva Pereira）是巴伊亚州立大学地球科学系教授。两位主编都未来自专门从事工程教育研究的院系或研究中心。

小结

从相关的专业协会以及期刊论文作者的工作单位等情况来看，巴西的工程教育研究尚未走入学科化和建制化的阶段。然而，巴西的工科教师和教育研究者对于工程教育问题的探索已经具备了相当规模。目前的研究，多数聚焦工程教学中的具体问题，包括新的教学工具的运用、学生的学习体验等。这一类研究比较接近"教学学术"，与侧重建构系统理论和方法的工程教育学科还有一些区别。

第五节

政府作用：政策与环境

一、高等教育治理结构

巴西联邦政府在教育治理方面的责任和功能包括：制定国家标准和教育发展目标，直接管理联邦大学和联邦职业学校，协调不同级政府的教育政策和实践，为州政府和市政府提供财政和技术支持。联邦教育部（Ministério da Educação，MEC）负责规范所有层次的教育事业。在高等教育方面，教育部的主要管理部门是"高等教育人事改进协调会"（Coordenação de Aperfeiçoamento de Pessoal de Nível Superior，CAPES）。通过与州、市政府协调，教育部设立包含学生胜任力和教学科目内容的课程指南。

与教育部管理职能相配合的国家级机构还包括如下 2 个。

（1）国家教育理事会（Conselho Nacional de Educação，CNE）：是教育部的咨询决策机构，负责指导和监督国家教育政策的设计和执行。CNE 是巴西社会参与教育政策制定和实施的保障机制。

（2）国家教育研究所（Instituto Nacional de Estudos e Pesquisas Educacionais Anísio Teixeira，INEP）：是负责考试和评估巴西基础和高等教育质量的半自主机构。在高等教育层面，INEP 负责高等教育入学考试（Exame Nacional do Ensino Médio，ENEM）和对高教（毕业生）质量进行检测的考试（Exame Nacional de Desempenho dos Estudantes，ENADE）。INEP 也收集和发布巴西教育系统相关信息和统计数据。

巴西的（高等）教育还受到一系列法令的管理和约束。过去几十年，对高等教育比较重要的法规如下所述。

（1）1988 年《巴西联邦宪法》规定公民享有从早教到高等教育的免费受教育的权利。

（2）1996 年《国家教育指南和框架法》明确巴西教育的机构和层次、三级政府的权限以及师资要求。

（3）2014 年通过的《国家教育计划：2014—2024》设立了未来 10 年巴西教育发展的 20 个目标。

二、《国家教育计划》及进展监测

2014 年，联邦政府 13.005 号法案通过了《国家教育计划》，该计划设定了巴西 2014—2024 年的教育发展目标，共 20 项，具体如下 [①]。

目标 1：到 2016 年，学前教育从 4 岁延长至 5 岁。

目标 2：对 6～14 岁孩子提供九年义务教育。

目标 3：到 2016 年，提高 15～17 岁青年入学率，到 2024 年，高中教育的整体入学率到达 85%。

[①] Portal do Governo Brasileiro. Plano Nacional De Educação-LEI N° 13.005/2014 [EB/OL]. https://pne.mec.gov.br/18-planos-subnacionais-de-educacao/543-plano-nacional-de-educacao-lei-n-13-005-2014#content-lei.

目标 4：为 4～17 岁学生根据需要提供拔尖或特殊教育。

目标 5：所有儿童至迟三年级末掌握字母表。

目标 6：在至少 50% 的公立学校提供全日制教育。

目标 7：提高所有基础教育的质量。

目标 8：提高 18～29 岁人口受教育年限至 12 年。

目标 9：到 2015 年将 15 岁以上人口识字率提至 93.5%。

目标 10：在初等和中等教育中引导 25% 的青少年结合专业教育。

目标 11：中等技术和职业教育入学率增加两倍，保证教学质量，公立技术和职业教育规模至少扩张 50%。

目标 12：高等教育毛入学率提升至 50%，在保证质量的前提下公立高等教育录取至少增长 40%。

目标 13：提升高等教育质量，提高高教师资硕士和博士学位拥有者比例至 75%，其中至少 35% 师资拥有博士学位。

目标 14：逐步提高硕博士招生直至年授予硕士学位 60 000 人，博士学位 25 000 人。

目标 15：确保所有基础教育教师拥有高等教育的专门训练。

目标 16：对 50% 基础教育教师提供研究生教育，保证所有基础教育师资有继续训练机会。

目标 17：在计划第 6 年末，保证公立基础教育师资的收入水平与受过同等教育的专业人士收入相当。

目标 18：两年内确保所有基础教育和公立高等教育师资具有职业计划。

目标 19：两年内确保有效民主的教育管理的必要条件。

目标 20：在立法实施 5 年内将公立教育投入提至 GDP 的 7%，在法令生效期末将公立教育投入提升至 GDP 的 10%。

《国家教育计划》的实施可能对工程教育产生广泛而深远的影响。一方面，随着政府对教育投入的增长和对教育质量的重视，尤其是基础教育受众的扩大和学制的延长，会增加高等教育申请人的数量和学业水平。同时，《国家教育计划》对高等教育提出了扩容和提质的要求。对于高等工程教育来说，入学申请者的数量和学业准备，师资水平的提升和招生规模的增长之间的实现次序，将在很大程度上影响教育的质量。另一方面，《国家教育计划》对职业教育和技术教育的重视，也有助于巴西培养层次更加多元的工程技术劳动力。

三、国家工程本科课程纲要

由于多样化、多层次的治理结构，巴西教育长期面临着体系过于复杂、区域间、学校间标准和表现不一致等矛盾。近年来，随着巴西教育规模的扩大，这些矛盾变得更加显著，严重影响到教育质量和学生的学习成效。自 2013 年起，在基础教育和高等教育领域，受到美国基础教育"公共核心"（Common Core）改革的影响，巴西先后出现了由民间力量发起的"课程标准化"的运动[①]。这些呼声随后得到政府的响应。2018 年，巴西教育部批准了含有学习目标、学生胜任力和技能指标的《国家公共课程基础》（*Base Nacional Comum Curricular*），对早教至中学教育各个阶段的课程提供了标准规范。

在基础教育课程标准化的同时，高等教育的不同专业也开始探索为全国的专业课程提供标准化的指导。2001—2016 年，巴西的工科毕业生人数迎来大幅增长，从 2001 年的 2.5 万上涨至 2016 年的 10 万[②]。然而，产业界认为，工程教育规模的扩张并没有给巴西生产部门的创新能力带来相应的增长。相反，业界普遍感觉当前的工科毕业生在项目管理、团队合作、快速学习等关键专业能力方面有较大的缺陷。2018 年，巴西产业联盟（CNI）和巴西工程教育协会（ABENGE）联合向巴西教育理事会提交了更新和规范全国本科工程教育课程教学的提议。提议认为，工程训练应该改变传统的注重内容教学的单一模式，转而关注学生胜任力的培养，并将创业能力纳入工程活动的范畴中。提议所关注的工程教育质量的焦点，除了公立大学之外，还包括近年增长迅速的私立高等教育。当前，许多工科毕业生在私立高校通过夜校等方式获得工程训练，而这些教育方式的质量得不到充分保证。提议同时希望加强工程教育机构和企业之间的联系。当前，学用脱节被认为是很多工科学生辍学的一个重要影响因素。另外，提议也希望借助简化工程训练的环节，减少专业细分，注重工程基础和创新能力的培育。

2019 年，国家教育理事会高等教育厅 2 号决议批准新的《国家工程本科课程纲要》（Diretrizes Curriculares Nacionais do Curso de Graduação em Engenharia）。《课程纲要》分为六章，分别阐述了基本要求、毕业生技能画像、工科本科课程的组织、评估、师资，以及最终和过渡期等方面的要求。《课程纲要》的第一章（"基本要求"）明确指出，高等教育机构在工程课程的组织、开发和评价方面必须遵

---

① Costin C, Pontual T. Curriculum Reform in Brazil to Develop Skills for the Twenty-First Century [A]. Audacious Education Purposes: How Governments Transform the Goals of Education Systems. Springer, 2020: 47–64.

② Brasil 200 anos. A batalha da qualidade [EB/OL]. https://revistapesquisa.fapesp.br/a-batalha-da-qualidade-2/.

循《纲要》。

《课程纲要》第二章陈述了工科毕业生的能力画像。其中，条款 3 要求毕业生具有全局观和人文精神，研发和创新创业能力，根据用户需求定义、分析和解决问题的能力和多学科视角；能在全球政治经济文化等多个语境下考虑工程问题，坚持维护社会责任和可持续发展。条款 4 具体阐释了工科本科毕业生的通用技能，包括在适当语境中形成和设计工程解决方案，通过建模和实验分析来理解物理化学现象，构思、设计和分析系统、产品和过程，实施、检测和控制工程解决方案，有效沟通，多学科团队合作，遵守法律和伦理规范，自主学习等能力。除上述通用技能之外，《课程纲要》还要求工程培养项目根据其具体专业选择毕业生应当具备的专业胜任力。

《课程纲要》第三章要求本科工程项目必须制定"课程教学项目"（Projeto Pedagógico do Curso，PPC），PPC 的目的是确定学习活动能保证毕业生画像中所制定的胜任力的发展。PPC 类似于我国的培养方案，但是其对培养目标和培养过程的细节要求更加详尽。其中条款 6 要求培养项目的 PPC 必须包括：毕业生通用胜任力和专业相关胜任力，学制，主要教学方法、内容和性质（基础、专业、研究或拓展），辅助活动，必修的最终毕业项目（类似我国毕业设计），必修的课程实习，学生活动的系统评价，课程和项目的自我评估和学习管理过程。条款 6 的附文中还推荐培养方"组织活动以加强学生在专业环境的练习，为教育机构和毕业生实践领域的互动创造条件"，并且"频繁推动由专业人士、企业和其他公私组织参与的活动"。条款 7 要求 PPC 中考虑学生需求，提供相关的预科或学业支持资源，以提高学生的留存率。

《课程纲要》第四章要求教育机构采取措施确保学生的评价能够成为强化学生学习和技能发展的手段。建议使用多元的评价手段，针对理论、实践、实验、研究和拓展等不同类型的学习活动，在培养全过程的不同阶段采取适当的评价方式。

《课程纲要》第五章要求培养项目的师资条件符合相关法律。要求本科工程项目是具有永久性的教师培训和发展项目，并要求教育机构清晰定义教师评价的相关指标。

《课程纲要》第六章规定了对工科本科培养项目在过渡期和最终的要求。规定各教育机构对《课程纲要》的实施必须接受机构内和教育部的监管。各个培养项目自《纲要》发布起 3 年内需按照《纲要》规定实施。

小结

因为多头治理结构和多元的教育供给，巴西的教育共同体和政府都有建立统一的国家教育体系，在教育环节中增强标准化的呼声（这和美国工程教育促进会成立的背景相似）。这些呼声在本报告所观察的时期（2016—2020）得到一定程度的落实。不同于美国、南非等国由专业组织通过专业认证的方式来提供一定形式的"标准化"，巴西采用了政府部门决议的方式来详尽规定工程教育的内容、环节和标准（瑞典则采用了立法的形式），体现了巴西在工程教育质量保障方面的特色，即由政府通过行政手段——而非完全的专业共同体自律的方式来保障工程教育的培养质量。这种方式体现出巴西教育治理的结构性特点，也在一定程度上反映出南美地区工程教育专业认证制度的发展还不充分的问题[①]。值得注意的是，工程教育标准虽然由政府部门决议确定，但其内容还是通过巴西工程教育协会，由工程教育专业人员以"建议"的方式拟定的。因此，巴西的工程教育质量保障政策，体现出工程教育治理方面专业和行政力量配合的一种新形式。

第 六 节

工程教育认证与工程师制度

一、专业认证

巴西的本科教育以"评估"替代了"认证"。对于工程教育来说，评估的结果可以看作是否符合专业认证要求的指针。全国范围的本科教育评估始于 1996 年，按照学科门类开展。2001 年，新的评估标准发布，协调了不同学科门类的评估程序。2004 年，巴西总统签署了《国家高等教育评估系统法案》（Sistema Nacional de Avaliação da Educação Superior，SINAES），并建立了国家高等教育评估系统（SINAES），负责高等教育机构和本科培养项目的评估工作。《评估系统法案》第

---

① Lucena J. Downey G. et al. Competencies beyond countries: the re-organization of engineering education in the United States, Europe, and Latin America [J]. Journal of engineering education, 2008, 97 (4): 433–447.

一条指出，高校评估的目的是提升高等教育的质量，引导高教扩招，永久提升其机构、学术和社会效益，深化教育机构的社会承诺和高等教育的社会责任[①]。

SINAES 对本科培养项目的评估侧重 3 个维度：教师、基础设施和教学组织。在本科项目评估时，必须包括由相关领域外部专家组成的评议委员会。

此外，SINAES 还依据全国统一的国家学生表现考试（ENADE）对学生的学业表现进行评价。ENADE 根据国家本科课程指南的要求测试学生在相关专业的知识掌握情况，以及学生理解专业知识进展中所需要的相关胜任力。[②] ENADE由国家教育研究所（Instituto Nacional de Estudos e Pesquisas Educacionais Anísio Teixeira，INEP）组织，每年举行一次，但是 SINAES 规定高校本科培养项目每3 年组织学生参加一次 ENADE[③]。ENADE 按照学科门类和专业进行测试。比较常见的工程专业，如土木、电气工程等专业，有针对其学科专业的测试，而更加小众的本科专业可以参加相近的工程专业，或者通用的工程类考试[④]。ENADE 考试持续 4 小时，总共 40 道题。其中，10 道题为针对所有专业大学生的通用型题，10 道题为所有工科学生通用，另外的 20 道题重点测试学生所在的工程专业。题目的内容和难度参照相关专业毕业生特征、能力以及专业知识方面的国家标准[⑤]。

评估首先由培养项目提出申请并提交相关信息，然后由国家教育研究所（INEP）组织专家组到项目进行调研，调研结果提交教育部高等教育监管秘书处。对高校评估的最终结果由教育部公布。评估结果不合格的高校需要与教育部签订《改进承诺书》，承诺书需包含对高校问题的诊断、解决问题的程序和行动、兑现承诺的期限以及监督改进行动的委员会信息。没有兑现改进承诺的学校可能会受到暂停招生、取消学校或专业项目办学资格、对公立学校管理人员警告、停职或撤职等惩戒。

---

① Presidência da República Casa Civil Subchefia para Assuntos Jurídicos. LEI Nº 10.861, DE 14 DE ABRIL DE 2004. 2004.

② 最新的《国家工程本科课程指南》（CNE/CES，2019）提供了本科工科项目寻求认证所需要达到的毕业生学习成果。

③ Gomes A C D. Madani F S et al. Contributions of ENADE to the Assessment of Control and Automation Engineering in Brazil [J]. IEEE Transactions on Education, 2021, 64 (2): 124–132.

④ 同上.

⑤ 同上.

二、地区认证

在教育部的高校评估之外，仿照欧洲的"博洛尼亚进程"，由阿根廷、巴西、巴拉圭、乌拉圭和委内瑞拉构成的"南方共同市场"（Mercosur）探索成立了地区认证系统 ARCU-SUL。ARCU-SUL 的全称是"南方共同市场和协约国本科课程项目地区认证系统"（Sistema de Acreditação Regional de Cursos de Graduação do Mercosul e Estados Associados），它提供了一个在满足成员国共同的毕业生要求的同时，符合各个参与国认证标准的框架①。目前，ARCU-SUL 的成员国变为：阿根廷、巴西、巴拉圭、乌拉圭、玻利维亚、智利、哥伦比亚、厄瓜多尔和秘鲁②。

ARCU-SUL 由国家认证机构网络（Rede de Agências Nacionais de Acreditação，RANA）负责运作，其认证程序与 ABET 类似：首先由寻求认证的项目提供自评报告，然后由项目之外的同行进行评估，最后由一个委员会做出最终决策③。ARCU-SUL 拥有经过培训的评估专家库。受到认证项目的毕业生学位在其他参与国申请学位认可时可以享受简化的手续。

ARCU-SUL 在巴西的运行由国家教育研究所（INEP）负责。INEP 目前已经为农学、建筑学、护理学、工学、兽医学、医学、牙科学、药学、地质学和经济学等专业提供 ARCU-SUL 认证。

三、职业资格注册

工程与农学联邦理事会（O Conselho Federal de Engenharia e Agronomia，CONFEA）负责职业工程师注册事务。CONFEA 在巴西每个州拥有工程与农学地区理事会（CREA）。未经 CREA 注册的工程师不能签署工程文件或负责工程项目。

CONFEA 对从巴西高校取得工程学位申请人的注册要求比较简单。包括 5 个步骤。

（1）向地区理事会（CREA）提交规定的材料；

---

① Thomas K. O'Neil D. et al. Engineering Accreditation and Professional Competence in Ireland and Brazil: Similarities, Differences and Convergence in a Global Context [C]. IEEE International Conference on Interactive Collaborative Learning, 2015.

② Sistema de Acreditação Regional de Cursos de Graduação do Mercosul e Estados Associados (Arcu-Sul) [EB/OL]. https://www.gov.br/inep/pt-br/areas-de-atuacao/avaliacao-e-exames-educacionais/arcu-sul.

③ Thomas K. O'Neil D. et al. Engineering Accreditation and Professional Competence in Ireland and Brazil: Similarities, Differences and Convergence in a Global Context [C]. IEEE International Conference on Interactive Collaborative Learning, 2015.

（2）由专门委员会分析申请人胜任力；

（3）由专门委员会认定职称、指定的职业活动和胜任力；

（4）在 CONFEA 的信息系统中认证文凭；

（5）依据情况，由 CREA 颁发职业执照或临时职业执照。

申请职业工程师资格的材料要求也比较简单，包括：从具有资质的教育机构获得的文凭或学历证书；体现学习时长的成绩单；身份证；纳税记录单；选民注册证；选举免责证书[①]；退伍证书[②]；居住证明和照片。可以看出，申请职业工程师资格主要的专业要求是从受认可的教育机构获得学位。因为巴西的工程教育受到教育部统一认证，任何正规学校的工程本科学位都可以作为注册工程师的前置条件，并且没有额外的执业要求[③]。

相较于《华盛顿协议》签约国对协议内其他国家工科毕业生的认可，巴西的职业工程师注册制度对外国工程师非常严苛，一般只在相关领域技能职业人员数量不足，或巴西本国相关专业人员不足以满足国家对劳动力需求这两种条件下，才会给予外国工程师的注册申请较为有利的考量。如果申请人的学位在国外获得，还必须将其学位通过巴西教育机构的重新认证。对职业资格申请的审核还要考虑外国人是否持有巴西工作签证，以及签证的种类[④]。

当职业工程师执照的持有人跨州从业时，需要向业务所在州的 CREA 重新申请当地的职业资格。在跨国执业方面，因为 CONFEA 与葡萄牙工程理事会（Ordem de Engenheiros）签署的互认协议，葡萄牙免除巴西工程师申请职业资格时的考试要求。而葡萄牙工程师在申请巴西职业资格时，不需要再重新认证其在本国所取得的学历[⑤]。

小结

巴西的工程教育专业认证与《华盛顿协议》签署国采用的方式有较大不同，

---

① 证明本人未违反选举相关法规。

② 巴西实行义务兵役制。

③ Thomas K. O'Neil D. et al. Engineering Accreditation and Professional Competence in Ireland and Brazil: Similarities, Differences and Convergence in a Global Context [C]. IEEE International Conference on Interactive Collaborative Learning, 2015.

④ Conselho Federal de Engenharia e Agronomia. Registro de profissional diplomado no exterior [EB/OL]. https://www.confea.org.br/servicos-prestados/registro-de-profissional-diplomado-no-exterior.

⑤ Conselho Federal de Engenharia e Agronomia. Mobilidade professional [EB/OL]. https://www.confea.org.br/profissional/transito-profissional.

它依托国家的高等教育评估来开展。其中，对高等教育的评估还须参考全国统一的毕业生考试成绩（ENADE）。这些措施一方面体现出巴西多元化多层次高等教育结构下统一质量标准的需要；另一方面也暗示工程专业共同体在巴西还没有体现出充分的专业自主权，没有掌握工程师质量标准的最终决策权。工程专业共同体较弱的自主地位也体现在职业工程师注册制度中。对于巴西本国高校的工科毕业生，注册程序基本只起到形式审查的作用，具有合法学历的申请人在完成相关程序之后自动获得注册工程师身份，没有对申请人专业能力和专业实践经历的额外考察。在这样的制度下，注册工程师的资格并没有充分体现出专业人员的"排他性"，这也是工程专业共同体自主权较为弱化的佐证。

第七节

特色及案例

本节选取两个巴西工程教育案例。圣保罗大学理工学院是巴西历史最悠久、最知名的工程教育机构之一，在其逾百年的历史中，创造了一系列工程教育和研究的引领性成果。英斯佩尔教育研究院则是一个年轻的私立高等教育机构，利用自身的小规模，办学灵活等优势，在过去数年中大胆革新，迅速成为巴西工程教育创新的一张名片。

一、传承精英工程教育的圣保罗大学理工学院

圣保罗大学理工学院（A Escola Politécnica da USP，Poli）是拉丁美洲门类最齐全的工学院。圣保罗大学在《美国新闻与世界报道》（*U.S. News & World Report*），2023 年全球工科大学排行中名列 175 位，是巴西排名最靠前的工程教育机构[①]。Poli 的毕业生在工程专业以及企业和政府管理等领域起着重要的领导者作用。在科研和教育方面，Poli 重视科学基础与应用的结合，为师生服务工业过

---

① U.S. News & World Report. Best Global Universities for Engineering in Brazil. https://www.usnews.com/education/best-global-universities/brazil/engineering.

程现代化和产品系统创新打下基础。同时，Poli 还大力提倡"公民工程"，鼓励师生运用工程知识和技能服务社会需求，解决社区所面临的真实问题。

（一）学院历史

圣保罗大学理工学院（Poli）成立于 1893 年，其历史比圣保罗大学还早 40 年。学院成立的初衷是为圣保罗州建立一个强大的工业体系服务，以改变本州经济对农业的过度依赖[①]。学院最早的专业包括工业工程、农业工程、土木工程和机械技术。Poli 的创立者以德国应用技术学院（Technische Hochschule）为模板，将数理知识和技术的创新应用紧密结合，为圣保罗州以及巴西的现代化发展做出了一系列标志性的贡献。早期 Poli 师生的成就包括圣保罗州的城市规划、基础设施建设、能源供应等各方面，帮助圣保罗从 19 世纪末期的一个小城成长为国际大都市。

1905 年《材料强度手册》的出版引起了建筑行业的技术革命。1907 年，Poli 参与了巴西最早的金相测试，并产生一批技术专利。圣保罗州立艺术馆、市立剧院等一批标志性建筑也出自 Poli 教师或毕业生之手。1926 年，Poli 成立材料测试实验室，该实验室的工作影响了很多工业活动的国际标准。

1934 年，Poli 与其他学院合并成立了圣保罗大学。Poli 的教授西奥多·奥克斯托·拉莫斯（Theodoro Augusto Ramos）受圣保罗大学组委会派遣，到欧洲雇佣了一批优秀的哲学、理学和文学教授。新教授的加入，尤其是理学教育方面的提升，进一步促进了 Poli 工程教育的发展。20 世纪 40 年代，Poli 的教授参与了圣保罗航空公司的创建并制造了 800 架保利斯适哈（Paulistinhas）飞机。一批 Poli 毕业生参与了巴西金属协会的创建。

20 世纪五六十年代，Poli 在巴西的公路、土建和水利工程发展中做出了卓越贡献。学院的野上约伯（Job Nogami）教授是高速公路土壤研究的先驱，另一位教授米尔顿·瓦加斯（Milton Vargas）研究了水坝的土质。1953 年起，Poli 与巴西海军合作开办海军工程专业，并在其后的几十年中延续了与海军的密切合作。1962 年，学院设立生产工程专业，培养工程师提高企业的生产质量、经济效益和运营管理的优化。1960 年，Poli 与圣保罗大学其他学院一同为全国新设立的多个工程专业提供指导。

1970 年，Poli 建立了微电子实验室。1971 年，实验室制造出拉丁美洲第一个单片集成电路。同年，学院的数字系统实验室造出了南美洲第一台使用集成电

---

① Escola Politécnica. História da Poli. https://www.poli.usp.br/institucional/historia.

路的计算机。1975 年，Poli 的系统集成实验室成立，并造出巴西第一套虚拟现实系统。1982 年，Poli 参与了巴西第一个机器人的开发。

20 世纪 80 年代，Poli 在巴西率先为土木工程本科生开设房地产相关课程，并陆续设立该方向的研究生项目以及研究和社区服务项目。1988 年，Poli 在全国首设机电一体化本科专业，Poli 的机电一体化培养方案随后成为全国该专业的参考标准。机电一体化的研究成果包括输油管道检测设备和人工心脏等。20 世纪 90 年代早期，Poli 在全国率先向本科生讲授计算机辅助设计（CAD），CAD 的引介也使 Poli 成为应用建筑信息建模（BIM）方法的先驱。整个 90 年代，Poli 师生在深海石油开采、GPS 通信、建筑质量保障、水资源管理和能源利用等方面，做出了一系列影响圣保罗州和整个巴西经济社会的贡献。

2003 年，Poli 教授罗塞利·德·杜斯·洛佩兹（Roseli de Deus Lopes）创立了巴西科学节，每年吸引超过 200 所高中的 12 000 名学生参加，成为巴西最重要的科学展。2004 年启动的"Poli 公民项目"鼓励师生参与社会服务，通过与社区的合作，利用工程知识解决居民实际需求。

（二）机构和专业设置

Poli 的机构包括 15 个系，分别是：水利和环境工程、计算机工程与数字系统、冶金和材料工程、结构和地质工程、采矿和石油工程、生产工程、电力工程及自动化、机械工程、机电一体化与机械系统工程、海军和海洋工程、化学工程、建筑工程、电子系统工程、通信和控制工程，以及交通工程系（PoliUSP，2018）。

Poli 提供 17 个本科专业，分属土木、电气、机械和化工四个类别[①]。其中，15 个专业沿用正常学期制，计算机工程和化学工程两个专业的学制以 4 个月为单位，与企业合作培养。

（三）教育培养特色

Poli 所有的工程本科专业培养都包含至少一学期的实习，以便学生将学术训练和职业经验相结合。其中，Poli 的土木工程与圣保罗大学的建筑与城市规划学部联合办学，允许两个专业的学生相互选课，由此，Poli 的土木工程学生得到建筑设计、美学和相关人文科学的培养。Poli 还与圣保罗州的其他公立大学签订了合作协议，允许学生在州内公立大学自由选修课程。

---

① Escola Politécnica. Cursos de graduação oferecidos na Escola Politécnica da USP [EB/OL]. https://www.poli.usp.br/ensino/graduacao.

除了课程外，Poli 的学生还通过社团活动、体育竞技以及专业实践来丰富和提升自己的专业素养。1989 年，Poli 的学生创立了名为"Poli 年轻人"的工程咨询公司，为中小企业提供工程咨询服务。"Poli 年轻人"为学生锻炼工程实践能力和公司运营管理能力提供了平台，也通过组织课程、工作坊和各种活动，为正式的课程提供了有益补充。

国际化是 Poli 为培养 21 世纪工程师而突出的策略。Poli 目前持有 84 个本科学生国际交流协议。2014—2018 年，1 451 名 Poli 的本科生通过这些协议参与了国际交换，544 名外国学生通过交换协议来到 Poli 求学。同时，学院与德国、西班牙、法国、意大利、秘鲁和葡萄牙的高校联合设立了 31 个双学位项目。截至 2018 年，超过 900 名 Poli 或外国学生从双学位项目毕业[①]。

（四）社会联系

作为一所公立学院，Poli 非常注重利用学院智识资源回馈社会。学院的文化与拓展委员会（A Comissão de Cultura e Extensão）负责指导和管理学院内与社会开展联系和互动的项目。这些活动也成为帮助学生了解社会、为就业做准备的教育资源。代表性的文化拓展项目包括：艺术与文化项目（以策划讲座、展览等方式加强学院文化艺术氛围）、POLIPEx（资助本科生参与文化拓展的专项）、Poli Cidadã（鼓励师生在毕业设计课程中加强与社会的联系）、FEBRACE（巴西科学与工程节，激励年轻人学习科学与工程）。

同时，自成立至今，学院一直不限于纯粹工程师培训机构的定位，与巴西国内外的企业、政府和非政府组织建立广泛的合作。Poli 目前与大约 300 个组织机构签有合作协议，在技术研发、人员培训、技术咨询等领域开展广泛合作。学院的合作伙伴包括巴西知名企业、联邦部门（如城市部和科技创新部）以及联合国、欧盟等国际组织。

二、作为覆盖创新实验室的英斯佩尔教育研究院

英斯佩尔教育研究院（Insper）是位于圣保罗的一所私立高等教育机构，专注于商业、法律、经济和工程的教育。Insper 成立于 1987 年，起初作为巴西资本市场学院的分校，专注于 MBA 的培养。在随后的办学经历中，逐渐增加了 EMBA、法律硕士等专业学位项目。2002 年，Insper 开始商科和经济学的本科生

---

① Escola Politécnica. PoliUSP, 2018.

培养。2014 年，巴西教育部批准了 Insper 设立计算机工程、机械工程和机电一体化工程 3 个专业，2015 年第一批工科学生入学。2018 年 MIT 发布《全球一流工程教育的发展现状》，将 Insper 列为全球 5 所"值得关注"的新兴工程教育机构之一①。Insper 的使命是通过培养创新领袖和应用研究，结合卓越的学术和超越学科边界的集成的知识视野来推动巴西转型②。学校的愿景是成为全球关于巴西教育和知识生产的标杆。

（一）创办初衷

Insper 建立工程教育的初衷是解决巴西高等工程教育所面临的迫切挑战：大学生学业准备不足，难以胜任工科学习，以致工科本科生的退出率高达 50%。2013 年，Insper 与欧林工学院签署合作协议，在 Insper 共建工程专业。欧林在课程开发、教师雇佣和学生录取等环节中为 Insper 提供咨询。同时，欧林还基于自身的教学理念和课程模式帮助 Insper 进行课程设计，强调基于动手的学习、创业思维和创造性解决问题能力的培养。与欧林工学院相类似，Insper 的工程项目也是全新的，不受已有工程教育的约束，可以充分实施项目设计者的愿景③。

仿照欧林的做法，Insper 在招生过程中开展"设计挑战赛"，由学校的申请者组队在短时间动手设计解决一个知识和技能挑战，以此来检验自己的学业准备和学习风格与 Insper 工程教育的匹配度。

此外，Insper 还利用了自己在经济和商科方面的教学资源，开设了由商业管理、经济学和工科学生共同选修的《价值链与商务生态系统》《社会影响实验室》《设计本质与管理基础》等课程，为学生创交叉学科的共同学习经历④。在《价值链与商务生态系统》课中，工科学生负责产品开发，而商科和经济学的学生负责新产品和新方案的商业可行性。

3 个工科项目还联合设立了工程展（ExpoEngenharia），提供机会让所有年级的工科学生向朋友、家人和同学展示自己的项目和作品。学校还邀请企业合作伙伴参观工程展以便更深入地了解 Insper 的工科生能力。

在《工程最终项目》（Projeto Final de Engenharia，PFE）中，与 Insper 保持合作关系的企业为学生提供真实的业务问题，由学生团队以顾问的角色，在教师

① Graham R. The Global State of the Art in Engineering Education [R]. MIT School of Engineering, 2018.

② Insper. About Insper [EB/OL]. https://www.insper.edu.br/en/about-insper/.

③ Insper. Insper E Olin College Of Engineering Criam Nova Escola De Engenharia Em São Paulo [EB/OL]. https://www.insper.edu.br/noticias/parceriaolin/.

④ Insper. Relatório Anual 2017, 2017.

的指导下解决相关问题[1]。PFE 允许计算机、机械和机电一体化专业的学生跨专业组队，从多学科角度进行问题的分析和解决。

（二）课程安排

Insper 的本科工程提供计算机工程、机械工程和机电一体化工程 3 个专业，2019—2021 年招生和毕业人数见表 11–6。本科前两个学期，3 个专业的学生共同修习工科课程。第三、第四学期，机械和机电一体化专业学生继续共同上课，而计算机工程开始独立课程。第五至第七学期，在各专业公选课之外，还开设专业选修课程。学生在第八学期完成最终工程项目（毕业设计）。第九、第十学期用于最后的选修课以及按照政策规定的必修实习环节[2]。

表 11–6　Insper 本科工程专业近年招生和毕业人数

专　　　业	2019 年		2020 年		2021 年	
	招　生　数	毕　业　数	招　生　数	毕　业　数	招　生　数	毕　业　数
计算机工程	202	8	289	20	334	35
机械工程	128	14	142	10	156	20
机电一体化工程	162	29	169	19	194	23

资料来源：https://www.insper.edu.br/en/program-objectives-and-results/.

Insper 的计算机工程专业面向软件开发和人工智能领域培养人才。计算机工程专业在教学方法上突出以学生为中心，基于项目的学习和动手解决真实世界问题。团队协作、设计、创业思维和持续学习贯穿整个培养过程。计算机工程专业的项目培养目标，是期待学生在毕业后数年内能够：成为能与多学科团队合作的技术领袖；发现机会，立足实际解决组织和社会需求；践行伦理并认识自身的影响力，在所生活的社会中发挥持续影响力；保持胜任力，快速理解持续变化的市场前沿。

对于机械工程专业来说，其项目培养目标是，学生在毕业后数年内能：使用分析技能和技术知识，针对复杂工程问题设计有效解决方案；在持续变化的市场中，依照用户和社会需求的引领推动创新；领导团队调动资源来实现可持续、经济和符合伦理的事业；通过有效沟通来建设和参与多学科多元化的团队；追求持续进步，并始终聚焦拓展自身在不同胜任力层面的学习技能。

---

① Insper. Relatório Anual 2018, 2018.

② Insper. Engenharia De Computação [EB/OL]. https://www.insper.edu.br/graduacao/engenharia/engenharia-de-computacao/.

机电一体化工程项目培养目标是，学生毕业数年之内能够：运用数学和科学知识以及科学方法解决一般问题和工程问题；发现创业机遇并调动资源以经济可行、社会认可的方式实现机遇；推动服务用户和社会需求的创新并考虑创新的社会、政治和环境背景；在职业生涯中运用所学的学习技能保持技术知识的领先；思想自主并具有在不同胜任力层次上的自我管理能力；能通过有效沟通胜任多学科多元化团队的工作[①]。

计算机工程、机械工程和机电一体化工程项目有相同的 7 项学生学习成果。

（1）技术知识：通过运用工程、科学和数学原则识别、形成和解决复杂工程问题的能力。

（2）设计与创业：运用工程设计，产出满足特定需求并考虑公共健康、安全和福祉，以及全球、文化、社会、环境和经济因素的解决方案的能力。

（3）沟通：与不同类型的听众有效沟通的能力。

（4）语境意识：认识到工程情境中的伦理和专业责任，结合工程解决方案在全球、经济、环境和社会语境中的影响，做出知情判断的能力。

（5）团队合作：在一个能够集体提供领导力、创造合作和包容环境、确立目标、规划任务和实现目的的团队中发挥有效功能。

（6）科学思维：设计和开展恰当实验、分析和解释数据并运用工程判断得出结论的能力。

（7）学会学习：根据需要，运用恰当的学习策略获取和应用新知识的能力。

值得注意的是，这 7 项学习成果的组织和表述的方式，并不完全仿照巴西工科本科课程的国家指南，而更加接近美国 ABET 的学生学习成果的表述。

小结

因为巴西多层次、多样化的高等教育生态，巴西成为南美洲，甚至世界工程教育的"实验室"。虽然巴西工程教育的培养质量在整体上还面临很多挑战，包括前文中提到的工科学生留存率低、工程培养学用脱节、毕业生专业能力不足等问题，但是也有一批高校和培养项目，结合学校定位和使命，做出了卓有成效的探索。本节所介绍的两个案例体现出巴西工程教育中两种风格各异的类型：圣保罗大学理工学院（Poli）作为南美地区领先的精英大学，其办学成就建立在逾百

---

① Insper. Program Objectives and Results [EB/OL]. https://www.insper.edu.br/en/program-objectives-and-results/.

年的历史积淀、与圣保罗这样的国际化都市共同成长，以及遍布巴西政治、经济、科技界的杰出校友的基础上。因此，Poli 的办学体现出传统精英高校的特点：依托高水平科研和国际化合作网络，培养学生的研究能力和全球胜任力。同时，结合精英大学的使命感，强调社会责任、服务社区。这些理念服务的是未来工程领袖的培养。

英斯佩尔（Insper）则体现了一条相当不同的办学思路。作为一个由商科教育发展起来的小型多科私立高校，Insper 利用自身充裕的资源和高度的灵活性探索工程人才培养的颠覆式创新。学校深度借鉴了美国欧林工学院的办学模式，并且邀请欧林的师生从头参与了自身工程教育项目的设计，把欧林模式所强调的注重设计能力、注重工程创新的精神注入了自身工程教育的基因。

从一定意义上说，Poli 和 Insper 工程教育的路径体现了工程教育创新谱系的两端：一端是具有深厚传承的工程教育"旗舰"，在延续自身传统和使命的基础上拓展和更新工程教育的内涵；另一端是高等教育的新生力量，在不受拘束的空白画布描绘工程教育的新愿景。在这两种模式之间，巴西的高校还尝试了各种局部的、彻底的或融合式的工程教育创新。

第八节

总结与展望

因为其自身历史和文化源流等因素，巴西的工程教育起源较早，早期的巴西工程教育也受到德国、法国等欧洲模式的深刻影响。然而，受巴西自身的政治经济结构，尤其是高度依赖农产品出口的传统农业精英的影响，巴西工业化的时间较晚，工业化发展在地区间和行业间的分布也并不均衡。一定意义上说，巴西工程教育的历程为理解全球工程教育的发展提供了一个相当特别的"样本"，即在德、法等国发展较为成熟的工程教育理念和工程教育体系，在一个新建立的国家及其较为松散和多元的治理体系中如何落地和成长。回顾过去一个多世纪的历史，巴西的工程教育经历了与国家工业化互相助力、一同快速发展的时期，为一些城市和地区的现代化提供了强有力的支撑，也使一些产业走到了世界的前沿。

然而，国家整体教育基础薄弱、质量欠缺，仍然是巴西产业创新和在全球市场保持持续竞争力的主要短板。

进入21世纪第2个10年，巴西的经济增长和创新能力的提升都碰到了瓶颈。这些挑战也促使工程教育者、工程专业共同体和政府更加系统地诊断和提升工程教育的质量，尤其是通过国家政策保障工程教育培养项目和毕业生能力的"最低标准"。在巴西工程教育协会和产业代表的联合推动下，巴西教育部于2019年颁布了新的工程本科课程纲要，对教学的组织方式、教学活动、毕业生能力和评价的维度进行了细致的要求，在全国的工程教育中推动以毕业生工程胜任力为指引的工程教育改革。在这些措施的刺激下，一些学校进行了积极的工程教育创新探索。

同时，面对全球工业4.0所带来的机遇和挑战，对照巴西国内人力资源的优势和不足，政府、高校和企业也开始联合探索更加密切的产教合作，旨在摆脱过去高校科研与企业技术研发脱节的情况，使高等教育更好地服务于企业创新需求和国家经济发展。

巴西工程教育治理的一大特点是比较强势的政府管理。通过对课程、毕业生考试等方面的立法，巴西教育部和下属机构对巴西工程教育的培养模式、培养质量、项目认证等都发挥直接影响作用。针对巴西高等教育发展不均衡，尤其是公立和私立高校在教育资源和教育质量等方面差距较大的情况，政府对工程教育的全面管理被认为是保障工程教育最低标准的必要措施。然而，这种由教育行政部门对工程教育的直接干预，与来自产业、工程专业和高教共同体的影响力如何配合，不同主体之间的互动又将以何种方式影响到对工程教育的法定要求在具体教育实践中的落实，还值得进一步探索和研究。

执笔人：唐潇风

第十二章

日　本

第一节

工程教育发展概况

日本以其技术进步和工程奇迹而闻名。在一些工程领域，如汽车、手表、游戏机、照相机等日本都位于世界领先水平，其工程领域的质量和可靠性在世界范围内拥有良好声誉。对于这样一个国家而言，其工程教育有许多值得借鉴之处。

一、明治时期到昭和初期

日本现代教育体制的建立始于 1868 年明治维新以后。从创立伊始，工程教育就是日本大学的重要组成部分。在明治时期（1868—1912 年），日本的目标是成为一个拥有强大军事力量的富裕国家，并发展成为一个具有与西方国家相媲美工业能力的国家。1871 年，工贸部建立了工程部，并开始了为期 6 年的工程教育计划，包括初步、专业和实践培训各两年。1886 年，明治政府颁布了森有礼制定的《帝国大学令》，将东京大学改为帝国大学，并在帝国大学内设大学院（研究生院），称"帝国大学以教授学术、技术理论及研究学术、技术的奥秘为目的，帝国大学由大学院及分科大学组成，大学院是专门研究学术、技术奥秘的地方"。帝国大学被授予特权和相当大的学术自由，专门培训西方先进学术与技术的精英领导人。同年，工程学院与帝国大学手工业学院合并，成为帝国大学技术学院。

为了培训可以实际使用的工程师，1903 年日本颁布了《职业学校条例》和《技术学校令》，全国各地都建立了技术学校，这迅速促进了日本的工业化。高等专门学校招收初中毕业生，学习年限 5.5 年，主要为工业领域培养技术员。初办时全国共有此类高等专门学校 19 所；20 世纪 70 年代末发展到 62 所，此后一直稳定在这个规模。

1885 年，英国人戴尔担任帝国工程学院的系主任，根据欧洲的工程教育体系，建立了以下部门：土木工程、机械工程、电气工程、建筑、制造、采矿和冶金。帝国大学的工程系和高等技术学校继承了这种制度。这使得工程教育在日本工业的发展中处于领先地位。

二、"二战"后至 20 世纪末

"二战"后，为了解决社会对中高级工程技术人才的需求，日本政府出台了"理工扩大政策"。理工扩大政策前后共有两个阶段，第一阶段旨在扩充、发展理工学科，1957 年的中央教育审议会提出了《科学技术教育的振兴对策》，该对策就如何扩充理工学科做出了详细的规定。作为强化，池田内阁在 3 年后的《国民所得倍增计划》中提出"改革现存大学学科构成"，完善了一期理工扩大政策的框架。第二个阶段的理工扩大政策以 1960 年的科学技术咨询会议为开端，旨在进一步增加理工科学生的数量。作为响应，文部科学省制定了从 1961 年开始每年增加理工科学生 1.6 万人的"七年计划"。值得注意的是，第二期的理工扩大政策还放宽了大学设置基准的门槛条件，允许设施设备基准的弹性化处置，由此使得私立大学的理工学部得到了快速扩张。[①]

此时日本的工程教育除规模扩张外，结构上进行了调整。美国工业教育咨询小组向日本提交的报告指出，"工程教育应避免在广泛的一般工业中的一个狭窄领域进行专业化教育，注意与学术界的区别，工程应该是关于生产过程和机械，解决工业问题以及经济问题"。高等技术学校被转移到新的大学，同时保持了明治时代以来的系和专业体系。1962 年，在企业界强烈要求下，由技术学院负责的中级技术人员培训系统建立。

虽然此时日本工程教育的规模和结构都进行了改革，但仍存在一定问题。1993 年 5 月，大学理事会的报告《研究生院的改善和提高》指出，日本的研究生院在质量和数量上与西方国家相比都具有一定差距。虽然许多大学升入工科研究生院（硕士课程）的学生比例超过 50%，在原帝国大学和东京工业大学等 8 所大学中，这一比例超过 80%，但只有大约 10% 的学生从硕士课程升入博士课程。1970 年，在京都大学和大阪大学的工程学院内首次设立了计算机科学系。随着产业结构的变化，就业领域从传统的制造业向交通通信业、服务业等多元化发展，但包括学生规模和师资力量在内的工科教育体系却没有明显变化。此外，工科教育和研究的内容也倾向于区分专业领域，深化教育和研究，而不是广泛地应对结构变化[②]。

---

① 叶磊. 战后日本的高等工程教育与工程型人才培养 [J]. 国家教育行政学院学报，2014（12）：91–94.

② 关于高校工学教育开展情况的教案委员会. 高校工学教育的开空情况（中期报告）（案）[EB/OL]. https://www.mext.go.jp/b_menu/shingi/chousa/koutou/081/gijiroku/1386228.htm. 平成 29 年（2017 年）5 月 24 日。

三、21 世纪至今

21 世纪以来，日本的大学和其他高等教育机构处于一种相对混乱的状态。随着全球化和新兴经济体的崛起，全球经济和国际政治的力量平衡在近年来的不断变化，使得国家教育路线和支持教育的产业路线变得不确定。培养未来对国家和行业负责的人才，已经越来越难预测，教育领域被迫实施改革来应对这种情况。然而，目前压在日本教育界身上的，不仅有这种不确定性产生的因素，还有未来一定会发生的并且会给教育界带来危机的实际问题。

首先，日本出生率下降导致招生能力高于学生人数。日本人口已连续 10 多年自然减少。2020 年的数据显示，日本是目前全球老龄化率最高的国家，65 岁以上人口占全国总人口的 28.4%。根据日本总务省发布的预测数据，2060 年日本的老龄化率将达到 39.9%。随着人口危机不断深化，未来几十年日本人口可能继续下降。日本 18 岁的人口逐年减少，从 1992 年的约 205 万减少到 2014 年的 118 万。然而，自 1992 年以来，进入高等教育机构的学生比率一直在增加，从 2002—2017 年，4 年制大学的学生人数几乎没有变化，每年约 60 万人。但由于考试行业的原因，到 2021 年，进入四年制大学的学生人数下降到 50 万以下。而 4 年制大学的招生能力已从 1992 年的约 473 000 人增加到 2014 年的约 578 000 人，进入大学的学生人数低于招生能力。

其次，学生学习时长减少，导致学习成绩降低。进入大学的学生人数减少，而大学的名额增加，将减缓对大学名额的竞争，即入学考试的竞争。因此，具有中等学习能力高中生的学习时间与过去相比明显减少。根据一项由考试行业进行的调查显示，1990—2006 年，将高中生在家学习的平均时间按偏差值^①划分，偏差值在 45 分或以下的学生为 49.5～43.2 分钟（减少 6.3 分钟），偏差值在 45 分或以上但小于 50 分的学生为 89.2～62.0 分钟（减少 27.2 分钟），而偏差值在 50 分或以上但小于 55 分的学生为 112.1～60.3 分钟（减少了 51.8 分钟），偏差值在 55 分以上的学生，从 114.9～105.1 分钟（减少了 9.8 分钟）。偏差分数在 45～55 分的高中生的学习时间明显减少。这被认为是由于这个偏差范围的高中生更容易进入他们所选择的大学。在 45 分以下和 55 分以上的标准偏差水平之间，学习时间没有差异，这表明对于这个范围内的高中生来说，偏差水平的差异不是由学习时间长短造成的。此外，由于进入自己选择的大学变得更加容易，近年来除了少数大学和院系外，大多数进入大学的学

---

① 偏差值指相对平均值的偏差数值。

生都是当场通过入学考试的学生，没有经历过所谓作为学徒的学习期。通过应试进入大学的学生和学徒比例，已从 1992 年的约 2∶1 增加到 2014 年的约 6∶1。考虑到很多人是在学徒期间为高考而学习，这也导致了进入大学前学徒时间的减少。鉴于这种情况，今天进入大学的学生的学习成绩比过去要低也就不足为奇了，因为这是以传统的笔试成绩来衡量的，而笔试成绩往往与学习时间长短高度相关。

小结

日本的工程教育自现代教育体制创立起就是大学的重要组成部分。从明治时期到昭和时期，日本为了增强自身军事实力，发展工业能力，开始实施工程教育计划，成立多所工程大学、颁布政策文件，并学习欧洲工程教育体系制度，其工程教育迅速发展，处于日本工业发展的领先地位。"二战"后，高等技术学校被转移到新的大学，设立由技术学院负责的中级技术人员培训系统，这一时期，虽然工科学校规模不断扩大，但并未广泛地适应产业结构变化。21 世纪至今，日本工程教育在逐渐发展中也面临重要挑战，这其中不仅包括经济发展不确定性带来的问题，也包括因出生率下降带来的系列问题。首先是学生人数的下降，导致招生能力高于学生人数，其次是学生学习时长的减少，导致学习成绩降低。

日本工程教育规模扩张、体系建设的经验值得借鉴，但其发展所面临的问题更值得重视。在工程教育现代化改革过程中，应及时关注经济全球化所带来的系列影响，广泛关注工程问题，紧跟工业化发展前沿，提前布局以应对挑战。

第二节

工业与工程教育发展现状

一、工业现状

为加强经济安全保障，日本政府已汇总了"特定重要技术"基本方针草案，将包括 5 倍速以上的"高超声速"和人工智能在内的共计 20 个领域选定为"特定重要技术",并投入大规模资金。在 20 个领域中,除了高超声速和 AI 之外,还有生物技术、基因组学等医疗和公共卫生技术、尖端计算技术、机器人工程学、尖端监控与定位及传感器技术等。

日本目前 IT 市场人才需求快速增长,导致人才资源日益匮乏。根据日本经济产业省的数据,日本的 IT 人才缺口 2021 年超过 32 万人,并且这个缺口会一直扩大,到 2030 年,人才短缺规模中位预测为 59 万人,高位预测则达到 79 万人。与此同时,日本劳动人口逐渐呈下降趋势,这将直接加剧日本 IT 人才不足的态势,同时使得日本离岸软件开发服务市场需求不断增长。

2018 年,日本文部科学省提出为应对产业结构的变化,需考虑不同时间范围的工程人才需求。日本政府将工程教育改革分为:短期、中期和长期 3 个阶段。在短期人力资源开发方面,主要关注的是 5 年内开发出能够引领当前技术领域,或能够准确应对短期社会需求的高层和中层人力资源。为此,日本政府采取的措施主要是:对成年学生进行再教育。政府需要考虑如何将信息和工程的各个领域结合起来,包括在短期内如何处理人工智能、信息技术和数据科学。还有一个重点是如何使学生在短期内学习解决问题的技能和接受先进技术的能力。

中期工程人力资源开发的设想是用 5～10 年的时间来培养"创造下一个技术的能力",其目的是培养能够领导下一代技术的人,创造新技术和新领域。为了实现这一目标,采取的措施包括:开展 6 年制或 9 年制的综合教育,将设计思维、主动学习、基于项目的学习、创业、实习等方法融入其中,培养学生自己设置问题、发现和解决问题的能力;强调跨学科、跨领域的视角,为博士研究生提供广泛及深刻的知识。

为了储备长期的工程人力资源,日本设想用 10～20 年的时间发展"适应技术创新的能力"。其目标是培养对常见的基本技术和要素技术有深刻理解的人才,并有能力根据技术变化在基本技术的基础上思考各种问题。为了实现这一目标,有必要根据社会的未来发展方向,从长远来规划。思考如何深化构成未来基础的技术,如何在普通教育中培养学生具备专业的数学和物理基础知识、理解原理和原则的能力,以及长期理解基本技术的能力。此外,培养能够应对未来动态产业结构变化的人力资源也很重要。为此,日本政府提出要避免教育系统的统一性,提出构建多线系统。

二、工程教育现状

（一）近年来的规模

日本开设工程教育的教育机构分为以下 5 类：高等专门学校（类似中国的职高）、短期大学、大学、研究生院、专修学校。表 12-1 为 2016 年及 2020 年各类学校工程类专业的招生情况[①]。

表 12-1　2016 年及 2020 年高等专门学校、短期大学、大学、研究生院、专修学校工程类专业学生数

年份	人数	高等专门学校（工程专业）	短期大学（工学及农学专业）	大学（力学、工学、农学专业）	研究生院（理学、工学、农学专业）	专修学校（工业、农业相关专业）	合计
2016	总人数（占比/%）	54 553	4 258（3.42%）	540 456（21.05%）	110 070（44.10%）	88 967（13.55%）	798 304
	男	44 529	2 919	430 985	91 282	75 531	645 246
	女	10 024	615	109 471	18 788	13 436	152 334
2020	总人数（占比/%）	53 699	3 534（3.36%）	538 316（20.52%）	109 198（42.90%）	105 068（15.89%）	809 815
	男	42 463	3 412	421 606	88 691	88 117	644 289
	女	11 236	846	116 710	20 507	16 951	166 250

根据"一般社团法人日本技术者教育认证机构"（Japan Accreditation Board for Engineering Education，JABEE）的统计，"工程教育"所涵盖的专业包括理学、工学、农学相关专业。2016 年工程类专业学生数为 79.83 万人，2020 年为 80.98 万人。可以看出，从 2016—2020 年，日本工程教育整体招生规模增长率为 1.44%，整体呈微弱上升趋势。从教育机构来看，招收工程类专业学生最多的为大学本科，其次是研究生院，二者招收的工程类学生数占工程类专业学生总数的 80% 以上。在研究生院中，工程类专业学生数量占了整体学生数量的 44%，这一比例到 2020 年虽然有所减少，但工程类专业学生依旧为日本研究生院的重要组成部分。

---

① 该调研的主要参考资料之一为日本总务省统计局每年发布的《日本统计》（「日本の统计」）。由于 2022 年最新发布版《日本统计 2022》当中教育相关的数据只更新到了 2020 年，故本调研中采用 2016—2020 年的数据。

（二）专业和层次结构

从专业结构来看，在大学本科及研究生院的工程类专业中，不论性别，攻读工学的学生数量最多。男性中工学专业学生占 70% 以上，女性中工学专业学生约占 50%。另外在男性当中，学生数量排第二位的是理学，农学排第三位；在女性当中，农学排第二位，理学排第三位。这一结构在 2016—2020 年 5 年内保持稳定，如表 12–2 所示。

表 12–2　大学本科及研究生院中理学、工学、农学的专业人数及性别结构[①]

年代	人数	大学			研究生院		
		理学	工学	农学	理学	工学	农学
2016	总人数	79 290	384 762	76 404	18 550	79 225	12 295
	男	57 850	330 720	42 415	14 572	68 903	7 807
	女	21 440	54 042	33 989	3 978	10 322	4 488
2020	总人数	78 353	382 341	77 622	18 579	78 894	11 725
	男	56 547	322 483	42 576	14 314	67 102	7 275
	女	21 806	59 858	35 046	4 265	11 792	4 450

从层次结构来看，工程类专业本科学生人数占大部分，硕士研究生和博士研究生人数相对较少。据 2020 年统计结果显示，日本全国硕士研究生共 160 297 人，其中工程类专业学生共 87 579 人，占比为 54.63%；日本全国博士研究生共 75 345 人，其中工程类专业学生共 21 362 人，占比为 28.35%。

从具体专业人数来看，2020 年本科工学中学生数最多的专业依次为：电气通信工学（约 30%）、工学其他（约 22%）、机械工学（约 18%）、土木建筑工学（约 15%）；硕士层次工学中学生数最多的专业依次为工学其他（约 42%）、电气通信工学（约 23%）、机械工学（约 13%）、土木建筑工学（11%）；博士层次工学中学生数最多的专业依次为工学其他（约 54%）、电气通信工学（约 18%）、土木建筑工学（约 10%）。上述排序在 2016—2020 年的 5 年内保持相对稳定。

从性别结构来看，2016—2020 年，在攻读工程类专业的学生当中，女性数量增加了 9.13%。但从整体来看，日本工程教育体系内男生占比依旧较大，约占总体学生数的 80%。这一结构较为稳定，且各个教育机构均呈现出了类似的结构。与国立、私立院校相比，公立院校的性别比例较为均衡。从具体的专业和层次来看，性别比失衡最为严重的是硕士层次机械工学专业，2016 年数据显示该

[①] 文部科学省. 令和 2 年度（2020 年）学校基本调查 [EB/OL]. https://www.e-stat.go.jp/stat-search/files?page=1&toukei=00400001&tstat=000001011528.

专业男女比例一度达到 23.2∶1，2020 年下降到 14.4∶1；同时，2020 年工程类专业女性博士研究生占比（21.95%）大于女性硕士研究生占比（18%）；农学专业女性硕博研究生分别占比（38.61%、36.31%）高于工学、理学专业女性硕博研究生占比（工学、理学女硕士：14.11%、23.91%；工学、理学女博士：18.97%、20.16%）。2020 年度日本工程类专业硕士研究生、博士研究生情况如表 12–3 所示。

表 12–3　2020 年度日本工程类专业硕士及博士研究生人数、性别结构及学位授予机构[①]

博士人数	合　计	男	女	硕士人数	合　计	男	女
整体	21 362	16 674	4 688	整体	87 579	71 814	15 765
理学	4 766	3 805	961	理学	13 813	10 509	3 304
工学	13 255	10 741	2 514	工学	65 382	56 158	9 224
农学	3 341	2 128	1 213	农学	8 384	5 147	3 237
国立大学				国立大学			
理学	4 084	3 261	823	理学	9 731	7 453	2 278
工学	10 435	8 454	1 981	工学	40 944	35 550	5 394
农学	2 871	1 823	1 048	农学	7 017	4 329	2 688
公立大学				公立大学			
理学	288	222	66	理学	1 151	817	334
工学	758	593	165	工学	3 846	3 279	567
农学	129	84	45	农学	299	172	127
私立大学				私立大学			
理学	394	322	72	理学	2 931	2 239	692
工学	2 062	1 694	368	工学	20 592	17 329	3 263
农学	341	221	120	农学	1 068	646	422

　　日本工程教育的发展速度特别引人注目。1990—2020 年的 30 年来，硕士研究生规模增长 20 倍，博士研究生规模增长近 10 倍，在各学科总量中的占比极大。根据日本民间机构"河合塾"的调查，日本工科硕士研究生与本科生相比，在就业上具有两大显著优势：一是硕士研究生拥有更多就业机会；二是更容易在大型企业就职。日本大型企业尤为重视技术研发，对技术开发类岗位的需求较大。丰田汽车、三菱重工、东京电力等大型企业校招情况显示，硕士研究生录用比例远超本科生。这种就业上的差异使得越来越多的工科学生选择本科毕业后继续攻读硕士学位。2000—2018 年，日本高校总体硕士升学率均值约为 12%，工科升学率远超全国总体水平，达到 33%（国立大学高达约 60%）。而东京工业大学、丰

①　文部科学省. 令和 2 年度（2020 年）学校基本调查 [EB/OL]. https://www.e-stat.go.jp/stat-search/files?page=1&toukei=00400001&tstat=000001011528, 2020-12-25.

桥科学技术大学、大阪大学、北海道大学、东京大学等名牌高校工学部的升学率则更高，在 2015 年分别高达 89.8%、89.4%、87.5%、81%，更为重要的是，升学成功者 85% 以上选择升入本校硕士课程。可以看出，日本高校工科生具有强大的硕士升学动力，而且绝大多数学生还希望能够继续在本校完成硕士阶段的学习。

小结

随着产业结构的变化，日本市场人才需求缺口逐渐扩大。为应对这一问题，日本政府提出短期、中期和长期 3 个阶段工程教育改革。短期工程人力资源关注 5 年内能够开发出引领当前技术的领域，通过对成年学生进行再教育的方式，将信息和工程的各个领域结合起来，重点解决短期内如何学习解决问题的技能和接受先进技术的能力。中期工程人力资源开发设想用 5～10 年时间培养"创造下一个技术的能力"，开展 6 年制或 9 年制的综合教育，通过引入多种教学方式，培养学生自己设置问题、发现和解决问题等能力。长期工程人力资源设想用 10～20 年时间发展"适应技术创新的能力"，培养对常见的基本技术和要素技术有深刻理解的人才，并有能力根据技术变化在基本技术的基础上思考各种问题。短期、中期和长期不同时间范围的工程教育改革计划相结合，以应对产业结构的变化。

本节从近年来的规模变化、专业和层次结构介绍了工程教育现状。日本开设工程教育的教育机构分为高等专门学校、短期大学、大学、研究生院、专修学校五类。工程类专业学生是学生的重要组成部分，2016 年以来整体招生规模呈微弱上升趋势，其中攻读工学的人数最多。工程类专业本科生人数相对于硕士研究生和博士研究生占大部分，同时因显著的就业优势，近几年研究生教育发展迅速。在性别比方面，日本工程类专业中男生较多，这一结构稳定且各个教育机构均出现类似结构。综合来看，日本工程教育到达稳定发展阶段，无论是规模变化还是专业层次，整体向好发展。

工程教育与人才培养

一、工程教育主要特点

（一）老牌名校引领前沿

日本工程教育体系中老牌名校一直具有崇高地位。例如，建于 1877 年的东京大学是第一所日本大学，初期设法、理、文三个学部，1885 年理学部分出工艺学部。1886 年，东大更名为帝国大学，废弃学部制而采用分科大学制，因而到 1890 年合并了东京农林学校后，成了由法、医、工、文、理、农 6 个分科大学和研究生院组成的全日本规模最大的一所综合大学。帝国大学不同于欧洲大陆的综合大学，因为后者基于为知识而研究知识的大学学术观，不承认以应用为目的的知识和技术的价值，始终把工学、农学等技术性学科排斥在外。同时，也不同于美国以农工学科为核心的赠地学院，因为后者当时并不包括文理学科，还称不上综合大学。创办之初，帝国大学就建立了研究生院制度，虽然比美国 1876 年创办霍普金斯大学研究生院晚了 10 年，但一起步就彰显了本土特色：博士学位可以授予在研究生院修完课程并通过学位论文答辩者，也可以授予未修读学位课程然而呈交出一份可接受的博士论文的人。这两种授予博士学位的方式，在日本一直延续至今。

1897 年建立的京都帝国大学、1907 年建立的东北帝国大学、1911 年建立的九州帝国大学、1918 年建立的北海道帝国大学，以及分别于 1931 年和 1939 年建立的大阪帝国大学和名古屋帝国大学，均以东京帝国大学为样板，先后成为设有类似研究生院和学科齐全的综合大学。与这 7 所帝国大学造就着国家上层精英形成对照，作为日本私立大学之首的早稻田大学（1882 年）和庆应大学（1858 年），则标榜所谓"在野精神"，成了造就"民间型"社会中坚的源泉[①]。加上 1881 年成立的工科名牌老校东京工业大学，这 10 所大学培养着全日本 11% 的工科学士、42% 的工科硕士以及 80% 的工科博士。

自 20 世纪 80 年代末起，这些大学进一步谋求"高层次化"或"大学院重点化"，将办学重心向培养研究生为主转移。东北大学率先提出了授以硕士学位的

---

① 王沛民. 日本工程教育的研究：结构特色 [J]. 比较教育研究，1994（3）：43–47.

工学部教育 5 年一贯制计划。东京大学则是继该校法学部的 5 年制改革试点后，自 1991 年起全校改制，推行"学院化"建制，即重组学部为学院，打通学部教育和研究生教育。

（二）私立大学中流砥柱

日本私立大学的学校数量和学生数量占整个高等教育 70% 以上，发挥着重要作用。在工程教育中，私立大学主要肩负培养专科人才的作用。私立大学之所以重视工程教育，一方面源自各校之间的相互影响与激烈竞争，更重要的原因在于更能及时响应产业和社会对于工程科技人才的需求。根据相关调查结果，在产业中担任重要职务的人才，大量出自私立大学。这为私立大学赢得了良好声誉，也促使私立大学在办学过程能从民间企业获得更多资源和合作。近年来，私立大学由企业和其他非政府部门得到的工程研究开发经费，为其总研究经费的 85% 以上，这反哺着私立大学的发展，也促使其对市场需求更敏感，与产业社会发生更密切的联系，走上良性的合作与发展道路。

（三）企业教育作用突出

源出于日文的"产学协作"，在日本工程教育中的作用与人们想象的协同合作有所差别。日本工程教育对经济发展的贡献，与其说是源于积极的产学"合作"，不如说是明确的产学"分工"。在日本，除了培养工程人才的庞大学校教育系统之外，还有与之平行、几乎占据"半壁江山"的企业内教育与培训系统，后者使得企业内各种学历层次的职工能最有效地发挥自己的作用以实现企业的目标。

终身教育和在职培训是日本产业政策中必不可少的部分。工业界在工程人才形成的全过程中起着后期的关键作用，因而企业并不热心雇佣有博士头衔的人，宁愿录用学士和硕士，然后按公司的目标加以培训。大部分日本公司，包括日本电器、松下、日立、富士、索尼等大公司，都有自己独立或联合的公司学校和教育机构。进入公司的大学毕业生通常要花几周甚至半年时间听课，在有经验的工程师指导下参加生产第一线的现场训练，而后才能在高级职员的继续指导下开始专业工作。在此之后，他们仍可参加公司内外的讲习班、专业会议等在职训练。如果他们晋升到各级管理岗位，则需要接受公司的管理训练，包括被公司派往北美或欧洲留学考察。

二、工程教育改革前沿

面对第四次工业革命的加速展开，日本发布了工科教育改革前瞻性战略报告，积极推进工科教育改革创新。东京工业大学、信州大学等高校率先启动日本工科教育改革，将本研一体化培养作为改革的重要举措。为全面开启新一轮工科教育改革，"大学工科教育状况研讨委员会"在总结东京工业大学等高校改革经验的基础上，经过四轮讨论和审议于 2017 年 6 月发布《关于大学工科教育状况的期中总结》的咨询报告（以下简称"咨询报告"），建议文部科学省将本研一体化人才培养作为未来日本高校工科教育改革的主攻方向。文部科学省对此予以采纳，并于 2018 年在部分院校进一步推进试点，2019 年开始在全国范围内全面推广。

（一）强化通识教育与本科阶段教育

随着工科教育专业化程度的日益加深，作为均衡"通"与"专"的通识教育，其地位得到进一步提升。"咨询报告"建议通识教育应贯穿本硕博教育的始终，课程设置和课程内容要与专业教育互融、互补，加快形成与本研一体化教育相匹配的一贯制、系统化通识教育体系。与此同时，"咨询报告"格外重视本科教育，对专业课程的设置做了具体而明确的要求：首先，课程内容应紧跟科技发展前沿，重点加强信息科学技术类课程建设；其次，精简课程数量，打造优质课程，践行"以学生为中心"的教学理念，灵活运用慕课、翻转课堂等先进教学手段，提高授课质量；最后，从学生学术发展和社会现实需求出发，选定了本科阶段的必修核心课程。具体包括：专业基础科目"数学""物理""化学""生物"；技能科目"信息与信息安全""数理与数据科学""工学英语"；工学概论科目"伦理与安全""管理与知识产权""创业""规格化"。

本科阶段制定最低标准，加强基础工程教育。尽管大学可在自主和独立的基础上组织课程，但日本政府正在加强所有工程学科共有的基本专业教育。这些举措应该由每个大学在自愿和自主的基础上引入，但使用这些举措的大学比例很低。鉴于这种情况，为了系统地加强基本的专业技能，有必要制定一个可以在教育领域参考的核心示范体系，而不是由各个大学自己考虑。为了系统地加强作为工程领域各学科共同语言的基本专业技能，教育领域共同开发和利用这些技能的示范核心课程，比让各个大学单独研究更有效率。在设计示范核心课程时，应纳入培养学生发展和适应能力所需的教育方法（如实习和基于项目的学习）。同时，工科基础教育核心课程模式应选择教育内容，提出学生应该学习的知识和技能的成绩目标，明确强化工科学生基本技能所需的课程内容并保证质量。为了使开发的示范核心课程得到更有效的使用，要构建一个系统，使学生和大学能够通过进行成绩评估和定量分析来了解自己的学术能力，并使大学利用这些信息为学生提供支持，如包括学生的学习动力和大学的教育改进等。还要建立一个系统来支持学生的学习热情来提高他们的受教育水平。此外，引进和共同使用这样的系统是必要的，因为它可以通过对示范核心课程的成就进行统一检查，从而达到一定程度的质量保证。例如，为了推动核心课程模式的引入，将工科学生通过大学教育应达到的目标归纳为"核心"和"要求"两个层次，"核心"视为必修课，"要求"视为更高级的选修课。为了加强教育系统可以聘请有教学能力的退休教师担任专职教育教师。此外，引入教育评估体系，正确评估专职教师的教育能力并努力不断提高教师的教育水平。

（二）广泛建立"本硕 6 年一贯制"

由于日本工科硕士具有较好的就业前景和广泛的社会需求，"咨询报告"提出应将"本硕 6 年一贯制"作为日本工科教育人才培养的主要模式，并指出具体的统筹机制：第一，注重课程设置的进阶性和衔接性，打造富有体系的精品课程；第二，避免课程内容单一化，强调多样性，通过设置双学位、辅修等方式增加其他专业领域知识的学习，强化学生的可持续发展技能以及适应未来学习和工作的能力；第三，保持教育理念和教学手段的先进性，加快普及以问题为导向的教学方法，培养学生独立发现问题、分析问题和解决问题的能力；第四，虚化本科毕业论文，强化硕士毕业论文，鼓励学生在不同研究室之间进行轮转学习，引导学生自主设定研究课题，进阶式开展课题研究，提高学生的学习能力和研究能力；第五，增强学制和教学的弹性和灵活性，允许优秀学生跳级、直博和提前毕业。此外，还提出建立一个 6 年制的学士和硕士综合教育的研究生院，以进行统筹管理。

在国立大学中，本科毕业后进入硕士课程的学生比率约为 50%，而在前帝国大学中，进入硕士课程的学生比率约为 90%。由于工程领域的教育项目人数过多，因此在现有制度的基础上，将考虑建立新的 6 年制学士和硕士综合教育制度，利用基于项目的学习，并通过重点放在硕士论文上来提高效率；此外，还可以引进新的教育，如工程和信息学的双专业体系，加强工程的基础能力、发展能力和适应能力；也可以采用灵活划分普通基础教育（本科第一、二学期）和专业教育（本科第二学期和硕士）的年限，并进一步发挥提前毕业和跳级的作用，推动优秀学生 5 年毕业。

（三）推进大类培养

为了推动工程教育改革，培养科学基础厚、专业能力强、综合素质高的国际化创新型工科人才，日本许多工程教育机构开展组织机制改革，这是一次全方位、系统性、深层次的工科教育改革。以东京工业大学为例，以"系"代替"学科"和"专攻"，形成了新的人才培养架构。具体而言：第一，"学部—学科"（本科阶段）和"大学院—专攻"（研究生阶段）的形式不复存在，取而代之的是"学院—系"。由于"系"兼具本科教育和研究生教育的双重职能，所以增设"系"既是"学院"制改革的延伸，又有利于本研一体化培养的具体实践；第二，"系"将专业领域较为接近的"学科"和"专攻"加以合并，使23个"学科"和45个"专攻"直接变为19个"系"，这在一定程度上解决了日本高校工科教育专业划分过细的传统弊端；第三，在"学院—系"的组织框架下，本科招生和初年次教育既不按"学院"也不按"系"进行，而是依据大类开展。全校共设7个大类，学生按照"类别入学制度"入学，第一学年在归属的专业类别体系中学习，第二学年开始进入"系"内教育，充分体现宽口径人才培养的育人理念；第四，每个"系"原则上只设一个本科课程和一个研究生课程。研究生教育在坚持"一系一课程"基础上，鼓励跨"系"开展学科交叉，共同培养研究生。于是，研究生教育在19个基本课程的基础上额外增加5个学科交叉融合教育项目，充分体现组织运行的灵活性。

（四）促进"多元创造力"培养

2018年，日本内阁在《统合创新战略2018》中强调，科技创新的核心要素是创新人才，颠覆性创新在全球迅速发展，培养杰出的原创型科技人才是日本科技创新的重中之重，构建科学、工程、人文、社会等各个领域横向贯通的教育体系，跨学科培养科技创新人才。2021年3月，日本内阁府公布《第六期科学技术基本计划》，从国家和国际环境变化、新冠疫情的角度，强调必须在"应对全球挑战"和"改善国内社会结构"之间保持平衡，提出打造可持续发展且具有韧性的社会、建立综合知识系统、培育面向新型社会的人才三项目标。同时，针对日本国际地位的持续下降趋势和人文学科的困难研究境地，提出要加强对科学、技术和创新政策的审查，修订《科学技术基本法》，将自然科学与人文、社会和文化科学相结合，通过"全面的知识"促进对人和社会的全面了解，以及对问题的解决。

在创新人才培养上，日本政府特别注重下一代多元化创新人才培养，在相关政策措施中提出，以"令和的日本式学校教育"为基本途径培养下一代科技创新人才。"令和的日本式学校教育"强调"个性化指导"。新学习指导要领要求根据学生的兴趣、意愿，引导学生的好奇心，引导学生自主学习、主动学习。利用信息技术减轻教师负担的同时，由专业性更强的教师重点指导更需要学习支持的学生，根据每个学生的学习进度、理解程度灵活调整教学方法、选择适当教材、制订学习计划，培养学生主动学习能力和端正的学习态度，实现"以学生为中心"的学习指导，推进以学校教育为主渠道的科技创新人才早期培养计划。

（五）成立未来学院，提高人才社会适应力

2018 年，文部科学省发布《面向 2040 的高等教育宏观规划》，提出社会的未来是不可预测、不可想象的，要提高学修成果的可迁移性，打造"学修者本位"的教育模式[①]，以提升大学生在未知将来的生存力，保障人才的社会适应力。在此基础上，2020 年文部科学省发布《2020 科学技术白皮书》，预测未来技术发展前景，提出 2040 年实现的 37 项新技术，包括：腿脚不方便的人可以体验滑雪（身体共享技术）、异地情侣共进晚餐、机器人将代替人类培育和收获蔬菜水果、无人机把货物从店铺直送到用户手里、可移植器官的 3D 打印、血液分析应用癌症和阿尔茨海默症的早期诊断、在城市地区运送人的无人机、预测暴雨、活火山、地震等自然灾害发生时间及损失的技术等。

日本对未来技术进行预测并主动适应和准备的传统源自 20 世纪。20 世纪 70 年代，日本开始组织专家对未来技术进行预测，其中 1977 年预测的壁挂式电视和 1982 年预测的手机已实现，而 1977 年预测的阻止癌症转移技术和 1992 年预测的海洋矿物开采技术仍遥遥无期，总体成功率约为 70%。在此背景下，一些高校纷纷创建了融合性学部，以培养"面向不可预测未来的人才"，包括：九州大学、横滨大学、新潟大学、滋贺大学、广岛大学、宫崎大学。其建设原则是：基于对人和社会的发展，发现或创建与技术有关的新需求，进而影响技术进化方向。在知识结构上，这些未来学院注重自然科学 / 技术知识与人文、社会知识的深度融合。在学科设置上，大都模糊学科概念，以"领域"取代之，突破专业限制。以九州大学共创学部（School of Interdisciplinary Science and Innovation，ISI）为例，其培养目标具体包括：课题构想力、协作合作能力、国际交流能力、共同创造解决问题的能力。该学部共设立了 4 个领域[②]。

---

① 自 2012 年起，日本官方文件强调大学生身份定位为"学修者"而非"学习者"，以强调大学教育重点由知识学习到学问修养的转移。

② 九州大学共创学部. 课程概述 . [EB/OL]. [2024-11-14]. https://kyoso.kyushu-u.ac.jp/en/pages/education/area.

（1）人类与生命（Humans and Life），探索医疗福祉和生命健康相关问题，如大型流行病、老龄化社会的医疗保障、地球人口增长等，以及应对这些重大问题时，学生如何通过感知、主观决策以应对。

（2）人与社会（People and Society），涉及社会构成机制是什么、如何让社会变得更好、人以何种方式在社会和组织中存在，引导学生从社会哲学、健康/福利/开发论、国际合作、人权论、文化人类学、史前学、考古学等多学科视角展开思考。

（3）国家与区域（States and Regions），理清和解决国家和地区面临的问题，不仅培养学生在政治学、经济学、历史学和区域研究的方法论，更着重引导学生的独立思考能力。

（4）地球与环境（Earth and Environment），涉及全球灾害问题，致力于引导学生在掌握超越自然科学、人文科学、社会科学等交叉学科知识基础上，探索人类和地球环境的理想状态，针对危急的环境问题，思考其解决办法和实施方案。

为此，九州大学共创学部设立了3种不同类型的培养方案：①"国际社会的实务家"（For Global Life），培养能够协调解决国际和全球挑战并向世界有效传播信息的实践者；②"变化社会的专家"（For Changing Society），设计新的社会系统和价值创造以解决全球挑战的专家；③"未来科学的学者"（For Future Science），获得跨越人文和科学的跨学科知识，进入国内外的研究生院学习，并成为各科学领域的边界和跨学科的研究人员。3种培养方案的课程内容不同，但各学年的学分分配基本一致。课程包括基干课程和专业课程两大类，基干课程类似于通识课程，包含286门课，理科素养课程数量约为文科素养课程6倍；专业课程包括共通基础课、协作课（2～4年级，共创项目1和2）、构想课（领域交叉课、讲座系列课程）和共创课5类。

在导师指导上，共创学部有来自各个不同领域的专门师资，并以学科平台建设为基础，实行双导师制，每个学生配备学科背景不同的主导师和副导师。学生毕业授予文理学士学位。

（六）产学研合作细分化

日本制造业的工人数量近年来几乎一直在下降。2008年处于1 603万的高峰，到2012年12月，制造业就业人数51年来首次跌破1 000万，为998万，减少了约40%。制造业在总劳动力中的比例也从20世纪70年代初超过27%的最高水平下降到16%。在日本，制造业就业的下降已经被不断增长的服务部门所吸收，产业结构发生巨大变化。日本政府表示，即使在人口减少的社会中，也要努力确保制造业继续成为日本经济增长的轴心，并通过促进适当的产业和就业政策来维持"约1 000万个制造业的工作岗位"，并大力发展制造业的人力资源这项任务。制造业和建筑业领导者的人力资源开发的核心场所在于大学、技术学院和其他高等教育机构的本科和研究生工程学院。为此，工程教育正加强与工业界合作。具体如下。

1. 合作提高工科学生的学习积极性和学习意愿

调查显示，近年来进入大学的学生人数减少，而大学的名额增加，减缓了对大学名额的竞争，即大学入学考试的竞争。在日本理科高中生中，工程学的受欢迎程度并不高。近年来，工程系的录取分数低于从特殊培训学校升入医疗治疗和护理系的分数的情况并不罕见。如何吸引人才，提高工科学生的学习积极性和学习意愿，是当前日本工程教育产学研合作着力推进的核心任务。为此，大学更加注重强调自己的科研成果、受欢迎的资质和就业机会来吸引高中生的兴趣，而不是强调专业教育的具体内容。同时，让更多学生了解工程和学习工程的人将从事的行业，引导有抱负的高中生进入工程系。

2. 帮助高中学生和教师更多了解工程的工作

许多初高中的数学和科学教师来自科学或教育部门，对工程方面的知识和信息不够了解。千叶工业大学教授小宫一仁认为这是工科系学生没有收到关于在该系学习的内容和毕业后职业信息的主要原因，没有思考和决定是否适合自己就进入该系。这就是为什么提出大学、技术学院、高中和工业界应该共同合作，为高中学生和高中教师提供信息，让他们了解工程专业可以得到什么样的工作，这些工作是什么样的，通过这些工作可以实现什么样的职业发展，以及工程教育如何能达到这个目的。大学没有太多机会向高中生和高中老师解释他们在大学将学习什么，以及他们未来将做什么。还有高考行业为高中生和高中教师举办的信息发布会，大学教师在高中举办的模拟课堂，以及各大学为高中教师举办的校园开放和高考信息发布会。然而，高中生和高中教师的兴趣在于如何通过他们所选择大学的入学考试，以及如何提高高中生继续接受高等教育的比例，所以让他们更多了解工程的工作十分必要。

3. 提高和保护教师教学的积极性

日本高校很少对教师发表的论文数量进行考核，更注重以教师科技成果的转化情况及社会贡献度作为评价教师工作绩效的重要指标，改变了以往只重研究数量不重质量的弊端。同时采用多重措施激发教师的科研热情。首先，日本高校适当放宽了对教师的限制，准许其在满足一定条件的情况下去企业兼职。2000 年，日本政府颁布了《产业技术强化法》，允许高校教师在完成必要的工作后到企业兼职。这一政策大大激发了高校教师参与企业研发项目的积极性，为校企双方的合作架起了桥梁，有利于推动产学研的发展。其次，以法律的形式保障高校教师的合法权益。日本在 1999 年颁布的《产业活力再生特别措施法》，旨在对专利发明者的合法权益进行保护，维护他们应得的利益。这一举措无疑能有效避免高校与企业在发明专利权等方面产生利益纠纷，有利于激发高校教师从事发明创造的积极性与活力[①]。

4. 促使产学研合作更加细分化

产业界和高等教育机构正通过更细化的合作分享人力资源的需求，促进紧密的合作。具体表现为把工程教育的要素分解为 "5W1H"，即教育是什么、为了什么、什么时候、由谁来教育、在哪里教育、如何教育[②]。

（1）What Why，指教育是什么，为了什么目的，是当前工业界与学术界沟通的最重要议题。一方面，在大学里进行的学习通常不能在具体技术层面上与工业界进行的考试和需要相匹配；另一方面，工业界和学术界没有足够的机会沟通教育和学习的目的，使得一般人很难理解什么是工程行业的工作。因此，近年来日本正在更加注重让工程师介入课程内容的设置，以满足社会的需要。

（2）When Who Where，指确定了应该教育什么、为了什么目的之后，何时、何人、何地应该接受教育。工业界和学术界就以下问题不断探讨：是否应该在大学里接受教育，还是在已经就业之后开展坦诚交流；或者有些应该在大学里接受教育，但也适合在产学合作中接受教育，以及哪些应该通过大学里的产学合作研究项目接受教育，哪些应该通过企业实习接受教育，哪些应该由企业工程师访问大学施行教育。在某些情况下，公司与学术界合作提供教育可能是合适的。这些都是产学研合作的活动，应该在产学研紧密合作中加以考虑。

（3）How，至于如何提供上述定义的教育，应该由大学考虑应主要由大学教育的项目，由行业考虑应主要由行业教育的项目，以大学为行业、行业为大学的模式进行合作。通过高等教育机构和产业界在工程领域的密切联系，促进工程教育的发展，应在上述框架内看待日本工程教育的产学合作。

---

① 樊冲. 日本高校产学研合作创新实践及其启示 [J]. 创新与创业教育，2021，12（06）：139–144.

② 小宫一仁. 产学协力工学教育更振兴 [J]. 工学教育，2016 年 3 月 7 日（64–3）：16–21.

小结

日本工程教育具有鲜明特点。从育人主体来看，老牌名校优势突出，包括东京工业大学在内的 10 所学校培养了大批工科学生。同时，私立大学发挥中流砥柱作用，是培养专科人才的主体。此外，企业教育作用重大，"产学协作"分工明确，终身教育和在职培训在工程人才形成的全过程中起着关键作用。公立学校与私立学校联合，企业与学校联合，多方携手合力成就了当前日本工程教育的成果。从不同阶段来看，研究生工程教育重视多学科交叉的综合化课程、重视理论课程学习、重视工程实践平台与基地建设。本科工程教育重视在课程体系方面提升自然科学基础课程及实践性课程学分，在工程实务训练方面投入更长的时间到具体生产任务中，在国际化人才培养方面鼓励通过多种形式提升教师和学生的国际化素质。专科工程教育突出专业及课程设置的灵活性与实践性，重视产学协作的共同教育，注重"双师型"师资队伍建设。

在第四次工业革命的背景下，日本工程教育积极实行改革。通过强化通识教育与本科阶段教育、广泛建立"本硕 6 年一贯制"、推动大类培养、"多元创造力"培养、成立未来学院、产学研合作细分化等多种工程教育改革方式，培养面向未来的科学基础实、专业能力强、综合素质高的国际化创新性科技人才，努力提高工程人才的社会适应力。

日本工程教育积极实行改革创新，打造与社会发展相适应的工程教育，其主动适应社会变化、提早布局的做法值得借鉴。当今世界正处于百年未有之大变局，社会未来具有不可预测性，人才培养过程中要提高学生的学习积极性与学习意愿，培养扎实基础和创新能力，以助其面对不断变化的社会需求。

第四节

工程教育研究与学科建设

一、研究主题

日本关于工程教育的期刊主要有：《STEM 教育研究》《日本科学教育学会年

会论文集》《科学教育研究》《工学教育》《信息教育》《日本产业技术教育学会志》《日本信息科教育学会志》《日本教育工学会论文志》《信息教育期刊》《理科教育学研究》《数字教材研究》《日本信息目录学会志》等。

上述期刊近年发表的论文研究主题主要集中在以下 4 个方面：教学方法，教师培养，编程教育，其他。其中，教学方法方面的研究主要是结合教学实践进行的案例分析，例如，在课堂中引入新技术（如 CAD 或 3D 打印机）的尝试、如何唤起学生兴趣、工程教育中的伦理教育与性别教育及信息安全教育、如何与企业合作进行实践性教学、如何通过产官学合作进行实践型 STEM 人才培养等。在新冠疫情背景下，还出现了远程工程教育（如机器人编程线上课堂）的可能性、方法与实际效果等的研究。

教师培养相关研究主要有以下主题：小学及初中编程教育的衔接方式、探讨目前存在的教师不足问题、与美国等外国的 STEM 教师培养课程 /STEM 教育体系相对比来探讨摸索日本特有的工程教育理论及方法、STEM 教育教材和课程的开发（如通过教科书展开编程教育）等。

同时，2018 年文部科学省发布《小学编程教育指南》，对编程教育的开展方式给出了详细的指导；随后 2020 年日本新版《学习指导要领》投入应用，编程成了日本小学的必修科目。在此背景下，日本出现了很多关于小学编程教育的研究，例如，针对小学编程教育的新教材开发，如何将编程教育导入残疾儿童教育中、如何在教学中引入编程思维，将编程课堂和外语课堂相结合的尝试，在小学课堂外展开 STEM 教育的尝试等。除与教育相关的研究课题之外，还有一些致力于解决社会问题的研究，例如，如何解决目前社会中存在的"学生离理工科越来越远"的现象。

后疫情背景下新常态工程教育也是日本工程教育关注的重点问题，工程教育向数字化转型。2020 年新冠疫情暴发后，教育发生了巨大变化，在线教育变得更加普遍，这对实践环节突出的工程教育更是挑战。日本工程教育期刊组织《新常态下的工程教育》特刊，刊发了 3 篇社论、7 篇论文和 6 个案例，以分享教育机构独特的教育和实习方法。

二、研究组织

日本高校正努力建立工程教育联合研究部门。东北大学研究生院和工程学院于 2014 年成立了"工程教育研究院"，以增强工程教育的功能，旨在解决单个教师的努力无法解决的教育问题，构建从入学到毕业以及毕业前更系统的教育体系，并将多方面的教育成果可视化。已经制定了大学工程教育的系统课程，提倡基于成绩评估的从本科到研究生的 6 年制综合教育。2019 年 5 月，与三菱扶桑卡车和巴士公司建立了一个联合研究领域，以开发基于产学合作的实践教育项目。

除了常规的大学教育计划外，工程教育研究院还实施了一些提高工程教育质量的计划，如"最高领导人特别讲座"和"国际战略领导人讲座"。此外，工程教育研究院还建立了"学习水平认证体系"，以"解决问题 / 逻辑发展"和"价值创造"为重点，作为评估的参考。为了加强工程教育，工程教育研究院新成立了"工程教育与社会合作处"，为与各行业合作实施工程教育计划提供平台。新部门将与在全球范围内推动重型车辆制造的三菱扶桑卡车和巴士公司建立直接合作关系，制订"实用"教育计划，以培养具有专业知识和高度创造性技能的人力资源，并促进"实用"教育计划的发展与实施。其目的不仅是获得专业知识，而且还通过与大学和公司合作实施有关制造和发展中的实际问题的教育计划，培养能够在该领域工作的人才。

日本开展工程教育相关的组织包括：日本 STEM 教育学会、公益社团法人日本工学教育协会、日本科学教育学会（JSSE）、信息处理学会、日本信息目录学会、日本信息教育学会、日本产业技术教育学会、日本信息科教育学会、日本教育工学会、日本理科教育学会（SJST）、日本数字教材学会等。专门研究 STEM 教育的大学研究机关包括埼玉大学 STEM 教育研究中心等。

（一）公益社团法人日本工学教育协会[①]

该学会与个人会员以及团体会员一起进行工程教育相关调查研究，并传播和推广研究成果，同时与其他相关团体进行合作，以发展日本的工程教育与工程师教育，为工业发展做出贡献。主要成员有各工业大学、知名大学工学研究院及理工学院的教师，三菱电器、日立等大型日企的人才培养及开发机构人员。

（二）日本 STEM 教育学会[②]

该学会成立之前，日本还没有从学术角度对于 STEM 教育进行调查研究，更没有基于此创造更加有效的教育实践的学会。该学会的目的是从体系及理论出发，支持包括编程教育在内的 STEM 领域的教育实践，以满足社会的期待；同

---

① 日本工程教育协会. 简介 [EB/OL]. [2022-10-28] https://www.jsee.or.jp/.

② 日本 STEM 教育学会. 什么是日本 STEM 教育协会 [EB/OL]. [2022-10-28] https://www.j-stem.jporgunizationl.

时思考今后 STEM 教育应有的形态及与海外学会等的合作，为 21 世纪社会所要求的能力培养做贡献。其主要成员有各大学的教授、教育测验研究中心的理事长及研究员等。

（三）信息处理学会①

信息处理学会自 1960 年设立，一直在信息处理领域发挥着指导性的作用。今后也将承担起作为信息处理领域最大学会的责任，致力于健全的信息化社会建设，通过机关杂志、社会提议等方式进行宣传，创造一个更良好的研究成果发表以及意见交流的环境。该学会的目的是促进以计算机及交流为中心的信息处理相关学术、技术的发展，以期对学术、文化以至于产业整体的发展做贡献。

该机构的构成人员较为多样，有国立研究开发法人信息通信研究机构理事长，日本电信电话公司科学基础研究所研究室长，国际商业机器公司东京基础研究所成员，产总研（日本最大的公立研究机构）研究员，以及各类大学工程类专业教授等。

（四）日本产业技术教育学会②

日本产业技术教育协会的宗旨是开展技术教育研究，促进和传播技术教育，并与其他成员进行交流，从而为技术教育的发展做出贡献。该协会也是日本唯一与日本科学委员会合作进行技术教育的学术研究组织。该协会成立于 1958 年 6 月 17 日，在成立之初，学会研究领域以初中教育为主，以职业教育为导向，但现在研究领域不断扩展，包括小学的制造和信息教育、初中包括制造和信息在内的技术教育、高中的普通学科信息教育等。2018 年，该组织转变为当前的法人协会。构成人员主要为大学教师。

（五）日本教育工学会③

一般社团法人日本教育工学会主要研究"教育工学"。这是一门跨学科的学问，将人文社科与理工科，以及与人类相关的学科结合，目前学会拥有 3 300 余名会员。该协会成立于 1984 年，自 2021 年 3 月起更改为一般法人协会，改革成果之一便是每年举行春、秋两次全国会议。由此，会员展示研究成果、交流意见

---

① 信息处理学会关于协会 [EB/OL]. [2022-10-28] https://www.ipsj.or.jp.

② 日本产业技术教育学会日本产业技术教育学会是什么？[EB/OL]. [2022-10-28] https://www.jste.jp/main.

③ 日本教育工学会日本教育工学会概况 [EB/OL]. [2022-10-28] https://www.jset.gr.jp/.

和分享信息的机会大大增加。教育工学会的研究课题与时俱进，近年，教学、学习的形式及内容的多样化，以及线上办公的浪潮正在加速研究课题的变化。构成人员主要为大学教师。

三、学科建设

（一）师资构成和雇佣模式的多样化与灵活性

与积极实施基于项目的学习等实践教育的欧洲和美国相比，日本的教员数量并不充裕。为了促进基于项目的学习，包括加强基础教育和引入其他领域的教育，有必要增加教师的数量。另外，由于教员资源有限，教育日益多元化，会加重教员短缺的情况。因此应努力使教师的组织和就业模式多样化和更加灵活。要采取的措施之一是引入交叉任命制度，允许教师跨研究生院等同时担任研究导师。为了引入这一制度，可以建立一个管理和第三方评估系统以维持此项制度的运行。此外，为了应对大学信息教育教师数量有限情况，应聘请高级教师担任专职教育教师，或从企业向大学派遣教师，增加这种有特殊技能但没有博士学位的专职教育教师和从业人员的数量，因此有必要建立一个与目前教师评价体系相当的、注重研究成果的教育评价体系。

提高教师的认识对实现教育改革非常重要，对此日本一直在研究一个特殊的研究员制度，即教师被借调到公司同时仍在大学注册为教师身份。今后有必要推动派遣教师到企业，亲身体验社会所面临的问题，以改进教育内容和方法，这将由各大学独立、系统地推动。

（二）课程的系统化和定制化

开发和部署电子学习材料（E-learning），可以有效利用有限的教师资源，提供高质量的基础教育，并帮助学生反向学习，从而实现高效和高质量的教学。此外，将开发的电子学习材料向公众开放，用于在职人士的再学习。为了使课程系统化，并根据每个学生的需要进行定制，有必要考虑在保证质量的前提下，灵活调整每个学分所需的学习时数。

（三）高校企业共建人才培养通道

文部省表示不仅要追求最先进的技术，也要考虑如何根据行业的需求来加强这些领域。日本高校开设的课程与企业的实际生产紧密相关，学生学习的内容具有现实性和先进性，获得的研究成果可直接满足企业的需求。例如，通过大学和工业界之间的配套资金支持创新和创意项目的创建，在大学内设立由工业界组织的人力资源开发课程。此外，高校也在同时努力开发具有专业技能的人力资源和各种项目，并与工业界大力合作，促进这些资源和项目的商业化①。

同时日本高校与企业之间建立共同研究中心，目的是结合双方专长共同研究，提升科研效率，培养合适的人才。在共同研究中心，高校和企业就同一项目展开产学合作，高校提供科研设施和场所，企业提供研究经费，研究成果归双方共有。学生在共同研究中心修完必修的课程后，将直接到合作的企业实习，这样就形成了"高校—共同研究中心—企业"这样一条完整的人才培养通道，大大提升了人才培养的适切性和高效率。

小结

日本工程教育研究主要关注教学方法、教师培养、编程教育等领域，后疫情背景下，工程教育数字化转型也成为研究热点，其关注内容紧跟社会发展需要。日本工程教育研究组织众多，包括日本 STEM 教育学会、公益社团法人日本工学教育协会、日本科学教育学会（JSSE）、信息处理学会、日本信息目录学会、日本信息教育学会、日本产业技术教育学会、日本信息科教育学会、日本教育工学会、日本理科教育学会（SJST）、日本数字教材学会、埼玉大学 STEM 教育研究中心等，主要成员为大学教师。工程教育组织将研究工程教育的人员联合到一起，为与各行业实施工程教育计划提供平台，进一步促进日本工程教育的发展。

日本工程教育学科建设有其侧重点。首先，师资队伍建设是学科建设的重要议题。日本师资队伍面临着教员资源短缺的情况，为解决这一问题，日本工程教育改革采取多样化和灵活性的师资构成和雇佣模式，通过将教师借调到公司的方式提高教师的认识和发展技能；其次，关注课程的系统化与定制化，利用有限教师资源，提供高效、高质量的教学；最后，高校企业共建人才培养通道。教育以工业需求为导向，重点发展行业需要的工程教育领域，企业也在合作中获得适切性人才。日本的学科建设根据其自身特点，寻求合适的改革方法，努力适应新时代发展、推进新科技革命。

① 关于高校工学教育开展情况的教案委员会.高校工学教育的开空情况（中期报告）（案）[EB/OL].平成 29 年（2017 年）5 月 24 日. https://www.mext.go.jp/b_menu/shingi/chousa/koutou/081/gijiroku/1386228.htm.

政府作用：政策与环境

一、第 6 期基本计划

自 1995 年 11 月日本出台《科学技术基本法》以来，政府通过制定《科学技术基本计划》（以下称基本计划），以一种长期的视角来施行统一且一贯的科学技术政策。截至目前，日本政府已出台 5 期基本计划（第 1 期：1996—2000 年、第 2 期：2001—2005 年、第 3 期：2006—2010 年、第 4 期：2011—2015 年、第 5 期：2016—2020 年），基于计划持续推进着日本的科学技术相关政策。

2020 年召开的第 201 次国会指出，近几年科学技术、创新产业持续发展，人类及社会与科技、创新之间的关系日益密切。在此背景下，国会决定将"仅与人文科学相关的科学技术"及"创造创新"加入到《科学技术基本法》的支持对象当中去，并将"创新创造"作为计划的主要内容之一。此前，人文社科一直被科学技术的相关规定排除在外。同时，还立法对明确了"确保并培养研究者以及发展新兴事业的人才"相关政策的《科学技术基本法》进行部分修改。自此，《科学技术基本法》更名为《科学技术·创新基本法》（「科学技術・イノベーション基本法」）。这是该法时隔 25 年进行的实质性修订。紧接着，2021 年 3 月制定了于 2021—2025 年实施的第 6 期《科学技术·创新基本计划》，成了基于修正后且更名为《科学技术·创新基本法》后制定的第一部计划书。

第 6 期基本计划的背景纷繁复杂，有中美关系的紧张等世界秩序的变化，有成为现实危机的气候变化等全球性课题，以及为人们生活带去不稳定因素的新冠疫情。为此，第 6 期基本计划希望继续探索世界秩序的动向，为气候变暖等全球性课题的解决做出贡献，同时改革国内社会机制以应对新冠疫情，借此来为日本及世界公民带去幸福。

在此背景下，第 6 期基本计划指出，日本应实现的社会图景就是第 5 期基本计划中提出的 Society 5.0。第 6 期计划书与致力于解决 20 世纪"负面遗产"的 SDGs 方案产生了强烈共鸣，再次强调了蕴含日本特有的"信赖"与"分享"价值观的"Society 5.0"概念。日本希望创造一个自然与社会和谐共存的世界，创造基于"信赖"的市民归属感，创造三方获益（买卖双方及社会）的社会常识，创造人与人分享与共的共情。日本希望将上述"软实力"的价值与已得到人们深厚信赖的科学研究及技术力量相结合，向世界展示日本未来的蓝图"Society 5.0"。为此，日本有必要在以下几个方面行动。

（一）创造可持续发展的强韧社会

（1）通过融合网络和现实空间来创造新的价值；

（2）推进克服全球问题的社会改革及非连续性创新的发展；

（3）构筑灵活性强、安全、安心的社会；

（4）为解决各种社会问题，推进相关的研发和实践活动。

（二）重视价值创造的源泉——知识

（1）重新构建一个有助于进行高质量研究的环境。鼓励研究者做自发的独创性研究，创造新知识、新技术，为解决社会问题贡献力量。为此，需要政府加大投资。具体来讲，第 6 期基本计划表示政府将设置 10 万亿日元的大学基金，用这来提高大学研究水平，进行大学研究基础的建设，支持博士研究生等年轻人才的培养，同时，进行大学制度改革，在日本创造多样且个性化的大学群，借此构筑世界最高水平的研究环境，实现世界最高水平的工资水准，引导社会资本进行投资。

（2）推动开放科学（Open Science）的发展及数据驱动型研究。构筑一个产官学研究人员均可以自由访问的研究数据平台，全面管理并活用政府资助的研究数据，基于开放和闭锁战略来公开、共享数据。同时，与同样尊重自由开放研究活动的国家、地区、国际组织进行合作，为世界范围内开放科学的发展做贡献。

（3）培养支撑新兴社会的人才。需要培养能够发现问题、并具备解决没有答案问题能力的人才。因此，基于新版学习指导要领，日本将从初等教育到高等教育阶段，着重于强化学生的探索能力，继续发展 STEAM 等侧重于"发现问题及解决问题"能力培养的教育。同时，创造包括大学、企业在内的社会全体都可以自由学习的社会环境。在大学等机构继续充实循环教育（Recurrent Education），培养人们的终身学习能力，创造支持终身学习且方便国民兼职 / 副业 / 跳槽的社会环境，以解决社会中出现的新课题。

二、产业战略

在产业战略方面，日本政府强调数据与现实的联结将是未来经济发展和工程教育的重要走向。在《日本再生战略》中，日本政府从 2015 年开始连续 3 年热议"物联网（Internet of Things，IoT）/大数据/人工智能"。在强烈的政策导向下，日本总务省制定了"IoT 综合战略"，主导多个示范项目，全方位覆盖从基础设施到数据流通等各个层面，其中就包括旨在整备数据应用规则的"IoT 服务创建支持工程"。这个项目开始于 2016 年，目前正在逐步展开，其动向值得关注。"IoT 服务创建支持工程"以实现第四次产业革命为目标，针对建立和展开 IoT 服务遇到的各种问题，致力于建立可以作为参考的实践模式，整合 IoT 服务的必要规则。这个项目的主要内容就是以上述宗旨为导向的各个领域的实践。实践的主体是地方自治体、大学、保有数据的企业等地区联盟。实践的领域包括智慧都市、智慧家庭、广播电视、医疗福利、教育、农业、零售、防灾、地域经济、共享经济等与国民生活息息相关的应用领域。实践课题是从地区范围经济和社会发展角度出发，需要研究和解决的问题。

小结

日本政府在工程教育发展中发挥着重要作用。良好的政策与环境犹如肥沃的土壤，可以让教育改革计划"茁壮成长"。日本从 1995 年出台《科学技术基本法》以来，随着时代发展需求不断更新政策，2021 年已经制定了第 6 期，将"仅与人文科学相关的科学技术"及"创造创新"加入《科学技术基本法》支持对象中，支持对象范围不断扩大。

在产业战略方面，日本政府突出强调了数据与现实的联结将是未来经济发展和工程教育的重要走向，制定包括"IoT 综合战略"在内的多项政策，试图解决与国民生活息息相关的应用领域问题。政府政策引导着工程教育发展方向，将社会需求纳入公共决策之中，并给予充分支持，助力工程教育发展。

第六节

工程教育认证与工程师制度

一、工程教育认证

（一）工程教育认证的诞生和变迁

日本高等工程教育专业认证由非政府、非营利性专业自治组织"一般社团法人日本技术者教育认证机构"（Japan Accreditation Board for Engineering Education，JABEE）负责实施。JABEE 成立于 1999 年 11 月，由 67 家工程领域专业学（协）会（正式会员）和 23 家企业团体（赞助会员）构成。为保障自身地位的独立性，JABEE 不接受财政拨款和任何社会捐赠，仅以专业缴纳的认证费作为唯一活动经费来源。虽然起步晚于欧美发达资本主义国家，但是发展迅猛，在较短时间内具有相当的规模。2001 年，JABEE 成为《华盛顿协议》（Washington Accord，WA）准会员，2005 年 6 月正式加入《华盛顿协议》，成为第 9 个加入的成员国家，同时也是华盛顿协议成员国中首个非英语系国家。

JABEE 设立的目的是：通过工程教育认证制度来保证日本高等工程教育机构（如高等专门院校、大学）培养的学生具有专业工程师的能力，并通过培育具备国际标准的工程师与发展更高水准工程培训来推进国家与产业的共同进步。为实现以上目标，JABEE 根据产业领域的要求，依照日本高等工程培养的体制、内涵与特点，制定了 WA 认可的评估确认规则和详细规章，形成了完整规范的评估确认体制，根据申请企业的特点与培养方案来确定认证单位，定期培训评估认证以完成评估认证任务。

JABEE 的认证过程为：专业自我评价、专家组实地考察、认证机构进行审议与得出结论、认证状态的保持与改进。从认证数量来看，其认证专业数仅次于美国，截至 2023 年，JABEE 认证的专业点达到 526 个；从专业分布来看，认证较多集中在机械、化工、电气、电子、通信信息等领域。

近年来，JABEE 在发展中面临一些困境：如认证覆盖率低，约占工程专业总数的 25%，远低于美国的 90%；一些专业期满退出认证，使得认证专业数量一直处于负增长；同时，一流大学寥寥无几，500 多个专业点中高职专业点占 1/3。

这折射出多方面的原因①: 第一，日本高等工程教育长期以来侧重培养研究者而非技术专家，工程实践能力不是高校关注的重点；第二，日本产业界侧重对实务实绩的评价，除土木、建筑等少数领域外，从业者不需要执业工程师资格。虽然日本规定通过 JABEE 专业认证的毕业生，均具备"修习技术者"资格，可以免除国家"技术士"（Professional Engineers）考试的第一次理论考试，但有别于欧美等发达国家，专业认证并非工程师注册制的必备学历条件。

（二）新一轮改革趋向

面对发展困境，JABEE 与多方合作谋求自身改革，包括与文部科学省高等教育局专门成立 JABEE 技术者教育认证研讨委员会，大学改革支援学位授予机构、大学工科教育状况研讨委员会也积极支持 JABEE 并提供建设性意见。在最新一轮的论证中，JABEE 修改此前一直采用的"A、C、W、D"四级评定制②，改为三级等级评定制（S、W、D），提升审查效率③；2019 年开始启用的新版《通用标准》对指标体系进行大幅精简，从原来 4 个一级指标、26 个具体审查条目减少为 11 个条目；强化"以学生为中心"和"成果导向教育"的工程教育专业认证两大基本理念；与时俱进地更新标准，增加了对毕业生的信息技术知识及其应用能力、工程职业道德和对社会"贡献"的理解④。

二、工程师制度

日本的工程师称为"专业工程师"（Professional Engineer Japan，P.E.Jp），是日本《专业工程师法》规定的国家工程师资格。文部科学省（The Ministry of Education，Culture，Sports，Science and Technology，MEXT）根据《职业工程师法案》管理全国专业工程师系统。日本专业工程师协会（The Institution of Professional Engineers，Japan，IPEJ）是一个非营利机构，作为 MEXT 指定的单

---

① 胡德鑫.新工业革命背景下工程教育专业认证制度国际改革的比较与借鉴 [J].高校教育管理，2019（5）：72–81.

② A表示符合认证标准，C表示现阶段符合认证标准但仍有若干改进余地，W表示基本符合认证标准但必须迅速强化改进策略以弥补课程项目的不足，D表示未达到标准。

③ 一般社团法人日本技术人员教育认定机构.认定标准的解说. [EB/OL]. 2022-10-28. https://jabee.org/doc/2019kaitei-3.pdf.

④ 张照旭，蔡三发，李玲玲.减负·提质·增效：日本工程教育专业认证的改革路向 [J].高等工程教育研究，2020（6）：162–167.

位，组织和管理专业工程师的考试和注册。《专业工程师法》实施条例规定了21个专业技术学科，学生从经过认证的工程教育项目毕业后，先成为实习工程师（Engineer-in Training），经过注册后，成为副专业工程师（Associate Professional Engineer），然后通过第二阶段的专业工程师考试考试，成为专业工程师（PE），这一期间通常需要4～7年的实践经验。成为PE后，还可以进行国际证书的申请和持续学习。

小结

工程教育专业认证制度是保障工程教育质量、融入全球工程教育体系的有效工具和主要手段。日本较早加入《华盛顿协议》，其工程专业认证制度具有以下特点：认证主体为民间性非政府组织、认证过程遵循标准化操作程序、认证领域广泛、国际化程度高、认证标准与《华盛顿协议》实质等效。近年来，JABEE在发展中也面临着如认证覆盖率低等问题，他们正视发展困境，谋求自身内部改革，通过采取三级等级评定制度、启用新版《通用标准》、更新认证标准等方式，以减负、提质、增效为基本路线和着力点，推动制度改革。日本工程教育改革具有强烈的危机意识，坚守专业认证的基本理念，举措富有科学性和实操性，新一轮改革以问题为导向，解决实施过程的各环节难点。

第七节

特色及案例

一、东京大学的创意工程和创业教育

成立于1877年的东京大学是一所顶尖的公立综合大学，是日本最负盛名的大学之一。东京大学工程学院以其开创性的创新和研究而闻名，包含16个系，涵盖非常广泛的研究领域，从数学、物理、化学和生物的基础理论研究到新工程技术的开发。东京大学在就业方面享有很高的声誉，毕业生都能获得丰厚的薪水。

根据2021年的统计，东京大学工程学院约有540名教学人员和220名行政和技术人员；工程研究生院由 18 个专业和 11 个附属机构（2 个组织和 9 个中心）组成。东京大学工程学院目前约有 2 200 名本科生、2 300 名硕士研究生和 1 100 名博士研究生^①。其附属设施包括：一般测试实验室（1939 年 10 月成立）→重组为研究机构（2002 年 1 月成立）、水环境控制研究中心（2000 年 4 月成立）→改组为水环境工程研究中心（2019 年 7 月成立）、量子相位电子学研究中心（2001 年 4 月成立）、能源与资源前沿研究中心（2008 年 4 月成立）、先进光子科学研究中心（2010 年 4 月成立）、促进国际工程教育组织（2011 年 4 月成立）、医疗福利工程开发与评估研究中心（2012 年 4 月成立）、复原力工程研究中心（2013 年 4 月成立）、自旋电子学研究和教育中心（2008 年 4 月成立）、人工工程研究中心（2019 年 4 月成立）、系统设计研究中心（2019 年 10 月成立）^②。

东京大学表示，工程教育部门是国际工程教育促进组织的一个部门，负责工程学院和工程研究生院的横向和高级工程教育。具体而言，该部门通过工程学院和工程研究生院的产学教育合作，促进先进技术教育和基于项目的工程教育。其中包括 NHK 机器人大赛、日本学生方程式大赛、商业大赛、飞行机器人大赛和海外拉力赛。同时，东京大学正在努力通过高级技术研讨会和全校工程研讨会，向文理学院的学生传达工程学院的吸引力。此外，还在努力使工程教育数字化和在线化，并在新冠疫情暴发后为工程教育的新常态做出贡献^③。其主要运营方针为：利用我们在工程学中探索获得的知识和梦想，为地球和人类社会创造更美好的未来。东京大学工程学院把可持续发展放在首位，保护全球公域，并引领社会向尊重地球有限资源和减少对环境影响的方向转变。其目标是创建一个包容性的社会，尊重人类的多样性，最大限度地发挥每个人的个性。为此，东京大学工程学院表示将促进所有领域和工程之间的知识整合，制定一个满足社会多样化期望的美好愿景。并且还将与重视 SDG（可持续发展目标）和 ESG（环境、社会和公司治理）观点的公司和其他组织合作，共同解决社会问题。随着产业结构从资本密集型向知识密集型的巨大变化，东京大学工程学院表示将提供适应新社会的工程教育，把社会变革时期看作一个机会，以开拓的精神进行伟大的挑战，以最好的工程教育和研究引领社会变革，并为世界公众服务。

东京大学的一项特色制度在于所有进入本科课程的学生，第一年和第二年

---

① 染谷隆夫. 工程学，描绘梦想、创造未来 [EB/OL]. 2022-10-28. https://www.t.u-tokyo.ac.jp/foe/about/greetings.

② 东京大学工学部. 工程学院注重社会中的科技 [EB/OL]. [2022-10-29] https://www.t.u-tokyo.ac.jp/foe/about/index.html.

③ 工学教育部门. 工学教育部门的概要 [EB/OL]. [2022-10-29] https://dee.t.u-tokyo.ac.jp/about/.

都在文理学院学习①，第三年进入专业院系学习。工程学院也是如此，学习年限为四年，前两年在文学院授课，后两年在各院系授课。每位教师每学年的学生人数约为 1.6 人。

近年来，东京大学特别注重创意工程教育和创业教育。一方面，创意教育主要提供各类基于项目的学习（PBL）类型和通过实践机会的体验式学习。学生不仅获得了特定领域的技术技能，而且还获得了管理团队和通过竞争、商业创造和社会实施来开展项目的能力。在每个学期，有 10 多个项目同时进行，包括竞技参战型、技术实践型、跨文化体验型②等，见图 12-1。由一位主持人指导这些项目，作为将创造性思维和实践应用于现实的场所。这些课程旨在帮助学生将获得以下技能。

（1）从规划、设计到实施，具有创造性思维的能力；

（2）计划、执行和分析制造和实验的能力；

（3）团队管理和与团队成员的合作性；

（4）考虑到工程伦理和环境安全；

（5）演讲技巧；

（6）业务方式。

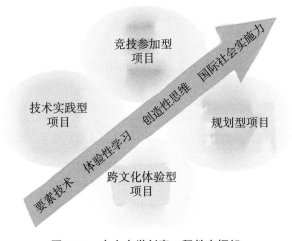

图 12-1　东京大学创意工程教育框架

① 东京大学工学部. 工学部的概要. [EB/OL]. [2022-10-28] https://dee.t.u-tokyo.ac.jp/about/.

② 竞技参战型项目包括：学生方程式项目、机器人竞技项目、海外历史拉力赛参赛计划、飞行机器人项目国际航空系统 PBL/ 国际航空商务入门、电动汽车项目、国际卫星设计项目、汽车安全技术开发项目。技术实践型包括古董车改装项目、无人驾驶项目、东京大学无人机项目、创业工作坊。跨文化体验项目包括国际实习等。

另一方面，通过创业教育培养学生的企业家精神。为此，东京大学构建起了一套覆盖创业全过程且兼顾不同群体创业学习需求的复杂体系。一是始于2017年的"全校研讨会"。该课程由产学协创推进本部、工学部和教养学部联合开设，面对的主要对象是本科阶段1～2年级的学生。二是开设"创业道场"课程和"创业挑战"大赛，以帮助学生寻找、提炼和加工创业理念。创业道场面向全校本科生、研究生和博士后开放，已成为东京大学最具代表性和影响力的创业课程，是一门不断进阶的课程，大致分为3个阶段，时间跨度为半年。创业挑战大赛为每年8～9月举行，以2～4人组团开展商业计划大赛，获胜者不仅有奖金奖励，还可以接受资助与海外高校进行互访交流。三是开设X基金项目，提供相关创业辅导，并提供孵化场地，向东京大学研究者、在校生和毕业生开放申请。四是广泛邀请产业界人士介入课程，将自身探索与对外学习有效结合[①]。

二、东京工业大学的"楔形教育"

东京工业大学以其优秀的工程课程而闻名。工程学院是东京工业大学最大的教育和研究机构，由200多名教师组成，涉及5个研究领域——机械工程、控制系统、电气和电子工程、信息通信工程以及管理工程。研究生属于课程制，研究是以小组和领域的方式在组织中进行。此外，工程学院还成立了一个"跨部门小组"，以促进各系框架之外的合作。

长期以来，东京工业大学的实践科学和工程教育让学生从早期阶段就体验到研究的乐趣。学生与世界顶尖的研究人员有密切的接触。实践方法（Hands-on Approach）反映在毕业生就业能力排名中，东京工业大学一直处于领先地位。东京工业大学工程学院有5个系，工程研究生院有15个系。

2016年4月，东京工业大学成为日本第一所统一本科和研究生课程并建立"学院"的大学。"学院"提供了一个全面的教育系统，旨在促进本科和硕士课程，以及硕士和博士课程的无缝衔接。这使学生从入学时就能看清自己未来发展的道路，使他们能够根据自己的兴趣做出各种选择和挑战。

东京工业大学实行"楔形教育"[②]，将文科教育和专业教育有机地结合起来，促进学生所学知识和科研能力螺旋式上升。在本科课程的第一年，学生集中学习

---

① 王路昊. 日本东京大学创业教育的培养模式及其发展经验 [J]. 比较教育研究，2021，43（08）：95-103.

② 楔形教育课程，指打破历来头两年进行普通基础课教育的常规，第三学年之后也设普通教育科目，而专业课也并非都在第三学年之后进行，根据需要，第一、二学年也设一些必修专业科目。

文科科目，如科学和工程教育、人文和社会科学以及语言等。由于这一时期是学生形成大学学习基础的时期，学校注重培养学生的兴趣和自我探索精神。专业科目的数量随着学生年级的升高而增加，他们在高年级也要学习人文和社会科学方面的文科科目（包括研究生课程）。这样，学生除了能够学习前沿科学和工程的专业知识外，也可以加深对科学和工程研究社会意义的理解。在本科期间，学生可以参加东京工业大学的前沿研究人员、诺贝尔奖获得者以及创造性产品和服务的开发者组织的创造性讨论会和带有实验展示的讲座。借此帮助学生发现科学技术的精密，获得学习科学和工程专业的动力。

近年来，东京工业大学特别注重国际化发展和工程人员交流。一方面，工程学院、材料科学与工程学院、环境与社会科学与工程学院专注于国际合作网络建设，促进项目的参与度，激励学生、教师和研究人员之间开展国际交流。上述 3 个机构与国外多所一流大学签订了 50 多项院系合作协议，并与其中一些合作大学开展了带奖学金的交流项目。同时在欧盟欧洲交流计划（"Erasmus+"计划）的支持下，与签订了国际交流协议的欧洲合作大学进行交流。另一方面，东京工业大学工程学院开展了 6 所大学工程人员交流计划，与北海道大学、东北大学、名古屋大学、大阪大学、九州大学的工程系之间，开展人员交流和教育及人才培养的互助活动。目前，6 所大学的工程系正在合作构建学术职业提升活动，旨在跨越大学界限培养年轻教师。

三、东北大学的水平认证系统

位于仙台市的东北大学成立于 1907 年，是日本第三所帝国大学。1919 年东北大学成立了工程学院。东北大学工程学院成立后，秉承"研究第一""开放包容"和"实践中学习"原则，在工程学各个研究领域取得大量成果，为建设安全和繁荣的日本社会做出了贡献。其中，"研究第一"指的是：学生通过耳闻目睹研究人员为寻求真理昼夜辛劳的情景，受到教育，并通过与研究人员一起努力而获得个人成长。"开放包容"指的是接受来自不同文化背景的学生，注重多元化，而不是局限于狭隘的专业知识人才。"尊重实践学习"指的是开发和探索创新技术和新研究领域，为创造一个安全、可靠和可持续的社会做出努力。这三项原则意喻：作为国际社会的一员，重要的是了解不同的文化并相互尊重，勤恳从事本职研究工作，并不断开拓新的学术领域，引领技术创新。2019 年，东北大学工程学院举行百年纪念活动，举办了百年纪念仪式，设立了纪念基金。

目前，东北大学工程学院包括 5 个本科系：机械智能和航空航天工程、电气和信息物理工程、化学和生物分子工程、材料科学工程、建筑和社会环境工程。工程研究生院有 18 个研究生系，约有 3 450 名本科生和 2 000 名研究生，占东北大学整体规模的 1/3。由此可见日本社会对工程学研究生和工程学院毕业生的巨大需求。

东北大学工程本科人才和研究生人才分别由工程学院和工程研究生院负责，近来年注重培养不仅具有自然科学视角，而且具有人文和社会科学视角的创造性人才。2014 年 4 月，东北大学工程学院和工程研究生院联合成立了工程教育学院，以加强工程领域的教学管理，激励学生自主学习，提高专业工程教育的功能，为研究型大学的工程教育编制系统课程，首次在国立大学推广基于成绩评估的从本科到研究生课程的 6 年制综合教育。工程学院和研究生院的目标是：培养具有高度创造性的人才，对自然、人类和社会有深刻的认识，作为国际社会的成员有广阔的视野，相互尊重，有独立思考和行动的能力，并为成为世界领先的研究人员和工程师奠定基础，能够在科技和工业方面引领日本和世界其他国家。为了保持现有的由基础教育到专业技术教育的高等教育体系，工程教育研究院将进一步提供更加广泛的教育内容，如系统和工程设计、教育管理、语言教育和领导力教育。

目前，该校教育课程基于这样一个体系：根据教育目标设定需要学习的内容，相应地设定基础和专业科目，进行授课，通过考试评估学生理解程度，并授予学分。这种学分制的教育可以提供广泛的科目，使学生能够获得必要的知识并根据自己的兴趣进行学习。但简易学分制也存在隐患，实行平均分（GPA）系统通常会导致学生选择容易取得好成绩的科目，或者为了避免成绩下降而选修最低数量的科目。因此，工程学院和研究生院推出了水平认证系统，用以评估和认证学生在学分制下运用所学知识的综合能力。等级认证系统不仅根据传统的以课堂为基础的成绩评估，而且还根据以下 5 种类型的等级标准来评估学生的不同能力，即基本学术技能、专业学术技能、解决问题能力和逻辑发展能力、语言（英语）技能以及价值创造技能。[①]

东北大学工程学的基础科目包括：数学、物理、化学、英语。在工程课程的第一年，学生学习微积分（分析 A 和 B），向量、矩阵和行列式（线性代数 A 和 B），固体和刚体力学（物理 A），连续体和波及波力学（物理 B），量子化学（化学 A），化学热力学（化学 B）和有机化学（化学 C）。同时，学生在专门的数学和物理练习中练习使用数学作为工具（包括全校教育第二年学习的数学项目）。为了衡

---

① 东北大学工学教育院. 工学研究科目标教育 [EB/OL]. 2022-10-28 http://www.iee.eng.tohoku.ac.jp/intro/.

量学生对第一年所学知识的掌握程度，要进行一次标准化的测试[①]。

近年来，东北大学特别注重工科生对工程前沿和时代的了解，开展前沿工程教育讲座，例如，建筑师长川谷逸子的"建筑共同时代"；佐川真人的"如何找到 Nd 磁铁并使其推动工业化发展"；藤原英则的"技术运动革命"等。同时，加强创造性人才的培养。本学部从平成 8 年（1996 年）开始以学部 1 年级学生为对象，作为以培养创造性为目的的少人数教育的授课科目，开设了"创造工学研修"，到目前为止，累计有 14 861 名（2020 年 493 名）的学生进修。主要是学生根据自己的意志和想法，设定课题，并寻求解决问题的道路。学生不受学科限制，在各种各样的领域开展具有独创性的研究，由领先世界的教员指导，享受探索和发现的魅力，并提升沟通和团队合作能力。其中，包括机器人制作和控制、设计一个轻而有力的机翼、调查身边的水、核反应堆技术入门讲座、设计超导线圈、图像处理、光通信的结构、使用 GPU 的并行处理及其应用、电子电路显示等 101 个种类的研修主题。

小结

面对 21 世纪迅速发展变化的国际形势，根据国际上对工程技术人才要求标准的改变和日本国内工程教育的不足，日本各高校都积极进行教育改革，寻找适合自身发展的道路，夯实基础教育，打造特色工程教育。东京大学的创意工程教育和创业教育、东京工业大学的"楔形教育"和东北大学的水平认证系统都极具特点，通过创新课程设置、改进教学方法等多种途径，增强学生学习兴趣，提升工程教育教学质量，培养学生创新能力、提高国际化水平。

---

① 东北大学工学教育院. 工学基础科目（数学、物理学、化学、英语 [EB/OL]. 2022-10-28 http://www.iee.eng.tohoku.ac.jp/basic/.

第八节

总结与展望

一、总结

处于后工业时代的日本，其教育系统人才培养的重心已发生转变：从精英教育向全民终身教育转移。工程教育也不再局限于技术问题的解决，而更加强调对未来不确定社会的应对，如老龄化带来的劳动力数量下降、消费削减、医疗负担等。面对这些问题，日本政府和高校积极采取行动，近年来工程教育发展特点如下。

（一）学生来源更加多元

虽然日本老龄化问题严重，但近几年工科学生数量稳中有升。从 2016—2020 年间，日本工程教育整体招生规模增长率为 1.44%，整体呈微弱上升趋势。随着日本高等教育的普及，社会向终身学习体系过渡，工程教育的生源呈多样化趋势。日本废除了老旧的普通教育与专科教育的划分界限，引进课程学分累计制度，同时开放研究生教育与本科教育，为社会人员继续学习提供方便，使工程教育生源更加多元。

（二）教育体制多层次化

为了适应教育目标和教育内容体系的变革，日本工程教育体制也不断完善，不同层次的工程教育独具特点。专科工程教育强调专业及课程设置的灵活性与实践性，重视产学协作的共同教育，注重"双师型"师资队伍建设；本科工程教育关注自然科学基础课程与实践性课程，在工程实务训练方面投入更长时间到具体生产任务中；研究生工程教育，重视多学科交叉的综合化课程、重视理论课程学习、重视工程实践平台与基地建设。多层次的工程教育人才培养目标使人才结构分布更加合理，适应社会发展需要。

（三）注重通识和专业教育融合

工程教育专业化程度的日益加深，日本工程教育不论是从教学计划的制订上，还是在教育管理的组织形式上，通识教育贯穿本硕博教育的始终，课程设置和课程内容与专业教育互融、互补，加快形成与本研一体化教育相匹配的一贯制、系统化通识教育体系，提高学生知识的广泛性与整体连贯性，以培养面向未来的科学基础实、专业能力强、综合素质高的国际化创新性科技人才，努力提高工程人才的社会适应力。

（四）产学合作深入

为应对制造业工人数量下滑危机，工程教育加强与工业界合作，努力确保制造业继续成为日本经济增长的轴心。大学与企业合作，重视科研成果与就业机会，合作提高工科学生的学习积极性和学习意愿，并通过让教师去企业兼职的方式增加教师教学积极性。同时促使产学研合作更加细分化，大学学习内容与工业界需求相匹配，让工程师介入课程内容的设置，以满足社会需要，促进产学合作深入。

（五）完善工程教育质量保障机制

在新工业革命对质量诉求日益增加的背景下，专业认证制度逐步成为日本保障工程教育质量、融入全球工程教育体系的有效工具和主要手段。JABEE 制定评估确认规则和详细规章，形成了完整规范的评估确认体制。通过专业自我评价、专家组实地考察、认证机构进行审议与得出结论、认证状态的保持与改进等认证流程，保障工程教育质量。

二、未来展望

日本政府对工程教育布局长远，在《2040 年日本高等教育总体规划》中描绘了日本高等教育发展的战略蓝图，体现了教育现代化的整体方向，反映了人才培养新动向。结合当前日本所面临的社会不确定性，其工程教育发展呈现如下趋势。

（一）转换教育模式——以学习者为中心

为培养与社会需求相适应的人才，要建立以学习者为中心的教育模式，教育要向"使每个人的潜能得到最大化延伸的教育"发展，从"教什么"向"学什么，学到了什么"转变。要全盘考虑整个学位课程的培养方案、教学计划以及学习者的基础能力水平和心智发展过程，着意建立一个提高学习者自主学习质量的系统，强化通识教育与本科阶段教育，大类培养，以进一步拓宽学生视野，提高学生适应未来社会发展不确定性的能力。

（二）改革教育体制——提高多样性和灵活性

第一，多样化的学生和教师。为应对人口老龄化的冲击，要打破以 18 岁日本学生为主要招收对象的旧模式，积极接纳社会人士和留学生，推进体制转换，建设拥有"多元价值观的校园"；建立从学习者角度出发的与产业界、地方公共组织密切合作的回流教育体；构筑发布日本教育信息的海外据点，积极吸收优秀的留学生并促进外国高材生在日本扎根。教师方面，引进校外资源，建立多元化的教师聘用制度，突破院系设置，促进教师流动。

第二，灵活多样的教育机制和治理机制。各大学突破院系、研究部等的组织界限，建立迅速灵活的机制。首先，建立泛领域跨文理的教育机制，在专业教育上探求更广泛、深层次的教育，在大幅增加专业知识组合数量的基础上，灵活运用主修辅修制度等，扩大学生的学习范围；其次，完善高校间的学分互换制度，实现不同高校教育资源有效共享。在国立大学引进"多所大学同一法人制度"，以促进大学间的合作与整合；构建跨越国（立）、公（立）、私（立）高校之间的合作机制，推进各自的功能分担和协作；促进校外理事的录用，发挥其在获取外部资金和地方支持等方面的作用。

（三）重构学习质量保证体系——确保落实"三个方针"

为提高工程教育质量，大学要在校长的领导下制定毕业认证和学位授予的方针、教育课程制定和实施的方针、招生的方针，开展基于"三个方针"的系统的、有组织的大学教育。同时，应根据学位授予课程的共识和标准来检查、评价教育成果，根据时代和科技的发展灵活高效地运用各种数学方式。在确定教学管理机制时，学校要正确掌握、测定、公布有关学生学习成果和全校教育成果的有关信息，并适当地灵活运用于教育活动的重新评估、企业招聘、社会监督等方面。

（四）调整工程教育规模和结构——重筑高校理想状态

基于 18 岁人口减少的状况，各高等院校若想继续维持当前的规模，不仅需要打破"18 岁中心主义"，推进延伸学生可能性的教育改革，积极接收社会人士和留学生，还需要控制高等教育机构的数量，调整高等教育的结构与功能。同时，各种形式工程教育在强化特色和优势的基础上，应寻找共同点，加强国、公、私教育部门三者之间的合作与交流，形成综合教育系统，重新构筑高等工程教育的理想状态，共同致力于工程教育的发展进步。

（五）改进工程教育机构职能——提供多样化教育

日本工程教育针对不同层次人才发展提出不同规划：短期大学要在确保地方升学和女性教育方面发挥积极作用的基础上，充分利用短期和地区资源等优势，开展社会人士的再教育；高等专门学校要通过推进国际化等方式来培养具备理论知识、有较强实践能力和专业技能，且能应对变化、创造新价值的人才；专门学校要通过产学合作来强化职业教育功能，积极接收留学生，开展回流教育。研究生院以培养在知识集约型社会中引领知识生产、价值创造的高级人才为中心，既要培养具有创新意识和开发能力的优秀研究者，又要培养具有高度专业知识和技能的职业人才；此外，还要培养兼备教育能力和研究能力的大学教师，以及具有高度知识素养的人才[①]。

执笔人：余继　马安琪　王远帆

[①] 杨天平，刁清利.2040 年日本高等教育总体规划：背景、举措与启示 [J]. 天津市教科院学报，2022，34（03）：82-89.

第十三章

南非

工程教育发展概况

一、经济社会和教育背景

历史上，南非先后受到荷兰和英国殖民，并且经历了长时期的种族剥削和种族隔离，直到 1994 年才结束种族隔离制度。然而，殖民和种族隔离的历史时至今日仍然影响南非社会。1994 年大选以来，新的南非政府力图发展创新型经济、扩大和提升教育水平，使大量在殖民和种族隔离时期受到剥削、缺少教育和就业机会的黑人能通过人力资本的积累提高生活水平，并借此提高南非的经济竞争力和综合国力。同时，由于经济结构相对单一、大量黑人学业基础薄弱等各方面原因，政府通过教育投入提升国家劳动力水平、促进经济社会发展的努力也面临不少挑战和困境。

1994 年以前，南非部分工业已经达到世界先进水平，然而工业布局相对狭窄，且多数黑人被排除在工业发展机会之外。1994 年以后，新政府工业化策略重点布局制造业，希望提高经济生产率，而不是通过劳动力成本优势提高本国的经济竞争力。然而，这一工业化策略的效果并不显著。自 1994—2010 年，南非的工业年均增长率为 2.1%，低于同期南非 GDP 增长（年均 3.3%），也低于同属于中等偏上收入水平的其他国家的工业年均增长率（6.2%）[①]。

教育是南非经济社会发展的核心问题之一。教育机会和质量的不均衡是南非收入不平等的重要诱因[②]。为了改善这种局面，新的南非政府在教育方面积极投入，尤其是增加了传统上受教育机会受限的黑人学生的求学机会。然而，教育机会的增加并没有充分体现在国民教育成就上。困扰南非教育的一个重要因素是偏低的学生学业成就和毕业率。一系列国际测试显示，南非学生的成绩经常在诸如国际数学与科学研究趋势（Trends in International Mathematics and Science Study, TIMMS）等测试中处于垫底的位置，甚至与非洲其他国家学生的表现相比也处在垫底水平。同时，相对宽松的入学机会增加了入学人数和学生就读的时长。

---

① Roberts S. Industrialization strategy [A]. Bhorat H, Hirsch A, et al. The Oxford Companion to the Economics of South Africa [M]. Oxford University Press, 2014.

② Lam D, Branson N. Education in South Africa since 1994 [A]. Bhorat H, Hirsch A, et al. The Oxford Companion to the Economics of South Africa [M]. Oxford University Press, 2014.

布兰森和兰姆的研究发现，年龄在25~29岁的南非黑人平均比白人在中小学求学的时间长1.5年，而平均完成学业比白人低一个年级[①]。

在高等教育方面，南非政府的目标是建立一个更大规模、响应需求，突出质量、效率和成功的高等教育与培训体系[②]。2021年出版的《高等教育和培训监测》（*Post-School Education and Training Monitor*）指出，2010—2019年南非高等教育适龄人口比之前减少，但由于更多年轻人成功完成中学教育（32.1%的成年人完成了中学教育），拥有高等教育入学资格的人口相对增加。同时，南非国民整体受过高等教育的比例仍然偏低，拥有高等学历的人仅占成年人总人口的6%。在高等学历获得者中，女性多于男性，黑人比其他种族拥有高等学位的人更少。劳动力市场的数据显示，获得高等教育对提高劳动者收入的影响显著，拥有高等学历的劳动者收入的中位数比无高等学历的劳动者收入中位数高出6倍以上[③]。

2010—2019年，南非的高等教育（大学、技术与职业教育和培训）入学机会增长较快，然而两类教育的增长离南非在2012年《国家发展计划2030》所设立的目标和社会需求都还有一定差距。南非大学的入学率低于很多同类国家。当前南非高等教育的在读学生中，女性多于男性。黑人学生尽管在数量上占多数，但是在就读人口比例（约20%）方面仍然低于白人学生（约49%）[④]。

困扰南非高等教育质量的主要挑战包括师资水平和数量、学生的流失率和毕业率等。南非高校师资拥有博士学位的比例低于50%，而且近年来，因为入学人口增加，高校生师比呈现上升趋势，对教学质量、学校容量和研究产出都带来了挑战。南非高校的学生流失率较高，毕业率偏低。尤其在技术与职业教育和培训领域，2016年国家证书（职业）水平2级别的教育中，正常年限毕业率低于10%。此外，不同人口的毕业率有差异，总体上女性毕业率高于男性，白人毕业率高于黑人学生。人才培养的质量问题直接影响到就业市场。一方面，南非具有较高的失业率；另一方面，企业经历严重的技能短缺。尤其在科学、技术和工程领域，劳动力市场对受过教育、具有胜任力的毕业生需求旺盛。报告认为，这体现出南非高等教育（尤其是技术和职业教育）还存在"学用脱节"的情况[⑤]。

① Lam D, Branson N. Education in South Africa since 1994 [A]. Bhorat H, Hirsch A, et al. The Oxford Companion to the Economics of South Africa [M]. Oxford University Press, 2014.

② Department of Higher Education and Training. Post-School Education and Training Monitor [R]. 2021.

③ 同上.

④ 同上.

⑤ 同上.

二、工程教育发展概况

关于南非工程教育的历史和结构性特征，克鲁特和卢弗赖斯进行了详细回顾。19 世纪晚期，随着黄金和钻石矿产的发现，采矿产业逐渐发展起来，围绕采矿的技术需求促成了南非最早的工程学校的开办。1870 年前后，金伯利镇发现钻石矿藏，采矿业务的增长使得国外培训的矿业工程师数量逐渐不能满足产业发展需要。1896 年，一家矿业公司和开普省政府合作成立了南非矿业学校。南非工程教育从一开始就深受英国模式影响，注重理论训练。因此，南非矿业学校的学生前两年在南非学院（开普敦大学前身）学习应用数学和物理，第 3 年才到矿业学校接受技术训练。1903 年，矿业学校迁址约翰内斯堡，1922 年变为威特沃特斯兰德大学（University of Witwatersrand，又名金山大学），是南非培养工程师的主要高校之一。1918 年，南非学院升级为开普敦大学，开普敦大学于 1922 年率先在南非授予 4 年制工学学士学位。另一所培养工程师的早期高等学府是斯泰伦博斯大学（Stellenbosch University）。与开普敦和金山大学用英语教学不同，斯泰伦博斯大学为了服务荷兰后裔，选择用荷兰语和阿非利加语教学，并且授予工程学士学位[①]。

20 世纪 60 年代，为应对南非技术劳动力的短缺，一批"技术学院"先后成立，开始培养工程技师（Engineering Technician）。与大学工程教育模仿英国模式重视理论知识的传授不同，技术学院的教育更加偏重实践训练。然而，相较于实践知识，社会对理论知识的重视和认可，也导致大学和技术学院的地位及其毕业生（工程师和工程技师）的社会地位差异明显。

早在 20 世纪 20 年代，一些大学开始接收少量黑人学生入读。随着 1948 年种族隔离开始成为正式的政策，黑人逐渐失去在白人高校就读的机会。1957 年，南非立法分别建立服务于不同种族的大学。在该法案的影响下，少数黑人大学匆忙成立，在资源和教育质量上都相对不足，其中只有一所黑人大学提供工科教育。1959 年，《大学教育拓展法案》正式禁止黑人学生入读白人大学，种族隔离的教育措施进一步限制了黑人享有高质量教育的机会，扩大了南非社会教育资源分配的不平等。值得注意的是，一些英语教学的白人大学（如开普敦大学和金山大学）一直反对政府采取的种族隔离措施。20 世纪 80 年代，在一些跨国公司的支持下，这些大学开始突破政策限制录取黑人学生。为了照顾因中小学教育资源匮乏而导

---

① Kloot B, Rouvrais S. The South African engineering education model with a European perspective: history, analogies, transformations and challenges [J]. European Journal of Engineering Education, 2017, 42 (2): 188–202.

致学业基础薄弱的学生，这些学校（尤其是受公司支持的工科院系）开始建立一系列"学业发展"项目，其中影响较大、成就显著的是"延长学制"，即针对学业基础薄弱的学生，将传统的 4 年本科学制延长为 5 年，使学生有更多时间补足基础知识[①]。

1994 年，南非结束种族隔离制度，新的民主化进程启动。在政权更替之后的一段时间，经济和社会特权并没有随着政权更替而转移到占南非大多数的黑人公民手中，而依然由白人主导。为此，新的政府持续采取一系列"转型"措施，试图完成社会结构的变革。2001 年，南非进行了高等教育结构调整。一批技术学院经合并或升级成为理工大学，开展本科工程技术教育，授予技术学士的学位[②]。相比传统的工学学士或工程学士，技术学士的教育更偏重实践，获得该学位可以申请注册工程技术员（Engineering Technologist）的资格。技术学士一般不能就读学术性硕士（MS）或博士（PhD），但是可以就读偏应用和实践的技术硕士或技术博士学位。这种设置为偏实践的工程训练创造了完整的学历通道，但是在工程教育中，工学 / 工程学士和技术学士存在的理论和实践分离的情况还在延续。

小结

南非工程教育发展与国家的历史和经济社会结构密切相连。依靠丰富的矿产资源，南非在经济发展方面曾经表现出举世瞩目的成就，也在非洲国家的经济、科技和文化事务中发挥举足轻重的作用。同时，殖民的历史以及由此造成的种族问题是南非经济和社会发展至关重要的背景。在工程教育方面，受英国影响，南非拥有一些历史悠久、教育和研究成果出色的大学，但是在很长时间里，这些优质教育资源主要服务于占据人口少数的白人。占人口多数的黑人因殖民和种族隔离等一系列原因，长期被剥夺优质的教育资源和经济发展机会。在 1994 年种族隔离制度结束之后，南非社会开启了持续的转型和发展进程，大幅增加了黑人学生的入学机会。由于社会经济背景复杂和教育资源不均，南非高校和工程院系录取了大量学业基础薄弱的学生。目前，南非的工程教育正在艰难地探索一条既追求教育公平、又提升教育质量和国际竞争力的道路。

---

① Kloot B, Rouvrais S. The South African engineering education model with a European perspective: history, analogies, transformations and challenges [J]. European Journal of Engineering Education, 2017, 42 (2): 188–202.

② 同上.

工业与工程教育发展现状

一、产业数字化的挑战

安德罗尼等分析了南非产业数字化的前景、面临的挑战以及相关的政策选择。研究指出，由于过早的"去工业化"策略，南非的经济发展在基础设施和劳动力技能方面存在较大缺口，国家从资源依赖型转向高生产率创新驱动型经济的目标没有实现[①]。面对第四次工业革命的兴起，成功实现数字化转型对南非经济振兴具有重要意义。

当前，以数据和互联网驱动的数字化产业在南非的矿业、食品和工程车辆制造等领域有成功应用的案例。但是，安德罗尼等的分析指出，大规模的产业数字化升级在南非还面临一些深层次挑战：第一，数字化转型对企业投入、业务重构等方面的要求，以及不太明朗的盈利前景，使得不少企业还处于观望的阶段；第二，因为数字化转型不仅局限于单个企业，而是往往涉及整个业务链和生态系统的重构，对于一些基础设施和技术相对落后（甚至基本的信息化尚未完成）的产业，数字化所要求的彻底改变业务模式也是企业犹豫的原因之一；第三，劳动者缺乏数字化升级和运营所需要的相关工程和管理技能，是产业数字化面临的另一大瓶颈[②]。

安德罗尼等还指出，新兴的数字化技术对工作者提出了一系列数字技能方面的要求，包括编程、网页和应用开发、数码设计、数据管理、可视化和分析等能力。数字化产业中的工作者需要拥有机电一体化、数码平台设计、软硬件接口和连接等方面扎实的知识和技能。要满足这些技能需求，相关的教育机构、技术学院和大学需要围绕数字化能力设计相应的课程、实验室等培训条件。当前的教育经费不足、师资水平有限、实训条件落后、学校训练课程与产业实际作业要求脱节等因素，导致技能缺口难以填补，大部分企业也缺乏相应的技术条件对劳动力

① Andreoni A, Barnes J, et al. Digitalization, Industrialization, and Skills Development: Opportunities and Challenges for Middle-Income Countries [A]. Andreoni A, Mondliwa P, et al. Structural Transformation in South Africa: The Challenges of Inclusive Industrial Development in a Middle-Income Country [M]. Oxford University Press, 2021.

② 同上.

进行必要的技能培训。同时，数字化转型不仅要求劳动者具有相应的技术能力，还要具有运营管理能力；同时也要求管理者能够选择适当的数字技术、设计和监测业务流程、解决网络和数据基础设施需求，从而确保组织稳定运营[①]。由于这些管理经验需要在相关业务环境中培育，而具有相关资质的企业并不多，所以进一步加深了产业数字化的困境。

针对南非产业数字化的技能瓶颈，安德罗尼等提出了一些政策建议。这些建议包括：鼓励高校和企业开展软件工程、编程、数据科学和相关ICT技能培养的课程；在产业数字化、机器学习、人工智能、计算机辅助设计和制造、现代企业管理系统等领域建立关键技能清单，用于引导相关的公共经费投入；同时，鼓励技术和职业教育培训机构转变传统的"学历驱动"的培养模式，聚焦"企业驱动"的培养模式，鼓励企业更加深度地参与职业和技术教育[②]。

二、五大潜力产业

2015年，麦肯锡研究报告《南非的五大产业：包容性增长的大胆优先目标》分析了南非经济发展所面临的问题，并提出了南非应当优先发展的5个经济领域。报告指出，南非民主化转型20年来，在社会和经济发展方面取得长足进步。然而，自2008年以来，经济增速放缓，失业率持续高位，尤其是青年人失业率居高不下，给社会带来了广泛的消极情绪。报告认为，南非仍具有发展经济的内在优势，其中先进制造、基础设施、天然气、服务出口和农产品出口5个领域的发展具有突出潜力，能在2030年前为南非带来870亿美元的年均额外GDP，并总计创造340万个就业机会[③]。

麦肯锡报告认为，在先进制造领域，南非可以利用技能劳动力发展为具有全球竞争力的高附加值制造枢纽，尤其在汽车、工业机械和装备、化工等领域进一步发挥自己的优势。麦肯锡报告注意到南非政府在基础设施方面的积极投入，但是也指出南非在电力、水资源、卫生设施等方面的投入仍然具有较大差距。报告认为，通过有效的公私合作，南非基础设施生产率有望提升40%，从而可大幅提

---

① Andreoni A, Barnes J, et al. Digitalization, Industrialization, and Skills Development: Opportunities and Challenges for Middle-Income Countries [A]. Andreoni A, Mondliwa P, et al. Structural Transformation in South Africa: The Challenges of Inclusive Industrial Development in a Middle-Income Country [M]. Oxford University Press, 2021.

② 同上.

③ McKinsey Global Institute. South Africa's Big Five: Bold Priorities for Inclusive Growth [R]. 2015.

| 第十三章 南非 | 711

升基础设施对其他行业的支持力度。在能源方面，报告认为天然气电厂的建设周期较短、成本较低、碳排放较低，有望缓解南非电力紧张的局面，促进南非能源供应的多元化。同时，报告还指出两个潜在的出口增长领域：服务业和农产品。[①]南非的建筑服务和金融服务业都有较大的出口潜力，但在撒哈拉以南非洲服务市场的占比偏低。此外，随着撒哈拉以南非洲和亚洲农产品消费的增长，南非有望在 2030 年之前将农产品出口水平增加两倍。

在明确潜在增长领域的同时，麦肯锡报告也指出南非当前的劳动力很大程度上不能满足上述领域的发展需求。在失业率居高不下的同时，南非企业面临明显的技能劳动力空缺问题。根据劳工部的数据，2013—2014 年度约有 5 万空缺岗位没有得到填补。根据 2013 年的数据，15~24 岁人口参与技术或职业教育的比例低于 10%。报告对上述 5 个领域可能创造的 340 万新增岗位进行了技能分类，其中，没有特殊学历要求的"基本职业"占比为 22%，需要专门职业培训的技能型行业工人占比 48%，需要大专以上教育和学徒经历的技师和职业辅助人员占比10%，需要政府或公司管理经验的经理人才占比 14%，需要大学以上学历的专业人士占比 6%[②]。在提高受教育劳动力比率的同时，报告还指出，当前的学校教育毕业生在就业能力方面离雇主的期待还存在明显差距。雇主调查显示，毕业生在数学、科学、解决问题、英语口头和书面沟通方面，以及在自律、团队合作等职业技能方面都有所欠缺。这些问题表明，南非的高等教育在规模和目标（就业准备）方面都要提高。

针对未来产业发展需求和南非人才培养的现状，麦肯锡报告建议南非要着力提高当前高中毕业生的质量，为学生进入大学深造、成为职业人士和经理人才做好准备。同时，报告指出，南非的教育系统侧重学历教育、轻视就业需求的情况应该改变，并建议 40%~60% 的青年人应当进入职业教育。报告注意到，南非近年来不仅增加了中学毕业生进入技术和职业教育的比例，也在高中阶段引入了职业教育轨道国家证书 National Certificate（Ⅴ）。然而，与进入传统高中的学生相比，进入职业高中的学生数量非常少。此外，报告还建议，在雇主、政府、教育机构和学生之间创造无缝的职业训练和学徒机制，从而为学生提供充分的岗位训练[③]。

在加强职业教育方面，麦肯锡报告建议政府加强引导，充分宣扬技术和职业

---

① McKinsey Global Institute. South Africa's Big Five: Bold Priorities for Inclusive Growth [R]. 2015.

② 同上.

③ 同上.

教育在就业方面的价值。同时，深化企业对职业教育的参与，向教育机构反馈职业训练的需求，参与课程设计、学业评价、质量保障以及学生的实践训练等环节。报告还建议，企业要积极参与技能标准的开发和国家技能供需的数据收集、按照产业定制课程内容等工作。

针对青年人因就业率低造成的信息不足、职场经验缺乏的情况，麦肯锡报告充分强调对青年就业者提供"专业技能"培训的重要性，建议政府和学校对青年在职场行为、面试技巧、客户关系和沟通能力方面加强培训，同时增加学生在职场见习的机会。

针对南非技术教育师资水平不高、教育质量保障体系不完善的问题，麦肯锡报告特别呼吁产业更加积极地与教育机构开展合作，挖掘具有学科知识和实践经验的师资，或为学校提供课程内容开发方面的师资训练。同时，政府也要提供强制的师资胜任力训练项目，发布相关胜任力标准。

在技术和职业教育的资助模式上，麦肯锡报告推荐效仿英国的做法，按照毕业生成效而非入学人数分配经费[①]。

三、需求旺盛职业

作为服务南非《国家发展计划》和了解职业动态、劳动力市场需求的重要措施，南非高等教育和培训部自 2014 年起，每两年发布一次《需求旺盛职业清单》（以下简称《清单》），展示就业增长强劲或劳动力短缺的行业，为产业、教育部门以及求职者提供参考。《清单》的制定结合了定量和定性分析，并将结果和其他部门所制订的"优先职业"或"关键技能清单"进行了对比。

表 13–1 列举了同时被《清单》和"优先职业"或"关键技能清单"认定[②]，并在多个产业部门具有强烈需求的工程技术相关职业。结果显示，在工程技术领域，比较紧缺的是制造、机械、信息、数据和软件类人才。这与麦肯锡报告中建议的先进制造作为优先发展领域，以及安德罗尼等提到的产业数字化的趋势[③]相

---

① McKinsey Global Institute. South Africa's Big Five: Bold Priorities for Inclusive Growth [R]. 2015.

② Labour Market Intelligence Research Programme. The 2020 List of Occupations in High Demand: A Technical Report [R]. 2020: 49–50.

③ Andreoni A, Barnes J, et al. Digitalization, Industrialization, and Skills Development: Opportunities and Challenges for Middle-Income Countries [A]. Andreoni A, Mondliwa P, et al. Structural Transformation in South Africa: The Challenges of Inclusive Industrial Development in a Middle-Income Country [M]. Oxford University Press, 2021.

符。比较遗憾的是,《清单》虽列举了急需人才的行业类别,但是没有提供具体需求规模的相关数字。

表 13–1 南非需求旺盛的工程技术职业（2020 年）

制造工人
制造运营经理
工程经理
数据管理经理
信息技术经理
机械工程师
机械工程技术员
ICT 系统分析师
软件开发员
程序分析师
开发型程序员
数据库设计和管理员
柴油机机械师
重型装备机械师
交通电工

小结

当前,南非经济发展遇到较大困难,在失业率居高不下的同时,很多产业的发展却面临明显的技能缺口。大量岗位需要拥有产业对口的知识和实践技能、并具备职场素养的技术和职业教育毕业生。由于传统上对学历教育的重视、优质师资缺乏、教育内容与产业需求脱节等原因,南非的大学、技术和职业教育机构在培养满足产业需求的毕业生方面还有较为明显的差距。要想改变这一困局,需要政产学多方的协同努力,采取具有系统性和综合性的政策措施。

工程教育与人才培养

近年有分析指出，南非工程人才储备不足是限制南非经济结构升级优化和经济社会转型发展的重要障碍。本节将报告南非 2016—2020 年的工程人才培养规模与结构，从工科本科生毕业生人数、专业分布、毕业率，以及注册职业工程技术从业者和候选人的规模、人口信息结构等方面，简要呈现南非工程技术人才培养的现状。

一、人才培养规模和结构

根据南非高等教育和培训部的高等教育管理信息系统（HEMIS），可以得到 2016—2020 年所有高等教育机构毕业生的人数和专业、学位类型的分布。表 13–2 整理出南非 2016—2020 年 4 年制工程类本科毕业生的人数和专业分布。数据显示，在本报告所观察的阶段，一方面，南非每年培养的工科本科毕业生在 3 000 人左右，总量相对有限，工程人才的培养速度和规模并不能满足南非经济社会发展的需要。2017 年的一篇报道指出，南非人口中平均每 2 600 人中有 1 位工程师，而国际上的平均值是 40∶1[①]。另一方面，南非的工程人才培养在专业分布上并不均衡，工科毕业生中占比较大的是机械、电气电子、土木和化工等比较传统的工科门类，其次是工业工程和矿业工程。这些分布体现出能源和采矿等产业在南非技术经济中占有的重要地位。相比之下，涉及健康、环境、材料等领域的工科毕业生培养数量较少。

表 13–2　南非 2016—2020 年 4 年制工程类本科毕业人数

年　　度	2016	2017	2018	2019	2020
工 科 总 计	2 980	3 054	3 143	3 099	3 245
航空航天和宇航工程	7	16	11	24	21
农业 / 生物工程和生物工程	6	12	18	18	17

---

① Mail & Guardian. South Africa urgently requires engineers for development [EB/OL]. [2017-03-17]. https://mg.co.za/article/2017-03-17-00-south-africa-urgently-requires-engineers-for-development/#:~:text=South%20Africa%20has%20one%20engineer,professional%20engineers%20in%20the%20country.

年　　度	2016	2017	2018	2019	2020
建筑工程	0	0	0	0	0
生物医学／医学工程	0	0	0	0	0
陶瓷科学与工程	0	0	0	0	0
化学工程	431	401	485	442	492
土木工程	556	541	479	526	546
计算机工程	43	47	52	59	51
电气、电子和通信工程	506	501	542	537	562
工程力学	2	0	6	5	10
工程物理	0	1	1	0	0
工程科学	5	6	12	3	2
环境／环境健康工程	14	18	24	18	0
材料工程	0	1	0	0	0
机械和机电一体化工程	844	918	884	866	1 021
冶金工程	62	87	73	71	72
采矿和矿物工程	164	132	161	108	120
船舶与海洋工程	0	0	0	0	0
核工程	0	0	0	0	0
海洋工程	0	0	0	0	0
石油工程	0	0	0	0	0
系统工程	0	0	0	0	0
纺织科学与工程	0	0	0	0	0
材料科学	0	0	0	0	0
高分子／塑料工程	0	0	0	0	0
建筑工程	0	0	0	0	0
森林工程	0	0	0	0	0
工业工程	227	235	255	316	289
制造工程	2	1	3	2	1
运筹学	3	2	2	0	1
测绘工程	35	47	44	37	38
地质／地球物理工程	6	8	6	2	0
其他工程	68	80	85	66	3

资料来源：作者根据 HEMIS 数据整理得到。

二、毕业率的困扰

南非 4 年制本科工程教育的毕业率偏低是相当严峻的挑战。表 13-3 对比了 2016 年高校 4 年制本科工程项目录取的学生数和 2020 年（正常 4 年修业年限）的毕业生人数。在报告所考察的时期，4 年制本科工科学生的整体毕业率是 16%，其中毕业率最高的专业是农业 / 生物工程和生物工程（55%），毕业率最低的是环境 / 环境健康工程、材料工程和地质 / 地球物理工程，这 3 个专业没有学生在 4 年内完成学业获得学位，毕业率为 0%。

表 13-3　南非 2016 级工科本科生入学和毕业数据

学　　科	2016 年入学人数	2020 年毕业人数	4 年毕业率 /%
工科总计	20 141	3 245	16
航空航天和宇航工程	232	21	9
农业 / 生物工程和生物工程	31	17	55
建筑工程	0	0	n/a
生物医学 / 医学工程	0	0	n/a
陶瓷科学与工程	0	0	n/a
化学工程	2 614	492	19
土木工程	4 343	546	13
计算机工程	264	51	19
电气、电子和通信工程	3 769	562	15
工程力学	122	10	8
工程物理	0	0	n/a
工程科学	24	2	8
环境 / 环境健康工程	26	0	0
材料工程	52	0	0
机械和机电一体化工程	5 231	1 021	20
冶金工程	517	72	14
采矿和矿物工程	1 031	120	12
船舶与海洋工程	0	0	n/a
核工程	0	0	n/a
海洋工程	0	0	n/a
石油工程	0	0	n/a
系统工程	0	0	n/a
纺织科学与工程	0	0	n/a
材料科学	0	0	n/a
高分子 / 塑料工程	0	0	n/a
建筑工程	0	0	n/a
森林工程	0	0	n/a
工业工程	1 126	289	26
制造工程	6	1	18

学　　科	2016 年入学人数	2020 年毕业人数	4 年毕业率 /%
运筹学	3	1	33
测绘工程	249	38	15
地质 / 地球物理工程	15	0	0
其他工程	485	3	1

资料来源：作者根据 HEMIS 数据整理得到。

三、注册工程人才

南非工程理事会（ECSA）提供的职业工程技术人员注册数据，也可作为理解南非工程人才培养规模和结构的参考。ECSA 的《年度报告 2020—2021》显示，2016—2020 年，南非各个层次获得注册职业工程技术人员和候选人的数据如表 13–4 所示。根据 ECSA 的要求，新毕业工科专业本科生可以申请注册为职业工程师候选人，在完成在职训练后申请注册工程师资格（详细说明见第六节）。表 13–4 数据显示，每年大约三分之一的工科本科毕业生申请注册工程师候选人资格。可能受新冠疫情的影响，这一数字在 2020 年有较大幅度下降。

表 13–4　南非 2016—2020 年新增注册工程技术人员　　　　单位：人

类　　　型		年　　度				
		2016	2017	2018	2019	2020
注册职业类别	职业工程师	857	443	523	507	503
	职业工程技术员	317	343	304	320	249
	职业证书工程师	20	16	18	17	5
	职业工程技师	306	270	163	205	178
注册候选人类别	工程师候选人	1 085	1 136	1 348	1 229	792
	工程技术员候选人	579	690	978	959	959
	证书工程师候选人	18	29	50	32	17
	工程技师候选人	668	758	1 117	1 182	689

资料来源：ECSA Annual Report 2020|21。

四、工程人才的人口结构分布

南非最新的注册工程技术人员及候选人的性别和种族分布见表 13–5 和表 13–6。在注册工程技术人员方面，占比最大的是注册工程师，根据南非工程理事会的标准，这主要是指有较为丰富的解决"复杂工程问题"和从事"复杂工程活动"经验的专业实践者。南非注册的工程技术人员在性别分布上高度不平衡，男女比例接近甚至超过 10∶1。而且，在种族构成上，白人仍然占据注册工程技术人员中的绝对多数，黑人则较少。值得注意的是，一些重要的南非高校近年来工科招生中黑人学生所占的比例已近半数，但是这种趋势还没有在全国注册工程技术人员分布中得到体现。

表 13–5　南非注册工程技术人员的人口特征　　　　　　单位：人

人 口 特 征	类　　　别	工　程　师	工程技术员	证书工程师	工 程 技 师
性别	男	18 584	5 925	1 028	4 941
	女	1 188	500	5	779
种族	黑人	2 251	2 076	86	2 569
	白人	16 056	3 568	904	2 725
	印度	1 220	520	33	220
	有色人种	245	261	10	206
总　计		19 772	6 425	1 033	5 720

资料来源：ECSA Annual Report 2020|21。

　　与注册工程技术人员相比，获得注册候选人资格的多数是比较年轻、从业经历较少的工程技术人员。候选人多数是从学校毕业不久，因此能够更好地反映南非工程教育在人才培养方面的近期成果。表 13–6 数据显示，南非工程技术候选人的性别差距比注册职业工程技术人员的差距更小；在种族分布方面，占据最多数的是黑人。这说明高等教育界所采取的转型措施，包括增加多元背景学生就读工科学位的机会，正逐步改变南非工程人才的结构。

表 13–6　南非注册工程技术候选人的人口特征　　　　　单位：人

人 口 特 征	类　　　别	工程师候选人	工程技术员候选人	证书工程师候选人	工程技师候选人
性别	男	7 503	4 292	266	4 685
	女	2 282	1 396	13	2 006
种族	黑人	4 125	4 172	154	5 439
	白人	3 942	771	89	598
	印度	1 396	504	24	406
	有色人种	322	241	12	237
总　计		9 785	5 688	279	6 691

资料来源：ECSA Annual Report 2020|21。

小结

南非一系列政策和社会转型目标的实现，都依赖国民教育水平和劳动力科技创新能力的提升。近年的数据显示，南非工程教育在培养工程技术人才的速率上还难以满足经济发展的需要。进一步分析显示，过低的学生毕业率是限制南非工程人才培养规模的主要挑战之一（同样挑战也存在于南非高等教育的其他专业）。

在职业工程技术人才的构成方面，虽然白人和男性依然占据注册工程技术人员的绝对多数，但是近年来在注册工程技术人员候选人中，性别不均衡在缩小，黑人也逐渐占据各种类型候选人的多数。这些结果显示，南非工程教育机构在学生多元化方面的努力开始看到一些成效。如果工程教育者能够进一步改变不同族裔学生毕业率的差异，则将有希望进一步使南非工程技术人员的结构更有效地代表南非的人口结构。

第四节

工程教育研究与学科建设

对工程教育教学的科学研究是南非工程教育的一大特点。自20世纪八九十年代起，随着更多黑人学生进入传统白人高校，一些工程院系面临新生学业基础薄弱的问题。在为这部分学生提供学业指导的同时，工程院系也开始探索如何通过系统的研究来更好地了解学生的特点并改进教学方法，这些努力成为南非工程教育研究的基础。基于本国社会和教育的现实，结合本土工程教学的特点，借助国际学术网络，南非工程教育研究产出了一批有影响力的学者和学术成果，在国际工程教育研究共同体中形成了较有辨识度的学术身份。过去十多年，南非工程教育研究在平台建设和建制化等方面取得不少进展。

一、研究机构和平台

南非工程教育协会（South Africa Society of Engineering Education，SASEE）

成立于 2011 年，是南非工程教育研究者和一线教育者交流教育思想和方法的平台。SASEE 的目标包括：促进工程教育理论和实践创新，推动工程教育领域的研究；通过举办工程教育论坛，鼓励地方、国内和国际合作；分享提高工科学生成功率的策略；推动南非工程课程建设更好地适应国家需求和国际趋势；推动有助于提升教学有效性的新教学方法的开发和使用；推动工程教育者与南非工程理事会（ECSA）以及其他工程专业协会的合作；推动关于南非工程教育全方位信息的数据库建设；促进对技术在社会中角色和作用的理解[①]。SASEE 在支持工程教育研究方面的工作包括：举办学术会议、促进教师发展、资助研究课题和期刊建设。

自 2011 年以来，SASEE 每两年举行一次全国工程教育学术会议，为工程教育的研究者和实践者提供交流研究成果和教学方法的平台。2019 年，SASEE 的双年会与国际工程教育研究网络（REES）合作，在开普敦举行联合会议，吸引了世界各地与南非当地的工程教育研究者到会深度交流。会上南非学者共报告 36 篇研究论文（见表 13–7）[②]，把一批南非工程教育研究成果推向了国际学术共同体。

表 13–7　2019 年国际工程教育研究会议南非学者的论文

标　题	作　者	单　位
个体认识论对研究方法的影响：对研究教育的启示	大卫·R. 沃尔温	比勒陀利亚大学
从技术变革的角度重新思考工业工程课程	塔娜什·腾代伊，门瑟迪斯·德瓦，蒙多罗兹·夏姆扎，约瑟夫·阿克温瓦	开普半岛理工大学
导师在处理"面向产业的学习悖论"（The Paradoxes of Industry-based Learning）中的作用	蒂亚米克·恩贡达，科琳·肖，布鲁斯·迪克	开普敦大学
团队中的多样性：学生的反思	玛蒂娜·乔丹，多尔夫·乔丹	比勒陀利亚大学
短期国际服务性学习：工科生对学习经历的反思	玛蒂娜·乔丹，张红伟，刘丽	比勒陀利亚大学；四川大学
利用合作学习的优势，解决机械工程热力学的难题	威廉·范·尼克尔，埃尔莎·门茨	西北大学
为什么工程学校的教师会评估他们的工作方式？	特蕾莎·哈廷，劳拉·迪森	西北大学；金山大学

---

① SASEE. About Objectives [EB/OL]. https://www.sasee.org.za/sasee/.

② University of Cape Town. Proceedings of the 8th Research in Engineering Education Symposium (REES 2019) [R]. 2019.

标　　题	作　　者	单　　位
电气工程学位课程中工程身份认同的变化	加布里埃尔·努德曼	开普敦大学
服务于课程共同设计的网络工具：衡量工程专业学生研究生的一项指标	谢丽尔·贝尔福德，布朗温·斯沃茨	开普半岛理工大学
智能化工程课程	卡琳·沃尔夫，布伊森	斯特伦博斯大学
在线教学与学习：一项在线化学工程模块的混合方法研究	罗伯特·休伯特	约翰内斯堡大学
制定合作战略来研究南非高等教育机构工程课程中的伦理教学	艾莉森·格温恩·埃文斯，马尼马加莱·切蒂，莎拉·朱奈德	开普敦大学；德班理工大学；阿斯顿大学
机械工程设计素养实践的转变：对第一年和最后一年设计报告的多模态社会符号学分析	扎克·辛普森，穆阿兹·巴姆吉	约翰内斯堡大学
岩土工程实践准备教学：一个行动研究项目	玛丽亚·费伦蒂诺，扎克·辛普森	约翰内斯堡大学
国家、学科和制度对课程的影响：两个《华盛顿协议》国家的初步探索	妮可·皮特森，詹妮弗·凯斯，阿什什·阿格拉瓦尔，凯文·克罗斯特	弗吉尼亚理工大学；开普敦大学
工程系一年级学生对课堂评估目的的看法	阿什什·阿格拉瓦尔，妮可·皮特森，詹妮弗·凯斯	开普敦大学；弗吉尼亚理工大学
关于交通的先验性经验对学术兴趣和表现的影响：对斯特伦博斯大学交通科学模块本科生的案例研究	马里恩·辛克莱，梅根·布鲁沃	斯特伦博斯大学
南非高等教育招生考试的诊断潜力研究	罗伯特·普林斯，戴灵顿·姆特卡瓦，珍妮·邓洛普	开普敦大学
探究工科一年级学生对大学责任的理解	阿什什·阿格拉瓦尔，玛格丽特·布莱基，蕾妮·史密特	开普敦大学；斯特伦博斯大学
工程动力学中问题解决教学的多模式表征：以南非某大学的一名教师为例	凯特·劳克斯，布鲁斯·克洛特	开普敦大学
建设国家工程教育工作者实践共同体	卡琳·沃尔夫，安东·巴森，黛博拉·布莱恩，曼迪·塔克	斯特伦博斯大学
工程学科教师如何看待教学学术？	黛博拉·布莱恩，塞西莉亚·雅各布斯，安东·巴森	斯特伦博斯大学

标　题	作　者	单　位
通过开普敦大学的可持续矿产资源开发专业哲学硕士课程来培养 T 型人才	亚历山德拉·希蒙丘尔，艾莉森·格温恩·埃文斯，洛伦佐·希蒙丘尔，詹妮弗·布罗德赫斯特	开普敦大学
工程教育中的真实性评估：一项系统性文献综述	卡特丽娜	开普半岛理工大学
改善工程系一年级学生的体验感：通过生活辅导提供心理社会支持	莫桑比克，摩西·巴斯特尔，恩特松登·马帕塔干	南非大学；开普半岛理工大学；祖鲁兰大学
非洲大学工程教育中的语言问题：怎么使用多种语言才最佳？	康德·康雅卢索科，蒂亚米克·恩贡达	开普半岛理工大学
元认知在科学概念学习中的应用探讨	科里萨 Z. 帕普，保罗·韦布，诺坎约·马德赞嘉	纳尔逊·曼德拉大学
毅力：工程研究生学习的关键成功指标	罗伯特·W. M. 波特	斯特伦博斯大学
专业工程工作：什么知识更重要？	尼基·沃尔马兰，科琳·肖	开普敦大学
对减少工程一年级学生退课现象干预措施的思考：以扩展课程计划为例	摩西·巴斯特尔，莫加斯德格，尤妮丝·恩德托瓦尔	开普半岛理工大学；南非大学
国际合作设计飞机的教育项目面临的挑战和解决方案	史密斯	比勒陀利亚大学
在扩展工程学位项目中评估"作为学习"：使用 iPeer 学习管理系统来评估团队合作中的朋辈参与	艾瑞卡·米勒，阿德里安娜·博塔	比勒陀利亚大学
采用诊断测试为一年级工科新生提供信息并改进教学	海伦·英格利斯，阿德里安娜·博塔，珍妮·赫克特，德里克·勒鲁，汉莉·斯穆特	比勒陀利亚大学
培养成长型心态，防止开普敦大学工科学生辍学	安妮塔·坎贝尔	开普敦大学
在学习型社区中利用替代资本管理异化的潜在可能性	卡尔帕娜·拉梅什·坎吉，科琳娜·肖	开普敦大学

标　题	作　者	单　位
研讨会的扩展摘要：揭示工程教育研究人员的写作和出版过程	丽莎·本森，亚当·R.卡贝里，詹妮弗·凯斯，克里斯蒂娜·埃德斯特罗姆，辛西娅·J.芬内利，凯特·劳克斯，辛西娅·J.芬内利，马尔杰·范登·博加德	克莱姆森大学；亚利桑那州立大学；弗吉尼亚理工大学；皇家理工学院；密歇根大学；开普敦大学；中央理工大学；代尔夫特理工大学

SASEE 的另一项工作是推广南非工程教师教学发展的相关工作。例如，南非教育部高等教育与培训司与英国皇家工程院及牛顿基金会合作资助工程教育现有师资能力提升项目（EEESCEP），推出一系列工作坊，向一线工科教师介绍工科学生沟通能力训练、基于项目和问题的学习、课程设计工具、基于语境的工程教学等内容，并且把相关工作坊内容录制成在线课程，SASEE 在协会网站上对相关工作坊和视频资料进行宣传推广。

此外，SASEE 还为工程教育研究者提供"种子基金"，资助他们开展课题研究。例如，2018—2019 年，SASEE 资助金山大学教育学院和化学与冶金工程的教授联合开展关于工科学习评价的研究。2020—2021 年，SASEE 利用"种子基金"资助开普半岛理工学院教师开展跨学科学习环境设计。作为"种子基金"，受到资助的团队往往开展具有探索性的研究，并把研究的成果和发现介绍给更多的工程教师。

2021 年，SASEE 创办《南方工程教育期刊》(*Southern Journal of Engineering Education*)，旨在发表"运用批判性视角分析南非和全球工程教育所面临的挑战"的研究成果。不过，该期刊直至本报告写作阶段尚未发表文章。

除了国内的专业协会以及承办的学术会议外，南非工程教育学者还非常积极利用非洲、欧美和澳大利亚等地的国际学术网络开展工程教育研究方面的学术交流。比勒陀利亚大学的勒朗尼·史密斯博士等组织的"非洲工程教育研究网络"以定期线上会面的方式交流研究方法、研究发现以及研究资助信息，创造了一个活跃的非正式非洲工程教育学术共同体。

二、学科建设

南非在工程教育研究的学科建设方面走在前列的是开普敦大学。1996 年，开普敦大学工学部成立工程教育研究中心（CREE），支持和推动工程教育研究在校内外学术共同体的发展。中心现有师资 12 人，大多数在开普敦大学工学院系担任教职（其中多数为"学术发展"教授，负责对学业困难的学生提供支持）。CREE 的研究聚焦 5 个领域：伦理和社会正义、知识与课程、学生体验、学生对技术的有意义使用、大学与职场的衔接①。CREE 还培养工程教育方向的硕士研究生和博士研究生，其中，工程教育博士项目由开普敦大学和美国弗吉尼亚理工大学以及南非的约翰内斯堡大学、开普半岛理工大学合作，项目面向普通学生和已经从事工程教育的教师。该项目的设计特别考虑了在职大学师资读博的时间冲突，以及多数理工科背景的教师开展教育研究所需要的知识和思维上的转变。

CREE 工程教育博士项目的标准学制为 4 年，其中前 3 年各包括一个全日制的课程模块，以及面向个人和学生小组的作业和案例研究。第 2 至第 4 年，学生完成开题和论文研究。部分学生也会获得到美国弗吉尼亚理工大学访学的机会。CREE 的博士课程模块分别为：

（1）工程教育知识和实践，向学生介绍工程教学的概念框架；

（2）工程教育研究理论基础，向学生介绍与核心教育概念相关的重要理论；

（3）工程教育方法，向学生介绍开展工程教育研究和学术工作的适当方法②。

除此之外，比勒陀利亚大学目前正在筹建 STEM 教育中心，计划建立 STEM 教育的博士项目，培养工程教育和科学教育方向的博士研究生。

三、主要研究内容

在研究内容方面，南非工程教育学者关注的核心问题是"如何提高学生的成功率"。在 2019 年的国际工程教育研究上，凯伦·伍尔芙和合作者发表了对 2011—2017 年 SASEE 双年会论文的综述，对南非工程教育研究的主题随时间变

---

① University of Cape Town Center for Research in Engineering Education. Research Focus Area [EB/OL]. http://www.cree.uct.ac.za/cree/research/ethics.

② University of Cape Town Center for Research in Engineering Education. PhD AND MPhil Programme [EB/OL]. http://www.cree.uct.ac.za/cree/postgrad/introduction.

化进行了梳理，主题分析结果见图 13-1[1]。

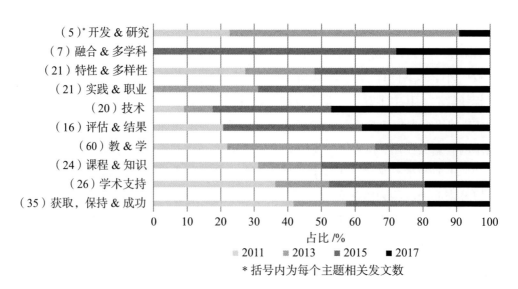

图 13-1　南非工程教育协会 2011—2017 会议主题

　　由图可知，2011 年论文对工程教育入学机会、学生留存率和毕业率的量化研究占据主流，随后的关注焦点是为学生提供学业支持以及工科课程和知识的探索，而到 2017 年，研究焦点转向学习评价、教育中的技术运用以及工程职业实践的探索。伍尔芙等进一步对相关主题的研究内容进行了梳理，结果发现：在提供入学机会方面，工程教育研究者强调了突破对"物理入口"的限制，同时探索了如在线教育等方式为学生提供的工程学习机会；在支持学生获得成功方面，研究的立场从最初的"缺陷模式"，即认为学生本身具有知识和学业准备上的缺陷，逐渐发展为以"包容"和"归属"为主题的立场，更加强调为学生创造知识、情绪、学习方式等多个维度的学习环境。Wolff 等还注意到，随着时间发展，工程教育研究中的批判性和反思性特征也日趋明显，学者们开始更有意识地把工程教学中的问题和广泛的社会结构性因素结合起来考虑，一部分学者开始审视工程知识中所残存的南非殖民和种族隔离时期思想的体现[2]。

　　开普敦大学工程教育研究中心的一系列研究成果体现了南非工程教育研究的特色。中心师生的一系列论文考察了工科学生的背景、线上线下学习体验、职业

① Wolff K, Basson A, et al. Building A National Engineering Educator Community of Practice [C]. the 8th Research in Engineering Education Symposium, 2019: 781–789.

② 同上.

技能发展、工学衔接以及工科的课程和知识建构等问题。其中，热内·史密特发表在《高等教育研究与发展》上的论文，质疑用"线性"学术标准衡量学生"缺陷"的立场，提醒教育者要注意到学生学业准备背后的深层社会原因①。帕达亚契等发表在《南非高等教育期刊》上的论文，讨论了如何使用在线学习评价工具来支持学生学业发展②。

在南非工程教育协会和国际组织的联合支持下，近年来南非工程教育研究共同体开启了一些跨国、跨机构的工程教育研究与实践创新。具有代表性的是由南非和英国学者合作的"为工科课程注入活力"（Bring Life to our Engineering Curricula）项目。该项目获得了英国皇家工程院的资助，由比勒陀利亚大学、开普敦大学、约翰内斯堡大学、西北大学、瓦尔理工大学和英国的伦敦大学联合南非工程教育协会共同开展。项目的核心理念是"集成式课程"（integrated curricula），即教育的核心不是内容传授，而是课程所提供的综合的（集成的）学习体验。围绕集成式课程，项目追求的目标包括：

（1）开发一个基于南非国情的、在工程项目课程中集成毕业生学习成效的框架；

（2）设计一系列能以试点方式实施集成课程框架的项目和策略；

（3）开发项目培训师资，引导学生进行主动、集成式学习③。

目前，围绕目标（1），项目团队已经开发了一系列在线工作坊，向南非和英国的工程教育者介绍集成式课程的设计过程。

小结

虽然南非工程教育的体量有限，但是工程教育研究却相当活跃，并且在国际工程教育共同体中具有相当的识别度。这些结果得益于南非工程教育学者立足本国国情，建立紧密的校际合作，积极参与国际学术网络。

南非社会结构和政策的变化为工程教育带来了巨大冲击和挑战（兼顾教育

① Smit R. Towards a clearer understanding of student disadvantage in higher education: problematising deficit thinking [J]. Higher Education Research and Development, 2012, 31 (3), 369–380.

② Padayachee K, Matimolane M, et al. How to Be or Not to Be? A Critical Dialogue on the Limitations and Opportunities of Academic Development in the Current Higher Education Context [J]. South Africa Journal of Higher Education, 2018, 32 (6): 288–304.

③ Innovative Engineering Curriculum. Bringing Life to our Engineering Curricula: Vision [EB/OL]. https://iecurricula.co.za/.

公平和教育质量）。针对这些挑战，工科院校有意识地开设了学业支持和发展项目，并且投入资源，建立了相关教席。在解决有关学业支持的实践问题时，相关学者开始向教育研究领域寻找资源和方案，这促成了南非工程教育研究的形成，一定程度上也让这个学科在南非得到较早的建制化发展。学者们充分立足本国工程教育发展需要（理解学生、支持学生、研究教育挑战背后的深层社会、政治和伦理关系）来开展学术研究，这也使得南非的工程教育研究体现出自身的风格和特点。

此外，南非工程教育学者积极与国内和国际同行进行交流合作，筹划了不少卓有成效的集体行动，在国际学术界较为有力地发出了南非的声音。近年来的一些研究项目显示，南非工程教育研究从更早期的向国外、向教育学科学习和寻找资源，转向了与不同国别、不同学科的学者开展合作研究。南非的工程教育研究者有意识地利用国际网络和资源（包括基金资助）来推动国内工程教育研究和教学实践的变革，同时也通过这些网络和资源提升国际影响，向国际学术共同体宣传南非的工程教育学者和研究成果。

第五节

政府作用：政策与环境

南非的工程教育分布在大学教育、技术和职业教育与培训等多个教育层次或部门。在南非的政策体系中，这些不同的教育机构与层次均隶属于中学后教育和培训（Post-school Education and Training，PSET）的框架中，受高等教育和培训部的领导。本节以高等教育和培训部及其所辖的 PSET 为切入视角，侧重介绍中学后学段各种形式教育中，突出工程技术人力资源储备和技能劳动力发展的相关政策和政府行为。

一、相关法规政策和管理架构

近年来，南非政府和立法机构出台的一系列相关法案和政策，成为高等教育培训部开展工作的依据。其中，与高等教育关系密切的主要法规包括以下八部。

（1）《高等教育法案》（1997 年），阐明了统一的全国性高等教育系统建设方案，并确立了高等教育理事会的法定地位。

（2）《技能发展法案》（1998 年），建立了国家技能管理局（National Skills Authority）、行业和职业资格理事会（QCTO），负责管理学徒制和技能发展相关事务。

（3）《技能发展税收法案》（1999 年），确立了征收技能发展税。

（4）《国家学生金融资助法案》（1999 年），向符合规定的学生提供助学贷款和奖学金，用于接受公立高等教育。

（5）《南非教育者理事会法案》（2000 年），为理事会的合法存在、功能和组成提供了法律依据。

（6）《通用与深入教育和培训质量保障法案》（2001 年），确立了通用与深入教育和培训质量保障理事会的法定地位。

（7）《继续教育和培训法案》（2006 年），确立了继续教育学院、技术和职业教育培训学院的建设、治理和拨款原则。

（8）《国家资历框架法案修正案》（2019 年），确立了国家资历框架，由南非资历管理局和相关理事会管理教育资历相关事务。

除不断健全高等教育领域相关立法外，南非高等教育还受一系列国家政策影响。其中，影响力比较显著的如下。

（一）《国家发展计划 2030》（National Development Plan 2030，NDP2030）

这是近年来南非经济社会发展的一项举足轻重的战略规划。它基于南非 1994 年以来在经济社会发展过程中所取得的成就和面临的问题，尤其是大范围贫困和严重社会不平等，提出了一个助力南非在 2030 年消除贫困、减少不平等的综合方案。NDP2030 对南非的经济增长、就业、基础设施建设、可持续发展、农村发展、国际地位、空间规划、教育、健康、社会保障、安全、行政、反腐、社会转型等多个维度，提出了未来发展的愿景。在高等教育方面，NDP2030 的目标是建立一个拓展、有效、自治和集成的高等教育体系，为青年以及想转换职业或升级技能的成年人提供有质量的学习机会。同时，NDP2030 还希望高等教育机构在科学技术和创新等领域不断积累知识资本，促进经济增长。NDP2030 注意到，当前很多高等教育机构资源不足，入学机会分配不均，教学对产业需求和学生需求的响应不足。因此，NDP2030 要求高等教育界提供多样化和多层次的教育机会，以满足学生的求学、就业需求以及不断变化的技术和产业需要。NDP2030 的愿景是，南非到 2030 年，大学（学士学位）南非毕业生超过 1 000 万人，与 2001 年相比实现 300% 的增长，人口中拥有大学学位的比例从 2001 年的 1∶17 上升到 2030 年的 1∶6。对于侧重技术和职业教育与培训的学员，NDP2030 的愿景是，在 2030 年之前将毕业率提升到 75%，并且每年培养 3 万名技术工人[①]。

（二）《中学后教育和培训白皮书》（2013）

由高等教育和培训部发布的《中学后教育和培训白皮书》阐明了 2030 年南非高等教育的愿景及建设策略。《白皮书》中提出的目标包括：建立全国统一的中学后教育和培训系统；促进公平；增加入学机会，提高教育质量，促进教育供给的多元化；增加教育培训机构和雇主的联系，响应个体学习者、雇主和社会的需求[②]。

（三）《中期战略框架：2019—2024》

自 NDP2030 发布以后，南非政府开始围绕计划的实现制订 5 年战略计划，这些 5 年计划被称为《中期战略框架》（Medium-Term Strategic Framework）。最新的 5 年计划（2019—2024）在南非现任总统拉马福萨的领导下制定，立足解决困扰南非的三大难题：贫困、不平等和失业。面对 2030 发展计划所设定的愿景达成日期（2030 年）日趋临近，《中期战略框架》认为南非在 NDP2030 发布以来并未取得足够快速的进展。因此，新一届政府确定了 7 个优先领域：一是建设有能力、守伦理、谋发展的政府；二是促进经济转型和创造就业；三是教育、技能和健康；四是基础服务和社会保障；五是空间规划；六是社会和谐与安全；七是共赢的洲际和全球外交。其中，高等教育和培训部的主要责任在于落实目标三（教育、技能和健康）。

南非 PSET 的构成由图 13–2 所示[③]。其中，受高等教育和培训部门管理的教育与培训机构包括大学、技术和职业教育与培训学院、社区教育和培训学院、私立高等教育机构、私立学院、私立技能开发供应商和由其他政府部门管辖的教育与培训机构 7 个类型。

---

① National Planning Commission. A Review of the National Development Plan 2030: Advancing Implementation towards a more Capable Nation [R]. 2012.

② Department of Higher Education & Training. White Paper for Post-school Education and Training: Building an Expanded, Effective and Integrated Post-school System [R]. 2013.

③ Department of Higher Education and Training. Revised Annual Performance Plan 2020/21 [R]. 2020: 13.

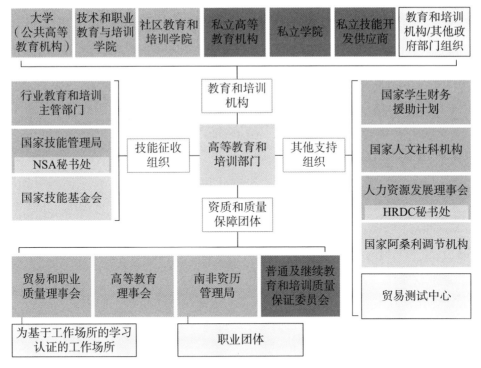

设在高等教育和培训部（DHET）的组织。

设在 DHET 以外的组织，从 DHET 获得的资金来自财政和技能税。

设在 DHET 以外的组织，不从 DHET 获得资金，但 DHET 有一定的相关立法职能。

不从 DHET 获得资金的组织，DHET 也没有与这些组织相关的立法职能。然而，DHET
实体可能对这些组织负有一定的立法责任（例如，由其他政府部门提供的质量委员会
质量保证正式课程，SAQA 为专业人员注册，QCTO 为 WBL 认证工作场所）。

图 13−2　南非 PSET 系统构成

在参与高等教育治理的政府部门和机构方面，除了上面提到的高等教育和培训部（2019 年合并为高等教育、科学与创新部）及负责技能发展的国家技能管理局、南非资历管理局等部门之外，就业劳工部以及农业、土地改革和乡村发展部也支持高等教育目标的实现。

（四）《战略计划 2020—2025》

高等教育和培训部的《战略计划 2020—2025》提出了该部门在未来 5 年内计划开展的一系列变革。这些措施包括[①]：

（1）建立两所新的大学，一所专注于犯罪侦查，另一所专注于科学和创新；

（2）在因巴利（Imbali）地区成立由教育机构和支持机构网络组成的教育行

---

① Department of Higher Education and Training. Strategic Plan 2020—2025 [R]. 2019: 10−12.

政区，其中的具体行动包括在因度来索（Indumiso）地区建立德班理工大学的分校区，以及实施一系列技术和职业教育学院、社区教育学院的师资培训；

（3）实施《历史弱势机构发展计划》，通过经费支持、资源调动等方式，支持因移民和种族防高制度被剥夺发展机会的地区及其教育机构的发展；

（4）集成对高校基础设施的投入和支持；

（5）扩大奖助学金的资助范围，消除资助"空白地带"；

（6）增加学生宿舍供给；

（7）打造技术和职业教育与培训学院间的创新枢纽；

（8）与德国政府合作，推行南非职业教育和培训学院（South African Institute for Vocational Education and Training）计划。该计划将通过一系列协定加强公立和私立部门的合作，并通过改革职业和技术教育、增加工学训练机会等方式提高青年就业技能；

（9）扩大技术和职业教育与培训系统，包括运用远程学习来增加学习机会；

（10）审议"国家技能基金"的使用和管理情况；

（11）与南非资历管理局和相关资历理事会合作，探索更清晰的资历组合通道。

在写给《战略计划 2020—2025》的序言中，南非高等教育和培训部部长恩齐罗迪提到，高等教育和培训部为了建立一个"集成、协调和表述清晰"的 PSET 系统而规划的重点目标包括：为南非的青年和成年人提供教育和技能发展的机会，鼓励雇主创造学徒机会，在高校开展关于精神健康和消除性别暴力的教育，建立统一的高校申请系统，在传统上受到剥削的地区发展社区教育和培训，鼓励雇主和其他利益相关者参与课程开发以及 ICT 在教育中的运用，保持 PSET 系统对新兴技术发展趋势的敏感性。恩齐罗迪还明确表示，"允许（教育）质量落后于入学机会的扩张是一种浪费和疏忽"[①]。这个表态显示出，南非政府对过去 20 多年高等教育入学机会的盲目扩张进行了反思，在学校资源承载力、师资水平和学生的学业准备都不足的情况下大幅扩大招生，造成了教育资源浪费、毕业率低迷以及毕业生职业胜任力不足。

二、应对第四次工业革命

2020 年，高等教育和培训部发布了《关于第四次工业革命对中学后教育和培训系统的启示报告》（以下简称"报告"）。报告认为，正式教育的基本形式诞

---

① Department of Higher Education and Training. Strategic Plan 2020—2025 [R]. 2019: 2.

生于第一次工业革命和第二次工业革命期间。在南非，这种传统的中学后教育模式已经不能充分支持南非国民有效利用第四次工业革命的社会和经济潜力。当前的中学后教育在课程和项目上与劳动力市场需求脱节，行政管理冗长低效，教育投入仍然不合时宜地偏好全日制、多年、面授的方式，能够服务的学生人数相对有限[①]。因此，报告描述了一个适合第四次工业革命时代的中学后教育系统新愿景。该系统能为南非公民在第四次工业革命背景下就业提供有力的教育和培训项目，能为满足劳动力市场的数字技能需求和新工业革命带来的创新创业机会提供充足优质的教育机会，能大幅增长提供给待业人士的短期技能培训课程，能通过对基础技能的强化训练来提升人们应对社会和经济变化的能力。

为实现上述愿景，报告指出新的 PSET 系统应该具有一系列新特征。在培养目标上，报告主张培育学生的创造性、与不同部门合作的能力以及应对文化变革的能力，以此提升职场胜任力。报告建议，新的课程和项目设计应当响应技术变革加速的趋势。报告把新的教育系统描述为"开环"的教育平台，允许学生在职业生涯中根据需求得到继续教育机会，这同时也要求教育方式具有极为高度的灵活性，能考虑到学生参与学习的时间和地点。报告建议，认证系统应探索"微认证"来支持学生灵活安排模块化的学习，要充分利用 ICT 和在岗学习的机会，也建议教育者采用开放学习的教学策略。最后，报告还建议加强 PSET 教育机构和当地公立私立部门、社区之间的联系，共同发掘教育和培训机会。报告中还列举了如下相关的政府行动。

（1）迪舍普一百万项目（Tshepo One Million Programme）：由豪登省政府发起，旨在于 2030 年之前为 100 万年轻人提供数据科学和相关技能训练、就业和创业发展的机会。

（2）2030 前创造百万工作项目（Programme to Create One Million Jobs by 2030）：通信部创立的就业计划。试点阶段，为 1 000 个待业的年轻人进行第四次工业革命相关技能培训，技能领域包括数据科学、数字内容生产、网络安全、云计算、无人机测试、3D 打印和软件开发。

（3）数据科学影响和决策赋能项目（Data Science for Impact and Decision Enablement (DSIDE) Programme）：邀请大学生使用数据科学来开发一系列应用，以此解决真实世界的问题。

（4）南非研究讲席计划（The South African Research Chairs Initiative, SARChI）：

---

① Department of Higher Education and Training. Report of A Ministerial Task Team on the Implications of the 4th Industrial Revolution for the Post-school education and Training System [R]. 2020.

通过资助讲席教授的方式，鼓励学者在各地研究和创新中发挥领袖作用。

（5）因齐姆比利生产技术计划（Intsimbi Future Production Technologies Initiative, IFPTI）：贸易和工业部与南非生产技术协会合作，调研能够以数字技术和先进制造技术赋能的贸易与行业[①]。

小结

自民主化新南非建立以来，政府一直通过各项措施推动教育结构转型和促进教育公平，这个进程与解决南非经济社会发展中遇到的实际困难紧密联系。早期过于偏重教育机会扩张的策略，带来了出乎决策者意料的教育质量困境和学用脱节挑战，未能通过教育真正为广大青年人创造适当的工作机会。进入21世纪第2个10年，南非政府开始更有意识地促进各项教育措施之间的协调以及各个教育子系统的整合。

在宏观目标压力面前，工程教育的具体形式和内容似乎还难以充分进入政策制定者的视野。与此同时，产业和社会对技能劳动力的需求、产业升级的需要、数字化能力的供给不足，纷纷证明各个层次工程技术教育的必要性。南非政府在整个中学后教育培训领域的政策布局，将深刻影响南非工程技术人才的培养。

工程教育认证与工程师制度

一、南非工程理事会

自19世纪90年代起，南非各地工程师就开始探索以立法的形式来规范职业工程师的资质和权限。然而，职业工程师立法经历了逾70年的漫长历史。1968年，南非议会通过了《职业工程师法案》，并依照该法案成立了南非职业工程师

---

① Department of Higher Education and Training. Report of A Ministerial Task Team on the Implications of the 4th Industrial Revolution for the Post-school education and Training System [R]. 2020.

理事会（South African Council for Professional Engineers），负责工程师资格注册事务①。自此，理事会负责判断注册工程师所需的学术标准和（毕业后）相关训练②。1991 年，根据新的《南非工程职业法案》，南非职业工程师理事会更名为"南非工程理事会"（Engineering Council of South Africa，ECSA）。2000 年，南非《工程职业法案》（*Engineering Profession Act*）确立了 ECSA 的法人地位，并明确 ECSA 的核心功能包括"工程项目认证、个人在特定专业领域的职业资格注册、规范注册认识的实践"③。

ECSA 的理事共 30 人，由公共工程部长任命，其中至少 20 位理事必须来自正在执业的工程师。针对职业工程资格注册，ECSA 的权限包括：受理和决定任何工程注册申请；决定注册资格的有效期限；决定注册资格的形式、保持、发放及审理。针对工程教育，ECSA 有权对拥有工程院系或学部的教育机构进行走访；有条件或无条件地授予、拒绝或收回认证；在教育事务方面咨询高等教育理事会；在决定注册标准方面咨询南非资质机关（South African Qualifications Authority）及下属机构；建立注册工程师在其他国家获得认可的机制；建立设定标准的机关；对相关考试结果进行认可或收回认可；与其他国家、组织或个人签署认可《工程职业法案》相关考试结果的协定；就获得注册或准备申请注册认识的教育培训向教育机构、协会或考试机构提供咨询和协助；举行相关考试；在与协会和注册工程师协商后，确定继续教育和培训的性质与范围④。

二、工程教育认证

工程教育认证是 ECSA 主要的职责之一。ECSA 认证的范围包括工学学士（BSc Eng）和工程学士学位（BEng）、技术学士学位（BTech）和国家文凭（National Diploma），认证对象是提供这些学位教育的项目，通过认证便意味着向公众、学生、雇主、资助者及其他利益相关方确保受到认证的项目满足了其关键目标：为毕业生提供在工程领域担任职业角色所需的教育基础，并且教学和评价过程有效。具体而言，受到认证的项目向学生传授了一套完整知识体系，并且帮助毕业生达到了关键的学习成效。作为《华盛顿协议》《悉尼协议》和《都柏

---

① Gericke M R. History of legislation for the Registration of Professional Engineers in the Republic of South Africa. n.d.: 1–27.

② Kruger A M. The History of the South African Council for Professional Engineers: 1968—1991. N.d.: 1–32.

③ ECSA. What Is the ECSA? [EB/OL]. https://www.ecsa.co.za/about/SitePages/What%20Is%20ECSA.aspx.

④ Republic of South Africa. Engineering Professional Act [Z]. 2000.

林协议》的签署国，ECSA 还负责确保认证标准与其他签署国关于职业工程师、工程技术员和工程技师的毕业生要求等效。

（一）《工程教育项目认证背景》

ECSA 发布的《工程教育项目认证背景》解释了专业认证的功能和目的。

（1）认证决定了相关项目毕业生满足注册工程师的教育要求；

（2）认证确认了相关项目毕业生准备好开启工程工作并坚持继续学习；

（3）认证确认了相关项目的工程教育质量与南非所加入协议的其他签署国具有可比性；

（4）认证向公众保障了项目的质量；

（5）认证鼓励工程教育项目通过改进和创新响应国家与全球需求[①]。

ECSA 将培养项目的生命周期划分为 3 个阶段：计划阶段、学生就读中段、产生毕业生阶段。处于生命周期不同阶段的培养项目都可以申请相关的认证。对于已经拥有完整生命周期培养了毕业生的工程项目，ECSA 的认证包括 5 条标准，分别关注学分、知识和项目设计；毕业生特征评价；教学质量；资源和项目可持续性；持续改进。

根据标准 1（学分、知识和项目设计），寻求认证的项目必须提供满足相关标准的学分和知识内容，并形成符合项目目标的课程设计。标准 2（毕业生特征评价），要求项目确保毕业生满足相关标准中规定的知识能力特征，并依据相关的记录和评价程序来证明学生的学习成效实现度。标准 3（教学质量）要求项目提供有效的教学过程，包括教学内容、目标、学习成效、测试方案，以及与教学目标相适应的教学策略、支持学习成效达成的学习机会和学业支持资源等。这一标准还要求项目监测学生的留存率和毕业率，并采取相应措施确保不同人群的毕业率。标准 4（资源和项目可持续性）关注项目的录取标准、学生数、师资、经费和空间等指标与项目的容量、机构的公平与多元相适配。标准 5（持续改进）检查项目是否采取必要措施改进之前认证周期中发现的不足[②]。

（二）《工学学士和工程学士资历标准》

《工学学士和工程学士资历标准》（以下简称《标准》）指明了两种学位项目在

---

① Engineering Council of South Africa. Background to Accreditation of Engineering Education Programmes: E-01-P [R]. 2018.

② Engineering Council of South Africa. Criteria for Accreditation of Engineering Programmes: E-03-CRI-P [R]. 2020.

项目设计、知识传授和毕业生特征方面应该达到的标准。两种学士学位应包含至少560学分（关于南非学分转换见本部分第七节），其中，至少120学分应是南非国家资历框架第8级的课程。《标准》对受到认证的工学和工程学士学位资历的意义进行了阐述，它指出获得工学或工程学士学位意味着毕业生能够实现如下目的。

（1）为进入工程或相关职业、实现技术领导力、为经济和国家发展贡献力量做好准备；

（2）满足成为注册职业工程师的教育要求；

（3）拥有数学、自然科学、工程科学、工程建模、工程设计方面的基础，在新兴知识领域运用知识的能力，以及对工程实践所处的世界和社会环境的尊重；

（4）继续从事研究生学习和研究的能力[1]。

在知识传授方面，《标准》规定了通过认证的项目在相关学科知识领域的最低学分要求，如表13–8所示[2]。

表 13–8　南非工程类学士学位认证学分要求

知 识 领 域	最 低 学 分
数学科学	56
自然科学	56
工程科学	180
设计与综合	72
补充学习	56
小计	420
可重新分配 *	≥140
总计	≥560

* 代表可重新分配的 140+ 学分必须分布到前面 5 个知识领域（数学科学、自然科学、工程科学、设计与综合、补充学习）中，以保持培养项目的一贯性和平衡性。

《标准》还规定，一个项目的课程必须由数学、自然科学和工程基础组成的"核心"课程，以及具有纵深的专业学习共同组成。同时进一步指出，在本科阶段，为保障工程"核心"课程的空间，专业学习的范围会受到限制。

针对南非学生学业准备差异较大的情况，《标准》中还提醒高校为有需要的学生组织相应的学业支持或预科项目，以帮助其达到入学要求。另外，《标准》还鼓励项目探索多样化的方案，支持有条件的学生通过不同资历的组合完

---

① Engineering Council of South Africa. Qualification Standard for Bachelor of Science in Engineering (BSc(Eng))/ Bachelors of Engineering (BEng): NQF Level 8 E-02-PE [R]. 2020.

② 同上.

成学位。

与 ABET 的认证相似，认证标准的核心是毕业生特征或学习成效。不同于
ABET 标准的是，ECSA 的《工学学士和工程学士资历标准》除了 11 条学习成效
（见表 13-9）的描述之外，还为一部分学习成效提供了详细的"层次指针"（Level
Descriptor）或"范围声明"（Range Statement）[1]。例如，针对学习成效 2，相关的
"层次指针"具体指明了数学、自然科学和工程科学知识的含义。

（1）与学科相关的、系统的、基于理论的对自然科学的理解；

（2）为了支持相关学科领域的分析和建模而需要的基于概念的数学、定量分
析、统计和关于计算与信息科学的知识；

（3）工程学科中所需要的系统的、基于理论的工程基础；

（4）能为具体工程学科的前沿实践提供理论框架和知识基础的工程专门知识[2]。

"范围声明"则划定了相关知识和技能的应用范围（场景）。例如，学习成效
2 中规定的数学、自然科学和工程科学的应用范围是"工程场景中的形式分析和
建模，以及对工程问题的推理和概念化"。

表 13-9　南非工程本科认证毕业生学习成效

（1）问题解决	识别、形成、分析和解决复杂工程问题
（2）应用科学和工程知识	应用数学、自然科学、工程基础和工程专业知识解决复杂工程问题
（3）工程设计	开展创造性的、程序性或非程序性的设计，并整合元素、系统、工程工作、产品和过程
（4）调查、实验和数据分析	体现设计、开展调查和实验的胜任力
（5）工程方法、技能和工具（包括信息技术）	体现出使用适当的（包括基于信息技术的）工程方法、技能和工具的胜任力
（6）专业和技术沟通	体现出有效沟通的胜任力，包括面向工程和一般受众进行口头和书面沟通的能力
（7）可持续性和工程活动的影响	体现出对可持续性和工程活动对社会、工业和物理环境影响的批判意识
（8）个体、团队和多学科作业	体现出个体在团队中、在多学科环境中有效工作的胜任力
（9）独立学习能力	体现出通过充分发展的学习技能开展独立学习的胜任力
（10）工程专业精神	体现出按照专业精神和伦理做出判断、行动并在自身能力范围内承担责任的批判意识
（11）工程管理	体现工程管理原则和经济决策的知识或对它们的理解

---

① Engineering Council of South Africa. Qualification Standard for Bachelor of Science in Engineering
(BSc(Eng))/ Bachelors of Engineering (BEng): NQF Level 8 E-02-PE [R]. 2020.

② 同上.

三、工程师注册制度

《工程职业法案》为工程师注册制度提供了法律依据。该法案规定，注册工程职业人员分为"职业"（Professional）和"候选人"（Candidate）两个类别。职业的类别包括：①职业工程师（Professional Engineer）；②职业工程技术员（Professional Engineering Technologist）；③职业证书工程师（Professional Certificated Engineer）；④职业工程技师（Professional Engineering Technician）。候选人的类别包括：①工程师候选人（Candidate Engineer）；②工程技术员候选人（Candidate Engineering technologist）；③证书工程师候选人（Candidate Certified Engineer）；④工程技师候选人（Candidate Engineering Technician）。此外，ECSA还可以指定其他注册类别[1]。该法案禁止任何未经注册的人以上述类别的身份开展实践，拥有注册候选人资格者只能在拥有注册职业资格的人士指导下开展实践。

以《工程职业法案》为依据，ECSA制定了一套完备的职业注册规章制度，见图 13-3[2]。其中，《注册政策》鼓励有意申请注册职业资格的人，在满足相关的教育要求之后先申请候选人资格，《注册政策》对候选人的教育要求描述如下。

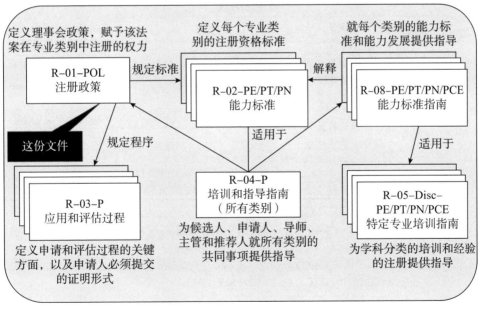

图 13-3 ECSA 注册系统相关文件

---

① Republic of South Africa. Engineering Professional Act [Z]. 2000.

② Engineering Council of South Africa. Policy on Registration in Professional Categories R-01-POL [R]. 2018.

（1）拥有经过专业认证的资质或被认可的经过认证资质的组合；

（2）拥有经过国际学术协议认可的资质或资质组合；

（3）拥有未经认证的资质，但是其资质通过"一事一议"评估被认可为同等资质；

（4）向 ECSA 提交证据证明申请人的教育成就达到了与认证资质同等的水平[①]。

作为《工程职业法案》的执行机构，ECSA 还负责确定相关职业注册类别的胜任力要求，对申请人提交的证明其胜任力的证据进行评估，以及决定申请人必须满足的教育成效。

职业工程师、职业工程技术员、职业工程技师和职业证书工程师所对应的胜任力标准描述见表 13–10。不同类型的注册职业资格除对相关教育资质（学历）的要求有所不同之外，在职业胜任力方面的区别主要是工程师需要解决复杂工程问题，工程技术员能解决广泛定义的工程问题，而工程技师要能解决清晰定义的工程问题。

表 13–10　南非注册工程人员相关教育、训练和胜任力要求

职业注册类别	资　　质	受认证或认可的教育年限	训练和经验	从业水平描述
职业工程师	工学学士 工程学士	4 年	3 年	解决复杂工程问题，从事复杂工程活动
职业工程技术员	高级工程文凭 工程技术学士 技术工程学士	3 年	4 年	解决广泛定义的工程问题，从事广泛定义的工程活动
		4 年	3 年	
职业工程技师	高级工程证书 高级工程实践证书	2 年	4 年	解决清晰定义的工程问题，从事清晰定义的工程活动
		3 年	3 年	
职业证书工程师		获得政府胜任力证书	3 年（包含 12 个月的合法职位）	

资料来源：

① Engineering Council of South Africa. Policy on Registration in Professional Categories R-01-POL[R].2018.

② Engineering Council of South Africa. Competency Standard for Registration in Professional Categories as PE/PT/PN R-02-STA-PE/PT/PN[R].2022.

除处理的工程问题复杂程度不同之外，ECSA 对职业工程师、职业工程技术员和职业工程技师的注册标准都包含了工程问题解决、管理工程活动、处理风

---

① Engineering Council of South Africa. Policy on Registration in Professional Categories R-01-POL [R]. 2018.

险和影响力、伦理判断和伦理责任、初期职业发展 4 个领域的 11 项胜任力指标。以职业工程师为例，相关胜任力指标见表 13–11。

表 13–11　注册职业工程师胜任力指标

	注册职业工程师胜任力指标
成效 1	定义、调查和分析复杂工程问题
成效 2	针对复杂工程问题开展设计或开发解决方案
成效 3	理解和应用先进知识，即最佳实践背后的原理、专门知识、领域范围内知识、具体问题相关知识
成效 4	管理一个或多个复杂工程活动的部分或整体
成效 5	在工程活动中与他人清晰沟通
成效 6	识别并合理处理复杂工程活动所带来的可预见的社会、文化和环境效应
成效 7	在复杂工程活动中满足所有法律法规要求，保护人员健康和安全，促进可持续性发展
成效 8	（原文缺失）
成效 9	在复杂工程活动中能够合理判断
成效 10	在复杂工程活动的部分或整体中做出负责任的决策
成效 11	（原文缺失）

资料来源：Engineering Council of South Africa. Competency Standard for Registration in Professional Categories as PE/PT/PN R-02-STA-PE/PT/PN [R].2022.

在申请人满足相关的教育要求取得候选人资格之后，ECSA 并不指定工程从业经验和培训的具体方式，而是按照相关注册类别的胜任力要求衡量申请人提交的证据。ECSA 为雇主、注册工程师的申请人及其指导者提供了相关指南（R-04-P），指南和工程教育专业认证政策共同构成了职业工程师培养的参考路径。虽然没有明确规定，但是 ECSA 也指出，理事会一般不考虑教育和训练年限少于表 13–10 规定时长的申请。ECSA 允许雇主和 ECSA 签订协议，保证对其雇佣的候选人提供满足注册标准要求的指导和相关训练。

当申请人确定其满足 ECSA 对教育和从业经验的要求后，可以向理事会提交证明其胜任力的相关证据。理事会收到申请材料后，先由行政人员审核材料的完整性，随后完整的申请材料会进入两个阶段的申请人胜任力评估。第一阶段（经验评估）由不少于 4 位评阅员考察申请人提交的胜任力证据，包括培训期间表现的报告、参与相关职业发展活动的记录等，每位评阅员给申请材料独立评分，并提交仲裁委员会。如果申请材料得到 3 位以上评阅通过，则材料进入下一阶段；如果有两位以上评阅不通过，则由仲裁委员会启动额外程序，以判断是要补充材料还是直接拒绝注册。第二阶段（专业评议）综合考虑申请人所展现出的职业胜任力，专业评议由不少于 3 位审核人进行，每人独立提交评议报告和建议。如有两位以上审核人判定不通过，则仲裁委员会会拒绝申请或邀请相关方重新评估①。

小结

南非在 1999 年加入了《华盛顿协议》。可以看出，南非的工程教育专业认证和注册工程师制度在结构上与国际主流做法有相似之处，尤其在基于学习成效的认证、教育与从业经验相结合的注册要求等方面，与美国等发达国家的做法在形式上保持了一致。然而，细读南非有关专业认证和注册的规定，也可以看出一些根据南非国情、产业结构等特点所制定的特殊规定或表述，这些特征体现出南非工程教育治理的国家特色。

在工程教育认证方面，南非认证标准的一大特点是，不但规定了毕业生的学习成效，还规定了相关层次学历项目的最低学分要求。这一要求显示，ECSA 对工程教育项目的管理不仅仅基于毕业生学习成效（Outcome-based），同样也融合了对培养过程的管理。而且，ECSA 的认证标准对成效的具体含义、检验范围等也有比 ABET 更加细致的规定。此外，ECSA 的认证标准还有几处显示出工程教育基于南非国情和服务国家的特点。例如，认证标准专门指出鼓励培养项目设立预科和不同资历的组合，这与前面所提到的处于社会转型期的南非工程教育面临学生学业背景参差不齐的情况紧密相关。此外，相关文件明确了认证的目的包括使工程教育更好地服务国家需求，使毕业生为国家发展做贡献，这也体现出政府对工程教育的定位和期待。

在职业工程师注册方面，与美国由各州理事会分别管理注册事务不同，ECSA 作为法定机构管理全国的工程师注册。ECSA 的注册规则有非常详细的胜任力标准和严格的审核程序，但是在政策语言中也留下了不少灵活的空间，允许一些"非常规"路径的申请人获得注册资格。值得注意的是，ECSA 的注册规则中没有全国统一的考试要求。ECSA 注册制度另一个值得注意的特点是，通过与企业（雇主）签订协议，给予企业（雇主）培养工程毕业生申请注册工程师资格的资质。因为注册工程人员在某些工作领域具有排他性作业权，雇主愿意提供训练来培养工程师，而受到 ECSA 的协议认可后，满足注册要求的训练也可能成为雇主吸引年轻毕业生的因素之一。这对企业参与工程技术人员的培养并获得相应回报提供了一种新的思路。

---

① Engineering Council of South Africa. Policy on Registration in Professional Categories R-01-POL [R]. 2018.

特色及案例

本节介绍两所在南非工程教育版图中具有重要地位的大学：开普敦大学（University of Cape Town）和比勒陀利亚大学（University of Pretoria）。两所学校都具有悠久的办学历史，也都在南非高等教育历史和当下扮演重要的角色。然而，因为地域、历史传统等原因，两所学校在促进教学和研究创新、实现向正义转型的过程中，选取了不同的途径。

一、开普敦大学：兼顾公平和质量的转型

（一）开普敦大学简介

开普敦大学（University of Cape Town，UCT）是南非最早的大学，也是南非高等教育的高地。学校始于 1829 年成立的男子高中——南非学院。19 世纪 80 年代以来，随着学校周边金矿和钻石矿产的发现，学校得到来自政府和私人持续的资金支持，不断提升教育水平。19 世纪末期，南非学院已经建立了矿物学、地质学等科系，为周边蓬勃发展的采矿业提供技术人才。进入 20 世纪的头 20 年，学院又先后成立医学、工学和教育学院系。1918 年，开普敦大学正式成立。

如今的开普敦大学拥有 6 个学部：商学、工程和建筑环境、法学、卫健、人文、理学，学校的高等教育发展中心为各个学部的教学提供支持。在 200 年的历史中，UCT 已经毕业超过 10 万校友，其中诞生了 3 位诺贝尔奖得主。UCT 的 80 多个研究单位提供研究生教育，并且拥有南非超过三分之一的 A 级研究者（世界级学者）。

从 20 世纪 60—90 年代，UCT 因为持续反对种族隔离的立场赢得"山上的莫斯科"的称号。UCT 自 1886 年起即招收女性学生，20 世纪 20 年代招收首批黑人学生。自 20 世纪 80 年代起，虽然种族隔离制度尚未正式废除，但 UCT 率先开始更加积极地招收黑人学生。到 2004 年，学生中黑人和女生的比例都接近半数。

（二）UCT 的新战略规划及 EBE 的实现策略

2016 年，UCT 校董会通过了新的《战略规划》，规划描述了学校未来 5 年的发展方向。UCT 的愿景是"包容性、主动连接的研究密集型非洲大学，通过学习、发现和公民活动等领域卓著的成就来激发创造力，改善师生生活，促进更加可持续和平等的社会秩序，并影响全球高等教育的版图"①。

1. UCT

新《战略规划》确定了学校未来发展的 5 大目标。

（1）建立新的、包容性的身份认同，以更好地体现学校师生多元的文化、价值、传统和认知；

（2）打造具备独特非洲视角的全球伙伴关系，使 UCT 成为吸引和连接世界各地师生的交汇点，并促进非洲学术的独特地位；

（3）建设研究密集型大学，对本地和全球做出独特的知识贡献；

（4）创新教学，提升学生成功率，拓宽其学术视野，培养公民意识和社会意识；

（5）通过关注立足现实的学术来影响社会，侧重社会发展和公平问题，通过学术拓宽和社区的联系②。

UCT 的工程与建筑环境（Engineering and Built Environment，EBE）学部提供 7 个工学本科学位：化工、土木、电气、电气与计算机（ECE）、机械与机电一体化、机械、机电一体化。依靠在南非顶级的工程和建筑领域师资，学部围绕解决气候变化、水质、可持续生活、可再生能源、减少贫困和不公平等全球"大问题"开展研究和教学。

2. EBE 的实现策略

2017 年，EBE 发布了学部的"战略规划"。该规划对标 UCT《战略规划》中的 5 大目标，分别阐述了学部的实现策略。针对目标（1）身份认同，EBE 的 3 项核心策略包括：一是建设具有包容性、使师生感受到主人翁意识和充满归属感的学部；二是增加师资雇佣的公平性；三是吸引更多优秀的师生进入学部，尤其是鼓励黑人学生读研和获得教职。针对目标（2）全球伙伴关系，EBE 的核心策略包括：吸引国际学生就读和加强跨国科研合作，并鼓励具有洲际和全球面向的研究项目定义 3～5 个与非洲相关的研究焦点。针对目标（3）研究密集型大学，

---

① University of Cape Town. UCT's Strategic Planning Framework: 2020 Vision [R]. 2016.

② 同上.

EBE 旨在开展多学科交叉的、世界级的基础和应用研究，以解决经济社会发展需求，其核心策略包括：一是通过交叉学科、依托已有研究优势、政策激励等方式增加科研经费，探索研究前沿；二是通过产业合作、技术转化、创业等方式推动创新。针对目标（4）教学创新，EBE 重点推动教学文化建设和对现有课程的批判性反思，在教学文化方面，同时重视教育机会的可及性（差异化录取）和学生的成功（学业发展项目）。针对目标（5）关注现实的学术，EBE 的核心策略是：通过为产业、行业、国家政策以及公共部门提供服务来实现社会影响力[①]。

为在保持严格学术标准的同时，照顾多元背景学生在入学前的学术准备差异，EBE 建立了系统的学业支持和发展项目。其中，开普敦工程学术支持项目（Academic Support Programme for Engineering in Cape Town，ASPECT）为学生学业、社会和情绪需求提供支持。被工程专业录取的学生如果在学业上有较明显的困难，会被转入 ASPECT 项目，完成为期 5 年的本科学习。延长学制使 ASPECT 学生每学年所修学分相应减少，同时数学和物理等基础课程由 ASPECT 专任教师讲授，根据学生特点和需求提供相应辅导。此外，ASPECT 教师在学生本科学习全程中关注学生的进展，提供其他非学业方面的支持和辅导[②]。

EBE 在学业支持方面的另一个重要机构是工程教育研究中心（Center for Research in Engineering Education，CREE）。CREE 成立于 1996 年，最早是为了给受种族隔离制度影响导致学术准备比较薄弱的黑人学生提供单独学术辅导而设立的机构。经过 20 多年的发展，CREE 形成了多学科交叉的工程教育研究力量，以专业研究推动学部教学革新，同时也产出了一批研究成果发表在国际和国内刊物、学术会议上。CREE 还联合美国弗吉尼亚理工大学、南非约翰内斯堡大学和开普半岛理工大学开设了工程教育博士项目[③]。

（三）案例：UCT 机械工程系

UCT 机械工程系成立于 1919 年，拥有逾百年的历史，培养了数千名机械工程毕业生，具体见表 13–12[④]。首任机械工程教授邓肯·麦克米兰在格拉斯哥的皇

---

① University of Cape Town. Faculty of Engineering & the Built Environment Strategic Plan (2017—2020) [R]. 2017.

② University of Cape Town Faculty of Engineering and the Built Environment. Guide to EBE Undergraduate Studies [R]. 2020.

③ University of Cape Town Center for Research in Engineering Education. PhD AND MPhil Programme [EB/OL]. http://www.cree.uct.ac.za/cree/postgrad/introduction.

④ University of Cape Town. History of UCT's of Department of Mechanical Engineering: 1919—2019 [R]. 2019.

家理工学院接受工程训练，在 1910 年加入 UCT 讲授机械工程和汽车相关课程。系里的另一位早期教授 WG 韦弗曾作为学徒参加英国铁路修建，并在伯明翰中央技术学校学习。

表 13–12　UCT

百年间颁发的机械工程学位		机械工程专业的黑人毕业生人数
年代	毕业生人数	
20 世纪 20 年代	16	
20 世纪 30 年代	46	
20 世纪 40 年代	102	
20 世纪 50 年代	106	
20 世纪 60 年代	182	
20 世纪 70 年代	186	
20 世纪 80 年代	463	44*
20 世纪 90 年代	702	203*
21 世纪 00 年代	636	325**
2010—2019***	909	395**

* 从 1980 年到 1999 年，黑人指非洲、有色人种和印度学生。
** 自 2000 年以来，黑人指非洲、有色人种、中国和印度学生。
*** 不包括 2019 年期末考试后毕业的学生。

1. UCT 机械工程系百年发展与转型

20 世纪上半叶，机械工程系以教学为主，沉重的教学负荷以及有限的资源和师资，限制了系里师生在学生研究方面的精力和机会。1946 年，对工学院的评审指出了学院在试验设备等方面的落后状况，并提议给予教师更多科研机会以保持对产业进展的及时了解。评审报告同时指出，随着战后南非产业的扩张，产业界对具有研究能力的工程毕业生需求更加强烈。20 世纪 40 年代后期，系里的教授开始依靠海外实验室资源开展研究，此时的主要研究领域为汽车和煤电。

自 20 世纪 50 年代中期开始，机械工程系陆续开展了交通领域的研究。随着南非在矿业、基础设施等领域的迅速增长，国家对工科毕业生的需求也更加旺盛，1955—1965 年，UCT 的工科学生增长了 35%。1961 年，南非政府启动了一项关于工程师短缺的调查。时任系主任艾略特担心工程培养方案中内容的迅速增加会导致实践训练的边缘化，故而机械工程系即时更新了培养方案，将新的科学内容和产业界所需要的具体知识相结合。20 世纪 60 年代后期，随着机械工程行业不断采用更复杂、科学含量更高的新技术，新任系主任迈特卡夫引入了"机械科学"

选项，在标准的培养方案之外为志在从事研发工作的学生教授更多的物理和数学课程。1975 年，机械系成立了能源研究所，更聚焦能源领域的研究和研究生培养。20 世纪 70 年代，机械工程系的研究更趋多元化，在生物工程、材料等领域均做出重要贡献。

1982 年，在系顾问委员会的鼓励下，机械工程系设立了本科荣誉学位，该学位的获得者受到业界热烈欢迎。20 世纪 80 年代，机械工程系的研究聚焦空气污染、能源供给、太阳能和风能、引擎排放、内燃机、热传导等。20 世纪 80 年代末期，系里将研究领域划分为 6 个主题：流体力学、传热和制冷、内燃机引擎、工业工程、固体力学和计算机辅助机械。这一时期，机械工程系占据主导的教育理念认为，"设计"和"研究"是工程的灵魂，工科毕业生的核心竞争力是解决问题的能力，从而将设计的教育思想渗透到课程体系中，在大一的工程制图、大二大三的相关课程中都有设计的环节。从这一时期起直至 2018 年，机械工程专业的毕业设计项目占据了全年学业 1/3 的内容。除此之外，机械工程本科的课程允许学生从机械工程、能源工程和工业工程 3 个领域中选择一个聚焦方向，课程还包括了会计、法律、传媒和人文等通识课程。

20 世纪 90 年代，各项调查显示，年轻人对工科学习的兴趣降低，工科课程知识点密集，教学方式过时，产业界也发现专业过度细分模式下培养的工科毕业生在灵活解决实际问题方面的能力不足。上述发现引起了 UCT 工程学部对工科课程的系统反思，并于 1995 年在所有工科科系的新生课程中开设了《工程导论》，向学生展示工程师在实际工作环境中如何分析和解决问题。机械工程系在《工程导论》课程的设计中突出了主动学习和协作学习，课程自开设以来持续得到学生好评。

进入 21 世纪，UCT 及时抓住教育发展的新趋势，大力发展在线教育和教育信息技术。如今，机械系的学生可以通过自动抓取技术制作的视频回看讲座内容，根据自身的学习节奏复习相关内容。

2. UCT 机械工程系 4 年制课程

UCT 采用南非《高等教育资历框架》的学分标准，1 学分为 10 小时的学习时间（美国高校 1 学分大致要求 42~45 小时学习时间）。按照采用类似学分计算的英国学制，10 学分课程约等于美国的 3 学分课程，20 学分约等于美国的 5 学分课程[①]。UCT 的机械工程专业提供 4 年制和 5 年制（ASPECT）两种课程体系。

---

① The University of Manchester. Credit equivalence [EB/OL]. https://www.manchester.ac.uk/study/international/study-abroad-programmes/study-abroad/course-units/credit-equivalence/.

机械工程的课程为学生提供固体力学、动力学、热动力学、流体力学和材料等领域的基础理解，课程形式包括了讲授、实验、问题解决等。其中，工程设计是学位项目和课程教学的核心，项目通过设计哲学和最佳实践原则的讲授来增强学生的个人和团队技能。在高年级阶段，学生参与一系列设计项目。4年制机械工程的课程方案如表 13-13[①] 所示。

表 13-13　UCT 机械工程本科 4 年制课程

学　　年	课　程　名	学　　分	国家资历框架水平
第一学年	工科化学	16	5
	工科数学 IA	18	5
	工科数学 IB	18	5
	机械工程导论	24	5
	工程制图导论	8	5
	机械设计导论	8	
	工程力学导论	16	5
	工学物理 A	18	5
	工学物理 B	18	5
	实践训练 1	0	5
	第一学年总学分		144
第二学年	工科计算机程序基础	12	5
	电气工程和电力应用导论	16	6
	模电与数电导论	8	6
	工科向量计算	16	6
	工科线性代数和微分方程	16	6
	机械工程材料科学	12	6
	工程动力学	16	6
	机械工程设计	16	6
	固体力学 I	16	6
	流体学 I	16	6
	实践训练 II	0	7
	第二学年总学分		144

---

① University of Cape Town. Faculty of Engineering and the Built Environment Undergraduate Studies: Handbook 7a in this series of handbooks [R]. 2022: 59–60.

学　年	课　程　名	学　分	国家资历框架水平
第三学年	测量与制动器	8	7
	机械工程计算机方法	12	7
	压力分析和材料	16	7
	流体学Ⅱ	16	7
	机械力学	8	7
	控制系统	12	8
	流体学Ⅲ	16	7
	制造科学	12	7
	机械工程机器元件设计	16	7
	社会中的工程	16	8
	工科统计学	12	5
	第三学年总学分	144	
第四学年	机械震动	12	8
	系统设计	12	8
	商业中的工程	16	8
	工程产品设计	22	8
	流体学Ⅳ	20	8
	毕业设计	20	8
	限选课	18	5～8
	任选课	24+	5～8
	第四学年总学分	144	

二、比勒陀利亚大学：进军"世界一流大学"

比勒陀利亚大学（University of Pretoria，UP）成立于 1908 年。直至 20 世纪 30 年代初期，UP 是南非唯一的双语（英语和阿非利加语）教学的大学。1932 年，因为阿非利加语学生占据多数，学校改为纯阿非利加语教学。直至 20 世纪 90 年代初期，英语被重新接受为教学语言。为照顾多元背景学生的语言需求，2019 年 UP 停止在教学中使用阿非利加语，统一使用英语教学。

（一）UP 面向 2025 年的战略规划

2011 年，UP 制定了面向 2025 年的战略规划，学校的发展愿景是成为非洲顶尖的研究型大学，因质量、相关性、影响力以及在人才培养、创造知识和带来地区与全球性改变方面的成就受到国际认可。其中，战略规划的重心在于建成高水平、受到国际认可的研究型大学①。自 2011 年起，学校未来 15 年的发展方向和策略主要都围绕"国际高水平研究型大学"这个目标。例如，在招生方面，学校持续在努力处理建设高水平研究型大学所需要的具有高度竞争力的优质生源和进一步扩大学生背景多元性方面的矛盾。

前面章节曾提到，由于南非不同地区、种族之间发展的不平衡以及长期的种族隔离制度，不同背景的学生在学业基础上差距较大。因此，UP《战略规划》指出，当前为使学生人口尽可能代表南非的人口特征分布，学校所录取的学生在学业成绩上跨度相当大。为解决这一矛盾，学校采取的措施之一是为学业基础比较薄弱的学生提供一年的过渡期，使他们能够补习相关知识，在预期 5 年的时间内完成本科学业。同时，学校也提出未来在保持多元的前提下提高招生的选拔性，相对扩大研究生的招生比例。根据战略目标，2011—2025 年本科招生规模年均增长 1.4% 左右，研究生招生年均增长 2.2% 左右，争取在 2025 年达到 55 000 人在校就读、20 000 人远程就读的规模②。除提高录取标准和调整本/研招生比例之外，学校在扩招和增长方面还针对本校研究优势有所倾斜或侧重，例如，明确工程、建筑环境和信息技术学部的增长主要集中在工科和研究生层面。

在教学方面，为了配合实现扩大研究生基数和提升研究水平的目标，《战略规划》还强调"探索引领的课程"、基于问题的本科教学方式、照顾多元的学习风格，以及为学生提供混合多元的、充分的学习机会。《战略规划》进一步明确，教学应当聚焦于培养学生"为建设研究型大学而所需要的能力"，强调将学生的学习效果和国际同类学校进行比较，同时考虑到 UP 所培养的工程、法律等专业人才在南非经济社会发展中的重要作用，《战略规划》也提出统筹和兼顾学术研究和专业教育③。

在师资方面，《战略规划》认识到具有高学历和研究能力的师资对学校战略目标实现的重要性，因此特别提出要支持学校师资获得博士学位，通过引进和培养博士研究生、博士后等方式，加强青年教师的储备。

《战略规划》认为，要把 UP 建成高水平研究型大学，不能依靠四面出击，而需要整合已有的优势资源。因此，学校在研究布局方面充分强调聚焦已有优势，将资源优先支持有限的"机构研究主题"（Institutional Research Themes）。首批确立的 6 个机构研究主题包括能源、食品营养和健康、基因学、人畜共患病、人

---

① University of Pretoria. Strategic Plan: The vision, mission and plan of the University for 2025 [R]. 2011.

② 同上.

③ 同上.

权与多元、生态系统服务和生存。其中，工学中的化工和机械工程，与物理和化学被一同列入"能源"主题的主干学科[1]。

（二）UP工学院实施的聚焦城市策略

UP 的工学院成立于 1956 年，第一批学生被录取到电工、机械和土木工程等专业学习。1959 年，学院增加了冶金工程和化工专业，并在随后 3 年陆续增加了工业工程（1960 年）和采矿工程（1962 年）。1976 年，学院新增电子工程专业，1999 年新增计算机工程。1994 年，工学院成立工程与技术管理系，该系于 2007 年更名为技术管理研究生院。2000 年，工学院与建筑环境学院、信息技术学院、技术管理研究生院合并成立工程、建筑环境与信息技术学部。

成立初期，UP 工学院的学生多数为讲阿非利加语的白人男性。1966 年，学院招收了第一位女生；1994 年，第一批 42 名黑人学生被录取到工学院。至 2015 年，女生占学院学生总数的 25%，黑人学生占学生总数的 44%[2]。

自 1971 年起，UP 工学院成为南非最大的工学院。进入 21 世纪，面对南非工程技术人才的短缺，UP 工学院按照学校"聚焦增长"的策略，大幅增加学生数并升级教学研究设施，见图 13-4[3]。在 2020 年的《美国新闻和世界报道》大学排名中，UP 在非洲的工学院中排名第一。

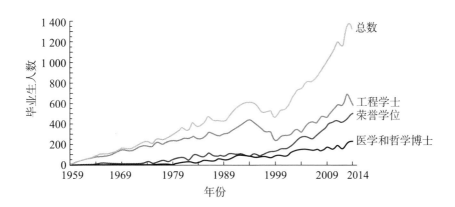

图 13-4 UP 工学院 1959 年至 2014 年历年毕业生人数

作为南非规模最大的工学院，UP 工学院有比较完备的工程学科布局。学院

---

① University of Pretoria. Strategic Plan: The vision, mission and plan of the University for 2025 [R]. 2011.

② University of Pretoria Faculty of Engineering Built Environment and Information Technology. 60 Years of Engineering Education: 1956—2016 [R]. 2016.

③ 同上.

开设工业工程、化工、土木、电气、电子、机械、冶金工程、采矿工程和计算机工程 9 个本科项目。自 2001 年起，UP 工学院的 9 个本科项目均得到南非工程理事会（ECSA）的认证。此外，针对学业基础比较薄弱的学生，工学院还提供 5 年制的"工程增强学位项目"（Engineering Augmented Degree Program）。UP 工学院和产业界联系紧密，拥有一大批产业捐赠或合作的讲席教授职位和研究中心，密切的产业联系也使工学院的毕业生得到高度认可。

UP 工程教育的另一重要特点是培养学生利用工程知识来满足社会需求。自 2005 年起，UP 的 EBIT 学部把"基于社区的项目"作为学部所有本科生的必修模块，要求每一位本科生参与总计 80 小时的服务型学习，围绕当地、国内和国际上的社区实际需求，开展工程设计和建造[①]。

UP 工学院的传统优势是相关领域的研究水平以及和产业界的密切联系，但近年来学院也围绕建设世界级高水平研究型工学院的目标加强了教学研讨和创新。在学部组织下的"年度教学研讨会"成为教师在教学设计、教育研究方面共享知识和最佳实践的平台。2019 年的 EBIT 教学研讨会围绕 4 个主题开展，分别是：计划中的教学改革、评价和反馈、学生反思、主动学习[②]。学部邀请了比利时天主教鲁汶大学 Nathalie Charlier 教授介绍新兴技术在教学中的应用，学部教师也分享了一项关于教师教学变革现状和计划情况的问卷调查。其他 10 位教师也分别报告了在各自教学领域的创新实践和结果，包括：在学生作业中使用形成性评价和鼓励反思性学习、创新设计线上线下混合教学、探索学生个人认知特征在教学中的运用、建立以关怀为核心的师生关系、通过教学内容调整来增强理论与实践结合、运用游戏化主动学习、结合动手经验促进学生理解、利用游戏仿真促进交叉学科学习、通过"微项目"增加有意义的学习体验等[③]。

作为 UP 最早的 3 个工学专业之一，机械工程在过去 60 多年的发展历史中积累了丰富的研究和教学成就。1991 年，机械工程系更名为机械与航空工程系。近年来，该系在学生人数、教学研究设施和研究产出上不断增长，当前拥有超过 1 800 名学生，成为全世界最大的机械工程系之一。机械工程系的本科教学采用 CDIO 的课程体系，所有教学模块都采用严格的国际评审。系里每年邀请约 50 位来自产业的职业工程师担任本科生的毕业设计评委。凭借与麻省理工学院

---

① University of Pretoria Faculty of Engineering Built Environment and Information Technology. EBIT in a Nutshell [R]. 2016.

② University of Pretoria Faculty of Engineering Built Environment and Information Technology. Creating a Yearning for Learning: Initiatives for Increasing Student Engagement [R]. 2019.

③ 同上.

（MIT）的交流协议，机械工程系和 MIT 每年互派大三学生到对方学校交换学习。

作为后殖民国家，南非社会和大学均面临如何处理殖民时期和种族隔离时期的历史、观念、制度的留存，实现社会转型的问题。2016 年，UP 的学生组织和学校管理层经过一系列对话，启动了语言、学校文化和课程转型等工作。其中，课程转型工作组针对公平公正社会的预期目标和教育需求，提出了全校课程转型的框架。框架中提倡 4 个驱动原则：响应社会现实、认知论多元、更新教学和课堂实践、建立开放性和批判性反思的学校文化。在学校课程转型框架的基础上，各个学部制定了自己的转型方案。

工程、建筑环境和信息技术学部（EBIT）在 2017 年成立了课程转型委员会并提出了学部课程转型计划。转型计划的重点是"增强有效教学"，驱动计划的核心问题包括：如何帮助学生为多元文化社会、极端气候和第四次工业革命做好准备？哪些过去的遗留传统需要摒弃？如何使工程课程照顾到所有学生？如何赋能学生以有意义的方式学习多种知识，并想象和建构未来所需的知识？教师和研究者如何转型才能服务学生的成长和未来需求？

EBIT 的转型计划显示，对学部文化和教学方式做出全面变革尚未成为全体教师的共识。有教师指出，国际专业认证的要求导致课程改革的空间相当有限，这也引起了学部关于专业认证标准是否更符合发达国家情况、能否充分代表发展中国家情况和利益的讨论。作为回应，EBIT 的转型计划把重新审视专业认证作为一项重点工作，转型计划的另两项工作重点是学术自治和社会责任。在学术自治方面，计划提议评估学部的学术自治现状，以及 UP 对研究方面的要求和课程转型之间的关系。在社会责任方面，计划提议评估和改进学部的服务型学习课程（Service Learning）在创造社会影响力方面的表现。

EBIT 课程转型的关键是更好地服务学生需求。为此，转型计划提出了一个结合趋势研究、焦点小组访谈、问卷调查和持续 5 年的学生追踪研究计划，以求更深入地理解学部学生所关心的问题、面临的挑战以及在服务学生需求方面的有效措施。

小结

开普敦大学（UCT）和比勒陀利亚大学（UP）是南非高等教育的"重镇"，也是培养南非工程人才的重要基地。UCT 是南非历史最悠久的大学，而 UP 在过去近半个世纪拥有南非规模最大的工学院。在两所学校的发展中，可以看到南非工程教育的一些共性特征和挑战：两所学校都着力提升在非洲高等教育共同体中的领袖地位，以及在世界高教版图中的声誉和影响力；都期待建立更加高产的研究型大学。同时，两所大学都面临南非殖民和种族隔离历史所遗留的社会和文化问题，也都在尽力处理教育公平、教育可及性与研究型大学所需要的严谨学术标准之间的矛盾。

面对这些愿景和挑战，两所学校根据自身的地域、历史传统、教学和研究特点，提出了一些具有学校特色的发展策略。作为在种族隔离制度结束前就积极录取和培养黑人学生、力争教育公平的"进步"学府，UCT 在谋求学校发展和影响力提升的过程中，更加主动和明确地把学校的未来发展和关系国家、地区发展和社会公平的议题紧密结合。UCT 的工程教育发展谋求的不仅仅是技术和纯粹学术的产出，还是统筹考虑工程教学和研究及其相关的社会效应。对于多元背景学生在学术准备上的差异性，工程学部强调要给予学业支持，营造更加多元的认知文化。

相比之下，UP 的工学部似乎更加注重自身在工程教育和研究领域的固有优势。一方面，在研究领域强调进一步聚焦优势学科；另一方面，在促进学部文化和教学转型中，UP 工学部承认目前学部的教师还没有围绕转型目标和方案达成共识，故而在转型方面还处于调研和探索阶段。同时，学部的战略规划强调，在继续招收多元背景学生的同时，要提高录取的学术标准。相比 UCT 而言，UP 更倾向于探索去政治化、强调产出的"世界一流大学"的模式。

第八节

总结与展望

南非工程教育的发展历程，对理解和探索发展中国家工程人才培养提供了非常独特极具价值的案例。

南非作为殖民地的历史对其工程教育的发展有重要而深刻的影响。一方面，殖民给南非的社会经济结构造成巨大变化，由此引发的种族问题成为南非在政治稳定、经济平等、社会和谐等领域面临的诸多持续挑战的主要背景。在工程教育方面，最为显著的是南非半个世纪种族隔离的历史，使占人口多数的黑人在很长时间内不能享受优质的教育资源，甚至没有资格从事专业的工程技术工作。这种不平等造成的影响在种族隔离制度废除之后依然延续。南非的社会转型包括了在政治、经济和文化等各个领域减少不平等的系列措施。其中，在高等教育领域，标志性的措施是扩大高校的入学机会。这一项旨在增进教育公平的措施，在实践中却引起了教育公平与教育质量的严重冲突。这是由于长期被剥夺教育资源的黑人学生学业准备不足，在进入精英高校工程专业后面临艰巨的学业挑战。且南非高校的师资和教育资源整体上还较为薄弱，为满足政治需求进行的扩张，进一步加剧了高校教育资源的紧缺。这些因素的叠加，导致南非近年来的工程教育呈现出"高投入、低产出"的局面：按时毕业率持续偏低，毕业生能力不能满足产业需求，成为南非产业发展创新的瓶颈之一。

另一方面，欧洲国家的科技、教育、专业共同体的组织和实践方式等，也通过殖民深刻影响了南非的工业发展、教育理念、工程专业治理等多个方面。"二战"以后，利用其丰富的能源和矿产资源，南非在能源、采矿、汽车等特定的工业领域中发展出比较完备、技术水平领先的产业体系，在一段时间内对国家的经济增长起到了有力的推动。同时，受欧洲国家，尤其是英国相关制度的影响，南非在国家教育资历框架的建设，工程专业组织、工程教育专业认证和职业工程师注册等方面，都有比较完备的制度体系。南非也是较早加入《华盛顿协议》的国家之一。

值得注意的是，南非在工程教育治理形式上的完备似乎和工程教育的实际效果之间有较大的差距。换言之，虽然在工程教育认证要求、注册工程师审核程序等方面有非常严格、细致，甚至稍显烦琐的规定，但是南非近年所培养的工程师在质量和数量上都不尽如人意。这些落差暗示，南非教育治理体系中存在过于注重形式却忽略实际成效的问题。例如，南非高等教育和培训部花费不少力量制定和更新的《旺盛职业需求清单》却没有提供具体需求数量的预估，使得这份清单对培养方和用人方的实际指导作用大打折扣。南非工程理事会（ECSA）的工程师注册制度规定了相当复杂的资格审查程序，却没有包含标准化的知识和能力测试，这也引起对整套复杂程序在保障工程师专业能力效果方面的质疑。

展望未来，南非政府和高校高度关注工程教育培养质量，试图通过提高工科学生的成功率（毕业率），促进高校与产业联系等措施，来增加南非产业的竞争力和创新能力。在高校方面，精英高校在进一步追求科研产出、师资水平提升、办学能力优化的同时，也通过学业辅导、延长学制、课程和校园文化转型、工程教育研究等方式，弥补学生学业基础薄弱的困难，力求提升学生的留存率和毕业率。政府则通过扩大职业和技术教育、鼓励产业和高校合作等方式，尽力扩大现代产业发展所需要的人才基数。这些措施的效果，关系到发展中国家如何处理教育公平和教育质量之间的关系，值得持续关注。

执笔人：唐潇风

第十四章

澳大利亚

工程教育发展概况

一、澳大利亚工程教育简史

澳大利亚的学校系统已经存在了 200 多年，工程教育始于 19 世纪 20 年代出现的以学徒制为代表的技工学院。在英国，发展熟练劳动力的主要形式是学徒制，澳大利亚的殖民意味着一开始即缺少熟练的劳动力。因此澳大利亚采用类似的制度建立了工业学校。在整个 19 世纪，学徒制度发展非常迅速，新南威尔士州（1828 年）和塔斯马尼亚州（1844 年）分别通过了学徒法。澳大利亚的第一种成人技术教育形式是力学学院和艺术学院，1827 年在霍巴特（Hobart）成立了第一所力学学院，1833 年成立了悉尼力学艺术学院。类似的机构在全国各地开设，成了澳大利亚第一批技术教育提供者。随后的技术与继续教育学院（Technical and Further Education，TAFE）也很快出现。

澳大利亚成立的第一所大学是 1850 年的悉尼大学，随后是 1853 年的墨尔本大学。1889 年可以被认为是技术教育发展的一个重要时间节点，因为在那时，技术教育未来发展的结构和框架已经建立。[①] 自 19 世纪中叶墨尔本第一所工程学院开学以来，澳大利亚的工程教育取得了长足的进步。

1861 年，澳大利亚第一所工程学院在墨尔本大学成立。第一年的入学人数为 15 人，3 年内，这一数字减少到了 9。当时业界普遍认为，工程师需要的是在职培训，而不是学术教育，大学证书在当时并没有得到广泛的认可。到 1900 年，工程师这一定义模糊的职业还仍然强烈依赖通过实习或车间进行的经验形成。在 1901 年联邦成立之前，澳大利亚又建立了两所大学：阿德莱德大学（1874 年）和塔斯马尼亚大学（1890 年）。联邦成立时，澳大利亚人口为 3 788 100 人，大学生 2 652 人，联邦成立后不久，又成立了另外两所大学：昆士兰大学（1909 年）和西澳大利亚大学（1911 年）。[②]

---

① Aussie Educator. History of Australian Education. http://www.aussieeducator.org.au/education/history.html. Last accessed 5 Jan. 2022.

② History of Higher Education in Australia. https://www.k12academics.com/Higher%20Education%20Worldwide/Higher%20Education%20in%20Australia/history-higher-education-australia. Last accessed 10 Jan. 2022.

1909 年，即澳大利亚联邦建立的第一个 10 年结束时，金矿开采规模开始下降。随着蒸汽时代的工业规模和复杂性不断演变，以及电力行业的兴起，工程变得越来越复杂。在知识需求不断增长的工程领域中，需要有足够的教育队伍来巩固工程专业地位。1910 年，澳大利亚约有 1 800 名专业工程师，其中 50% 具有高等教育学历。到 1919 年澳大利亚工程师协会（Engineers Australia，EA）成立时，工程师人数增至 2 400 人左右，通过正规课程合格的工程师比例增至 62% 左右。[①]

澳大利亚的教育机构最初只颁发贸易 / 技术证书、文凭和专业学士学位。虽然大学通过参与研究而与技术学院和技术研究所有所区别，但澳大利亚大学最初并没有将研究作为其整体活动的重要组成部分。因此，澳大利亚政府于 1926 年成立了英联邦科学和工业研究组织（Commonwealth Scientific and Industrial Research Organisation，CSIRO），作为澳大利亚科学研究的支柱。

1949 年，新南威尔士大学成立。1954 年，新英格兰大学成立。1958 年，莫纳什大学成立。1958—1960 年，大学入学人数每年增长 13% 以上。到 1960 年，10 所大学共有 53 000 名学生。

直至 1961 年"专业工程师奖"的颁发才确认了工程师的专业地位，并在 1980 年宣布工程学为学位专业。但是 20 世纪 90 年代初，澳大利亚的工程教育仍以理论为基础。"它以科学为基础，在工程专业中如何使用这些技能的应用有限。"[②]

从 20 世纪 70 年代初到 80 年代末，澳大利亚高等教育体系仍然是一个三级体系，包括：①根据议会法案设立为本科的所有高等院校（如悉尼、莫纳什、拉筹伯、格里菲斯）；②技术学院的集合（如皇家墨尔本理工学院（RMIT））；③技术和继续教育学院（TAFE）集合。

到 20 世纪 90 年代初，澳大利亚实行了两级高等教育体系，即大学教育和技术与继续教育（TAFE）。TAFE 学院也被允许提供学士学位。

20 世纪 90 年代，霍克 / 基廷联邦政府试图通过改变国家研究状况来弥补应用研究的不足。即通过与工业界合作，为研究引入大学奖学金和研究补助金，并引入国家合作研究中心（Cooperative Research Centres，CRCs）系统。这些新中

---

① Brian E Lloyd, A Profession for Engineers: 90 Years of Heritage. Past National President of Engineers Australia. August 2009. https://www.profengaust.org.au/articles/short-history-professional-engineers-australia/. Updated: 12 November 2020.

② Susan Muldowney. STEM education has changed a lot since Australia's first engineering school opened. June 5, 2019. https://createdigital.org.au/stem-education-changed-since-australias-first-engineering-school-opened/. Last accessed 5 Jun. 2022.

心侧重一系列精尖的研究主题（如光子学、铸造金属等），旨在促进大学与工业之间的合作。典型的合作研究中心由多个行业合作伙伴、大学合作伙伴和英联邦科学和工业研究组织组成。

150 多年后的今天，工程行业实践经验已成为全澳大利亚工程学院教育教学的基础。现在，澳大利亚工程教育者认为，要让工程师为明天的工作做好准备，就要把工程理论付诸工程实践。

二、澳大利亚工程教育概况

（一）教育规模

2015—2016 年，澳大利亚国际教育的出口收入为 203 亿美元，其中三分之二来自大学和其他高等院校。在《泰晤士报高等教育 2019 年世界排名》中，澳大利亚有 6 所大学被列为世界上提供工程课程的前 100 名大学之一。

目前，有 35 所公立大学、多所 TAFE 学院和少数私立学院提供澳大利亚资格框架（Australian Qualifications Framework，AQF）6～10 级的高等工程教育学历，这些学位由澳大利亚工程师协会认可，学生毕业后可进入工程行业领域。

自 1980 年以来，标准的认证专业工程师资格一直是 4 年制学士学位，从 2015 年起一直是澳大利亚资格框架（AQF）8 级学士（荣誉）学位，这仍然是针对国内学生的主要学位资格。然而，现在有越来越多的实习硕士学位可供申请，这些学位对国际学生特别有吸引力。

2017 年，工程专业共有 115 420 名注册学生，约占全国高等教育总入学人数的 7.6%。国际学生占工程专业注册人数的 43%。国内工程专业注册人数从 2015 年的 68 026 人降到 2017 年的 66 458 人。

在大学的工程院系中，大约有 4 200 名全职教职人员（18% 为女性）。其中约 1 700 名员工为研究职位。考虑到学生的学习模式，2017 年总的接受工程教育的人数为 75 284 名全日制学生。

2019 年，ACED 成员提供 4 种学位项目的 600 多项课程。在表 14-1 中，"项目"是具有不同头衔的学位，如"土木工程学士（荣誉）"。"工程管理"硕士学位主要授予工程项目管理。"高级 / 技术"硕士通常获得工程科学硕士，进入实践的硕士通常被称为工程硕士。

表 14–1 不同学位项目的 ACED 成员数量和项目数量

学 位 类 型	ACED 成员数量	项 目 数 量
硕士（高级 / 技术）	25	160
硕士（工程管理）	22	34
硕士（工程实践）	21	121
工程学士（荣誉）	33	269
技术学士	9	30
副学士 / 高级文凭	5	25

在工程的主要分支中，机械工程的课程数量最多，其次是土木工程、电气与电子工程和化学工程。同时还出现了环境、机电一体化和生物医学工程等新的分支，这反映了澳大利亚在技术变革以及工业、经济和社会等方面的需求。

（二）毕业生人数和入学人数

2015—2017 年，各主要学位类别的毕业生人数和入学人数，分别如表 14–2、表 14–3 所示。

表 14–2 2015—2017 年各主要学位类别的毕业生人数

学 位 类 别	2015 年		2016 年		2017 年	
	国 内	国 际	国 内	国 际	国 内	国 际
硕士学位	1 543	3 205	1 567	3 864	1 590	4 765
其他专业学位	848	160	643	137	458	134
学士学位（4 年）	7 219	3 239	7 192	4 010	7 741	4 301
学士学位（3 年）	524	251	544	303		
副学士 / 高级文凭	570	129	543	127	493	165
总计	10 704	6 984	10 489	8 441	10 282	9 365

表 14–3 2015—2017 年入学人数

学 位 类 别	2015 年		2016 年		2017 年	
	国 内	国 际	国 内	国 际	国 内	国 际
硕士学位	2 091	5 473	2 023	6 764	1 931	8 101
其他专业学位	844	177	682	153	599	169
学士学位	14 896	6 510	14 390	7 094	13 672	7 482
副学士 / 高级文凭	1 178	196	1 136	236	1 031	244
总计	19 009	12 356	18 231	14 247	17 233	15 996

入学人数的数据显示：

（1）所有学位类别的国内入学人数持续下降。2017 年，工程专业仅占全国本科生入学人数的 4.9%，为有记录以来的最低比例。

（2）硕士学位的国际入学人数持续增长，特别是新的、经认证的"实践入门"课程以及学士学位。

（三）女性参与

过去 3 年，女性在工程课程学位中的参与率没有大幅增加，但 2017 年国内学士学位入学率为 16.9%，创下历史新高，如表 14-4 所示。

表 14-4　2015—2017 年女性入学率　　　　　　　　　　　　　　%

学 生 类 型	2015 年		2016 年		2017 年	
	国　内	国　际	国　内	国　际	国　内	国　际
研究生	19.2	20.5	16.9	21.0	18.0	20.3
本科生	15.3	21.0	15.7	19.2	16.8	20.2

女性在毕业人群中所占比例相对较高，这是因为她们的平均学业成绩优异，而且流失率较低。

工程专业的土著学生和毕业生数量非常少：2017 年有 50 名土著学生毕业并获得高等教育文凭。2017 年，有 462 名土著学生注册进入工程专业，这预示着未来的毕业生数量会增加。

（四）就业率和薪酬

工程专业毕业生的就业率和起薪一直高于其他领域的毕业生。2018 年澳大利亚全国调查数据报告称，对于近期工程学士学位毕业生来说，具有如下特点。

（1）可从事全职工作的人中有 83% 以上是全职工作。所有学士毕业生的可比数字为 73%。

（2）男女的起薪中位数均为 65 000 美元，在中位数工资排名中排名第三，仅次于医学和牙科。相比之下，所有领域的男性和女性毕业生的工资中值分别为 63 000 美元和 60 000 美元。

（3）毕业 3 年后，2015 年工程学士毕业生 93.9% 从事全职工作，工资中位数为 77 000 美元，比所有教育领域的学士毕业生高出约 10%。

（4）与学士学位毕业生相比，工程专业的研究生会有更高的全职就业率和薪水。对于 2016—2017 年完成学业的硕士毕业生，这一比例为 85%。他们的工资中位数也相对较高，男性为 90 000 美元，女性为 79 100 美元，接近所有领域的中位数。截至 2018 年，2015 年毕业生中有 94.5% 从事全职工作，平均工资为 10

万美元。

值得关注的是，工程专业毕业生对其教育和教学项目的总体满意度相对较低。学习与教学质量指标（QILT）毕业生满意度数据显示，2017年本科工程毕业生具有如下特点。

（1）不到一半（49.7%）的学生将他们的课程评为"良好教学"5分协议量表中的前两分。这是所有报告的教育领域中满意度最低的，但略高于上一年。

（2）相比之下，82.9%的人对他们获得的"通用技能"给予了较高的评价；高于平均值。

（3）尽管74.8%的人在5分协议量表的前两个得分中被评为"总体满意度"，但这一比例低于其他报告领域和"所有领域"评级。

同样令人担忧的是，国内学生对工程项目的兴趣不断下降。2017年，工程学只占全国本科毕业生的5.2%，这是有记录以来的最低比例。

女性和土著学生的参与率仍然低得令人失望，尽管2017年国内女性开始攻读学士学位的比例为16.8%，是有记录以来最高的。土著学生不到1%（相比之下，土著人口占澳大利亚总人口的2.8%）。2017年，以中学成绩为基础的入学人数占学士学位入学人数的61%。硕士课程（认证和非认证）中，国际学生人数与国内学生人数之比为3∶1。

（五）2020年度统计

澳大利亚工学院院长理事会（The Australian Council of Engineering Deans，ACED）根据澳大利亚高等教育统计局发布和收集的最新数据，负责编制关于工程和相关事项高等教育学生入学和毕业情况的年度报告。[①]

澳大利亚政府收集的2020年学生数据直到2022年2月才公布，这推迟了年度统计报告的编制。从2020年的数据来看，新冠疫情大流行的早期影响显而易见。2020年，有近11.5万名学生注册了工程和相关技术的高等教育学历，比2019年减少了7 000人。ACED成员机构占入学人数的97%。

ACED成员提供了2016—2019年的毕业数据，获得了更为准确的工程专业毕业生在工程学科中的分布情况。2019年国内和国际毕业生专业分配汇总统计见表14–5。

[①] http://www.aced.edu.au/downloads/March%202022%20Annual%20Report%20for%202021%20AGM%20Attachment%20B.pdf.

表 14–5 2019 年国内和国际毕业生专业分配统计 %

工程专业领域	国　内	国　际
土木、环境	33.9	31.4
机械、制造	18.8	23.4
电力、电子	18.3	22.7
化学、采矿、材料	10.1	11.9
机电一体化、机器人	7.2	4.2
软件	3.8	2.0
生物医学	3.4	1.2
航空	3.2	2.3
其他	1.3	0.9

从图 14-1 中可以看出，由于入学的早期趋势，国内和国际学生毕业人数都达到了顶峰。女性占国内毕业生的 17.7%（增长 0.7%），占国际毕业生的 20.4%（略低于 2019 年）。

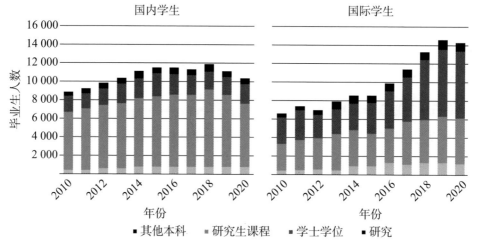

图 14–1 2010—2020 年国内和国际学生毕业生数量

对 2020—2021 年度工程专业本科毕业生进行的全国调查显示（见表 14-6），[①]毕业约 6 个月后他们的平均工资为 70 000 美元（在 21 个领域中排名第 5 位），全职就业率是 80.3%（在 21 个领域中排名第 6 位），毕业生总体满意度为 72.3%（在 21 个领域中排名第 19 位）。另一方面，90.4% 的雇主对工科毕业生评价为"满意或更好"的连续第二年排名第一（在 10 个领域中排名）。

---

① http://www.aced.edu.au/downloads/ACED%20Engineering%20Statistics%20April%202022.pdf.

表 14-6 2020—2021 年度工程专业毕业生全国调查

2020—2021 年	工 程 领 域	其他所有领域
平均年薪 / 美元	70 000	65 000
全职就业率 /%	80.3	68.9
毕业生总体满意度 /%	72.3	77.9
雇主总体满意度 /%	90.4	85.3

图 14-2 中所示的起始数字令人担忧。大多数 ACED 成员的学士（荣誉）学位的国内入学人数似乎呈下降趋势，在所有国内学士学位入学人数中下降（至 5.3%）。不过，一个积极的方面是，在这一入学群体中，女性的参与率增加到 19.3%，这是有记录以来的最高比例。此外，工程专业在工程领域保持着最高的地位，其毕业生入学比例（23.2%）达到至少 90.00。国内硕士和研究学位的入学人数略有增加。另外，新冠疫情大流行对国际入学的影响显而易见。总的来说，与 2019 年相比，2020 年度的国际新生减少了 26%。

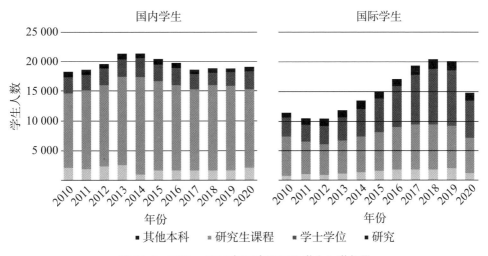

图 14-2 2010—2020 年国内和国际学生入学数量

（六）按工程学科划分的专业工程毕业生

ACED 发布的报告中确定了 13 个工程分支组（Engineering Branch Group），统计了按工程学科划分的专业工程毕业生数量。[①]

工程分支组分类主要基于学位项目，除"电气和电子"外，表格中的学位项目分配给更专业的分支机构。例如，"土木和环境"学位属于环境工程，而"土

---

① https://www.aced.edu.au/downloads/ACED%20Graduates%20by%20Branch%20of%20Engineering%20
May%202021%20-%20RKing.pdf.

木和采矿"属于采矿工程，如表 14-7 所示。

表 14-7 按工程学科划分的工程分支组

ID	工 程 分 支	ID	工 程 分 支
1	土木、结构、建筑、基础设施	8	生物医学
2	环境、土木和环境	9	机械、制造、工业、产品
3	化学、材料	10	航空、航天
4	采矿、石油、冶金	11	机电一体化、机器人
5	电气、电气电子、能源	12	海军建筑、海事
6	电子、计算机系统、电信	13	地理空间、测量
7	软件、物联网	14	其他

报告汇总了所有 36 个 ACED 成员（35 所大学）提供的 2016—2019 年各专业工程学位课程的学士和硕士毕业生人数，如表 14-8、表 14-9 所示，这些数字代表了所有此类澳大利亚的毕业生。

表 14-8 学士学位毕业生人数

	工 程 分 支	2019 年		2018 年		2017 年		2016 年	
		国 际	国 内	国 际	国 内	国 际	国 内	国 际	国 内
1	土木、结构、建筑、基础设施	2 094	1 053	2 186	867	2 075	792	2 060	667
2	环境、土木和环境	159	77	195	61	182	60	158	44
3	化学、材料	516	313	552	367	538	259	407	239
4	采矿、石油、冶金	141	103	220	140	283	186	244	146
5	电气、电气电子、能源	896	446	831	458	687	370	630	347
6	电子、计算机系统、电信	278	147	299	170	255	177	187	149
7	软件、物联网	245	66	156	45	159	21	119	23
8	生物医学	207	39	149	31	110	23	71	10
9	机械、制造、工业、产品	1 186	608	1 296	609	1 188	523	1 027	414
10	航空、航天	220	87	204	77	179	74	125	58
11	机电一体化、机器人	485	183	447	110	391	107	272	92
12	海军建筑、海事	33	26	31	28	31	26	32	27
13	地理空间、测量	13	4	15	2	15	1	3	1
14	其他	40	2	38	4	31	1	19	1
	总计	6 513	3 154	6 619	2 969	6 124	2 620	5 354	2 218

表 14–9 硕士学位毕业生人数

	工 程 分 支	2019 年		2018 年		2017 年		2016 年	
		国 际	国 内	国 际	国 内	国 际	国 内	国 际	国 内
1	土木、结构、建筑、基础设施	220	810	254	601	241	465	195	282
2	环境、土木和环境	16	176	25	127	29	63	22	36
3	化学、材料	80	188	99	194	109	122	71	87
4	采矿、石油、冶金	9	20	9	11	18	41	22	42
5	电气、电气电子、能源	159	803	155	696	130	565	100	337
6	电子、计算机系统、电信	8	180	6	200	7	154	9	97
7	软件、物联网	37	79	41	107	27	74	16	58
8	生物医学	40	56	23	65	24	46	28	25
9	机械、制造、工业、产品	197	845	220	703	217	526	176	321
10	航空、航天	16	92	16	70	9	42	13	19
11	机电一体化、机器人	42	93	37	63	26	55	18	37
12	海军建筑、海事	1	2	0	1	0	1	0	0
13	地理空间、测量	5	14	13	17	8	11	7	8
14	其他	1	5	1	19	3	5	1	1
	总计	831	3 363	899	2 874	848	2 170	678	1 350

小结

澳大利亚的工程教育可以追溯到 20 世纪中叶，至今已取得了长足的进步。教育产业已成为澳大利亚经济发展的中心支柱，也是国家最大的服务出口业务。澳大利亚有一个成熟的以大学为基础的工程教育体系，该体系为澳大利亚的发展提供了优质的服务。

同时，澳大利亚本土工程师短缺与毕业生供给无法满足社会需求的问题日益突出。2021 年，澳大利亚工学院院长理事会审查了进入澳大利亚工程职业的教育和移民"通道"，雇主数据中显示工程师短缺，以及对未来的需求预测。这些预测表明，到 2030 年，本地毕业生将至少需要增加 50%。如果没有激励措施的话，当前的入学趋势和机构设置，将无法提供应对未来挑战所需的工程师数量。

工业与工程教育发展现状

一、澳大利亚重点工业发展现状

澳大利亚拥有丰富的自然资源,引进的资本和根据当地情况量身定做的理念相结合,迄今为止,澳大利亚的生活水平一直很高。还有两个因素支撑着澳大利亚经济发展韧性:位置和多样性。快速增长的亚洲市场预计到 2026 年将实现全球 GDP 的 44%。澳大利亚的贸易已经面向亚洲经济体,尤其是矿产、能源、服务业和农业。

澳大利亚是亚洲工业的主要资源和能源供应商。澳大利亚的资源和能源出口在短短 20 年内增长了 5 倍。亚洲是最大的买家。在 2019—2020 年温和增长 3.2% 之后,资源和能源的出口在截至 2021 年 6 月的一年中增长了 6.6%,达到 3 100 亿澳元左右。澳大利亚高速发展的矿业和能源部门正转向低碳未来。澳大利亚拥有世界第二大锂储量。与此同时,风能和太阳能正在强劲增长。可再生能源发电比例从 2019 年的 21% 跃升至 2020 年的 25%。可再生能源在澳大利亚能源生产中的份额迅速增长。自 2010 年以来,澳大利亚公司大幅增加了可再生能源的产量,风能和太阳能在能源产量方面已经超过了水力发电。目前,澳大利亚是世界第七大太阳能生产国。太阳能创新吸引了大量投资。

澳大利亚在农业、教育、金融服务和卫生领域也拥有世界一流的技术。创新包括在金融中使用区块链、在教育中使用沉浸式模拟技术、在医疗程序中使用机器人以及在农业中使用物联网。澳大利亚也被公认为硅基量子计算研究的世界领导者。澳大利亚的数字创业基础广泛。澳大利亚拥有约 700 家金融科技公司、600 家教育科技公司、500 家医疗科技公司以及 400 家农业科技和食品科技公司。金融科技尤其在澳大利亚 11 万亿澳元的金融领域蓬勃发展,吸引了全球投资。

根据国际货币基金组织的数据,澳大利亚将在 2023 年成为世界第 12 大经济体。名义 GDP 约为 2.5 万亿澳元(1.8 万亿美元)。澳大利亚人口仅占世界人口的 0.3%,但占全球经济的 1.7%。

澳大利亚是全球高等教育和技能培训中心,是前往海外接受高等教育学生的首选目的地。2021 年，澳大利亚吸引了约 72 万名国际学生入学。这一录取人数分布在大学、技术学院、职业教育培训学院、英语课程和学校。大约 80% 的学生来自亚洲国家。在澳大利亚接受高等教育的海外学生中，约 90% 来自亚洲国家。[①]

二、澳大利亚工程教育发展现状

工程师是生产力增长的推动者，是澳大利亚经济社会发展和城市生活繁荣不可或缺的贡献者。澳大利亚工程师协会收集关于工程师和工程的高质量统计数据，对于准确的劳动力市场政策决策至关重要。这些统计数据能帮助澳大利亚衡量是否有足够的工程师进入行业，以保持国家目前和未来的工程能力。澳大利亚的工程劳动力由本地、永久和临时技术移民组成。在 2019 年 6 月出版的工程专业统计概览中，根据人口普查数据显示，澳大利亚在职工程师中 58.5% 出生在海外。[②]

（一）缺乏经验丰富的工程师

澳大利亚工程师协会发布的《工程技能——供给与需求》（2022 年 3 月讨论文件）指出，澳大利亚只有 8.2% 的毕业生具有工程师资格。与德国 24.2% 和日本 18.5% 相比，这一比例较低。[③]公共基础设施的持续投资，对矿产需求的重新出现，以及全球向清洁能源转型和气候变化，推动了对工程师的需求。虽然经验丰富的移民工程师在短期内会拉动劳动力的增长，但拥有一支强大的本土工程师队伍至关重要。

《工程技能——供给与需求》（2022 年 3 月讨论文件）同时指出，澳大利亚许多行业都面临工程技能短缺的问题，并预计这些短缺将变得严重和持续。工程技能短缺并不是什么新鲜事，澳大利亚在 20 世纪 80 年代末和最近的矿业繁荣时期都面临工程技能短缺的问题。这听起来像是一个需要解决的简单问题，当国际边

① https://www.austrade.gov.au/benchmark-report/form-download-report/download-report-form. Accessed by Oct. 30, 2022.

② https://www.engineersaustralia.org.au/about-engineering/statistics.

③ https://www.engineersaustralia.org.au/sites/default/files/2022-03/Engineers-Australia-Skills-Discussion-Paper-20220310.pdf.

界重新开放，技术移民数量增加时，问题就会得以解决。然而，澳大利亚工程师协会的研究表明，已经有大量移民工程师在澳大利亚，他们在获得与其经验相适应的工作方面存在长期困难。继续依赖技术移民将使该国面临长期反复出现的技能供应问题的风险，特别是当经验丰富的工程师已经在澳大利亚找不到工作时。因此，不解决这一问题而回到新冠疫情前的移民模式是一个低效的解决方案，并将使澳大利亚在未来受到干扰。

职业工程师的发展至少需要完成 4 年本科的学习，并在获得 5～7 年的工作经验后，才能被认为有能力独立执业。澳大利亚工程师协会的研究表明，目前只有约 25% 的高校学生在"最短时间"内完成本科学位。[①]这意味着一名称职的专业工程师的成长时间通常超过 10 年。工程技术人员和相关人员需要两三年的职业培训和类似时间的在职经验，这仍然需要 7～10 年的努力。

实习、研究生课程和早期职业就业机会是工程师发展的关键部分。只有在独立实践阶段，工程师才能满足雇主对"有经验"工程师的需求。然而，应注意的是，这仅适用于毕业后进入该行业的毕业生。2016 年人口普查的分析显示，大约一半的工程学士毕业生没有从事工程职业。这表明该行业无法留住大批合格工程师，这是造成当前工程技能人员短缺的另一个因素。为什么这么多的工程师不继续从事这一职业？澳大利亚国家技能委员会（National Skills Commission，NSC）预测，认知能力在未来将成为一项备受追捧的技能。工程的本质要求有很强的认知能力，因此许多雇主都在寻找合格工程师，这是因为他们重视工程教育的技能，以及思考和解决复杂问题的认知能力。2020 年度和 2021 年度的就业满意度调查证明了工程学毕业生的可取性，在这两次调查中，工程和相关技术专业的毕业生在过去两年中获得了最高的整体满意度。

加强工程实习和研究生工程师的培养将有助于留住更多这一群体的专业人才，并培养出"经验丰富"的工程师。但是，简单地增加工科本科生的招生数量不太可能在短期内解决这个问题。政府应立即采取行动，鼓励并留住目前的工程毕业生从事工程工作。图 14-3 显示了 2019 年专业工程师流入和流出数量。

---

① "Australian Engineering Higher Education Statistics 2009—2019" Australian Council of Engineering Deans, December 2020 (accessed 22 September 2021) http://www.aced.edu.au/downloads/ACED%20Engineering%20 Statistics%20Dec%20 2020_v2.pdf.

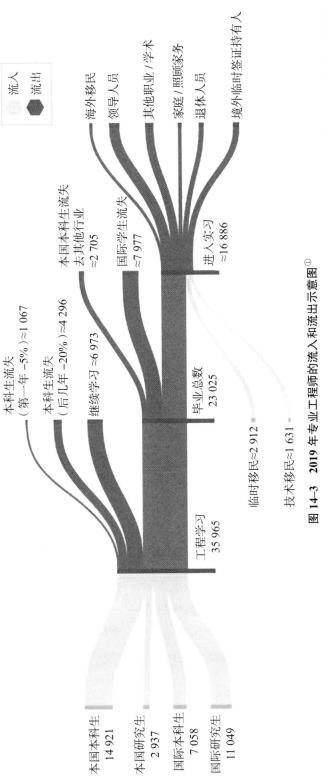

图 14-3　2019 年专业工程师的流入和流出示意图①

（注：该图仅为示意图，是基于可用数据和研究提供的临时理解和图解和最佳估计。它是用来说明工程专业学生流入和流出的数量，并不是进入和退出该行业人数的准确反映。）

① Australian Engineering Higher Education Statistics 2009—2019, Australian Council of Engineering Deans, December 2020 & King, R. Working Paper: Pipelines into Professional Engineering Occupations, Australian Council of Engineering Deans, December 2021 https://www.engineersaustralia.org.au/sites/default/files/2022-03/Engineers-Australia-Skills-Discussion-Paper-20220310.pdf.

（二）STEM 的重要性、女性参与率增加

澳大利亚将重点放在培养年轻人的科学、技术、工程和数学技能（STEM）上。澳大利亚政府国家技能委员会报告称，自 2000 年以来，STEM 职业的就业率增长了 85%，是非 STEM 职业就业率的两倍。报告进一步称，未来 5 年，这一数字预计将增长 12.9%。

工程专业毕业生的就业情况良好。根据统计数据显示，2020 年和 2021 年约 80% 的工科毕业生全职工作。数据显示，工科毕业生在毕业生工资最高的前 5 名中，男女毕业生的工资中位数均为 70 000 美元。雇主对工程专业毕业生的满意度也很高。2021 年 QILT 雇主满意度调查报告显示，雇主对工程及相关毕业生的总体满意度最高，为 90%。[①]

令人高兴的是，2006—2016 年，女性在该行业的参与率增长了 112.4%。虽然 2016 年女性在该专业中的比例仍然相对较小，为 13.6%，但 2020 年澳大利亚高等工程教育统计数据显示，开始学习工程课程的女性已增至 18%。[②]

（三）工程就业趋势——工程职位需求下降

澳大利亚工程师协会于 2020 年 5 月发布了澳大利亚工程就业趋势报告（2020 年第一季度），[③] 通过对工程职位空缺数据分析，调查了澳大利亚工程就业趋势。职位空缺数据是衡量澳大利亚劳动力市场的一个重要指标。贝弗里奇曲线（Beveridge Curve）为分析失业率和职位空缺水平之间的关系提供了理论基础，即随着职位空缺的增加，失业率下降；而随着职位空缺减少，失业率上升。

2019 年期间，澳大利亚经济持续疲软，新冠疫情大流行预计将严重影响包括工程师在内的所有劳动力群体。失业率预计会上升，经济收缩的严重程度将取决于疫情遏制措施的成功、相关限制措施的实施时间以及经济全面复苏的时间。调查报告指出，自新冠疫情暴发以来，22% 的专业、科学和技术服务行业企业的员工人数有所减少，其他行业的这一数字为 30%。数据显示，过去一年，澳大利亚工程职位空缺增长呈下降趋势，在疫情影响发生前的最后一个季度，这一趋势有所加快。工程职位空缺增长的下降趋势反映了整个澳大利亚更广泛的经济衰退，2019 年 9 月有报告称，澳大利亚经济处于 2009 年以来最为低迷的状态，当时全

---

① https://www.qilt.edu.au/resources.

② https://www.engineersaustralia.org.au/about-engineering/statistics.

③ https://www.engineersaustralia.org.au/sites/default/files/resource-files/2020-04/Australian%20engineering%20vacancies%202020200505.pdf.

球金融危机严重阻碍了 GDP 增长。[1]

工程就业趋势报告包括澳大利亚全国、州和地区的趋势，以及一系列特定工程职业的趋势，是对职位空缺趋势有价值的分析，为澳大利亚工程劳动力市场的发展方向提供了明确的指示。

（1）2020 年第一季度，所有州和地区工程职位空缺的平均季度增长率均出现收缩。

（2）新南威尔士州是澳大利亚工程职位空缺最多的地区，但在 2019 年的 12 个月内，职位空缺呈下降趋势。

（3）新南威尔士州、维多利亚州、昆士兰州和西澳大利亚州的工程空缺数量也继续高于南澳大利亚州和塔斯马尼亚州以及其他地区。

（4）土木工程职位空缺继续在澳大利亚工程就业格局中占据主导地位。

（5）预计 6 月份互联网职位空缺率将出现更大幅度下滑，反映出行业受新冠疫情限制的影响。

按职业划分的澳大利亚工程职位空缺数量：土木工程职位空缺一直主导着澳大利亚工程就业形势，2020 年第一季度也不例外。大型民用基础设施项目的实施为相关行业带来了商机，增加了对土木工程师的需求。应对森林大火造成破坏的重建和恢复工作也极大程度地依赖土木工程师的参与。以下列出 2020 年第一季度澳大利亚各地每月公布的工程职位空缺的月平均数（从最高到最低）。

（1）1701 个土木工程职位空缺。

（2）644 个工业 / 机械 / 生产工程职位空缺。

（3）654 个采矿工程职位空缺。

（4）524 个信通技术支持和测试工程职位空缺。

（5）325 个电气工程职位空缺。

（6）287 个其他工程专业人员空缺。

（7）178 个工程经理空缺。

（8）76 个电信工程职位空缺。

（9）40 个电子工程职位空缺。

（10）28 个化学和材料工程职位空缺。

这些统计数据是截至 2020 年 3 月 31 日的数据，可能无法反映新冠疫情大流行带来的全部影响。

---

[1] Letts, Stephen, Australia's economy has slowed to a decade low but the budget may already be back to surplus, 4 September 2019, ABC News, https://www.abc.net.au/news/2019-09-04/gdp-q2-2019/11474470.

小结

工程师通过批判性思考来解决复杂问题，在工程的整个生命周期中将科学技术整合到社会经济系统中，为社会发展带来了巨大的变化。随着我们走向更加复杂的未来，工程师所拥有的技能将变得更加重要。虽然持续存在的技能短缺难以量化，但很明显，澳大利亚正面临着工程师短缺的问题。随着全球新冠疫情导致移民大幅减少，对于工程技能的需求也在增加，这一点非常凸显。因此，不能忽视未来不可预见的外部因素对技术移民造成干扰的可能性。

澳大利亚的教育培训、发展和维持当地工程劳动力的能力需要大幅提高，以减轻对技术移民的依赖，并在未来保持充足的供应。培养工程师的准备时间并不短，因此，为了满足未来工程师的需求，需要从现在开始关注这一点。由于未来对工程师所具备认知技能需求的提高，因此应考虑如何才能使得毕业生和职业中期工程师留在该行业。

由于澳大利亚工程技能的供应目前非常依赖移民，国门重新开放将有助于在短期内解决这一问题，必须考虑如何向目前居住在澳大利亚的具有工程技能和资格的移民提供支持。因此，要维持足够的工程师供应，需要澳大利亚的工业界、第三产业和政府进行长远的规划。

澳大利亚的工程劳动力来源于国家工程教育项目以及永久和临时技术移民项目。在澳大利亚学习工程的海外学生是澳大利亚第三大出口产业——教育服务出口的一部分。目前，技术移民项目面临诸多不可预测的风险。因此，澳大利亚必须通过教育系统继续提高本国工程师的数量。

第三节

工程教育与人才培养

一、ACED 2035 工程未来报告

2018 年，澳大利亚工学院院长理事会（ACED），对工程教育进行了一次全国性调查，开展了一项两年的研究——2035 工程未来（Engineering Future

2035）。上一次对澳大利亚工程教育的大调查还是在 2008 年进行的。之所以选择 2035 年为关键节点，是因为它代表了此时期教育的世代更替，2018 年入学的小学生将于 2035 年研究生毕业。大调查主要研究工程教育的领导者和工程教育界专业工程角色变化的重要驱动因素，以及这些变化对即将到来的 2035 年毕业生期望的潜在影响。此项研究搜集了有关专业工作、工程行业和高等教育未来趋势的文献，咨询了代表一系列企业和社区利益的思想领袖，以及工程教育工作者，以收集他们对澳大利亚专业工程工作和工程教育未来的看法。研究还对部分专家进行了半结构化访谈，探讨了对 2035 年专业工程角色和工程专业毕业生的期望，访谈围绕 5 个主题：工程角色；工程思维；工程知识、技能和属性；工程教育优先事项。研究团队通过圆桌讨论与澳大利亚工程院长理事会进行了磋商，以收集成员对以下方面预期变化的意见：专业工程工作；研究生专业工程师应具备的知识、技能和属性；工程教育项目的课程和教学法；以及为应对预期的变化可能还需要哪些其他改变。该项研究以职业工程为中心，强调了职业工程师、工程技术专家、工程技术人员，以及合伙人和商业伙伴之间的互补作用。研究侧重于澳大利亚的工程实践和工程教育，同时对海外机构工程教育的最佳实践和新兴模式进行了探讨。

《ACED 2035 工程未来报告》主要发现如下。[①]

（1）澳大利亚需要确保在不过度依赖技术移民的情况下培养出足够的工程毕业生，以满足国家的需要；

（2）没有足够的女性被工程吸引，这意味着该行业潜在人才的持续大量流失。还必须解决土著和托雷斯海峡岛民学生比例低的问题；

（3）行业希望看到职业工程教育的理论与实践部分重新平衡，包括更加注重实践和工程的人文层面；

（4）潜在的学生被激励去解决"现实世界"的问题，并希望看到工程实践满足社会需求。

（5）需要在学校系统中更好地促进工程职业选择和机会的多样性，以实现国家目标所需的工程师队伍；

（6）所有工程学校都可以轻松获得课程和教学法方面的全球最佳实践范例，无论其运营规模如何。这些课程方法更加注重实践，并以非传统的方式提供课程，包括校内校外相结合的方法。

---

① https://www.aced.edu.au/downloads/2021%20Engineering%20Change%20-%20The%20future%20of%20engineering%20education%20in%20Australia.pdf.

（7）澳大利亚工程学术研究者已经表现出改变教育实践的意愿和能力，特别是在过去一年中，2020 年 3 月向在线教育的快速转变就是明证。

二、促进工科毕业生未来的机会和可能性

虽然工程教育继续围绕传统的土木、机械、电气和电子领域发展，但技术变革的步伐不断创造出多个新领域和新专业。无论是在传统专业领域（如机电一体化、环境）还是在新兴专业领域（如可再生能源、机器人技术），随着行业越来越多地利用新技术保持优势，对专业毕业生的需求将持续增长，因为他们知道如何使用先进的智能技术，了解自动化和可持续性发展等。这与基于未来就业和工作环境的新范式不谋而合。今天这一代的工程专业毕业生大多希望在"零工经济"（Gig Economy）[①] 中工作，而这种经济本身就需要多种技能，尤其是相关技能和专业技能。这些毕业生将不断需要建立他们各自不同的技能投资组合。他们需要寻找并经常创造自己的机会，应用高度灵活和可移植的工作场所行为，并知道如何利用互补技能，如商业管理、营销、数字应用和跨文化沟通。

工程的本质使工程师具备独特的属性，如设计思维和风险缓解，所有这些都可以应用于各种环境。这使得工程师备受追捧，因为大多数组织都在不断更新其商业模式，无论是中小企业还是跨国公司。这样的组织需要了解系统流程、能够掌握概念、积极贡献、不断更新并脚踏实地的人。

大多数澳大利亚大学提供工程课程，大学通过提供核心知识、培养能力和积累经验，使毕业生能够在未来的领域工作。但问题是，未来的学生对工程学真正提供的机会和可能性了解多少？新冠疫情后的世界新秩序将导致新行业快速升级，因为各级组织都将此事件作为变革的催化剂。这就迫使许多学生重新关注他们的未来，重新定位他们的生活。《ACED 2035 工程未来报告》试图确定工程的未来走向，其中一个关键部分是了解影响未来学生考虑工程的驱动因素，并在此过程中向未来的学生宣传工程毕业生所拥有的各种机会和可能性。

研究报告发现[②]，不同的年龄层析说明了近年来工程专业发展是如何演变的。图 14-4 显示了不同的工程层次是如何演变的，有趣的是，这 4 个类别中的每一

---

① 零工经济是指由工作量不多的自由职业者构成的经济领域，利用互联网和移动技术快速匹配供需方，主要包括群体工作和经应用程序接洽的按需工作两种形式。"零工经济"是对现代劳动力市场状况的准确描述。2018 年 12 月 12 日，Edison Research 发布的报告《2018 美国的零工经济》（*Americans and the Gig Economy*）显示，几乎四分之一的美国成年人在零工经济中赚钱。

② https://www.aced.edu.au/downloads/Engineering%202035%20report.pdf.

个都存在一些性别差异。例如，"高度"和"考虑过"的工程领域被视为男性工程师的领域，而"中等"和"深度"领域在男女学生之间较为平衡。

在图14–5中，针对未来职业和就业机会，在不同的应用程序和环境方面出现了类似的模式。在许多情况下，四类应用程序（见图14–4）与四级工程学科（见图14–5）之间存在直接相关性。

促进扩大工科毕业生未来的机会和可能性，重点在于对工程学的推广。工程学的推广需要超越工程学作为一门核心学科的范畴，需要抓住工程教育可能提供的各种机会和角色。这包括促进支持工程本身的核心学科，并用与后新冠疫情时代相关的诸多技术和应用超越这一学科。当前时代为重新思考和重置工程课程提供了一个理想的机会。工程推广的重点必须反映未来学生的不同价值观和兴趣。这包括不断发展的价值观，如与工程（如社会工程）相关的人的维度。其中一个核心的前提是教育未来的学生，无论是毕业生还是成年人，让他们学习可利用的各种机会，以展示自身潜力并创造吸引力。工程推广传统上是由供应主导的。未来的重点必须是市场导向，将工程与创新和下一代的思维联系起来。技术变革的速度如此之快，以至于工程应该被视为一门"高影响力"和"前沿"学科。同时，未来学生的思维定势中已经融入了创造力，工程学应该作为一门极具创造力的学科加以推广。

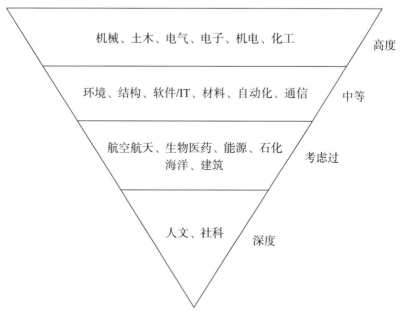

图14–4　11年级和12年级学生以及一年级工科本科生引用最多的工程领域

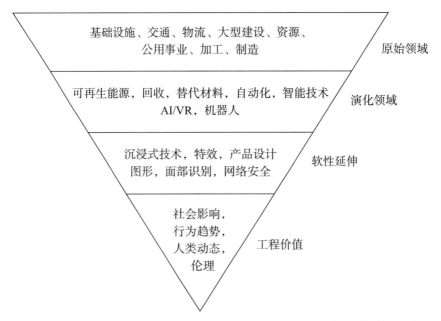

图 14-5　11 年级和 12 年级学生以及一年级和二年级本科生最认同的就业领域

　　总之，从工业革命时代到与新基础设施建设相关的最新技术，工程学一直是一门开创性学科。现代工程涵盖了许多其他领域和专业，工程学必须定位为一门更广泛、更多样化的学科。现在，世界需要从新的角度看待工程。

三、专业工程工作的预期未来——T 型工程师培养

　　技术的快速发展、日益全球化、工作的变化、不断变化的社会期望和不断变化的人类需求对专业工程工作性质的变化及它对教育项目的影响，正在挑战世界各地的工程教育工作者。未来工程师在找到解决方案之前，将需要更大的能力来发现和定义问题。无论是问题定义还是解决方案，都将需要比以往更深入的能力与更广泛的利益相关者沟通。预计工程工作将更加注重人的方面，复杂性也将不断增加。

　　《2035 年工程未来报告》总结了研究中确定的许多变化和背景，作为未来专业工程师工作和期望的特征（见图 14-6）。预计专业工程工作的多样性和毕业生的期望将增加，这将需要更加多样的教育成果、教育计划和教育途径，以吸引和留住更加多样化的学生群体。未来预期毕业生的成绩将通过侧重于实践、解决现实世界的复杂性以及整合技术和通用能力发展以提供真实学习的项目来实现。

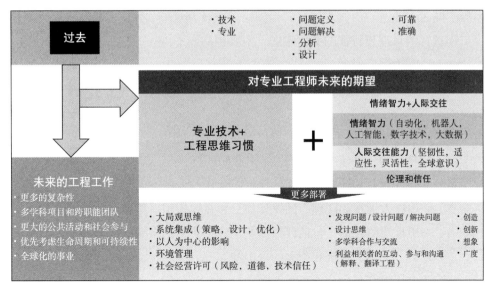

图 14-6 专业工程工作的预期未来[①]

《2035年工程未来报告》确定了工程教育变革的以下关键信息。

（1）尽管工程学科的作用存在争议，但技术技能和专业知识仍将继续受到期T型工程师的产出将日益受到重视。

（2）为了满足需求，课程和教学法需要改变。需要更多地利用开放式问题，并加强与行业和社区的接触。需要发现问题和解决问题。需要培养工程思维习惯及其工程思维习惯的教学法。

（3）多样化的课程和途径可能包括更加强调双学位的作用，并引入新的工程课程模式，如以问题发现/解决和设计为重点的"文科学位"、数学和科学基础，以及工程思维和判断能力的培养，同时培养终身学习的能力。

（4）工程教育系统需要考虑如何确保适当强调不断变化的需求，如系统工程和工程与其他专业领域之间的接口协作。培养技术和专业技能，支持协作、跨学科的团队工作和传统工程角色之外的工作，是未来工程教育中更重要的一部分。需要仔细考虑教育提供者的组织结构和文化对实现这些变革的影响。

（5）需要新型的工程教育工作者，他们更注重实践，能够更好地参与和激励学生，能够使用适当的教学法，适应工程教育不断扩大的要求。

《2035年工程未来报告》还参考了其他国家的新兴教育模式和国际最佳实践，指出示范性工程教育项目、教育模式和课程教学法等会极大地支持T型工程师的

---

① https://www.aced.edu.au/downloads/Engineering%20Futures%202035%20R2%20report%20to%20ACED.pdf.

培养。同时，通过广泛调查和对其他国家工程教育示范项目的分析，报告还揭示了工程教育项目理想特征的共同主题，主要包括如下。

（1）独特的项目理念；

（2）与行业互动的项目框架，包括工作安置、综合学习和对基于实践的课程的投入；

（3）从第一年开始，系统地开展以学生为中心的主动学习，包括整个项目中的学习，并将其纳入基于社区和行业/来源的项目；

（4）与来自行业和社区的合作伙伴组织合作；

（5）使用以人为本和同理心的设计项目、在线模拟、竞赛和角色扮演；

（6）采用真实的评估，包括评估专业实践中典型的多协调能力的部署；

（7）人员、流程、系统和资源的可用性。

虽然澳大利亚有多个合作工程教育（Co-op Engineering Education）和基于工作的学习项目，但这些项目在毕业生中所占比例相对较小。确保更多侧重于学生参与专业实践的项目是一个潜在的机会。澳大利亚工程教育项目能否与行业合作，以加拿大滑铁卢大学组织的合作工程教育项目实习的规模，为学生提供实习机会？是否也有机会开发更多侧重于多学科、创业创新工程应用和工程设计的新课程，如新加坡理工大学的课程？引入此类计划将导致更广泛、更多样化的工程教育项目。双学位的作用，即工程学与第二非工程学学位相结合，为毕业生提供更广泛的毕业成果也值得进一步考虑。报告认为，工程教育项目和教学方法的进一步多样化是可行的。

报告还提出了实施理想变革的明显障碍，包括：缺乏为大群体扩大基于实践的教育和基于项目的学习所需的行业、资金和资源的支持；需要扩大教育工作者队伍；对变革的学术抵制；组织结构施加的限制，以及与旨在培养 T 型工程师的教育创新相关的风险等。

如果工程教育要产生更广泛、更多样化的研究成果，并将行业所期望的关注点嵌入专业实践中，那么发展更强大的行业—大学—政府合作模式至关重要。同时，高等教育部门对新冠疫情的反应，证明了国家应对和适应快速变化环境的集体能力。现在，工程教育工作者有机会在这一趋势的基础上再接再厉，追求未来工程教育所需的进一步变革。

四、工程教学策略、教育变革能力调查

在过去的 100 年中，澳大利亚国家工程教育年表和国际工程教育评论始终强

调，需要平衡工程科学和工程实践。随着时间的推移，这一方向的变化似乎是缓慢的。目前，高等院校在扩大以实践为导向的学习方面，面临严重挑战。尤其是真实的、以实践为导向的课程在实现成本效益方面面临着真正的挑战。更为复杂的是，新冠疫情使得大量劳动力转向在线学习，教育工作者正努力调整传统教学方法，以应对远程在线学习的需要。同时，充足的教育劳动力能力是另一个问题，在这方面需要大量的团队辅导技能。需要一个奖励机制，以鼓励学术人员进行持续的专业发展和参与行业实践。

（一）对工程教育工作者的调查

《2035 年工程未来报告》通过对现有工程教育工作者进行调查，[①]分析他们的知识、技能和属性，建立现有工程教育人员队伍概况，以预测 2035 年所需的知识能力和工程教学策略。该调查探讨了学术界对《2035 年工程未来报告》确定的 7 个因素，这些因素对未来的成功至关重要：

（1）改变教学实践；

（2）结合真实世界的情况；

（3）使用数字技术；

（4）加强行业合作；

（5）整合人 / 社会层面；

（6）使用电子学习（e-Learning）；

（7）确保工程教育工作者的专业发展。

工程学院对以下教学策略的重要性和有效性，表示了对实现 2035 年毕业生能力提高的强烈信心。教学人员对他们采用或促进这些策略的能力非常自信（平均 90%）。他们对采用以下这些策略的期望看法非常一致：

（1）电子学习（90% 同意）；

（2）在教学中整合真实世界（87% 同意）；

（3）与行业合作（82% 同意）。

在研究教学（Teaching and Learning，T&L）实践方面表现如下。

（1）89% 的受访者认为了解全球最佳实践非常重要；

（2）87% 的受访者同意调查全球最佳实践的重要性；

（3）64% 的受访者打算花更多的时间发展工程教育者角色（但只有 40% 的人打算根据 T&L 晋升）；

---

① https://www.aced.edu.au/downloads/Final%20Report%20R3%2026%20Feb%20CR.pdf.

（4）57% 的受访者打算投入更多时间调查工程教育的全球趋势；

（5）42% 的受访者打算参加工程教育会议。

在以上五项调查的教学（T&L）策略中，当谈到改变教学时，工程学者认为渐进式改变比快速改变更有效（76% 的人同意）。关于教育变革的障碍，在工程教育工作者的角色范围内，创新的最大障碍被确定为"研究占用的时间"（35%）和"缺乏可用资金"（26%）。有趣的是，"学生满意度"（13%）和"对晋升的影响"（11%）并不重要。此外，将非工程知识整合到课程中的障碍主要受到"可用时间"（43.8%）和缺乏专业知识（18%）的限制，这可能表明，寻求扩大现有课程的战略取决于外部支持的提供。

关于教学（T&L）策略，受新冠疫情影响，工程教育工作者对于电子学习的重要性/有效性和使用意识都很高。教育者充分认识到循证教学法（Evidence-based Pedagogies）对于有效工程教育的重要性，特别是在教学中使用真实世界问题以及与行业合作。这可能是近年来更加重视行业相关研究的结果。学术界在很大程度上意识到，在快速变化的高等教育世界中，需要与时俱进。然而需要改变心态，以鼓励学术界人士采取行动，培养工程教育家角色的有效习惯。对学校奖励和支持的认知较低，有多种原因，包括工作量、受新冠疫情影响的运输和物流预算削减，以及缺乏创新研究资金。关于教育变革的障碍，学术角色的常见模式（例如，40% 的研究、40% 的教学和 20% 的服务）和学科研究动机不利于 T&L 创新。尽管 T&L 创新主要以学生为中心，但其主要动机并非为学生满意度。

总的来说，该调查为澳大利亚的工程教育提供了一幅积极的图景，学者们意识到并愿意参与其 T&L 实践的变化。然而，这些学者仍被视为只在其职业和兴趣范围内参与 T&L 变革。作为一名工程教育工作者，风险承担和专业发展的感知价值较低，不利于实现 2035 年目标。

（二）调查报告提出建议

（1）为创新课程倡议制定试点项目，要求行业从业者与工程学者合作，创造和提供真实的真实世界学习体验。

（2）试点项目应以使用在线/数字技术为基础，在行业从业者和负责设计新课程的 T&L 学者之间建立联系。

（3）确定并支持愿意且能够参与试点项目的代理人。

（4）对鼓励 T&L 员工发展、奖励和晋升的举措进行全国性审核。

（5）制订实施国家持续专业发展计划（Continuing Professional Development）路线图，以建设学术教学能力。

小结

现代工程实践越来越多地与科学和技术以及其他学科交叉融合，它是人类健康福祉、全球经济和环境健康的基础。联合国可持续发展目标（如果不是全部的话）都依赖工程师的工作，工程实践几乎渗透到人类生活的方方面面。然而，许多变化正在发生或即将发生，这为专业工程师的未来带来了担忧。这些变化包括工作性质的变化、技术迅速发展的变化、重复性和创造性任务的变化、全球连通性和信息可用性的变化、社会期望的改变以及人类需求的演变等。在新环境中工作的专业工程师需要具备哪些能力？雇主有明确的观点，他们想要能够在多学科团队中工作的工程师；具有情商（包括同理心）和高级沟通技能；善于发现问题、系统思考，并精通数据；拥有技术专长；能解决复杂工程问题等。工程师的角色正在发生重大变化，教育系统必须做出回应。

推动变革的动力来自行业对技术快速进步、不断变化的全球格局以及社会期望的明确需求。作为回应，澳大利亚工程学院院长理事会对工程教育进行了全国性的大调查。在两年的时间里，调查进行了广泛深入的研究，制定了路线图，同时受 2020 年全球新冠疫情引发事件的强烈推动，这项研究将对澳大利亚高等工程教育发展产生重大影响。澳大利亚在培养高质量的工程专业毕业生方面有着令人羡慕的成绩，他们为许多国家的基础设施、能源、健康、环境和财富做出了贡献。虽然澳大利亚的工程教育体系在过去为国家服务得很好，但如果要满足未来的期望和需求，它必须从现在开始改变。

第四节

工程教育研究与学科建设

一、工程教育研究

工程教育研究（Engineering Education Research）是一个比较新的研究领域，在许多国家和地区范围内得到了认可和关注。自 21 世纪初以来，该领域在美国经历了令人印象深刻的扩张。^①欧洲工程教育学会（European Society for Engineering Education，SEFI）成立了一个工程教育研究工作组（EER-WG），该工作组于 2008 年 2 月首次召开会议。^②澳大利亚工程教育协会（Australasian Association for Engineering Education，AAEE）也建立了自己的教育研究方法小组。^③

（一）支撑条件

澳大利亚的工程教育研究得到了以下方面的支持：充满活力的专业团体、会议和出版机构，有凝聚力的国家和区域研究人员社区，以及国家和各地方相关机构为相关活动和倡议提供资金。

澳大利亚工程教育研究的资助并不广泛，但正在慢慢扩充。一个主要的赠款来源是澳大利亚教学委员会（Australia Teaching and Learning Council，ATLC），该委员会由澳大利亚政府于 2004 年成立，旨在将国家注意力和支持集中在改善高等教育中的学习和教学。当前，许多的资助机会和奖项来自澳大利亚教学委员会（ATLC）和澳大利亚工程教育协会（AAEE），大部分都是用于项目开发和教育教学，而不是教育研究。许多工程系也因获得 ATLC 奖而获得荣誉。按大致递减的顺序，最常见的支持来源是：大学内部补助金、ATLC 补助金、其他政府资金来源、行业和国家专业机构。

（二）研究领域

澳大利亚工程教育研究的学术成就似乎源于分散的教师群体的奉献精神，而不是集中的国家力量来促进工程教育研究。^④澳大利亚研究人员在基于问题和基于项目的学习（PBL）及远程教育领域的领导地位尤为突出。

基于问题和基于项目的工程教育实践在世界其他地方处于早期发展阶段，但在澳大利亚已经存在了十多年。PBL 在澳大利亚的起源可以追溯到更早的时间，部分可以追溯到莫纳什大学的罗杰·哈格拉夫的开创性工作。虽然这种创新的教学法在 20 世纪 60 年代首次在医学院首创，但哈格拉夫在 20 世纪 90 年代开始记

---

① B. Jesiek, L. Newswander, M. Borrego. Engineering Education Research: Discipline, Community, or Field [J]. Journal of Engineering Education, 98 (1), 39–52 (2009).

② Engineering Education Research. (n.d.) <http://www.sefi.be/index.php?page_id=1192> Accessed February 2, 2009.

③ ERM (Educational Research and Methods). AAEE Newsletter. [EB/OL]. [2008-03-01] <http://www.aaee.com.au/newsletters/Newsletter%20March%202008_files/index.html>.

④ Beddoes, Kacey Mapping Local Trajectories of Engineering Education Research to Catalyze Cross-National Collaborations [C]. SEFI Annual Conference (forthcoming), 2009.

录了他自己在工程教育中实施 PBL 的努力。一些创新者还明确将他们对 PBL 的兴趣与基于结果的认证标准联系起来。例如，哈格拉夫在莫纳什大学描述了 PBL 对期望的毕业生属性的积极影响。更具启发性的是，2002 年，南昆士兰大学（USQ）在其工程项目中引入了 PBL 课程，部分是为了支持团队合作、沟通和问题解决等所需能力。USQ 学生的教育背景、专业经验、国籍和年龄方面也存在差异，一些工程教育工作者将 PBL 视为利用这种差异的一种方式。澳大利亚关于 PBL 的大量研究与这些发展同步出现，揭示了不断变化的工程教育认证过程，往往与教育创新和不断变化的研究趋势联系在一起。

澳大利亚长期以来一直是远程教育领域的世界领先者，起源于 20 世纪初为偏远内地人口提供函授教育的努力。虽然地理广袤最初是这种发展的关键驱动力，但其他因素现在正在推动远程教育，包括多样化、非传统和不断增长的学生人口。此外，自 20 世纪 80 年代中期以来，澳大利亚一直将远程教育作为出口产业，以在全球经济中保持竞争力，许多机构严重依赖外国远程教育学生的收入。与远程教育相关的其他变化，特别是从 20 世纪 90 年代开始的变化，包括更加关注公平和入学问题，更加重视继续教育和技能提升。近年来，与在线和远程教育相关的澳大利亚工程教育研究兴趣，倾向于围绕虚拟和远程实验室、在线模拟和许多不同类型教育技术的应用等主题进行聚集。

（三）研究方法

工程教育研究是一个严格的跨学科领域，学者们使用教育和社会科学的研究方法来解决与工程教育相关的各种问题。工程教育研究方法论大致有四大类：课堂研究、定量研究、定性研究和荟萃分析（Meta-analysis）。[①]

（1）课堂研究。教师在课程进行过程中收集有关学生表现和态度的数据，并使用这些数据解决感知问题和改进教学，通常不会对数据进行统计分析。

（2）定量研究。收集学习成绩和学生调查数据，并进行统计分析，以得出有关课程教学效果或正在研究的特定方面的结论。通常会有第二组人与实验组进行比较。

（3）定性研究。学生在课堂上被观察和（或）在工作或学习时被录像（或）单独、在小组中被采访和录像，对观察和访谈的转录记录进行编码和分析，以确定常见模式并推断观察到的行为的潜在原因。这类研究在社会科学中相当普遍。

---

① https://www.engr.ncsu.edu/wp-content/uploads/drive/1_kNky6Df77owYZC8w_otCWMGtYYrECUD/2007-SOTL(UMR_lecture).pdf.

（4）荟萃分析。对已发表的教学方法或工具的研究进行综合分析。用统计的概念与方法，去收集、整理与分析之前学者专家针对某个主题所做的众多实证研究，找出该问题或所关切的变量之间的明确关系模式。可弥补传统的文献综述的不足。

工程教育研究中较为普遍的研究方法包括：[①]

（1）案例研究（Case Study）；

（2）扎根理论（Grounded Theory）；

（3）民族志（Ethnography）；

（4）行动研究（Action Research）；

（5）现象学（Phenomenography）；

（6）话语分析（Discourse Analysis）；

（7）叙事分析（Narrative Analysis）。

二、工程教育学科建设

斯坦福大学前工学院院长詹姆斯·普卢默（James Plummer）教授曾表示："工程知识的半衰期是 3～5 年。""我们需要教会学生保持终生学习……他们甚至可能多次改变技术领域。"这一说法直截了当地反映了当前高校在社会需求不断增长的情况下，如何创建或维持有竞争力的工程教育的现实。詹姆斯表示，21 世纪的典型工程师将是一个将技术基础知识与创业前景和终身学习本能相结合的人。技术和商业的进步不仅对工科院校提出了新的要求，也为工程教育学科知识体系的建立提出了新的要求。

澳大利亚工科院校的全日制学位课程，其基本课程通常如表 14–10 所示。

表 14–10　基本课程设置

课　程　项　目	学分占比 /%
数学、科学、工程原理、技能和工具	40
工程设计和项目	20
工程学科专业	20
综合接触专业工程实践	10
以上任何一项或其他选修课程中的更多内容	10

工科院校还必须使用外部基准来确保教材和标准反映最佳实践。专业工程实

---

① https://doi.org/10.1002/j.2168-9830.2011.tb00008.x.

践必须贯穿整个学术课程，以便学生能够培养工程方法和精神，并获得对工程职业道德的遵守，并且课程内容必须包括如下方面

（1）使用具有行业经验的员工；

（2）在大学以外工程环境中的实践经验；

（3）关于职业道德和行为的讲座和研讨会，包括案例研究；

（4）客座讲师的使用；

（5）利用行业访问和检查；

（6）基于行业的最后一年项目；

（7）定期使用记录经验的日志。

《澳大利亚工程教育杂志》（*Australasian Journal of Engineering Education*，AJEE）由澳大利亚工程教育协会（AAEE）赞助出版，AAEE 是澳大利亚工程师协会的技术协会。AJEE 发布研究报告，为澳大利亚和国际上的高质量工程教育提供信息。AJEE 报告中的论文对知识做出了原创性贡献，并可用于通过告知实践、政策和（或）研究来改进工程教育。《澳大利亚工程教育杂志》每年发行 2 期，收录于澳大利亚教育研究委员会、国际教育研究数据库和 Scopus。

《澳大利亚工程教育杂志》涉及领域包括：

（1）整个生命周期的工程教育，包括幼儿园、小学、中学和高等教育，以及整个职业生涯的学习；

（2）对工程团队成员的教育，包括工程助理、工程技术专家、专业工程师、工程经理和高管，以及利用工程知识和技能为社会做出贡献的人；

（3）了解工程实践，为课程开发提供信息。

小结

工程教育研究和工程教育学科是一种新的研究方向和学科门类，关于如何让工程实践者做好工程教育研究及学科建设发展的准备，为那些希望在工程教育领域进行研究的人提供以下建议。①

（1）工程教育研究的目的需要超越个人教学或开发特定课程的兴趣。为了回答关于学生如何学习工程的基本问题，工程教育研究必须采取更广泛的"宏观"观点，包括在课堂外进行的研究。

---

① http://eer.engin.umich.edu/wp-content/uploads/sites/443/2019/08/Conducting-Rigorous-Research-in-Engineering-Education.pdf.

（2）为了提高工程教育研究的重要性和可推广性，必须与适当的教育学、心理学或社会学理论相结合。希望在工程教育领域进行严格研究的教师需要熟悉这些，或者更好的是，与心理学家、教育研究人员或其他社会科学研究者合作，他们可以提供关于哪个概念框架可能最适合所问问题的指导。

我们应该知道，教育研究的方法往往不同于工程研究的方法。因此，在回答教育问题时，工程方法并不总是有效。教师应获得关于回答特定问题的适当措施的指导。当工程学与社会科学之间形成真正的合作时，工程教育研究可以为基础理论和基础知识体系做出贡献。

第五节

政府作用：政策与环境

自然资源的雄厚和人口增长推动了澳大利亚经济社会可持续发展。尽管如此，像许多发达国家一样，澳大利亚现在面临着生产力下降的挑战，以及人口老龄化、能源安全、气候变化等的影响。澳大利亚工程师协会认识到创新是应对这些挑战的关键。创新需要长期稳定的政策支持，通过政府的作用，推动行业持续健康发展。

一、促进经济繁荣的政策决定

（一）通过创新政策提高生产力

澳大利亚工程师协会呼吁联邦政府带头做出关键政策决定，以促进澳大利亚未来 10 年的经济繁荣，并为各州树立期望。生产力委员会（The Productivity Commission）讨论文件《提高澳大利亚的未来繁荣》指出，自 2004 年以来，澳大利亚的多要素生产率一直停滞不前，并指出对未来投资的激励是薄弱的。[①] 如果澳大利亚未能制定与未来更高生产力最相关的政策，子孙后代可能会承受最终的

---

① Australian Government Productivity Commission, November 2016. Increasing Australia's future prosperity: Productivity Commission Discussion Paper.

调整成本，如果没有任何变化，实现澳大利亚人的期望将变得越来越困难。澳大利亚不能指望"涓滴政策"（trickle-down policies）能够自行发挥作用而自由放任。政策行动必须从现在开始，以使澳大利亚保持高生活水平的国家繁荣。澳大利亚需要果断和坚定的中长期增长政策，以推动生产力和提高自力更生能力。

为了在未来几十年提高澳大利亚的生活水平，生产力的提高必须以创新为基础。澳大利亚的国内生产总值继续增长，但这得益于人口的强劲增长。与此同时，以实际人均国民可支配净收入衡量的澳大利亚人的生活水平，在过去 5 年的大部分时间里都在倒退。[①]资源繁荣带来的意外收益已经过去，大宗商品价格下跌危及许多新资源项目的经济可行性。澳大利亚需要适应资源部门投资的下降，通过将重点转向创新来提高生产力，确保基础设施能够支持生产率。

创新政策包括有针对性的研究和开发、有创新模式的校企合作以及高效的财政支持，[②]通过创新政策还需要培养必要的熟练劳动力，以适应未来几年的变化。这些有技能的劳动力需要解决与人口老龄化和向低碳经济转型相关的社区和经济问题，同时努力保持一定的生活水平。工程师在解决现代社会这些问题方面发挥着关键作用，在未来也将不可或缺。

（二）澳大利亚工程师的价值

在现代社会中，几乎生产中消费或使用的每一种商品和服务都体现了工程的存在。创新的想法是技术进步的开端，但将新想法转化为实用且具有商业价值的新产品和服务的是工程师。工程师有能力将想法变成现实，这对人们的日常生活有积极的影响。工程师在创新供应链的各个阶段为澳大利亚经济贡献了宝贵的服务。

（1）工程师进行应用研究、设计工程原型，以开发适合国内和国际市场的有价值的新商业产品和服务；

（2）工程师制造新产品并不断改进现有产品；

（3）工程师大量参与数字系统的开发和运营；

（4）工程师主要负责基础设施的设计、施工、运营和持续改进，为创新经济的繁荣提供框架。

工程师的分析能力和解决问题的技能在很多行业（甚至超出通常与工程相关的行业）中备受重视。澳大利亚工程师协会根据国际基准为澳大利亚的工程教育

---

① Janda, M, Population growth masking weak economy, making households worse off [N]. ABC News. [2016-10-14]. CBA economist. www.abc.net.au.

② OECD. Australia–Economic Forecast Summary (June 2016). www.oecd.org.

和实践制定标准，成员包括职业工程师、工程技术专家和工程助理。澳大利亚工程师协会负责管理注册工程师的国家标准。

（三）过去十年工程专业的变化

在过去的 10 年中，强劲的移民政策和由资源繁荣推动的稳固经济增长推动了人口的大幅增长。澳大利亚经济还成功地抵御了全球金融危机，这场危机使大多数主要发达经济体陷入深度衰退。全球金融危机后，工程劳动力在 2010 年和 2011 年短暂恢复。2012 年 12 月，工程职位空缺开始了 30 个月的下滑，此后工程劳动力市场迅速萎靡。这种恶化一直持续到 2015 年，目前已稳定在较低水平。[①]

在截至 2012 年的 10 年中，澳大利亚工程劳动力大幅增长，以满足资源繁荣的建设阶段对工程师的高需求，并支持蓬勃发展的经济。资源行业所经历的巨大压力分散了人们对工程师的注意力，也忽视了工程师的高需求在整个经济体中普遍存在的事实。工程职位空缺经历繁荣和萧条的周期如图 14-7 所示。

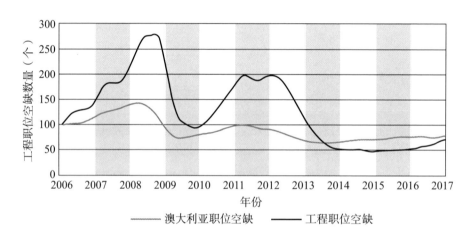

图 14-7　工程职位空缺会经历繁荣和萧条的周期

澳大利亚的未来取决于通过创新和生产力促进增长。既然资源繁荣期已经结束，澳大利亚需要从资源型经济向创新、高科技、知识型经济转型，需要政府制定积极而有影响力的中长期增长政策，这样才能保持高生活水平的国家繁荣。澳大利亚工程师协会建议制定政策优先事项。

（1）熟练劳动力。一支受过教育、技术娴熟的劳动力队伍，随时准备迎接当代和未来的挑战。

---

① McKibbin, W, and Stoeckel, A, The Global Financial Crisis: Causes and Consequences. Lowy Institute, Working Papers in International Economics, 2009, No 2. 09.

（2）强有力的国防工业政策。利用国防能力需求的产业振兴政策。

（3）考虑能源政策。能够维持长期气候目标和能源安全的国内能源政策。

（4）改善基础设施。高效运行且促进生产力的现代基础设施。

二、澳大利亚未来取决于熟练劳动力

澳大利亚工程师协会建议各级政府认识到工程师的关键作用，并实施政策和计划，以确保澳大利亚长期拥有足够的合格执业工程师。澳大利亚工程师协会建议的策略包括：

（1）补充老龄化的工程劳动力；

（2）鼓励性别多样性；

（3）鼓励学校开设工程教育基础课程；

（4）推广工程形象；

（5）对工程劳动力采取引进与培养相平衡的方法。

（一）补充老龄化的工程劳动力

澳大利亚的目标是成为一个创新、技术进步和具有全球竞争力的国家。创新和技术进步不是偶然发生的，创新不仅仅是研发。创新者超越现有范式，改进现有流程和功能，传播新活动和新想法。为了实现这一目标，澳大利亚必须仔细规划未来工程师的发展。然而，随着工程劳动力的老龄化和年长工程师的退休，澳大利亚的创新未来可能面临风险。劳动力中工程师的年龄结构的特点是，年龄较大和较年轻的工程师比例较高。2011 年，28% 的工程劳动力年龄在 50 岁或以上，许多人可能在过去 5 年中退休。

（二）鼓励性别多样性

性别多样性的缺乏始于参与工程关键基础科目的年轻女性人数非常少。然而，接受工程课程的年轻女性的 ATAR 分数高于年轻男性。从以男性为主导的课程中成长出以男性为主的职业，这是一种不可持续的状况。需要鼓励男女平等地对工程相关学科感兴趣。澳大利亚工程师协会《2017 年工程专业状况》（The State of the Engineering Profession 2017）调查报告显示，2016 年注册工程专业课程的男性占 87.6%，女性仅占 12.4%。

到 2020 年，女性在国内和国际学生中获得学位数量的比例分别增至 18.9% 和 20.9%（见图 14-8），并呈现以下几个趋势。

（1）女性获得国内学士学位的人数呈稳步上升趋势，每年增长近 1%，每年约有 2 500 名妇女获得国内学士学位。

（2）女性在国内和国际学生学士学位中的获得率大幅趋同，而国际学士学位获得率自 2017 年以来呈下降趋势。

（3）研究生课程和研究学位的女性参与率高于本科学历。

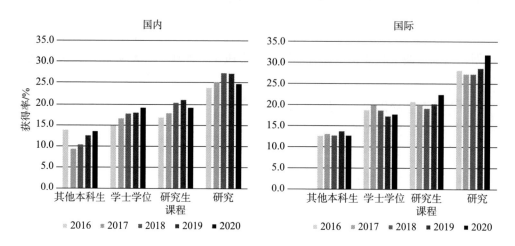

图 14-8　2016—2020 年女性在国内和国际学生群体中获得学位情况

从工程专业角度分析，女性的参与率差别很大。2020 年国内本科毕业生中，女性在各个工程专业所占比例如表 14-11 所示。航空航天专业的女性参与率最高，为 23%，与工程和资源专业接近（24%），土木工程专业的女性毕业生参与率第二高，为 17%，电气电子和机械制造汽车专业的女性参与率分别为 10% 和 9%。鉴于对工科毕业生的预期需求很高，这些参与率表明，提高女性在工科学习和专业中的比例面临挑战，尤其是在大型和传统学科领域。[①]

表 14-11　工程专业领域 2020 年女性参与率

工程专业领域	女性参与率 /%
航空航天（包括民用航空）	23
土木工程	17
电气、电子	10
机械、制造、汽车	9
工程、资源	24
所有领域	16.9

---

① http://www.aced.edu.au/downloads/ACED%20Engineering%20Statistics%20April%202022.pdf.

（三）鼓励开设工程教育基础课程

澳大利亚面临的中期挑战是巨大的。澳大利亚需要解决与人口老龄化相关的社区和经济问题，以及向低碳经济转型，同时努力保持不断提高的生活水平。未来的劳动力，特别是那些具有科学、技术、工程和数学（STEM）技能的劳动力，将是实现这些目标的关键。全世界许多国家都依靠发展 STEM 技能来建设知识型社区和经济。无论是在培训领域还是在更广泛的经济领域，工程专业毕业生都比 STEM 其他领域的毕业生适应性更强。

澳大利亚培养自己工程师的能力始于学校。学校的学习远离重要的工程能力学科，这一根深蒂固的趋势破坏了未来技术劳动力的建设。这些趋势严重制约了澳大利亚建设其工程和科学能力的能力。

（四）推广工程形象

在提高下一批本土工程师的数量之前，我们需要了解公众如何看待工程师，尤其是年轻人和青少年，因为他们是我们的未来。他们的看法主要集中在对数学和科学技能的需求上，完全忽略了工程的重要性。我们必须促进这些方面的教育，如何与年轻人沟通至关重要。

数学和科学仍然是工程学的必备技能，但需要改变信息传递的方式，以吸引年轻人。让我们把重点从学生成为工程师需要学习的科目上转移开来，展示工程师如何造福社会，通过创造新的产品让我们享受生活，从而改善澳大利亚人的日常生活。这将微妙地通过展示工程价值，提升工程师形象。

（五）对工程劳动力引进与培养相平衡的方法

在澳大利亚历史的大部分时间里，移民工程师在缓解技能短缺和建设国家工程能力方面作出了贡献。但对移民的依赖已变得不平衡：70% 的工程劳动力来自海外，只有 30% 来自本土毕业生。这种情况存在一定的风险。澳大利亚必须在培养工程师方面做得更多，特别是如果它要成为一个更具生产力和创新性的国家。

过去 10 年来，澳大利亚教育机构每年培养的工程师数量缓慢增加，但这一趋势即将逆转。在过去两年中，每年接受大学工程课程的在校学生人数都大幅下降，紧接着课程结业人数将出现惊人的下降，这将导致未来工程师队伍的断裂。澳大利亚院校培养了许多土木、机械和电气工程专业的毕业生，但在机电一体化、机器人和纳米技术等新兴工程领域的学生毕业率较低。大多数移民工程师都拥有传统学科的资格，有太多有才华的工程师来到澳大利亚，但未能提高国家的能力。

只有 57% 的海外出生的男工程师和 45% 的海外出生的女工程师找到了与工程相关的工作。因此，技术移民政策需要改革，以专注于建设澳大利亚的工程能力，而不仅仅是提升总体技能。

一个创新的、以技术为基础的经济社会依赖受过高等教育、面向技术的劳动力队伍，澳大利亚的工程能力是实现这一目标不可或缺的要素。因此，决策者应加大对本土工程师和移民工程师的重视，通过对工程劳动力采取引进与培养相平衡的方法，大力促进国家创新能力的发展。

小结

如果澳大利亚要成为一个繁荣的国家并保持较高的生活水平，实施本报告中的关键建议至关重要。我们呼吁澳大利亚政府以积极的政策框架带头推动中长期增长，并推动生产率提高。政策行动需要从现在开始。澳大利亚的未来取决于经济增长政策，这些政策包括：培养熟练的工程劳动力；经过深思熟虑的能源政策；改善基础设施；强有力的国防工业政策。澳大利亚工程师协会呼吁政府在这些重要政策问题上采取积极行动。政府不能孤立地做出改变，澳大利亚工程师协会在其成员的支持下，确保决策者获得适当的信息，并从行业洞察中受益，为更美好的未来而共同努力。

第六节

工程教育认证与工程师制度

一、工程教育认证

目前，世界上大多数国家都申请加入国际工程联盟（International Engineering Alliance，IEA）工程教育专业认证和工程师职业能力标准认证。国际工程联盟有 7 项关于工程教育和职业能力的国际协议，其中包括 3 项工程教育协议和 4 项职业能力协议。工程教育协议旨在帮助签署国家或地区对经认证的工程专业课程的相互承认，认可工程教育专业课程的"实质等效"，为专业工程教育建立了国际标准。职业能力协议是对签署国家或地区工程实践专业水平评估的关键基础，为建立职业工程师国际能力标准创建了框架，从而提高职业工程师的国际流动，促进专业工程服务的全球化。澳大利亚是以上七项国际协议的正式签署国，如表 14–12 所示。

表 14–12　国际工程联盟（IEA）国际协议

协　　议	协　议　示　例
工程教育协议 （Engineering Educational Accords）	《华盛顿协议》（Washington Accord）
	《悉尼协议》（Sydney Accord）
	《都柏林协议》（Dublin Accord）
职业能力协议 （Professional Competence Agreements）	《国际职业工程师协议》 （The International Professional Engineers Agreement，IPEA）
	《亚太经合组织协议》（The APEC Agreement）
	《国际工程技术专家协议》 （The International Engineering Technologists，IETA）
	《国际工程技术员协议》 （The International Engineering Technicians，AIET）

澳大利亚工程师协会代表澳大利亚，成为《华盛顿协议》6 个创始签约国家之一（见表 14–13）。截至 2020 年 12 月，澳大利亚共有 53 所院校进行了包括《华盛顿协议》《悉尼协议》和《都柏林协议》的 3 项工程教育专业认证。具体院校及其认证专业详见附件表格。[①]

表 14–13　《华盛顿协议》创始签约国家

	国　　家	签　约　组　织
1	澳大利亚	澳大利亚工程师协会（Engineering Australia）
2	加拿大	加拿大工程师协会（Engineers Canada）
3	爱尔兰	爱尔兰工程师协会（Engineers Ireland）
4	新西兰	新西兰专业工程师学会（Institution of Professional Engineers New Zealand）
5	英国	英国工程委员会（Engineering Council United Kingdom）
6	美国	美国工程技术认证委员会（Accreditation Board for Engineering and Technology，ABET）

（一）澳大利亚资格框架

澳大利亚资格框架（Australian Qualifications Framework，AQF）是由高等教

---

① Engineers Australia Accredited programs. Last updated 22 December 2020. https://www.engineersaustralia.org.au/sites/default/files/2020-12/Web%20List%20-%20V41%20-%20201222_0.pdf.

育机构、职业教育培训机构和中学提供的一套国家资格体系。该框架为澳大利亚各地的高等教育机构、职业教育提供者和学校培训提供了一套国家资格标准，以确保全国各地的资格头衔保持一致，并代表相同的教育标准。

澳大利亚高等教育机构受高等教育标准和质量局（Tertiary Education Quality and Standards Agency，TEQSA）[①]监管，以保证所有课程符合 AQF 的水平规范和描述。每个 AQF 资格都有一组描述，用于定义诸如知识和技能的类型和复杂性，授予该资格的毕业生所获得的知识和技能的应用，以及与该资格类型相关的典型学习量。如果课程（学位、文凭、证书等）符合框架中规定的要求，则该课程被视为 AQF 认可。AQF 资格框架代表所在学科领域的资格类型和等级，为国家和国际资格互认提供了基础。

经修订的 AQF 于 2011 年推出，分为 10 个级别（见表 14–14），每个级别都根据学习成果确定了标准。从 2015 年 1 月起，所有新入学的学生必须参加符合修订 AQF 要求的课程。

高等教育机构授予的 AQF 资格是学士学位、硕士学位和博士学位。在研究生级别（硕士学位以下），有研究生证书和研究生文凭。工程和相关技术的高等教育资格位于 AQF 的五级（文凭）至十级（博士）之间。

表 14–14　AQF 资格框架等级

AQF 等级	资格类型
一级	证书 I
二级	证书 II
三级	证书 III
四级	证书 IV
五级	文凭
六级	高级文凭 副学士
七级	学士学位
八级	荣誉学士学位 职业研究生证书 职业研究生文凭 研究生证书 研究生文凭
九级	硕士学位
十级	博士学位

---

① https://www.teqsa.gov.au/.

796　世界发达国家工程教育国别研究

（二）基于学历的职业资格分类

澳大利亚工程师协会是通过澳大利亚工程认证中心（Australian Engineering Accreditation Centre，AEAC）批准的工程教育认证机构。在澳大利亚，工程职业资格由职业工程师、工程技术专家和工程助理三类组成。澳大利亚工程师协会根据澳大利亚资格框架（AQF）对职业工程师、工程技术专家和工程助理的入职实践能力进行评估，如表 14–15 所示。

表 14–15　基于学历的职业资格分类表

职业工程资格分类	学 历 资 格	澳大利亚资格框架（AQF）水平	工程教育专业认证
职业工程师	硕士（5 年） 学士（4 年）	9 8	华盛顿协议
工程技术专家	学士（3 年）	7	悉尼协议
工程助理	副学士（2 年） 高级文凭（2 年）	6	都柏林协议

这 3 个群体因学历不同而不同，学历与所开展的专业相结合决定了其独立决策的程度，从而决定了工程实践中群体之间的互补性。具体而言，这 3 个群体的作用如下。[①]

（1）职业工程师（Professional Engineer）常挑战当前思维并构思替代方法，参与新原理、新技术和新材料的研究和开发。运用其分析技能和对科学原理和工程理论的充分掌握，为复杂问题设计创新的解决方案。职业工程师对创新和创造力、对风险和收益的理解采取严格而系统的方法，并使用专业判断选择最佳解决方案。职业工程师要求至少具备 4 年全日制工程学士学位。

（2）工程技术专家（Engineering Technologist）在应用技术、开发相关新技术或在其专业环境中应用科学知识方面发挥独创性和理解力。工程技术专家的教育、专业知识和分析技能，使他们对工程和技术原理的理论和实际应用有深刻的理解。在其专业领域内，工程技术专家致力于改进标准和实践规范。工程技术专家要求至少具备 3 年全日制工程学士学位。

（3）工程助理（Engineering Associate）将标准和实践规范的知识应用于安装、调试、监控、维护和修改相对复杂的工程领域，如结构、厂房、设备、组

---

① https://www.engineersaustralia.org.au/sites/default/files/resources/Public%20Affairs/2019/The%20Engineering%20Profession%2C%20A%20Statistical%20Overview%2C%2014th%20edition%20-%2020190613b.pdf.

件和系统。工程助理的教育、培训和经验使他们具备必要的理论知识和分析技能，以便在熟悉的操作情况下进行系统测试、故障诊断等工作。工程助理要求至少具备大学或 TAFE 学院两年全日制工程副学士学位或两年全日制工程高级文凭。

另外，澳大利亚工程师协会还认可工程经理（Engineering Manager）资格。此资格对不符合上述 3 个类别之一的海外工程师，可以使用工程经理的职业类别申请移民技能评估。这个职业不是工程职业，它属于澳大利亚统计局列出的职位类别。工程经理拥有工程学士学位或工程相关领域的同等资格，并具有相关经验。作为工程经理，需要具备制定、实施和监督工程战略、政策和计划等技能，指导组织工程运营的管理和审查。

澳大利亚工程师协会于 2015 年建立国家工程注册（National Engineering Register，NER）机制。NER 是全国最大的可公开搜索的注册机构，注册人数为 21 672 人，其中 92% 为职业级别（截至 2020 年 2 月）。无论是否澳大利亚工程师协会的成员，或注册职业工程师、工程技术专家或工程助理，均可在 NER 注册，但它不能取代工程师的法定注册。在澳大利亚大约 186 000 名工程师中，只有 21 672 名（约 12%）在 NER 注册。澳大利亚工程师协会认为，NER 为政府提供了一个有效的模式，像澳大利亚工程师协会这样的机构最适合评估法定注册申请人的资格和经验。然而，并没有要求在立法中将 NER 作为承认工程师能力的唯一手段。原因如下三个。

（1）监管机构的角色属于政府。与专业机构不同，政府有资源和法律权力进行法案中所述的全面调查，并执行制裁。如果澳大利亚工程师（或其他专业和行业协会）承担这一角色，可能会被指责存在利益冲突。

（2）澳大利亚工程师协会认识到，政府不太可能支持对公共注册系统的垄断控制，尽管是由非营利专业协会控制。

（3）澳大利亚工程师协会将工程师注册视为该行业的一项基本优先事项，并试图避免出现任何利润动机。

二、工程师制度

（一）工程师注册制度现状

澳大利亚分为 6 个州和 2 个领地，其行政管辖区划分见表 14–16。

表 14–16　澳大利亚行政管辖区划分

	州	首　　府
1	新南威尔士州（New South Wales，NSW）	悉尼
2	昆士兰州（QLD=Queensland）	布里斯班
3	南澳大利亚州（SA=South Australia）	阿德莱德
4	塔斯马尼亚州（TAS=Tasmania）	霍巴特
5	维多利亚州（VIC=Victoria）	墨尔本
6	西澳大利亚州（WA=Western Australia）	珀斯
	领　　地	首　　府
1	澳大利亚首都领地，又译作澳大利亚首都特区（ACT=Australian Capital Territory）	堪培拉
2	北领地（NT= Northern Territory）	达尔文

澳大利亚没有统一的工程师注册制度。昆士兰是澳大利亚唯一具有强制性和全面注册的管辖区。昆士兰自 1929 年起就有法定注册要求，现在执行的是 2014 年 11 月 10 日修订的《2002 年职业工程师法》（Professional Engineers Act 2002，QLD）。维多利亚州于 2019 年 8 月通过了自己的《2019 年职业工程师注册法》，该法案于 2021 年 7 月生效。新南威尔士州、塔斯马尼亚州、澳大利亚首都领地和北领地，注册许可制度仅适用于建筑行业的工程师，这些制度不包括机械、电气、航空等其他工程领域。南澳大利亚州和西澳大利亚州没有任何类型的工程师注册或许可制度。[①]

在昆士兰州从事专业工程服务的职业工程师必须根据昆士兰《2002 年职业工程师法》注册，该法案仅限于注册职业工程师，不包括工程技术专家或工程助理。工程技术专家和工程助理只有在昆士兰注册职业工程师（Registered Professional Engineer Queensland，RPEQ）的直接监督下才可以从事工程服务。该法案的主要目的是，通过确保注册职业工程师以专业和胜任的方式提供专业工程服务来保护公众，以及维持注册职业工程师的服务水平。法案规定，非注册职业工程师不得使用该头衔，只有注册职业工程师才能提供专业工程服务。注册工程师只能在其注册的工程领域内开展工程服务，而工程领域由法规规定。

成为昆士兰注册职业工程师（RPEQ）是对昆士兰州工程师资格和能力的正式认可。那么，如何才能获得 RPEQ 评估呢？

[①] https://www.engineersaustralia.org.au/sites/default/files/855843%20Policy%20-%20Registration%20of%20 Engineers%20Brochure%20V7.pdf.

（二）职业工程师注册评估

以昆士兰州为例，昆士兰工程师注册体系（Queensland Engineers Registration Scheme）可以认证和保护"职业工程师"头衔。成为昆士兰注册工程师（RPEQ）需要4个步骤。

（1）资格：毕业于通过工程教育认证的高等院校，获得4年制工程学士学位（或同等学历）。

（2）能力：在职业工程师的直接监管下获得的工程服务工作经验（毕业后4～5年）。

（3）评估：通过批准的评估实体评估的资格和能力。

（4）注册：向BPEQ提交评估函和执业资格声明。

昆士兰工程师注册体系是一种共同监管模式，由昆士兰州政府职业工程师委员会（Board of Professional Engineers of Queensland，BPEQ）批准授权的工程师注册评估机构进行资格和能力的评估。以下组织有权代表BPEQ进行评估，以确定如下注册资格：

（1）澳大利亚工程师协会（EA）；

（2）澳大利亚专业工程师协会（Association of Professional Engineers Australia，APEA）[①]；

（3）澳大利亚采矿和冶金研究所（Australasian Institute of Mining and Metallurgy，AusIMM）；

（4）民航安全局（Civil Aviation Safety Authority，CASA）；

（5）化学工程研究所（Institution of Chemical Engineering，IChemE）；

（6）澳大利亚公共工程研究所昆士兰分部（Institute of Public Works Engineering Australasia Queensland Division，IPWEAQ）；

（7）澳大利亚制冷、空调和供暖研究所（Australian Institute of Refrigeration，Air Conditioning and Heating，AIRAH）；

（8）澳大利亚结构工程师学会（Institution of Structual Engineers，IStructE）；

（9）皇家海军建筑师研究所（Royal Institute of Naval Architects，RINA）；

（10）特许建筑服务工程师学会（Chartered Institution of Building Services Engineers，CIBSE）。

昆士兰职业工程师（RPEQ）只能在其注册的领域内从事工程实践工作。昆

---

① 澳大利亚专业工程师协会（APEA）于2013年更名为澳大利亚专业协会（Professionals Australia），并于2014年推出"职业工程师（Registered Professional Engineers，RPEng）"注册机制。

士兰职业工程师委员会（BPEQ）认可多个工程领域，包括主要的学科有：土木、电气、采矿和结构工程；专业领域有：游乐设施和设备的在役检查，以及石油工程。注册 RPEQ 的工程领域将取决于其资质和能力，并在评估过程中确定。以下是当前工程师可以申请注册的领域：航空航天，生物医学，化学，电气，环境，消防安全，岩土工程，采矿，信息、电信和电子，游乐设施和设备在役检查，机械，机电一体化，冶金，采矿，建筑，石油，海军建筑。自 2021 年 12 月起，以下行业已退出工程领域：农业，楼宇服务，计算机系统，火灾，遗产保护，信息、技术和电信，领导和管理，海和油气管道，压力设备设计和验证。值得注意的是，目前在这些领域注册的工程师仍然持有 BPEQ 的注册，将继续出现在职业工程师注册名单上，并能够提供专业工程服务，但无法在这些领域提出新的注册申请。机电一体化工程领域于 2021 年被批准为当前可注册的工程领域。[①]

（三）特许资格证书

特许资格（Chartered Credential）证书是工程专业人员可获得的最高技术证书。它是国家和国际公认的卓越衡量标准，象征着一定水平的技能、天赋和经验。申请特许证书的资格必须是澳大利亚工程师协会会员，并具有 5 年或 5 年以上的工程经验，还需要满足并保持与职业类别和实践领域相关的 16 项能力要素。这16 个能力要素横跨 4 个核心领域：个人承诺、对社区的义务、工作场所的价值、技术熟练程度（见表 14–17）。如果有超过 15 年的经验，申请流程将更加简化。如果持有来自海外的特许凭证，可以通过相互承认协议申请，需要提供在过去 3 年中至少持续专业进修 150 小时的证据。

表 14–17　特许工程师 16 项能力要素

能 力 范 围	能 力 要 素
个人承诺	（1）处理道德问题
	（2）精准地练习
	（3）工程活动的责任
对社区的义务	（4）制定安全和可持续的解决方案
	（5）与相关社区和利益相关者接触
	（6）识别、评估和管理风险
	（7）满足法律法规要求

① RPEQs are registered in an "area of engineering" and must only practise engineering in the area that they are registered in. https://bpeq.qld.gov.au/registration/areas-of-engineering-definitions/.

续表

能 力 范 围	能 力 要 素
工作场所的价值	（8）沟通
	（9）表现
	（10）采取行动
	（11）判断力
技术熟练程度	（12）高级工程知识
	（13）本地工程知识
	（14）分析问题能力
	（15）创造力和创新
	（16）评价

澳大利亚工程师协会已发布 26 个实践领域，而且还在不断发展扩大。在大多数人都熟悉的 5 个工程实践领域：化学、土木、电气、机械和结构工程，大多数工程师不会跨越一个或两个以上的实践领域。如果申请特许资格证书，申请人可以在最多 3 个领域的实践中申请，申请步骤如下：①自我评估；②行业检查；③注册参加特许评估；④证据讨论；⑤准备证据；⑥证据评估；⑦专业面试；⑧申请结果。一旦获得澳大利亚工程师协会特许证书，根据职业类别，申请人将获得以下职位名称之一：

（1）特许职业工程师（Chartered Professional Engineer，CPEng）；

（2）特许技术专家（Chartered Technologist，CEngT）；

（3）特许助理（Chartered Associate，CEngA）。

三、职业教育与培训

澳大利亚职业教育与培训机构（Vocational Education and Training，VET）包括公立技术与继续教育学院（Technical and Further Education，TAFE）和私立职业技术学院。公立技术与继续教育学院一般由政府拥有和管理，私立职业技术学院一般由企业公司、私人和专业组织拥有和管理。职业教育考试资格由技术与继续教育（TAFE）机构以及私立职业技术学院机构提供。澳大利亚政府（联邦和州）提供资金，制定政策，进行监管和质量保证。澳大利亚技术与继续教育（TAFE）系统作为一种独特的职业教育培训体系存在至今已有 100 多年的历史，是澳大利亚职业教育与培训机构（VET）的主要提供者。

TAFE 系统具有许多不同于其他教育机构的特点。与大学体制不同，大学是高校自治机构，而大多数 TAFE 系统是作为政府部门的一部分而产生和发展的。

这就意味着，作为教育机构，TAFE 学校必须在公共行政框架内运作。TAFE 文凭由澳大利亚政府颁发，相当于中国的高等职业教育层次，即中国的高等职业技术学校。

TAFE 系统的一个重要特点是其地理分布广泛，在澳大利亚各地有 84 所学院，拥有 300 多个校区。TAFE 还提供范围极广的课程，提供运营、贸易和准专业层面的就业教育和培训，以及普通教育和扫盲计划。TAFE 和高等教育机构之间的一个主要区别是课程持续时间的多样性，从进修课程的几个小时到副文凭和文凭课程的两到三年不等，因此，TAFE 证书的范围很广，包括学历、证书、文凭和高级文凭。TAFE 的另一个特点是学制的多样性。与拥有大量全日制学生的高等教育和学校不同，大多数 TAFE 学生都是兼职或在外部学习，工作和学习相结合。TAFE 正越来越多地考虑通过使用教育技术或在工作场所为学生提供课程。无论学生是想直接进入劳动力市场，还是想进入高校获取学位，澳大利亚职业教育与培训（VET）提供广泛的资格证书。

职业教育和培训资格是基于结果的，侧重于获得职业技能和能力。澳大利亚资格框架（AQF）承认职业教育和培训（VET）学历，这使得学分转移更加容易，并为学生提供了灵活的学习途径。VET 资格等皆包括四个级别的证书（证书 I、II、III 和 IV），以及文凭课程和高级文凭课程（见表 14–18）。

表 14–18　基于 AQF 资格等级的 VET 资格等级

AQF 等级	VET 证书级别	学 习 时 限	职 业 方 向
一级	证书 I	4～6 个月	主管操作员
二级	证书 II	约 1 年	高级操作员
三级	证书 III	约 1 年	技工或技术员
四级	证书 IV	12～18 个月	主管
五级	文凭	18～24 个月	专业助理
六级	高级文凭	24～36 个月	初级经理

小结

澳大利亚高水平的工程教育体系和完善的工程师注册制度得到了世界范围的认可。国际工程教育认证是对本国高等工程课程或项目的评估，以确定是否培养出符合国际标准的从业人员。澳大利亚高等教育机构要求其工程课程或项目获得澳大利亚工程师协会的认证，这一自愿行动使得高等教育机构能够向学生提供国际公认的优质教育产品。澳大利亚没有统一的国家层次的工程师注册制度，由各个州颁布的职业工程师注册法案对工程师进行注册管理。

随着澳大利亚经济社会和科学技术的发展，澳大利亚工程教育实践也在快速发展。今天，工程所触及和创造的领域比以往任何时候都多，这推动了澳大利亚广泛行业中新的工程实践领域的发展。

特色及案例

一、墨尔本大学：跨越一个半世纪的工程教育

墨尔本大学（The University of Melbourne）成立于 1852 年，正值维多利亚殖民时期早期。19 世纪后半叶对墨尔本和维多利亚来说是一个经济繁荣和激动人心的时期。1851 年开始的维多利亚淘金热一直持续到 19 世纪 60 年代末，维多利亚占据了世界主要的黄金产量，在 10 年内，人口从 7.5 万增加到 50 多万，有些地方增长了 30 倍。尽管移民不断涌入，维多利亚州仍面临着严重的劳动力短缺，这也提高了工资，使工资达到世界最高水平。在这些年里，维多利亚州被誉为"工人的天堂"，来自世界各地的人们移民到墨尔本，希望在淘金热中找到自己的财富。鉴于澳大利亚殖民地距离欧洲如此之远，"自己动手"的思想受到高度重视，工程师、机械师、建筑师或共济师的角色之间往往没有什么区别。1861 年是墨尔本大学教授工程学的第一年，墨尔本工程学院（Melbourne School of Engineering）由此诞生。

墨尔本工程学院是澳大利亚历史最悠久的工程学院，从 1861 年开始的 15 名学生，到现在已经有了很大的进步。2011 年，墨尔本大学工程与信息技术学院（Faculty of Engineering and Information Technology，FEIT）庆祝了 150 年的工程教育，FEIT 前身即为墨尔本工程学院。今天，墨尔本大学工程与信息技术学院共有来自 100 多个国家的近 25 000 名校友。[①]

1861 年，墨尔本工程学院仅提供 3 年制工程师证书（Certificate of Engineer）

---

① https://eng.unimelb.edu.au/about/history/150-years.

课程。一年级和二年级学生学习几何、三角学、代数、绘图和制图、地表和采矿测量及水准测量，然后学习理论和实践大地测量、自然哲学、化学、矿物学和地质学。第三年，土木专业学生面临选择自然哲学、技术制图和画法几何、坐标几何、微积分以及实用力学（包括机械和机械工程、动力和液压工程理论），或建筑力学（包括材料强度、结构平衡和建筑）等课程。第一年共有 15 名学生入学，到 1864 年，这一数字已减少到 9 名学生。1866 年，威廉·查尔斯·科诺（William Charles Kernot）获得了第一个工程师证书。

威廉·查尔斯·科诺将担任第一任工程教授，他于 1868 年作为兼职讲师加入该学院。到 1875 年，他成为该学院第一位土木工程专职讲师。科诺有着坚定的信念，他说没有实践的理论是没有上层建筑的基础，没有理论的实践是没有基础的上层建筑。前者是无用的；后者是危险的。科诺的目标是将工程学的地位提升到类似于法律或医学的学科，同时提高社区内工程实践的质量。

大学早期持续存在两个主要问题，一是墨尔本工程师协会普遍认为工程师需要在职培训，而不是学术培训；二是这些学会不愿意为人们进入该专业领域设定考试要求，这些协会也不承认大学证书具备工程师资格，这意味着这些证书对大学以外的工程师几乎没有价值。这些问题多年来一直没有得到解决。这可能也就是澳大利亚职业教育与培训的社会地位可以比肩于高等教育的原因。

作为在澳大利亚排名第一的工程学院的高校，墨尔本大学如何培养学生成为一名合格的工程师呢？墨尔本大学提供一个"3 年本科 +2 年硕士"的项目。在澳大利亚，合格的工程师需求量很大。要成为一名专业认可的工程师，必须完成本科学位，然后获得工程硕士学位。学生将同时获得本科和研究生学位，是比传统的双学位更高的学历水平。你可以选择专攻以下工程学科之一：生物医学、化学、土木、电气、环境、工业、机械、航空航天机械、机电一体化、软件、空间或结构工程。这将使你能够以专业认可的资格，以及技术、分析和人际交往技能的理想组合进入高级工程专业。[①] 具体可以分为三步。

（一）第一步：选择你的本科学位

在墨尔本大学，你可以从第一天开始专注于工程学，并用学科以外的科目来补充你的课程。首先，你将通过以下途径之一完成工程专业的 3 年制本科学位：生物医学学士、设计学士、理学学士。

[①] https://study.unimelb.edu.au/find/pathways/engineer/.

1. 生物医学学士工程

如果学生想用医学知识补充技术技能，并从事生物医学工程的职业，那么这条进入工程的道路是理想的。要以专业认证的工程师身份毕业，必须完成以下组合之一（见表14–19）。

表14–19 生物医学学士要获得专业认证的工程师身份的条件

你的本科专业（3年）	你的研究生学位（2年）	你毕业将成为
生物医学工程系统专业	生物医学工程硕士	生物医学工程师
生物医学工程系统专业	工业工程硕士	工业工程师

2. 设计学士工程

这将为学生提供工程和设计思维方面的独特技能。这些技能适用于广泛的环境，如城市、建筑、交通、机械、工艺、基础设施和环境的创建与改善。要以专业认证的工程师身份毕业，必须完成以下组合之一（见表14–20）。

表14–20 设计学士要获得专业认证的工程师身份的条件

你的本科专业（3年）	你的研究生学位（2年）	你毕业将成为
土木工程系统专业	土木工程硕士	土木工程师、环境工程师或结构工程师
机械工程系统专业	机械工程硕士	机械工程师或航空航天工程师
空间系统专业	空间工程硕士	空间工程师
土木工程系统、机械工程系统或空间系统专业	工业工程硕士	工业工程师

3. 科学工程

该课程提供了通往工程硕士的全方位工程系统专业。如果学生想要灵活性和机会在更广泛的科学背景下学习工程学，这是理想的选择。要以专业认证的工程师身份毕业，必须完成以下组合之一（见表14–21）。

表14–21 科学学士要获得专业认证的工程师身份的条件

你的本科专业（3年）	你的研究生学位（2年）	你毕业将成为
生物医学工程系统专业	生物医学工程硕士	生物医学工程师
化学工程系统专业	化学工程硕士	化学工程师
土木工程系统专业	土木工程硕士	土木工程师、环境工程师或结构工程师
计算机与软件系统专业	软件工程硕士	软件工程师

你的本科专业（3年）	你的研究生学位（2年）	你毕业将成为
电气工程系统专业	电气工程硕士	电气工程师
环境工程系统专业	环境工程硕士	环境工程师
机械工程系统专业	机械工程硕士	机械工程师或航空航天工程师
机电一体化工程系统专业	机电一体化工程硕士	机电一体化工程师
空间系统专业	空间工程硕士	空间工程师
以上所列的任何工程专业	工业工程硕士	工业工程师

（二）第二步：进入工程硕士课程

接下来，学生可以选择一门工程硕士课程，以获得专业认证工程师的资格。如果学生在本科学习了配套工程系统专业，可以在两年内完成工程硕士课程。如果学生想改变专业，或者有一个非工程专业，仍然可以获得2.5～3的工程硕士学位。一些工程硕士课程提供专业课程。一旦开始学习，学生可以选择一个专业，也可以不选择专业继续学习，如表14–22所示。

表 14–22　硕士学位与职业方向

学　　位	职 业 方 向
生物医学工程硕士	商务
化学工程硕士	商务 材料和矿物 可持续性与环境
土木工程硕士	商务 能源 结构
电气工程硕士	自动系统 商务 通信和网络 电子光学 低碳电力系统
环境工程硕士	地球观测 能源系统 水系统
机械工程硕士	航空航天 商务 制造业 材料
机电一体化工程硕士	制造

续表

学　　位	职　业　方　向
软件工程硕士	人工智能 商务 网络安全 分布式计算 人机交互
空间工程硕士	商务 计算系统 环境系统 陆地系统

（三）第三步：职业资格认证

学生可以通过澳大利亚工程师协会进行专业认证，或进行欧洲认证（EUR-ACE）。合格的工程师需求量很大。作为一名墨尔本工程专业的毕业生，学生可以在世界各地的以下领域获得报酬丰厚的工作机会。

（1）土木、结构或化学工程；

（2）城市发展与环境可持续性；

（3）管理咨询；

（4）制造和施工；

（5）生物医学和药物开发及研究。

二、悉尼大学：数字科学的工程人才培养

悉尼大学（University of Sydney）成立于 1850 年，是澳大利亚的第一所大学，全澳洲历史最悠久的大学，是整个南半球首屈一指的学术殿堂和享誉全球的著名高等教育学府。1884 年被任命为悉尼大学第一位工程学教授的威廉·亨利·沃伦曾经表示："我要建一所很棒的工程学校。"[1][2] 1919 年沃伦成为新的澳大利亚工程师学会的第一任主席。悉尼大学工学院沃伦中心（The Warren Centre）成立于 1982 年，当时正值悉尼大学工学院百年校庆。

沃伦中心旨在促进工程领域的卓越和创新，并促进学院、行业和政府之间的

---

[1] 威廉·亨利·沃伦（William Henry Warren，1852—1926 年），澳大利亚工程师和教育家 https://adb.anu.edu.au/biography/warren-william-henry-4804.

[2] https://www.sydney.edu.au/engineering/industry-and-community/the-warren-centre.html.

合作。其目标如下。

（1）就工程和技术问题向政府和行业提供独立意见和建议；

（2）发起、开展和公布由行业和政府资助的项目的成果，强调学院研究人员感兴趣的重要领域；

（3）组织各种活动，包括研讨会、课程和讲座，以促进工程实践的改进，并在研究人员、行业和政府之间传播知识；

（4）创建并维持创新工程和技术方面的共同利益网络，包括行业和政府领导人，鼓励与大学交流；

（5）通过中心工作的质量和重要性及其在公共领域的传播，提高学院和中心的声誉和地位。

（一）悉尼工学院的战略愿景

悉尼大学工学院的战略愿景——数字化、净零的未来工程解决方案，目标是建立一个世界级的能力，在数字科学技术和减排领域提供研究和教育。我们正处于数字世纪，这就是为什么我们的战略愿景包括在这场数字革命中占据国际领先地位。支撑这一战略的关键组成部分是启动一个世界级的数字科学倡议，该倡议将数字科学和技术领域的研究、参与和教育卓越地结合在一起。此外，净零倡议支持澳大利亚的合作脱碳创新计划，以实现净零目标。

世界已进入第四次工业革命。数字科学正在推动数字技术的颠覆性和无处不在的应用，这些技术正在改变现代商业、政府和社会的各个方面。

新冠疫情加剧了我们对数字技术的依赖。未来的经济增长和繁荣、就业和社会韧性将通过对数字科学的投资实现。我们的数字科学倡议是新南威尔士州和悉尼在数字革命中占据国家和国际领先地位的独特机会，主要涉及如下方面。[①]

（1）作为基础数字科学和数字技术研究的推动力；

（2）作为数字产业创建和转型的催化剂；

（3）作为讨论数字未来和数字社会的场所；

（4）在这里，新一代数字科学家、工程师和社会企业家将受到指导和培训。

（二）教育数字化创新

培养具有数字技能的受欢迎毕业生，使他们在第四次工业革命及其后的发展中茁壮成长。研究表明，在增长最快的行业中，75% 的职业需要数字和 STEM

---

① https://www.sydney.edu.au/engineering/about/strategic-vision/digital-sciences-initiative/education.html.

技能。悉尼大学工学院的课程中充分嵌入数字科学和技术。为土木、机械、电气、化学和生物医学工程专业的受过高度培训的数字素养毕业生提供服务。

1. 数字课程

悉尼大学工学院的旗舰工程荣誉学士学位已经更新，计算作为所有的核心组成部分，以及 4 年来的一系列项目。其中一个项目在第二年向学生介绍数据科学，并让他们参与一个团队项目，将数据科学应用于跨学科问题。

从 2023 年开始实施的进一步改革将使课程更加灵活，并在工程数据科学、计算机工程、创业和人文工程等领域引入广度专业的概念。

这些课程将向大多数工程荣誉学士学生开放。机械工程毕业生将准备好应用数据科学来解决他们领域的关键挑战，航空工程师将有机会了解数字电子的工作原理。数字工程各个方面的跨学科培训正是未来工程师所需要的，数字科学倡议将走在工程教育革命的前沿。除了工程荣誉学士学位外，该计划还将影响计算机科学学院的课程。网络安全和创新与创业主修／辅修课程将被引入高级计算学士课程，2022 年还将推出全新的数字健康与数据科学硕士课程。这些课程以及现有的课程，如计算数据科学专业，涵盖了支撑数字未来的所有主题，并为毕业生提供了成为数字经济有价值贡献者的正确技能。大多数学士学位可以与合作伙伴学位相结合，这样学生可以在更短的时间内完成两个学位。这使学生接触到雇主在工程和计算专业毕业生中寻求的广泛知识。

2. 以行业为重点的继续教育

数字科学倡议的继续教育计划将引入短期微型证书，以提高员工利用尖端数字科学和技术的能力。它旨在成为新南威尔士州和澳大利亚终身培训和技能发展生态系统的自然组成部分。由于现代社会中数字技术推动的变革步伐加快，这一点尤为重要。

该计划将利用数字科学倡议的研究专长，加快将新知识转化为数字科学家、工程师和社会企业家可利用的工具和技能的步伐。我们设想一个学习者能够方便地获得职业生涯下一阶段所需培训的世界。学生将能够选修符合其特定需求的课程：在重点领域开设独立的实践课程，以快速建立他们所需的动手经验，或积累一系列微证书，以获得一段时间内的获奖资格。课程将灵活教授，以最大限度地让那些有工作或护理责任的人获得。

短期课程和微型证书将在业界的投入下开发，以确保所开发的技能与学员未来的工作相关。提供的课程包括如下类型。

（1）执行领导和项目管理培训计划，以提高数字技术战略在项目开发和执行中的利用率；

（2）以行业为重点的快速强化课程，提供特定劳动力所需的培训，示例可以包括将机器学习用于医学图像数据的分析，或将视觉分析用于交通规划；

（3）技术"进修"课程，让学习者快速学习以前学习时不存在或未广泛使用的数字技术。

3. 教育创新

作为数字科学计划的一部分，本科生和研究生项目将实施广泛的数字工具和技术，以促进和增强学生的学习体验。

该倡议旨在通过鼓励同侪辅导、专业发展机会、教育研究和教育创新支持，增加教职员工对创新教育实践的参与。

该倡议旨在通过增加数字工具和技术的使用，结合我们项目中最新的学习和教学以及工程教育教学法，重点加强工程学习和教学的四大支柱。

三、新南威尔士大学：再生能源工程师的摇篮

新南威尔士大学（University of New South Wales）创立于 1949 年，是澳大利亚的一所公立研究型大学。新南威尔士大学工程学院是澳大利亚最大的工程学院，由 8 个学系组成：生物医学工程研究所、化学工程学系、土木和环境工程学系、计算机科学与工程学系、电气工程与电信学系、机械和制造工程学系、矿产和能源工程学系、光伏和可再生能源工程学系。其中，光伏和可再生能源工程学系在澳大利亚享有盛誉。该学院因其在太阳能（光伏）和可再生能源方面的创纪录研究而获得国际认可。1983 年新南威尔士大学的实验室首次发明 PERC 太阳能电池，到现在仍在为全球 85% 以上的新太阳能电池板模块供电。

（一）课程体系

学院建立了理论实践相结合的跨学科式课程体系。其中，光伏和太阳能专业共提供 132 学分的课程和 60 天的工程训练。

1. 专业课程

光伏和太阳能专业共提供 132 学分的课程。在第一学期和第二学期，课程由教学课程、研讨会和小组设计项目组成，并由该领域的顶尖专家授课指导。在第二学期和第三学期，学生可选择研究论文指导课程，这为学生提供了一个很好的

机会，让他们将所学的技能应用在光伏和太阳能的实际问题上。此外，学生挑选选修课自主性大，如有想学而学院未提供的选修课课程，可以与学校的本科协调员商讨，在满足条件和符合学分要求的情况下，可从其他学校提供的选修课中选择课程。如表 14–23 所示。

表 14–23　光伏和太阳能专业课程

学　期	课　　　程	授课教师	学　分
第一学期	SOLA2060 电子设备简介	Stephen Bremner	6
	SOLA2540 应用光伏	Santosh Shrestha	6
	SOLA3507 太阳能电池	Fiacre Rougieux	6
	SOLA5050 可再生能源政策（选修课）	Anna Bruce	6
	SOLA5053 风能转换器（选修课）	m.kay	6
	SOLA5057 能源效率（选修课）	Gavin Conibeer	6
第二学期	SOLA2051 光伏和可再生能源项目	Ivan Perez Wurfl	6
	SOLA3010 低能耗建筑和光伏	Alistair Sproul	6
	SOLA3020 光伏技术和制造	Bram Hoex	6
	SOLA4012 光伏（PV）系统设计	Baran Yildiz	6
	SOLA4951 研究论文 A	Merlinde Kay	4
	SOLA4952 研究论文 B	Merlinde Kay	4
	SOLA4953 研究论文 C	Merlinde Kay	4
第三学期	SOLA1070 可持续能源	Murad Tayebjee	6
	SOLA2540 应用光伏	Fiacre Rougieux	6
	SOLA4951 研究论文 A	Merlinde Kay	4
	SOLA4952 研究论文 B	Merlinde Kay	4
	SOLA4953 研究论文 C	Merlinde Kay	4
	SOLA5051 生命周期评估（选修课）	Jose Bilbao	6
	SOLA5052 生物能源和可再生能源（选修课）	Rob Patterson	6
	SOLA5056 发展中国家的可持续能源（选修课）	Anna Bruce	6

2. 工程培训

新南威尔士大学将工程训练并入课程模块中，要求学生必须完成为期 60 天的工程训练。工程训练时间从本科生全日制学习的第二年末开始，研究生从一年级的第三学期开始。工业培训的形式并非都必须一次性进行，可以全职、兼职或临时完成，并且学生最多可计入 3 个职位安排，1 个传统职位安排至少为 30 天。新南威尔士大学认为，许多雇主将行业工作经验作为新毕业生的先决条件，雇主可以利用学生工程训练的经历来评估新员工未来的就业情况。在工程培训中，学生将获得较多的好处。如可以作为一名工程专业人士获得第一手经验；能将所学的技术知识和工程方法应用于现实；可以与其他工程专业人士合作；能产生在专业组织中的工作体验；可以见证企业和公司的运作和组织；提高口头和书面表达技术、人际关系和沟通技能；可以观察工程师与其他专业群体的互动；可以获得未来的就业机会等。

学生可通过多种渠道寻找工业培训职位。如新南威尔士大学提供工程研究生课程的公司列表，学生也可通过参加工业培训研讨会、新南威尔士大学职业博览会、新南威尔士大学学生会举办的行业参与活动等方式寻找。

工程培训内容类型较为丰富，且学生参与工业培训的全过程都由合格的工程师监督，训练内容与学生的学习计划相关。训练类型大致包括以下几种：①在办公室工作或动手开展与工程相关的任务的现场工作类型活动；②工程咨询工作，为专业工程需求提供独立服务、专业知识和技术咨询等；③参加 ChallENG 计划，通过加入学生项目，参与从健康到交通，再到机器人和飞行的项目；④参加新南威尔士州授权课程，提供完成工业培训要求的选项，而不是课程学分；⑤参与人道主义工程项目。

（二）实践

新南威尔士光伏与可再生能源学系重视并鼓励学生和教师参加实践项目。其中，特别是鼓励参加 ChallENG 计划。该计划由以下四大支柱组成：①垂直整合项目（Vertically Integrated Projects）；②辅助技术中心（Assistive Technology Hub）；③人道主义工程（Humanitarian Engineering）；④学生项目（Student Projects）。ChallENG 计划中的垂直整合项目（Vertically Integrated Projects）与新能源领域最为相关。该项目是由 VIP 联盟倡导并完善，旨在支持和促进全球学院和大学垂直集成项目（VIP）的成功。垂直整合项目共计全球超过 40 所大学开展，每学期有 4 500 多名学生参加。在垂直集成项目中，本科生团队可与教师及其研究生合作，开展共同关心的长期项目。

新南威尔士大学的垂直整合项目包括生物 -H_2 项目、用科学灭火、迷你太阳能、太空电力系统、Sun 到 H_2O、Sunswift 赛车多个与新能源领域相关的子项目。

1. Sunswift 赛车

该项目是由机械、电气、计算机科学、光伏、系统工程多个专业联合开展的项目，该项目车队也是新南威尔士州的太阳能电力赛车队，澳大利亚的顶级车队。其中，光伏团队负责为所有机载电子设备供电。这环节包括严格设计光伏电池到设计出提高能源质量的最大功率点跟踪器。此外，该环节还包括设计监测环境条件的温度和辐照度传感器，从而使团队能够建立性能的诊断基准。光伏团队依靠各种 CAD 程序来设计无缝配件，并与 Sunswift 的其他部门一起预先规划组件的贴合度。

该团队受到多个领域专家的指导，建立了"双师型"师资队伍。Sunswift 赛车项目共 5 位教授指导，其中包括一名实践教授，见表 14–24。

表 14–24　Sunswift 赛车项目指导教师构成

指导教师	研究领域
理查德·霍普金斯实践教授	新南威尔士大学工程
罗伯特·泰勒教授	机械和制造工程
亚伦·奎格利教授（校长）	计算机科学与工程
约翰·弗莱彻教授	电气工程和电信能源系统研究小组
伊万·佩雷斯 – 沃尔弗尔博士	光伏和可再生能源工程

自成立以来，该团队积极将创新研究与实践技能相结合，不断创建清洁能源运输解决方案。Sunswift 已经生产了 7 辆太阳能电动汽车。最近，该团队的太阳能汽车创下了吉尼斯世界能耗最低纪录。

2. 迷你太阳能

迷你太阳能项目包括 4 个子团队，团队构成、研究内容、指导教师情况如表 14–25 所示。

表 14–25　迷你太阳能团队构成

子团队名称	项目内容	指导教师
pv 设备团队	该团队将设计和制造可用于迷你太阳能设备的小型硅太阳能电池。2022 年，团队将研究两种新方法，这些方法可以实现不同毫米至厘米尺寸的迷你太阳能设备	艾莉森·列侬教授；佩雷斯·沃尔弗尔博士
pcb 团队	该团队将设计和构建 PCB 原型，包括光伏设备、迷你电池和低功耗无线（LPW）。2022 年，该团队将以 2021 年开发的核心 LPW 技术为基础	佩雷斯·沃尔弗尔博士
迷你电池团队	该团队将研究制造薄膜固态迷你电池的新方法，以纳入迷你太阳能设备	Neeraj Sharma 教授
皮下团队	该团队将调查皮肤下太阳能电池的光学、封装和植入要求，并进行初步实验，以确定皮肤下生化传感（例如，葡萄糖用于全天候糖尿病血糖监测）的可行性	蔡大卫博士

迷你太阳能团队正在积极探索太阳能领域创新技术，并且拥有较为优秀的师资队伍，取得了优异成果。该团队"迷你太阳能 – 火灾探测队"获得了 2021 年

VIP 联盟创新大赛第一名。"迷你太阳能 – 火灾探测队"项目所开发的设备包括将阳光转化为能源的专用微型太阳能电池板、集成微型电池以及创建全天候监控和通信网络的通信技术。该设备的发明可在丛林大火爆发时向周围社区和当局提供快速、准确的信息,以应对澳大利亚毁灭性的丛林大火季节。

3. 生物 -H_2

该项目是由化学工程、可再生能源工程、化学、材料科学、材料工程等多个专业联合开展的项目。项目内容为制定出从食品废物中可持续地获取氢气的策略,包括对电解器提供燃料的各种废物流的化学分析和为易受电化学氧化的特定分子设计、合成和表征催化剂;并将与潜在合作伙伴合作,以确定他们的需求、年度废物产量和氢的最终使用。该项目的创新将开拓提取氢气的渠道,以高效地从可再生食品废物流中获取氢气,改变目前大多数氢气来自化石燃料的情况。该项目指导教师和研究领域见表 14–26。

表 14–26 生物 -H_2 项目指导教师构成

指 导 教 师	研 究 领 域
尼古拉斯·贝德福德教授	化学工程
Pierre Le-Clech 副教授	化学工程

(三)师资队伍

新南威尔士光伏与可再生能源学院拥有国际化的一流师资队伍。共有 12 位教师,且教师均为博士学历,教师学科背景扎实,科班出身。教师多为本校光伏与可再生能源学院博士研究生毕业。一些教师本科来自中国高校,如哈尔滨工业大学电气工程学院。

教师受到的资助项目较多,许多研究小组都得到了澳大利亚研究委员会和澳大利亚可再生能源机构(ARENA)的资助。如尼古拉斯·伊金斯 – 道克斯(Nicholas Ekins-Daukes)副教授因"Ⅲ-Ⅴ光伏太阳能系统的高级金属化"获得了 460 485 美元。该项目旨在提高集中器光伏太阳能系统的整体电气效率,这些系统提供大规模廉价、清洁的电力。该项目预计将开发一种新的浓缩器太阳能电池金属化和绝缘技术。

(四)"现代光伏之父"

科学教授马丁·格林(Martin Green)因他在无源发射极和后电池(PERC)(世界上最具商业可行性和效率的硅太阳能电池技术)开发方面的领导地位,被授予

2022 年千年技术奖。①该奖项由芬兰技术学院颁发，两年一度，突出了科学和创新对社会的影响，价值 100 万欧元。在赫尔辛基的领奖仪式上，奖项赞助人兼芬兰总统索利·尼尼斯特（Sauli Niinistö）将奖项授予了格林教授。

格林教授说，他很荣幸能获得这一殊荣。"千年奖不仅表彰我对光伏（将光转化为电能）的贡献，也表彰我在新南威尔士大学的学生和研究同事以及更广泛的光伏（PV）研究和商业界的成就。

"我相信，该奖将提高我作为应对气候变化所需工作的代言人的可信度。我们需要从化石燃料转向可再生能源，以维持我们共同星球上人类文明的轨迹。变化的速度正在加快，世界将在未来 10 年转向太阳能和风能的意义正在实现中。"

2022 年的奖项还有来自生命科学、能源与环境、ICT 和智能系统、新材料、工艺和制造等领域的 40 项提名。获得提名的女性人数创纪录。它被视为 IREG 国际学术奖排行榜评定的世界顶级学术奖项之一，与诺贝尔奖相比，千年技术奖的声誉得分为 0.5。

格林教授经常被称为"现代光伏之父"，最近被澳大利亚联邦气候变化与能源部长克里斯·鲍恩称为"国宝"。

他领导新南威尔士州开发 PERC 技术的团队，提高了标准硅太阳能电池顶部和背面的质量。当阳光以称为光子的粒子形式进入细胞时，它会激发硅中的电子。在这种激发状态下，电子可以穿过电池，产生电流。PERC 电池的改进表面允许电子保持这种激发状态——或自由移动更长时间，从而产生更大、更高效的能量。PERC 电池技术有助于将标准太阳能电池的转换效率相对提高 50% 以上，从 20 世纪 80 年代初的 16.5% 提高到 21 世纪初的 25%。由于格林教授在光伏技术方面的创新和进步，太阳能被认为是全球向可再生能源和脱碳转型的重要工具。去年，PERC 电池占全球硅太阳能组件产量的 91% 以上。

新南威尔士大学副校长兼校长阿蒂拉·布鲁斯教授对格林教授的这一非凡成就表示赞赏。"我代表整个新南威尔士州社区，对马丁取得的这一巨大成就表示最热烈的祝贺。"

近年来光伏太阳能系统成本的大幅降低与马丁及其新南威尔士州团队的科学努力直接相关。PERC 技术已经并将继续对全球能源部门产生变革性影响，并在全球范围内取得巨大成功，加速了全球应对气候变化的行动。

"新南威尔士州在太阳能技术开发方面处于世界领先地位，而千年技术奖进一步巩固了马丁作为该领域世界领先先驱的地位。"格林教授和他的团队现在正

---

① https://www.unsw.edu.au/news/2022/10/unsw-sydney-solar-pioneer-wins-europe-s-biggest-technology-innov.

在研究组合电池技术，通过探索将电池堆叠在一起等选项，达到 40% 的太阳能电池效率。

格林教授说："太阳能电池越来越多地被用于取代使用化石燃料的大型电站。2021 年，包括澳大利亚、智利、德国、希腊、意大利、荷兰、西班牙、越南和美国加利福尼亚在内的 20 个国家或地区，太阳能发电量占其总供电量的 8%～25%，而且这个数字增长很快，""我的工作促进了太阳能成本的快速降低，这一点恰逢其时，立即采取行动应对气候变化的重要性已经变得极其明显。"

小结

在澳大利亚，合格工程师需求量很大。墨尔本大学工学院学生将同时获得本科和研究生学位，比传统的双学位更高的学历水平。悉尼大学工程学院对其工程课程进行了修改，以重点培养其本科学位的数字和计算技能。从 2021 年起，数据科学和计算将被纳入其所有 7 所学院的工程荣誉学士学位课程，旨在使学生能够为工作做好准备，并具备敏捷的技能。课程的改变是为了应对快速变化的劳动力和世界，工程角色对几乎每个行业的动态和数字化技能的要求越来越高。新南威尔士大学光伏与可再生能源学院毕业生就业前景良好。一方面，可再生能源工程师的潜在雇主较多且实力雄厚；另一方面，该领域就业率稳定增长，职业选择多，工资丰厚。学生在毕业后可选择项目管理、能源咨询、太阳能和电池设计、制造业、质量控制和可靠性分析、设备和系统的计算机辅助设计、政府政策制定、针对发展中国家的计划、能源公用事业等多种工作。

第八节

总结与展望

一、国家成功的关键决策：确保澳大利亚工程劳动力的未来

澳大利亚基础设施部（Infrastructure Australia）分析发现，到 2025 年，澳大利亚公共基础设施的劳动力短缺将达到峰值，即缺少 70 000 名工程师、科学家

和建筑师。这一数字相当于澳大利亚联邦政府 2020—2021 年度预算的 2 250 亿美元增加了 20% 左右，大约 460 亿美元。澳大利亚正面临前所未有的工程劳动力短缺。有几项因素导致了当前的工程劳动力危机，包括移民环境、教育路径和工程劳动力中的性别差异。

技术移民环境的改变是新冠疫情之后工程劳动力短缺的关键因素。全球新冠疫情暴发前，澳大利亚 56% 的工程技术人才主要来自海外招聘和本地培养，这两个来源受到了全球疫情的严重影响。此外，国际上对工程技术人才的竞争也在加剧。由于新冠疫情导致未来的不确定性，高技能的工程师不愿意在国际上迁移，特别是从北半球迁移到澳大利亚。澳大利亚工程师协会已经开展了诸如"移民工程师就业障碍"问题的研究，研究表明，澳大利亚工程劳动力数量在国际渠道的减少突出表明需要大幅增加本土工程师的数量。

澳大利亚传统的高等工程教育模式已被打破。目前的工程劳动力不足以满足澳大利亚大规模基础设施建设任务的需要，也不足以满足当前新兴行业和一系列其他行业发展的需要。

澳大利亚八校联盟（Go8）于 2021 年 12 月 2 日召开的工业峰会上发布了题为《国家成功的关键决策：确保澳大利亚工程劳动力的未来》的报告。报告认为，高等工程教育在培养未来工程师方面起到核心作用，如何更好地实现澳大利亚的需求以及与业界的紧密合作关系至关重要。只有大学、行业、政策结为伙伴关系协同合作才能解决危机，才得以满足更具主权、更具生产力的澳大利亚行业发展需求。

虽然许多问题，特别是围绕女性在工程劳动力中的代表性问题，都被充分理解为需要从高等教育系统内部开始解决。但人们认识到，加大国内本土学生的工程教育是增加工程劳动力中所有途径的核心。八校联盟认为，目前的高等工程教育继续维持现状不是一种选择，澳大利亚迫切需要一种新的工程教育方法。

因此，报告提出了高等工程教育的 3 项关键建议，这对于避免日益严重的工程劳动力危机和提高澳大利亚国内工程毕业生的质量十分必要。

建议 1：工程教育资助的新模式。工程教育资助模式，解决了工程领域必要的每名学生的经常性资助、研究成本以及基础设施和设备成本。

建议 2：国家优先工程领域。通过行业、大学和政府之间的合作，为增加大学工程学位提供竞争性资金，从而增加工程人员队伍的模式。

建议 3：成立国家工业、大学和政府工程委员会。一个由行业、大学和政府代表组成的机构，以确定国家工程劳动力的即时和战略需求，加强工业大学在工程教育方面合作的机制，并为国家工程优先学位制定年度指导方针。

二、澳大利亚工程教育展望

澳大利亚工程教育体系提供多样化、高质量、受国际尊重、以行业为中心、经专业认证的教育课程。这些课程由国际知名的工程和工程教育专家在资源充足、具有国际标杆的设施中提供。工程课程强调工程实践、工程设计、创造性问题解决和创新。该系统旨在支持整个社会提高生活质量，确保所有人都有一个更美好的未来。教育计划提供了广泛的途径和选择，以吸引来自不同背景的毕业生和成熟新生。他们激励和培养学生成为有创造力、有创新力和负责任的专业人士以及终身学习者。毕业生将为自己的职业作出积极贡献。许多国家正在努力解决重大挑战问题，如全球可持续性发展、水和能源供应。教育系统为毕业生在工程和其他领域发挥有影响力的领导作用提供了一个平台。澳大利亚工程教育对技术、专业和社会需求做出了响应和适应。该系统在广泛的大学和其他教育机构中运行，强烈鼓励教育提供者之间的合作，以保持尽可能高的交付标准和效率。工程学者及其工作受到学生、毕业生、雇主、工程专业人士及其机构的高度重视。澳大利亚工程教育系统通过其对教育发展和国际认证标准发展的深入研究和专注贡献，在国际上被公认为工程教育领域的全球领导者。该系统进行定期审查，以评估其绩效并重新校准其目标。

附　录

澳大利亚工程组织及专业协会

1. 澳大利亚工程师协会

   Engineering Australia

   https://www.engineersaustralia.org.au/

2. 澳大利亚职业工程师协会

   Association of Professional Engineers Australia

   https://www.professionalengineers.org.au

3. 澳大利亚专业人士协会

   Professionals Australia

   http://www.professionalsaustralia.org.au/

4. 澳大利亚工程认证中心

   Australian Engineering Accreditation Centre

   https://www.engineersaustralia.org.au/about-us/accreditation

5. 高等教育质量和标准管理局

   Tertiary Education Quality and Standards
   Authority

   https://www.teqsa.gov.au

6. 澳大利亚工业技能委员会

   Australian Industry Skills Committee

   https://www.aisc.net.au

7. 澳大利亚技能质量管理局

   Australian Skills Quality Authority

   https://www.asqa.gov.au

8. 澳大利亚教育研究委员会

   Australian Council for Educational Research

   https://www.acer.org/au

9. 澳大利亚工程教育协会

   Australasian Association for Engineering
   Education

   http://www.aaee.net.au/

10. 技术科学与工程研究院

    Academy of Technological Sciences and
    Engineering

    https://www.atse.org.au

11. 澳大利亚技术与工程学院

    Academy of Technology and Engineering

    https://www.applied.org.au/

12. 澳大利亚工学院长理事会

    Australian Council of Engineering Deans

    http://www.aced.edu.au

13. 澳大利亚科学院长理事会

    Australian Council of Deans of Science

    http://www.acds.edu.au/

14. 澳大利亚信息通信技术院长理事会

    Australian Council of Deans of ICT

    http://www.acdict.edu.au

15. 澳大利亚职业委员会

    Australian Council of Professions

    http://www.professions.com.au/

16. 澳大利亚首席科学家办公室

    Office of the Chief Scientist

    https://www.chiefscientist.gov.au/

执笔人：徐立辉